北京建筑大学教材建设专项基金资助出版

配电网综合自动化技术

第 3 版

主　编　龚　静
参　编　朱　琛　彭红海
主　审　周有庆

机械工业出版社

本书是按照配电自动化系统的构成从底层往上层来编写的。在介绍配电自动化一些基本概念的基础上，首先介绍了配电终端 FTU、TTU、DTU、RTU 等，然后介绍通信系统，最后介绍配电自动化主站系统。在章节安排上同时穿插馈线自动化、配电网的故障选线、SCADA 系统、电能计费、AM/FM/GIS、LM、工程实例等内容。

本书理论结合实际，同时融入一些相关专业基础知识，使内容前后贯通，并辅以思考题和自测题，使读者易于掌握，因为技术较新，配套实验的开设正处于积极探索发展阶段，本书也给出了配套实验。

本书可作为本科电气工程类专业的教材，同时也可作为配电领域工程技术人员的参考书。

图书在版编目（CIP）数据

配电网综合自动化技术/龚静主编. —3 版. —北京：机械工业出版社，2019.1（2022.7 重印）
北京建筑大学教材建设专项基金资助出版
ISBN 978-7-111-61383-1

Ⅰ. ①配… Ⅱ. ①龚… Ⅲ. ①配电系统—自动化技术 Ⅳ. ①TM727

中国版本图书馆 CIP 数据核字（2018）第 260083 号

机械工业出版社（北京市百万庄大街 22 号　邮政编码 100037）
策划编辑：王　欢　　　　责任编辑：王　欢
责任校对：王明欣　樊钟英　封面设计：陈　沛
责任印制：常天培
固安县铭成印刷有限公司印刷
2022 年 7 月第 3 版第 4 次印刷
184mm×260mm・20.75 印张・507 千字
标准书号：ISBN 978-7-111-61383-1
定价：59.00 元

凡购本书，如有缺页、倒页、脱页，由本社发行部调换

电话服务　　　　　　　　　　网络服务
服务咨询热线：010-88361066　机工官网：www.cmpbook.com
读者购书热线：010-68326294　机工官博：weibo.com/cmp1952
　　　　　　　010-88379203　金 书 网：www.golden-book.com
封面无防伪标均为盗版　　　教育服务网：www.cmpedu.com

第3版前言

目前，配电自动化是智能配电网建设的重要内容之一，是实现配电网调度、监视、控制的重要手段。其成功实施，对于提高供电可靠性和供电能力，降低线损和减轻劳动强度，有着重要意义。在智能电网的大势下，我国配电网也开展了大规模的建设改造和配电自动化系统建设工作，从2009年国家电网公司开始第一批4座城市配电自动化建设工程试点，到2011年第二批试点建设扩大到19座城市，再到2017年我国已经有近百座城市实施了各具特色的配电自动化系统，这些表明我国配电自动化建设已经由试点探索走入实用。这也是在践行着国家能源局发布的《配电网建设改造行动计划（2015—2020年）》的要求："到2020年，中心城市（区）智能化建设和应用水平大幅提高，供电可靠率达到99.99%，用户年均停电时间不超过1小时，供电质量达到国际先进水平""配电自动化覆盖率达到90%。"

配电自动化是一个涉及多学科的综合技术，正处于快速发展中。本书在《配电网综合自动化技术　第2版》的基础上进行了修订，内容上仍然按照配电自动化系统的体系构成来安排，按照终端、通信、主站的顺序进行介绍，同时引入了一些前沿的先进技术和案例。全书首先介绍了配电自动化的体系构成、现状、热点、配电网的一次设备和拓扑形式，接着介绍了终端FTU、DTU、TTU、通信系统，然后对馈线自动化、故障选线做了阐述，最后对抄表系统、主站、SCADA系统、GIS、负荷控制等进行了介绍。本书给出的大量工程实例是以理论联系实际为宗旨的，便于读者更好地掌握和运用所学的知识。

本书由北京建筑大学龚静任主编，并负责全书的构思、组织和统稿工作。本书共14章，其中第1~12章由龚静编写，第13章由湖南省电力公司长沙电业局朱琛编写，第14章由湖南大学彭红海编写。湖南大学周有庆教授对全书进行了审阅，给出了很多宝贵意见，在此表示衷心感谢！在本书编写的过程中，得到河南思达公司、长沙同庆公司、北京四方华能公司的大力支持。本书的出版得到北京建筑大学教材建设专项基金的资助，在此一并表示感谢！

本书在编写过程中，查阅了大量的参考资料，在此向所有参考文献的作者表示感谢！由于编者水平有限，不妥之处恳请读者和同行专家批评指正。

编　者

2018年10月

第2版前言

目前，智能电网建设已经上升到国家层面，发展智能电网已正式纳入到了国家"十二五"规划纲要，成为国家能源发展的战略重点。智能电网的建设离不开坚强输电网的建设，更离不开智能配电网的建设，国家已将建设智能配电网上升到战略高度，2013年7月召开的国务院常务会议上，将"加强城市配电网建设，推进电网智能化"确定为城市基础建设六项重点任务之一。配电自动化是智能配电网建设的关键支撑内容，智能电网的兴起，更进一步地推动了配电自动化的发展，配电自动化系统又迎来了新一轮的建设高潮，国家电网公司以持续提升供电可靠性和优质服务水平为目标，不断加大配电网规划、建设与改造力度，"十二五"期间，国家电网公司将在200个地市级单位、42个县级单位开展配电自动化建设工作。

本书为修订的第2版，总体章节安排与第1版相同，仍然按照配电自动化系统的体系构成按终端、通信、主站的顺序进行介绍。本次修订删除了部分陈旧内容，压缩篇幅以便更好地作为学生教材使用，同时增加了各种新能源发电形式以及低碳建筑应用、有源配电网、配电网络的拓扑形式、自愈、智能用电小区等新知识、新内容。

本书由北京建筑大学龚静任主编，负责全书的构思、编写、组织和统稿工作。本书共14章，其中第1~12章主要由龚静编写，第13章由湖南省电力公司长沙电业局朱琛编写，第14章由湖南大学彭红海编写。湖南大学周有庆教授对全书进行了审阅，推出了很多宝贵意见，在此表示衷心的感谢！本书在编写过程中，得到河南思达公司、长沙同庆公司、北京四方华能公司的大力支持。本书的出版也得到北京建筑大学重点教材建设项目基金的资助。另外，参加本书编写工作的还有任云芬、刘菊英、徐忠利、路玉珍、黄道平、路平、周先奎、胡依秀、段庆凤、许宏江、沈海昌、胡忠舒、王燕、何敏、刘娜、张娟娟、宋邦傲。

本书在编写过程中，查阅了大量的参考资料，在此向所有参考文献的作者表示感谢！由于编者水平有限，不妥之处恳请读者和同行专家批评指正，本书提供免费课件，联系E-mail:gongjingdq@163.com。

编　者
2014年5月

第1版前言

配电网综合自动化技术是近年来随着通信、计算机技术的发展而发展起来的一门新型学科，它对于提高供电可靠性、扩大供电能力、降低线路损耗和减轻劳动强度具有重要意义。日本早在20世纪80年代已经实现了配电自动化，而我国20世纪90年代才开始起步，近年来发展非常迅速，随着对供电可靠性要求的不断提高，实施配电自动化的呼声越来越高。我国国家电力公司从1998年起对全国城乡电网开始进行大规模的建设和改造，主要建设改造从低压380V到高压110kV的配电网，以便提高配电网的供电能力和安全经济运行水平，改善人民生活，为国民经济持续发展提供强大的动力。

本书介绍了配电网自动化新技术，并将相关专业基础知识融入，使内容前后贯通，便于读者理解和每章最后都按照"了解、掌握、重点"三个层次给出相应的知识要点，并辅以思考题和自测题。本书理论联系实际，既有由浅入深的理论分析，又结合大量实例进一步说明，讲究实用。因为技术新，配套实验的开设正处于积极探索阶段，本书首次给出了配套实验。

本书由北京建筑工程学院龚静任主编，负责全书的构思、编写组织和统稿工作。本书共14章，其中第1~12章、自测题及答案、附录均由龚静编写，第13章由湖南省电力公司长沙电业局朱琛编写，第14章由湖南大学彭红海编写。湖南大学周有庆教授对全书进行了审阅，提出了很多宝贵的意见。本书在编写过程中，得到河南思达公司、长沙同庆公司、北京四方华能公司的大力支持，本书的出版得到北京建筑工程学院教材建设项目基金的资助，在此一并表示感谢！

由于编者水平有限，不妥之处恳请读者和同行专家批评指正，联系 E-mail：gongjing5@yahoo.com.cn。

编　者

目　　录

第3版前言
第2版前言
第1版前言

第1章　绪论 …………………………… 1
1.1　电力系统的基本概念 …………… 1
1.1.1　电力系统的组成 ……………… 1
1.1.2　各种新能源发电形式 ………… 2
1.1.3　节能减排形势下的绿色低碳建筑应用 ………………………… 6
1.2　配电管理系统 ……………………… 7
1.3　配电网自动化系统的总体构成 … 9
1.3.1　小型配电自动化系统的构成 … 9
1.3.2　中型配电自动化系统的构成 … 10
1.3.3　大型配电自动化系统的构成 … 11
1.3.4　配电自动化系统的基本功能 … 12
1.4　实现配电自动化的意义 ………… 12
1.5　配电自动化的现状与发展情况 ……………………………… 17
1.5.1　国外配电自动化发展及现状 … 17
1.5.2　我国配电自动化的发展现状 … 18
1.6　配电自动化的难点 ……………… 19
1.7　智能电网形势下的配电网建设 ……………………………… 21
1.7.1　坚强智能电网概念的提出及规划 … 21
1.7.2　基于配电自动化的智能配电网建设 ……………………………… 21
1.7.3　智能电网形势下的配电自动化建设目标和建设标准 ……………… 22
1.8　配电自动化建设经验教训及当前研究热点 ……………………… 22
1.8.1　配电自动化建设经验教训 …… 22
1.8.2　配电自动化建设当前研究热点和重点 ………………………… 23
1.9　配电自动化系统的规划 ………… 24
1.9.1　配电自动化系统规划的总体要求和原则 ………………………… 24
1.9.2　配电自动化系统规划的技术导则和设计规范 …………………… 24
1.9.3　配电自动化系统规划的年限和内容 ………………………… 25
1.10　要点掌握 ………………………… 26
思考题 …………………………………… 26

第2章　配电网 ………………………… 27
2.1　我国配电网的特点和历史建设情况 ……………………………… 27
2.1.1　配电网的特点 ………………… 27
2.1.2　我国配电网建设情况及发展战略目标 ………………………… 28
2.2　有源配电网 ……………………… 28
2.2.1　概述 …………………………… 28
2.2.2　分布式电源接入配电网的好处 … 29
2.2.3　分布式电源接入配电网后需要注意的问题 ……………………… 30
2.2.4　分布式电源接入配电网的要求 … 30
2.3　配电网的中性点运行方式 ……… 31
2.3.1　中性点接地方式分类及比较 … 31
2.3.2　经消弧线圈接地系统的3种补偿方式 ………………………… 32
2.4　配电网涉及的一次设备——开关 ………………………………… 32
2.4.1　开关设备的灭弧介质无油化历程 ………………………………… 33
2.4.2　典型开关设备介绍 …………… 33
2.5　配电网涉及的一次设备——环网柜 ……………………………… 35
2.5.1　环网柜 ………………………… 35
2.5.2　电缆分接箱 …………………… 36
2.6　配电网涉及的一次设备——开闭所 ……………………………… 39
2.6.1　概述 …………………………… 39
2.6.2　开闭所设置原则 ……………… 39
2.6.3　开闭所的功能和作用 ………… 40

2.6.4　开闭所常见主接线形式 ………… 41
　2.6.5　开闭所所用电源 ………………… 42
2.7　配电网涉及的一次设备——
　　　变压器 ………………………………… 43
　2.7.1　变压器的分类 …………………… 43
　2.7.2　新型节能变压器 ………………… 44
2.8　配电线路 ………………………………… 44
　2.8.1　架空线路 ………………………… 44
　2.8.2　电缆线路 ………………………… 45
　2.8.3　配电线路的节能 ………………… 46
2.9　配电网络拓扑形式及馈线故障
　　　处理 …………………………………… 47
　2.9.1　配电网络的拓扑形式及实际应用
　　　　　案例 ………………………………… 47
　2.9.2　馈线故障的处理 ………………… 52
2.10　要点掌握 ……………………………… 54
思考题 …………………………………………… 54

第3章　配电终端——FTU ………… 55

3.1　终端建设原则和终端电源的
　　　配置 …………………………………… 55
　3.1.1　终端建设原则 …………………… 55
　3.1.2　终端电源的配置 ………………… 56
3.2　FTU的基本概念和功能 ………………… 59
　3.2.1　FTU的基本概念 ………………… 59
　3.2.2　FTU的功能 ……………………… 59
3.3　SD-2210型FTU的总体结构及
　　　特点 …………………………………… 61
　3.3.1　SD-2210型FTU的原理框图 …… 61
　3.3.2　SD-2210型FTU的总体特点 …… 62
3.4　SD-2210型FTU的TMS320F206
　　　DSP硬件介绍 ………………………… 62
　3.4.1　TMS320F206 DSP的主要特点 …… 62
　3.4.2　TMS320F206存储器映射 ……… 63
　3.4.3　TMS320F206 DSP片上外设 …… 65
　3.4.4　TMS320F206 DSP外部中断 …… 65
　3.4.5　TMS320F206 DSP命令寄存器 … 66
　3.4.6　TMS320F206 DSP复位 ………… 66
　3.4.7　SD-2210型FTU模拟信号输入 …… 66
　3.4.8　SD-2210型FTU数字量输入输出 … 66
　3.4.9　SD-2210型FTU异步串行通信 … 66
3.5　直流采样和交流采样 …………………… 68
　3.5.1　直流采样 …………………………… 68
　3.5.2　交流采样 …………………………… 69
3.6　开关量输入电路 ………………………… 69
　3.6.1　隔离电路 …………………………… 69
　3.6.2　去抖电路 …………………………… 70
3.7　开关量输出电路 ………………………… 71
3.8　模拟量输入电路 ………………………… 72
　3.8.1　基于逐次逼近型A-D转换的模
　　　　　拟量输入电路 …………………… 72
　3.8.2　2×4通道14位高速A-D转换芯片
　　　　　MAX125及其应用 ……………… 74
　3.8.3　电压-频率转换电路 ……………… 81
3.9　模拟量输出电路 ………………………… 83
3.10　傅里叶算法 …………………………… 84
3.11　要点掌握 ……………………………… 85
思考题 …………………………………………… 85

第4章　其他配电终端 …………………… 86

4.1　DTU ……………………………………… 86
　4.1.1　DTU的概念及功能 ……………… 86
　4.1.2　DTU备自投的实现 ……………… 86
　4.1.3　开闭所DTU与馈线终端FTU的
　　　　　比较 ………………………………… 87
　4.1.4　环网柜DTU与开闭所DTU的
　　　　　比较 ………………………………… 88
　4.1.5　开闭所DTU与变电站RTU的
　　　　　比较 ………………………………… 88
4.2　TTU ……………………………………… 88
　4.2.1　TTU的概念及功能 ……………… 88
　4.2.2　TTU的无功补偿功能 …………… 89
4.3　站控终端 ………………………………… 90
　4.3.1　站控终端的概念及功能 ………… 90
　4.3.2　子站的设置 ……………………… 91
　4.3.3　站控终端与FTU、TTU、DTU的
　　　　　比较 ………………………………… 91
4.4　要点掌握 ………………………………… 92
思考题 …………………………………………… 92

第5章　通信系统 …………………………… 93

5.1　引言 ……………………………………… 93
　5.1.1　远动的基本概念 ………………… 93
　5.1.2　典型数据通信系统的组成 ……… 93
　5.1.3　数据传输的同步 ………………… 95
　5.1.4　通信工作方式 …………………… 96

5.2	调制解调 …………………… 96	6.3	重合器 …………………………… 133
5.3	差错控制 …………………… 99	6.3.1	重合器的概念 ………… 133
5.3.1	产生差错的原因 ……… 99	6.3.2	重合器的分类 ………… 133
5.3.2	抗干扰编码 …………… 100	6.3.3	重合器与普通断路器的比较 … 134
5.3.3	差错控制的几种方式 … 100	6.3.4	重合器的应用场合 …… 135
5.3.4	几种常用的抗干扰编码 … 103	6.3.5	重合器实例 …………… 135
5.4	通信规约 …………………… 107	6.4	分段器 …………………………… 137
5.4.1	通信规约的概念 ……… 107	6.4.1	概念 …………………… 137
5.4.2	循环式通信规约 ……… 108	6.4.2	电压—时间型分段器原理接线 … 137
5.4.3	问答式通信规约 ……… 108	6.4.3	电压—时间型分段器的参数 … 138
5.5	常用通信方式 ……………… 109	6.4.4	电流—时间型分段器 … 139
5.5.1	概述 …………………… 109	6.5	重合器与电压—时间型分段器配合 …………………… 139
5.5.2	配电线载波通信 ……… 110	6.5.1	辐射状网的故障处理 … 139
5.5.3	光纤通信 ……………… 114	6.5.2	环状网的故障处理 …… 143
5.5.4	脉动控制 ……………… 117	6.5.3	分段开关和联络开关的时限整定 …………………… 146
5.5.5	工频控制 ……………… 117	6.6	重合器与过电流脉冲计数型分段器配合 …………………… 148
5.5.6	电话专线 ……………… 118	6.6.1	永久性故障的处理 …… 148
5.5.7	现场总线 ……………… 118	6.6.2	瞬时性故障的处理 …… 149
5.5.8	RS485 串行总线 ……… 119	6.7	基于 FTU 的馈线自动化 …… 150
5.5.9	无线扩频 ……………… 119	6.7.1	基于 FTU 的馈线自动化系统构成 …………………… 150
5.5.10	甚高频通信（数传电台通信）… 120	6.7.2	基于 FTU 的馈线自动化系统的功能 …………………… 151
5.5.11	特高频通信 …………… 120	6.8	两种馈线自动化的比较 …… 152
5.5.12	微波通信 ……………… 121	6.8.1	基于重合器—分段器的就地控制方案 …………… 152
5.5.13	卫星通信 ……………… 122	6.8.2	基于 FTU 和通信网络的远方控制方案 ……………… 152
5.5.14	调幅广播 ……………… 122	6.9	要点掌握 ……………………… 153
5.5.15	调频辅助通信业务 …… 123	思考题 …………………………………… 154
5.6	要点掌握 …………………… 123		
思考题 …………………………… 124		**第7章 配电网单相接地故障选线** … 155
		7.1	概述 …………………………… 155
第6章 馈线自动化 ………………… 125		7.1.1	NUGS 单相接地故障选线的国外、国内研究现状 …………… 155
6.1	智能配电网的自愈与馈线自动化 …………………… 125	7.1.2	利用电网稳态电气量特征提供的故障信息构成的选线方法 … 156
6.1.1	自愈的概念 …………… 125		
6.1.2	自愈控制 ……………… 125		
6.1.3	实现自愈的条件和关键技术 … 126	7.1.3	利用电网暂态电气量特征提供的故障信息构成的选线方法 … 158
6.1.4	馈线自动化的功能与类型 … 126		
6.2	馈线自动化的发展历程 …… 127		
6.2.1	第一阶段——不分段、不拉手（传统模式）阶段 ……… 127		
6.2.2	第二阶段——馈线分段、拉手、无自动化阶段 ……………… 129		
6.2.3	第三阶段——自动分段、馈线自动化阶段 ……………… 131	7.1.4	其他方法 ……………… 158

7.1.5　意义 ……………………………… 159
7.2　NUGS 单相接地故障理论分析 … 160
　　7.2.1　NUGS 单相接地故障的稳态基波
　　　　　分析 …………………………… 160
　　7.2.2　NUGS 单相接地故障的稳态谐波
　　　　　分析 …………………………… 164
　　7.2.3　NUGS 单相接地故障的暂态
　　　　　分析 …………………………… 165
　　7.2.4　NUGS 单相接地故障选段研究…… 166
7.3　NUGS 单相接地故障实验研究——
　　　选线方案确定 ………………………… 167
　　7.3.1　动态模型的建立 ……………… 167
　　7.3.2　稳态实验记录及分析 ………… 168
　　7.3.3　暂态实验记录及分析 ………… 171
　　7.3.4　NUS 选线方案的确定 ………… 173
　　7.3.5　NES 选线方案的确定 ………… 174
7.4　软件设计 ……………………………… 176
　　7.4.1　开发语言和工具介绍 ………… 176
　　7.4.2　NUS 系统选线下位机软件设计 … 181
　　7.4.3　NUS 系统选线上位机软件设计 … 183
　　7.4.4　NES 系统选线下位机软件设计 … 186
　　7.4.5　NES 系统选线上位机软件设计 … 187
7.5　NUGS 选线方案验证实验 ………… 190
　　7.5.1　优化模型 ……………………… 190
　　7.5.2　NUS 的选线验证实验 ………… 190
　　7.5.3　NES 的选线验证实验 ………… 194
7.6　要点掌握 ……………………………… 198
思考题 ……………………………………… 200

第8章　远方抄表与电能计费系统 …… 201
8.1　电能表的发展和现状 ……………… 201
8.2　抄表计费的几种方式 ……………… 202
8.3　预付费电能计费方式 ……………… 203
　　8.3.1　预付费电能表的种类及特点 … 203
　　8.3.2　采用 IC 卡电能表的预付费电能
　　　　　计费系统 ……………………… 204
8.4　自动抄表技术——本地自动
　　　抄表 …………………………………… 206
　　8.4.1　本地自动抄表的两种数据采集
　　　　　方式 …………………………… 206
　　8.4.2　抄表机简介 …………………… 207
　　8.4.3　国内主流抄表机型实例——振中
　　　　　TP900 系列抄表机 …………… 207

8.5　自动抄表技术——远程自动
　　　抄表 …………………………………… 208
　　8.5.1　远程自动抄表的含义及发展 … 208
　　8.5.2　远程自动抄表系统的组成 …… 208
　　8.5.3　远程自动抄表系统典型案例 … 211
　　8.5.4　利用远程自动抄表技术实现防
　　　　　窃电 …………………………… 213
　　8.5.5　自动抄表与预付费的比较 …… 214
8.6　要点掌握 ……………………………… 214
思考题 ……………………………………… 215

第9章　主站系统 ………………………… 216
9.1　主站系统的设计原则 ……………… 216
9.2　主站系统的硬件构成 ……………… 217
　　9.2.1　较小规模主站系统配置 ……… 217
　　9.2.2　较大规模主站系统配置 ……… 219
9.3　主站系统的软件构成 ……………… 221
　　9.3.1　操作系统软件 ………………… 221
　　9.3.2　支撑软件 ……………………… 222
　　9.3.3　高级应用软件 ………………… 223
9.4　要点掌握 ……………………………… 227
思考题 ……………………………………… 227

第10章　配电网 SCADA 系统 ………… 228
10.1　配电网 SCADA 系统的特点 …… 228
10.2　配电网 SCADA 系统组织的
　　　 基本方式 …………………………… 229
　　10.2.1　配电网 SCADA 系统测控
　　　　　　对象 ………………………… 229
　　10.2.2　区域站的设置方法 …………… 229
　　10.2.3　体系结构 ……………………… 230
10.3　配电网 SCADA 系统的功能 …… 231
10.4　智能用电小区 ……………………… 236
　　10.4.1　智能小区概述 ………………… 236
　　10.4.2　智能用电的发展目标 ………… 237
　　10.4.3　系统构成 ……………………… 237
　　10.4.4　智能小区应用实例 …………… 238
10.5　要点掌握 …………………………… 239
思考题 ……………………………………… 239

第11章　配电图资地理信息系统 ……… 240
11.1　概述 ………………………………… 240

11.2	GIS 的发展	240
11.3	GIS 在电力行业的应用现状及难点	242
11.4	GIS 的组成	243
11.5	GIS 功能的实现方法	245
11.6	AM/FM/GIS 的离线、在线实际应用	245
11.6.1	AM/FM/GIS 在配电网中离线方面的应用	246
11.6.2	AM/FM/GIS 在配电网中在线方面的应用	247
11.7	GIS 的功能演示案例	247
11.8	要点掌握	252
思考题		252

第12章 负荷控制和管理系统 … 253

12.1	负荷控制和管理的概念及经济效益	253
12.2	负荷特性优化的主要措施	254
12.2.1	经济措施	254
12.2.2	行政措施	255
12.2.3	宣传措施	256
12.2.4	技术措施	256
12.3	负荷控制系统的基本结构和功能	258
12.3.1	负荷控制终端	258
12.3.2	负荷控制中心	260
12.4	各种负荷控制系统原理及比较	261
12.4.1	负荷控制系统的分类	261
12.4.2	GSM/GPRS 公用通信电力负荷控制系统	262
12.4.3	无线电电力负荷控制系统	263
12.4.4	音频电力负荷控制系统	265
12.4.5	配电线载波电力负荷控制系统	265
12.4.6	工频电力负荷控制系统	266
12.4.7	有线电话电力负荷控制系统	266
12.5	要点掌握	266
思考题		266

第13章 配电自动化的实际案例 … 267

13.1	概述	267
13.2	配电自动化的主要功能	268
13.3	配电自动化系统体系结构	268
13.4	配电自动化 SCADA 系统	270
13.4.1	网络安全方案	270
13.4.2	系统硬件配置	270
13.4.3	软件系统结构	271
13.4.4	配电 SCADA 功能	272
13.5	配电自动化通信系统	273
13.6	馈线自动化解决方案	275
13.7	配电地理信息管理功能	278
13.8	配电自动化高级应用软件	281

第14章 实验部分 … 283

14.1	电力系统综合实验方案一	283
14.1.1	实验系统简介	283
14.1.2	多台实验系统联网的实验	284
14.1.3	设备清单	290
14.2	电力系统综合实验方案二（供配电部分）	292
14.2.1	实验系统简介	292
14.2.2	实验系统外观	292
14.2.3	多台实验系统联网的实验	294
14.2.4	设备清单	297
14.3	应用实例——TQGD-II工厂供电及配电自动化实验培训系统	299
14.3.1	概述	299
14.3.2	系统组成	300
14.3.3	实验模式	302
14.3.4	实验项目	304
14.3.5	实验系统中主要设备的技术指标	306
14.3.6	设备实物图	307

测试题 … 309
测试题1 … 309
测试题1 答案 … 310
测试题2 … 313
测试题2 答案 … 314

参考文献 … 319

第 1 章 绪 论

1.1 电力系统的基本概念

1.1.1 电力系统的组成

电能是现代社会的主要能源,它在国民经济和人民生活中起着极其重要的作用。一个完整的电力系统由各种不同类型的发电厂、变电站、输电线路及电力用户组成。在发电机中机械能转化为电能,变压器、电力线路输送分配电能,电动机、炉、电灯等用电设备消费电能,在这些用电设备中电能转化为机械能、热能、光能等。这些生产、输送、分配、消费电能的发电机、变压器、电力线路、各种用电设备联系在一起组成的统一整体,就是电力系统。

1. 发电厂

发电厂将一次能源转换成电能,根据一次能源的不同,有火力发电厂、水力发电厂和核能发电厂。此外,还有风力发电厂、地热发电厂和潮汐发电厂等。另外,还有各种新能源发电形式,详见本章 1.1.2 节的叙述。

火力发电厂将煤、天然气、石油的化学能转换为电能。我国火力发电厂燃料以煤炭为主,随着西气东输,将逐步扩大天然气燃料的比例。火力发电的原理是,燃料在锅炉中充分燃烧,将锅炉中的水转换为高温高压蒸汽,蒸汽推动汽轮机转动,带动发电机旋转发出电能,如图 1-1 所示。

水力发电厂将水的位能转换成电能。其原理是水流驱动水轮机转动,带动发电机旋转发电。按提高水位的方法,水力发电厂有堤坝式水电厂、引水式水电厂和混合式水电厂 3 类。堤坝式水电厂是在河流上落差较大的适宜地段拦河建坝,形成水库,抬高

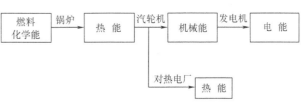

图 1-1 火力发电原理示意

上游的水位,利用上、下游形成水位差进行发电。引水式水电厂则是由引水系统将天然河道的落差集中进行发电,一般不需修坝或者只需要修低堰。水电厂建设的初期投资较大,但发电成本低,仅为火力发电成本的 1/4~1/3,并且水电属于清洁、可再生能源,利于环保,还兼有防洪、灌溉、水产养殖功能,因此,综合效益好。

核能发电厂利用原子核的核能生产电能。核燃料在原子反应堆裂变释放核能,将水转换成高温高压的蒸汽,其生产过程与火电厂基本相同。

风力发电的原理是风的动能作用在叶片上,转化为机械能推动风机风轮转动。

太阳能发电分为太阳光能发电和太阳热能发电。太阳光能发电是利用光电转换元件,如光电池直接将太阳光能转换成电能。太阳热能发电分直接转换和间接转换两种。直接转换有

温差发电、热离子发电等，间接转换原理与火力发电相似。

2. 变电站

变电站的功能是接受电能、变换电压和分配电能。为了实现电能的远距离输送和将电能分配到用户，需将发电机电压进行多次电压变换，这个任务由变电站完成。变电站由电力变压器、配电装置和二次装置等构成。按变电站的性质和任务不同，可分为升压变电站和降压变电站。按变电站的地位和作用不同，又分为枢纽变电站、区域变电站和用户变电站。枢纽变电站在整个电力系统中起纽带连接作用；区域变电站将枢纽变电站来的电能进行再次降压处理；用户变电站接受区域变电站的电能，进行再次降压，合理分配给各个用户设备。

3. 电力线路

电力线路将发电厂、变电站和电能用户连接起来，完成输送电能和分配电能的任务。电力线路有各种不同的电压等级，通常将220kV及以上的电力线路称为输电线路，110kV及以下的电力线路称为配电线路。配电线路又分为高压配电线路（110kV）、中压配电线路(35～6kV) 和低压配电线路 （380V/220V），前者一般作为城市配电网骨架和特大型企业供电线路，中者为城市主要配网和大中型工厂供电线路，后者一般为城市和企业的低压配网。

4. 电能用户

所有消耗电能的用电设备或用电单位称为电能用户。电能用户按行业可分为工业用户、农业用户、市政商业用户和居民用户等。

在上述介绍的电力系统中，属于配电电压等级的电力线路及相应的变电站组成的统一整体，就称为配电网（Distribution Network），也即电力系统中二次变电站低压侧直接或降压后向用户供电的网络，配电网络由架空配电线路、电缆配电线路、变电站、开闭所、降压变压器等构成。配电网也正是本书的研究对象。

1.1.2 各种新能源发电形式

能源是国民经济发展和人民生活水平提高的重要物质基础，当前我国能源供应主要依赖煤炭、石油、天然气等化石能源，但化石能源的资源有限性和开发利用带来的环境问题严重制约着经济和社会的可持续发展。随着全球经济的快速发展，煤炭、石油等不可再生能源供应日趋紧张，开发使用新能源已经成为当务之急，而全球气候变暖所导致的灾难性后果更为可再生能源的发展提供了动力。世界各国都把支持可再生能源发展作为实现经济可持续发展的重要手段，美欧等国普遍加大对可再生能源技术开发和应用的投入。我国早在2008年制定的《可再生能源发展"十一五"规划》中提出"到2010年，可再生能源在能源消费中的比重达到10%"。

下面举例说明常见的几种新能源发电形式。

1. 太阳能

太阳能发电分为太阳光能发电和太阳热能发电。太阳光能发电是利用光电转换器件，如光电池直接将太阳光能转换成电能，即光伏发电。太阳热能发电分直接转换和间接转换两种。直接转换有温差发电、热离子发电等。间接转换原理与火力发电相似。

光伏建筑一体化（Building Intergrated Photovoltaic，BIPV）是指在建筑上安装光伏系统，并通过专门设计，实现光伏系统与建筑的良好结合。这样可以加快推进太阳能光伏发电技术在建筑领域中的应用,是降低建筑能耗、调整建筑用能结构的有效措施之一。下面列举一些典型的 BIPV 应用工程案例。

1) 仰天岗自然科学博物馆。该建筑位于江西新余市,总装机容量约为 3.05MWp,建筑安装面积约 36 455m²,系统没有储能装置,太阳电池将日光转换成直流电,通过逆变器变换成 380V 交流电,建筑物用电通过 10kV 市电供给。

2) 威海市民文化中心。该建筑位于青岛路东,海滨南路西,总建筑面积 63 314m²,地下 1 层,地上 4 层,主体高 32m,锥体高 50m。其总装机容量为 480kWp,建筑安装面积为 5 556m²,屋顶全部使用内嵌薄膜电池的玻璃,是世界上最大的非晶硅光伏屋面工程,该工程也打破了"玻璃电池"全部是平面的常规,是世界上首个采取波浪形设计的"玻璃电池"屋顶。

3) 广州珠江城。该建筑属于超高层国际写字楼,在珠江城 31~70 层东西立面遮阳板(安装面积各约为 650.5m²)和塔楼屋顶位置(安装面积约为 360m²)建设太阳能光伏发电系统,总装机容量为 184.96kWp,于 2011 年初竣工。

4) 日新科技光伏工业园。日新工业园位于武汉东湖新技术开发区汽车电子工业园内,建筑类型包括工业建筑、公共建筑和民用建筑三种形式。整个光伏安装面积为 9 823m²,主要在建筑屋面、天窗、幕墙及园区照明安装光伏并网发电系统,总装机容量达 1.2MWp,年发电量可达 1.5×10^6 kW·h,发出的电能通过光伏专用逆变器并入用户侧电网。该项目 2008 年 11 月被国家财政部和建设部批准为可再生能源建筑应用示范项目,已经于 2010 年 6 月竣工验收。

另外,还有如深圳园博园总装机容量为 1MWp、北京土地技术开发区软件园为 50kWp、住建部主楼为 75.6kWp、淮安清河文展中心为 40.32 kWp、广东金刚玻璃公司园区内厂房为 400kWp、湖北黄金山科技园为 3MWp、青岛火车站为 103kWp、珠海东澳岛文化中心为 1 004.4 kWp、深圳拓日光伏工业园办公大楼为 70.4 kWp 等诸多的光伏建筑一体化的示范工程。这些光伏建筑一体化工程的建设充分考虑了城市的可持续发展需求,贯彻了节能减排政策,充分利用可再生能源,很好地发挥公共建筑的节能示范作用。

2. 生物质能

生物质发电是利用生物质所具有的生物质能进行发电,是可再生能源发电中的一种,包括农林废弃物直接燃烧发电、农林废弃物气化发电、垃圾焚烧发电、垃圾填埋气发电、沼气发电等多种形式,生物质能源中的有害物质(硫和灰分等)含量仅为中质烟煤的 10% 左右,可实现二氧化碳零排放。

生物质发电在许多欧美国家自 20 世纪 90 年代开始大发展。我国已公布的《可再生能源中长期发展规划》也确定了"到 2020 年,生物质发电总装机容量达到 3000 万千瓦"的发展目标。截至 2007 年年底,国家和各省发改委已核准项目 87 个,总装机规模为 2 200MW。全国已建成投产的生物质直燃发电项目超过 15 个,在建项目 30 多个。下面列举一些典型的生物质发电案例。

1) 粤电湛江生物质发电厂。拥有 2 台 50MW 生物质发电机组,系目前世界单机容量及总装机容量最大的生物质电厂,采用农林作物废弃物等生物质作为燃料,已于 2011 年 11 月正式投入商业运营。电厂选址在雷州半岛,当地日照充沛、农林作物生长较快,在有限的收集半径内,燃料来源充足稳定,地理优势明显。该生物质发电项目每年可替代约

100 000tec⊖，减少二氧化碳排放约 300 000t，减少二氧化硫排放近 2 000t，这对于改善当地农村村容村貌、减少城乡大气污染将发挥重要作用。

2）北京德清源沼气发电。坐落在北京延庆县张山营镇的德青源蛋鸡场曾是亚洲最大的蛋鸡场，每天要面对 220t 鸡粪和 270t 废水的困扰。为解决循环发展、减少污染，德清源利用鸡粪、废液发酵产生的沼气发电，兴建 12 000m³ 的沼气池，年产沼气 7 000 000m³，年发电 14GW·h，实现了从"鸡粪"到"能源"的华丽转身。

3. 海洋能

海洋能作为一种特殊的能源，它的能量主要来自潮汐、涌流和波涛的冲击力、温度差及海水中溶解的化学成分。

1）潮汐能发电。潮汐发电与普通水力发电原理类似，在涨潮时将海水储存在水库内，以势能的形式保存，然后，在落潮时放出海水，利用高、低潮位之间的落差，推动水轮机旋转，带动发电机发电。潮汐发电在国外发展很快，欧洲各国拥有漫长海岸线，因而有大量、稳定、廉价的潮汐资源，在开发利用潮汐方面一直走在世界前列。中国海岸线曲折漫长，相关电站主要集中在福建、浙江、江苏等省的沿海地区。其中，1980 年投产发电的浙江温岭江厦潮汐试验电站是我国第一座双向潮汐电站，也是世界上仅次于法国朗斯潮汐电站和加拿大安纳波利斯潮汐电站的第三大潮汐电站，它当时的总装机容量为 3200kW，设计年发电量为 10.7GW·h。

2）波浪能发电。波浪能发电是以波浪的能量为动力生产电能，通过某种装置可将波浪的能量转换为机械的、气压的或液压的能量，然后通过传动机构、汽轮机、水轮机或液压马达驱动发电机发电。日本当前发电容量最大的设备是 1996 年 9 月投运的由日本东北电力公司在原町火力发电厂南部防波堤上装设的 130kW 的波浪发电设备。中国科学院广州能源研究所于 1989 年在广东珠海建成了第一座示范实验波浪电站，1996 年又建成了一座新的波浪实验电站。我国首座波浪独立发电系统，汕尾 100kW 岸式波浪电站，于 1996 年 12 月开工，2001 年进入试发电和实海况试验阶段，2005 年第一次实海况试验获得成功。根据规划，到 2020 年，我国将在山东、海南、广东各建 1 座 1000kW 级的岸式波浪发电站。

3）温差能发电。由于太阳光照射，海洋表层水温可达 25～30℃，而水下 400～700m 深层冷水温度则为 5～10℃，温差为 20～24℃，这就为发电提供了一个总量巨大且比较稳定的能源。海洋温差发电的基本原理是利用海洋表面的温海水（26～28℃）加热某些低沸点工质并使之汽化，或通过降压使海水汽化以驱动汽轮机发电，同时利用从海底提取的冷海水（4～6℃）将做功后的乏气冷凝，使之重新变为液体。

4）盐差能发电。当两种不同盐度的海水被一层只能通过水分而不能通过盐分的半透膜相分割时，两边的海水就会产生渗透压，促使水从浓度低的一侧向另一侧渗透，使浓度高的一侧水位升高，直至膜两侧的含盐量相等为止。盐差能发电利用的是海水中的盐分浓度和淡水间的化学电势差。

在上述海洋能能源中，目前仅有潮汐能被大规模利用，潮汐是一项取之不尽的电力能源。

⊖ tec：吨标准煤，1tec = 29.307 6GJ。

4. 地热能

地球的地热能蕴量巨大，地热能是来自地球深处的可再生热能。地热发电是利用地下4km左右的岩浆产生200~350℃的蒸汽带动汽轮机发电。地热发电非常清洁，基本上不产生CO_2。我国地热资源丰富，著名的羊八井地热电站年发电量超过1×10^8 kW·h，在解决拉萨供电方面起着很大的作用。近10年，我国的地热开发以每年12%的速率增长，高于世界平均增长率。

地热在建筑中也有着广泛的应用，最典型的就是地源热泵。地源热泵，是利用地球表面浅层水源（如地下水、河流和湖泊）和土壤源中吸收的太阳能和地热能，并采用热泵原理，既可供热又可制冷的高效节能空调系统。下面介绍一些地源热泵的典型应用。

1）杭州朗诗国际街区高层住宅地源热泵项目。该小区位于浙江省杭州市下沙区，总建筑面积约为220 000m^2，地上建筑面积约为180 000m^2，地上高为100m。本工程末端为"天棚辐射+置换新风"系统。其中X户型为风机盘管+地板采暖系统，利用地埋管作为冷热源，采用四台地源热泵机组为末端天棚系统和新风系统提供冷热量。

2）北京第一个高温多功能地源热泵工程。该项目位于北京市大兴区工业开发区，即雨昕阳光太阳能公司综合办公楼，是北京地区第一个采用高温多功能热泵新技术和新产品集成与配套的，第一个真正实现了一机功能的大型地源热泵建筑节能应用示范工程。该项目的建成和使用，对投资者可带来良好的经济效益，每年可节省至少70%以上的空调冷暖费用和生活用热水加热费用。

3）天津市首座零碳建筑——中新天津生态城公屋展示中心项目。该项目于2012年11月正式投入使用，采用了地源热泵等13项节能环保技术，创立了绿色生态建筑标杆。

4）浙江海盐县客运中心地源热泵项目于2011年9月全面开工，将建成浙江省第一个使用地源热泵系统的汽车站。

地源热泵利用地能一年四季温度稳定的特点，冬季把地热能作为热泵供暖的热源，即把高于环境温度的地热能中的热能取出来供给室内采暖，夏季把地热能作为空调的冷源，即把室内的热能取出来释放到低于环境温度的地源中，从而达到节能的目的，并且整个系统在运行过程中，不产生任何有害物质，实现了环保。

5. 可燃冰

可燃冰的学名是天然气水合物（Natural Gas Hydrate/Gas Hydrate），因其外观像冰一样，所以又被称作"可燃冰"（Combustible Ice）或者"固体瓦斯"和"气冰"。它极易燃烧，燃烧产生的能量比同等条件下的煤、石油、天然气都要多，而且在燃烧以后几乎不产生任何残渣和废弃物。天然气水合物在自然界广泛分布在大陆永久冻土、岛屿的斜坡地带、活动和被动大陆边缘的隆起处、极地大陆架以及海洋和一些内陆湖的深水环境中。中国从1999年起才开始对可燃冰开展实质性的调查和研究，于2007年5月1日凌晨，在南海北部首次成功钻获天然气水合物实物样品"可燃冰"，从而成为继美国、日本、印度之后第4个通过国家级研发计划采到水合物实物样品的国家。

6. 化学电池

这是一种将化学能转换成电能的装置。自1800年意大利科学家伏打（Volta）发明伏打电堆算起，化学电池已经有200余年的历史。目前，全世界共有1 000多种不同系列和型号规格的电池产品，常见的有金属氢化物镍电池、锂离子二次电池、燃料电池、铝电池、储能电池等。化学电池能量转换率高，方便并且安全可靠。

7. 氢能

二次能源是联系一次能源和用户的纽带，二次能源又可分为"过程性能源"和"含能体能源"。电能是当前应用最广泛的"过程性能源"。由于目前"过程性能源"尚不能大量地直接存储，因此汽车等交通工具只能采用汽油、柴油这一类"含能体能源"。随着常规能源危机的出现，在开发新的一次能源（如可燃冰）的同时，人们将目光也投向寻求新的"含能体能源"，氢能正是一种值得期待的新型二次能源。氢能具有以下一些优点。

1）来源广。地球上的水储量为 $13.38 \times 10^8 m^3$，是氢取之不尽、用之不竭的重要源泉。
2）燃烧热值高。氢的热值高于所有化石燃料和生物质燃料。
3）清洁。氢本身无色、无味、无毒。
4）燃烧稳定性好。容易做到比较完善的燃烧，燃烧效率很高。
5）存在形式多。氢可以以气态、液态或固态金属氢化物出现，能适应贮运及各种应用环境的不同要求。

1.1.3 节能减排形势下的绿色低碳建筑应用

目前全球气候变暖，温室效应正在不断威胁着地球的生态环境。在温室气体中，二氧化碳不是最有害的，但却是排放量最高的。而又有资料显示，建筑物产生了全球约40%的二氧化碳排放，是温室气体的主要排放源。因此，在所有减少温室效应气体排放的立法规划中，建筑都处于核心地位。目前，建筑能耗约占我国社会总能耗的30%左右，而这30%还仅仅是建筑物在建造和使用过程中消耗的能源比例，如果再加上建材生产过程中耗掉的能源（约占社会总能耗的16.7%），建筑相关的能耗将占到社会总能耗的46.7%。因此，"建设绿色低碳建筑、大力推进节能减排"已经刻不容缓。绿色建筑并不是一般意义上的立体绿化屋顶花园，而是指在建筑全生命周期内，最大限度地节约资源、保护环境和减少污染，为人类提供健康适用和高效的使用空间的同时，与周围自然环境和谐共生的建筑。零碳是指要实现建筑碳排放量为零。要实现建筑的绿色低碳，可以从两种途径来实施：一是通过增加可再生能源的使用量、提升化石能源的生产效率、采用低碳化的材料资源等来减少碳排放；二是通过发展海洋、湿地、土壤及林木等增加碳吸收。

世界上第一个二氧化碳零排放社区是英国伦敦贝丁顿社区（Beddington Zero Energy Development，BedZED）。该社区建成于2002年，拥有包括公寓、复式住宅和独立洋房在内的82套住房，另有大约2 500m^2的工作空间。整个社区只使用可再生资源产生满足居民生活所需能源，强调对阳光、废水、空气和木材的循环利用，如利用废木头发电并制造热水，妥善利用水资源和先进的通风系统，使用氢气作为能源的零碳排放汽车等，旨在不向大气释放二氧化碳。该社区的建成为可持续建筑创造了新的标准。

我国第一个零碳建筑是上海世博会伦敦零碳馆。上海世博中心是按中国和国际标准建成的"绿色低碳"建筑，作为中国公共建筑节能科技的典范。世博中心在其设计过程中，围绕科技创新和可持续发展的理念，按照减量化（Reduce）、再利用（Reuse）、再循环（Recycle）的3R设计原则，从节能、节电、节水、节材、节地等环节入手，统筹安排资源和能源的节约、回收和再使用，减少污染物的排放量，减少建筑对环境的影响。下面重点阐述一下世博中心在电气节能方面的一些措施。

1）光伏发电。安装总容量为 1MW 的屋顶太阳能光伏发电系统，太阳电池方阵采用不透光的单晶硅电池板，其转换效率为 12%～15%，系统采用并网运行方式。

2）电源点的节能设计。考虑到场馆建筑面积大且负荷分散，因此在整个建筑内除设置一座 35/10kV 总变电站外，还设置了 5 个 10/0.4kV 配电站，以使电源靠近负荷中心减少线路损耗。

3）变压器的选择。在型号上选用节能型的产品，实际负荷率基本控制在 0.5～0.7 范围内，属于较佳的负荷状态。因为若变压器容量偏小，则负荷率过高会引起负载损耗增大，效率变低、寿命变短；若变压器容量偏大，则负荷率过低又会引起空载损耗增大，效率也变低。

4）照明系统的节能。场馆的景观照明设计中，大面积使用了环保、耗电量低的发光二极管（Light Emitting Diode，LED）光源来代替传统光源。

5）设置电能管理及能耗监测系统。利用通信网络对各部分功能进行优化，对终端数据进行监测。

6）治理谐波。场馆中电力电子设备较多，工程中主要应用无源滤波装置对谐波进行治理，降损节能。

1.2 配电管理系统

现代电力系统大致可以分为发电、输出、配电三大部分。在电力系统的各环节中，配电网作为末端直接和用户相连，具有的特点：深入城市和居民密集点；传输功率和距离一般不大；供电容量、用户性质、供出质量和可靠性各不相同。配电网能敏锐地反映用户在安全、优质、经济等方面的要求。据统计全国发电量的 85% 是通过 35～110kV 配电网输送给用户的，配电网按供电区可分为城市配电网、农村配电网等。城市配电网容量较大，大约 200～300MV·A，供电负荷相对集中，供电环境比较好；而农村配电网容量较小，一般在 100～200MV·A，供电范围大，线路基础条件较差，影响供电可靠性和安全性的不利因素较多。

中国电机工程学会城市供电专业委员会起草的《配电系统自动化规划设计导则》给配电系统自动化作了比较明确的定义：所谓配电系统自动化，是利用现代电子、计算机、通信及网络技术，将配电网在线数据和离线数据、配电网数据和用户数据、电网结构和地理图形进行信息集成，构成完整的自动化系统，实现配电网及其设备正常运行及事故状态下的监测、保护、控制、用电和配电管理的现代化。

配电自动化系统中涉及的一些基本概念如下：

（1）配电管理系统

配电管理系统（Distribution Management System，DMS）是变电、配电到用电过程的监视、控制和管理的综合自动化系统。其内容包括配电网数据采集和监控（SCADA）、配电地理信息（GIS）、需方管理（DSM）、高级应用、调度员仿真调度、故障呼叫服务系统和工作管理系统几个部分。

（2）配电自动化系统

配电自动化系统（Distribution Automation System，DAS）是在远方以实时方式监视、协调和操作配电设备的自动化系统。其内容包括配电网数据采集和监控（SCADA）、配电地理信息系统（GIS）和需方管理（DSM）几个部分。

(3) 配电网数据采集和监控

配电网数据采集和监控（Supervisor Control And Data Acquisition，SCADA）系统采集安装在各个配电设备处的终端单元上报的实时数据，并使调度员能够在控制中心遥控现场设备。它一般包括数据库管理、数据采集、数据处理、远方监控、报警处理、历史数据管理以及报表生成等功能。SCADA包括配电网进线监控、配电变电站自动化、馈线自动化和配变巡检及低压无功补偿四个组成部分。

配电网进线监控一般完成对供电线路（主变电站向配电网）的开关位置、保护动作信号、母线电压、线路电流、有功和无功功率以及电能量的监控。这些数据通常可以采用转发的方式从地调度或市区调度自动化系统中获得。

配电所变电站自动化（Substation Automation，SA）包括配电所、开闭所自动化。它是利用现代计算机技术、通信技术将变电站的二次设备（包括测量仪表、信号系统、继电保护、自动装置和远动装置等）经过功能组合和优化设计，利用先进的计算机技术、现代电子技术、通信技术和信号处理技术，实现对全变电站的主要设备和输、配电线路的自动监视、测量、自动控制和微机保护，以及与调度通信等综合性的自动化功能。实现变电站的自动化就取消了常规的监视和测量仪表控制屏。

馈线自动化（Feeder Automation，FA）包括故障自动隔离和恢复供电系统，馈线数据检测和电压、无功控制系统。主要是在正常情况下，远方实时监视馈线分段开关与联络开关的状态及馈线电流、电压情况，并实现线路开关的远方分合闸操作，以优化配电网的运行方式，从而达到充分发挥现有设备容量的目的；在线路故障时，能自动记录故障信息、自动判别和隔离馈线故障区段以及恢复对未故障区段的供电，从而达到减小停电面积和缩短停电时间的目的。

配变巡检及低压无功补偿是指对配电网中箱式变电站、变台等的参数进行远方监控和低压补偿电容器的自动投切和远方投切等，从而达到提高供电质量的目的。

(4) 需求侧管理

需求侧管理（Demand Side Management，DSM）是指在政府法规和政策的支持下，采取有效的激励措施和引导措施以及适宜的运作方式，通过发电公司、电网公司、能源服务公司、社会中介组织、产品供应商、电力用户等共同协作，提高终端用电效率和改变用电方式，在满足同样用电功能的同时，减少电量消耗和电力需求，达到节约资源和保护环境的目的，实现社会效益最好、各方受益、最低成本能源服务所进行的管理活动。

配电自动化系统中，所涉及的内容主要包括负荷监控与管理（Load Control&Management，LCM）和远方抄表与计费自动化（Automatic Meter Reading，AMR）。

LCM是根据电力系统的负荷特性，以某种方式削减、转移电网负荷高峰期的用电或增加电网负荷低谷期的用电，以达到改变电力需求在时序上的分布，减少日或季节性的电网高峰负荷，以期提高电网运行的可靠性和经济性。对规划中的电网主要是减少新增装机容量和电力建设投资，从而降低预期的供电成本。

AMR是一种不需要人员到达现场就能完成抄表的新型抄表方式。它是利用公共电话网络、负荷控制信道或低压配电线载波等通信方式，将电能表的数据自动采集到计算机电能计费管理中心进行处理。它不仅适用于工业用户,也可用于居民用户。应用于远程自动抄表系统的电能表是在普通电能表内增加一个自动抄表单元,其中包含电量采集发送装置和通信模块。

(5) 配电图资地理信息系统

配电图资地理信息系统(AM/FM/GIS)是自动绘图(Automatic Mapping, AM)、设备管理(Facilities Management, FM)、地理信息系统(Geographic Information System, GIS)的总称,它是配电系统自动化的基础。

AM 一般是用数字化仪器将以城市街区地图为背景的配电网络接线图及供电区域,按一定的规定输入到计算机中,形成一种由数据支持的可检索的配电网地理位置数字地图。

FM 是利用数字化地图及其数据库,进行配电设备的管理。

GIS 是为了获取、存储、检索、分析与显示空间定位数据而建立的计算机数据库管理系统。

(6) 其他系统

其他系统包括高级应用,如网络分析和优化(Network Analysis, NA)以及调度员培训模拟系统(Dispatcher Training System, DTS)、工作管理系统(Work Management System, WMS)。

1.3 配电网自动化系统的总体构成

1.3.1 小型配电自动化系统的构成

配电网自动化系统的总体构成由配电主站控制中心、监控/监测终端、通信信道三大部分组成。小型配电网自动化系统可以由配电主站、通信信道、若干监控/监测终端构成,对应的构成如图 1-2 所示。

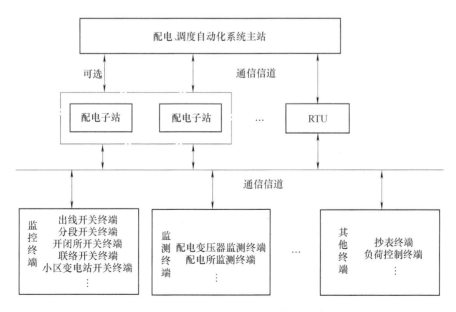

图 1-2　小型配电自动化系统构成示意

在图 1-2 所示的小型配电自动化系统的构成中，若馈线较少，可以不设配电子站，或者与调度 RTU 一体化设计，并且主站一般也是与调度自动化一体化设计。

配电终端主要安装在各开关、配电变压器、开闭所等处，是整个系统构成中最底层的设备，主要负责采集配电网的各种实时数据信息，并执行上级下发的控制命令。

通信信道是联系配电终端与主站的纽带，完成数据、命令的上传下达，占据相当重要的地位，配电系统设备数量庞大，地域分布广，合理可靠的通信系统是配电自动化成功实施的关键。

主站一般设置在供电企业的配电网调度中心或者行使配电网调度职权的场所，它通过通信信道获取各配电终端的电网实时信息，对电网进行监视控制，分析电网运行状态，使其最优运行。

1.3.2 中型配电自动化系统的构成

当被监控/监测设备达到一定数量，这种终端与主站之间的直接通信在实现上产生一定的难度，而且可能会影响自动化系统的实时性，此时可考虑在配电变电站层设置配电子站，子站通常设在 10kV 出线较多或者位置较为重要的变电站、大型开闭所处。在柱上开关、开闭所、小区变/配电变压器、配电变电站、箱式变压器、环网柜等现场设备处设置各监测/监控配电终端。主站与子站之间、配电子站与各终端之间均通过通信信道相连接，以完成对各种配电设备的实时监视与控制。

中型配电自动化系统的构成如图 1-3 所示，分为 3 层：上层为配电自动化主站，负责中型供电局重要线路的运行监控管理和配电管理；中层是配电子站，负责对变电站 10kV 出线的馈线自动化；基层为配电终端，负责对线路上的开关、配变数据采集控制，中型配电自动化系统一般与调度自动化系统独立，但要保留通信接口。

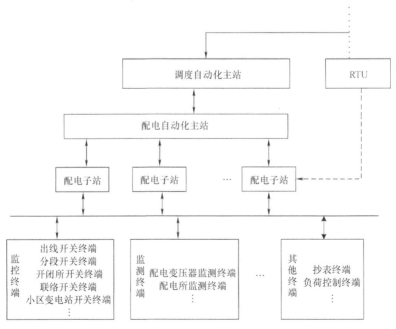

图 1-3 中型配电自动化系统的构成

1.3.3 大型配电自动化系统的构成

对于更大规模的配电网,或因机构设置及管理需要,可在分局(供电分公司)或相应场所再设置若干个区域主站。大型配电自动化系统的构成如图1-4所示,分为4层。最上层是配电自动化主站,负责供电局重要线路的运行监控管理和配电管理;下一层为区域主站,又称控制分中心,负责所管辖区域的配电管理;再下一层为配电子站;最底层是配电终端。

主站控制中心是整个配电网自动化系统的核心,由中心调度室和主站计算机系统及设备组成,其作用如下:

1) 对整个城市配电网及其设备的运行进行监视、控制与管理。

2) 接收通过区域主站、子站转发来的现场设备信息,或直接接收来自各终端设备的配电网实时信息,利用这些信息分析配电网的运行状态。

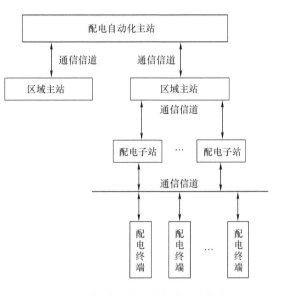

图1-4 大型配电自动化系统的构成

3) 通过计算机联网,将配电网运行信息发送给SCADA、EMS、MIS等系统,根据需要,获取这些系统与配电网有关的信息,实现信息共享。还可利用Internet将配电网信息向外发布。

区域主站是城市配电网自动化系统的区域指挥中心,其组成与主站控制中心相似,但规模上要小于主站控制中心。其作用与控制中心基本相同,不同之处是:控制的区域是城市配电网的一部分(区局所管辖范围),另外还要向主站控制中心上报有关信息,接受主站控制中心下发的信息或指令,执行操作命令。

配电子站作为区域主站与终端之间的一层设备,主要完成通信方式及路由的转换、数据的分层处理与中转、控制中心部分功能的分散等任务。具体内容如下:

1) 完成不同通信方式或路由的转换。
2) 实现就地或就近监视和控制功能(可与调度自动化系统的RTU统一考虑)。
3) 与终端设备及自动化主站完成数据交换,实现数据的上传下达。
4) 完成故障隔离和部分恢复功能。

终端设备是配电网自动化系统的现场监(测)控设备单元,设置在各被监(测)控设备近旁。其作用如下:

1) 采集并计算被监(测)控设备的运行数据(电流、电压、有功、无功、功率因数、电能量等)及状态信息。
2) 监视电网运行设备发生的异常情况并及时上报。
3) 接收控制(分)中心计算机系统发来的控制命令并执行控制操作。
4) 根据程序设定,完成在特定条件下的自动控制操作。例如,自动判断故障并自动控制分开关以快速隔离故障；开闭所主电源失去后，备用电源自动投入控制；监测变压器功率因数较低时自动控制电容器组投入等。

通信信道是配电网自动化系统的神经系统，由通信装置、通信线路（有线通信）、辅助设备（如无线通信的天线、载波通信的结合及耦合设备等）组成，分布在各层需要连接的设备之间。其作用如下：

1）连接控制中心至各终端设备以及其他系统（SCADA、MIS 等），建立数据传输通道。

2）传输控制（分）中心向各终端设备发送的召唤、所需监测信息命令及控制操作命令（下行）。

3）各终端设备向控制中心等上一级系统上传所采集的配电网测量及状态信息（上行）。

1.3.4 配电自动化系统的基本功能

配电网自动化有 3 个基本功能：安全监视功能、控制功能、保护功能。

安全监视功能是指通过采集配电网上的状态量（如开关位置、保护动作情况等）和模拟量（如电压、电流、功率等）、电能量，从而对配电网的运行状态进行监视。

控制功能是指在需要的时候，远方控制开关的合闸或跳闸以及有载调压设备升压或降压，以达到所期望的目的（如满足电压质量的要求、无功补偿、负荷均衡等）。

保护功能是指检测和判断故障区域，隔离故障区域，恢复正常区域的供电。

1.4 实现配电自动化的意义

我国配电网自动化的发展是电力市场和经济建设的必然结果。随着电力的发展和电力市场的建立，配电网的薄弱环节显得越来越突出，形成电力需求与电网设施不协调的局面。

随着市场观念的转变和电力发展的需求，配电网综合自动化已经成为供电企业十分紧迫的任务。在 20 世纪 80 年代就意识到城市配电网的潜在危险，并竭力呼吁致力于城市配电网的改造工程，并组织全国性的大会对配电网改造提出了具体实施计划，1990 年 5 月召开了全国城网工作会议，指出了城市配电网在电力系统的重要位置，要求采取性能优良的电力设备以提高供电能力、保证供电质量。

配电网综合实施改造是实现配电系统自动化的前提，没有合理的电网结构和优良的设备是不可能实现配电系统自动化的。由于早期的配电网已经基本形成，只能在原有配电网的基础上进行改造，难度大，要力争达到高自动化的目的，做好统筹规划，从设备上符合现代城市的发展要求。因此，城市配电网电力设备的基本要求是技术上先进、运行安全可靠、操作维护简单、经济合理、节约能源及符合环境保护要求。

配电自动化系统由于采用了自动化设备，当配电网发生故障或异常运行时，能快速隔离故障区域，并及时恢复非故障区域用户的供电，缩短对用户的停电时间，减少停电面积。这样就有利于提高设备的故障判断能力和自动隔离故障，恢复非故障线路的供电条件；有利于提高配电网设备的自身可靠性运行能力，大大地减轻运行人员的劳动强度和维护费用；由于实现了配电系统自动化，可以合理控制用电负荷，从而提高了设备的利用率；采用自动抄表计费，可以保证抄表计费的及时和准确，提高企业的经济效益和工作效率，并可为用户提供自动化的用电信息服务。

实现配电系统自动化的意义具体从如下几个方面来展开说明。

1. 提高供电可靠性

1999年，从277个城市供电企业统计，10kV用户的供电可靠率为99.863%，即每户平均一年停电12h，其中故障停电占23.69%，即因故障每户每年停电2.84h。1995年，发达国家供电可靠性水平：日本每户年停电时间为6min；法国每户年停电时间为69min；英国每户年停电时间为80min；美国每户年停电时间为98min。由此可见，我国与发达国家的差距比较大，这就要求我们要通过配电自动化系统来缩短差距，提高供电可靠性，缩短停电时间。

配电自动化是提高供电可靠性的必要手段，配电自动化对于提高配电网供电可靠性具有投资少、见效快等显著优势。供电可靠性从99.9%提升至99.99%可主要依靠网架改造，但从99.99%提升至99.999%则必须依靠配电自动化建设，如图1-5所示。

（1）提高供电可靠性——缩小故障影响范围

图1-6描述了一个典型的"手拉手"环状配电网，A和G为电源开关，B、C、E和F为分段开关，D为联络开关。正常运行时，分段开关B、C、E、F闭合，图1-6中用实心表示；联络开关D打开，图1-7中用空心表示。假设配电自动化覆盖到馈线开关的层次，也即A~G开关处均安装了配电自动化终端设备，并通过通信网络与位于配电主站控制中心的后台计算机系统相连。

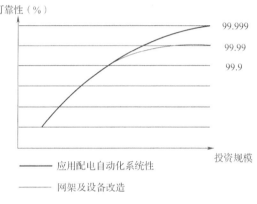

图1-5 提升供电可靠性的手段与效果

如图1-6所示，假设开关A和B之间的馈线发生故障，则利用主变电站的保护装置跳开A开关，断开故障区域，并通过配电自动化分断B开关隔离故障区域，通过配电自动化合主联络开关D，恢复受故障影响的健全区域BC和CD供电，整个过程示意如图1-7所示。可见配电自动化可以及时隔离故障区域，并减少故障的影响范围，但是在此例中，AB段馈线上的任意用户发生故障，该馈线就必须整段切除。

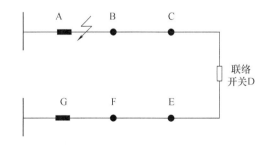
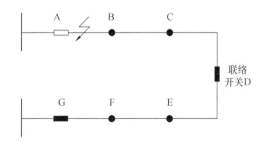

图1-6 自动化覆盖到馈线开关的"手拉手"环网　　图1-7 故障隔离、恢复供电示意

图1-8描述了，在图1-6所示配电网的基础上，在负荷密集区B设置开闭所（虚线圈内所示），并且配电自动化覆盖到开闭所的层次，也即开闭所的进线和出线开关处均安装了配电自动化终端设备，并通过通信网络与位于配电主站控制中心的后台计算机系统相连。

图 1-8 中,假设在开闭所 B 的 B-1 出线上发生故障,在图 1-9 中描述了通过配电自动化分断隔离故障区域,而不影响故障所在馈线的开闭所的其他出线供电的处理结果。与图 1-6 所示的实例相比,本例进一步缩小了故障影响范围,但是在此例中,B-1 出线上的任意用户发生故障,该出线就必须整段切除。

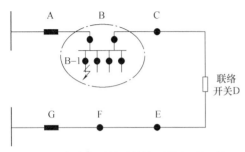

图 1-8 自动化覆盖到馈线开关和开闭所

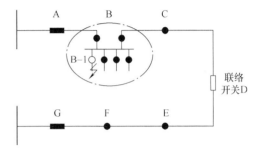

图 1-9 故障隔离、恢复供电示意

若在图 1-8 所示网络的基础上,在配电变压器高压侧设置开关及配电自动化终端设备,并通过通信网络与位于控制中心的计算机系统相连,则可以更进一步缩小故障影响的范围,读者可以自行分析。总之,配电自动化覆盖层次越深,则故障影响范围越小,供电可靠性越高。

(2) 提高供电可靠性——减少计划停电时间和缩短故障处理所需的时间

实施配电自动化,一方面可以通过开展带电作业、优化停电计划管理以减少重复停电,通过优化抢修资源配置以提高工作效率等方式来减少计划停电时间;另一方面,实施配电自动化还可以通过故障自动定位以减少故障查找时间,通过遥控操作以减少故障隔离时间,通过标准化抢修以减少故障修复时间等方式缩短故障处理所需的时间。

供电可靠性是电网供电质量的主要指标,它是用来衡量电力系统对用户的持续供电能力。以中国电力可靠性管理中心 2010 年度的数据为例,我国城市用户供电可靠率达到"3 个 9"(99.92%);用户年平均停电时间小于 2 小时的上海电力公司供电可靠率为 99.981%;北京电力公司供电可靠率为 99.978%;而我国香港的用户年平均停电时间均低于 5 分钟,供电可靠率达到"5 个 9"的水平,与日本东京和新加坡相当。可见,我国供电可靠性与国际先进水平相比还有很大差距。我国供电可靠性指标偏低,虽然有用电增长速度快、电网基建与改造任务重的缘故,但很大程度上是由于配电网结构薄弱、作业方式和技术装备的相对落后引起的,这已经成为制约提高供电可靠性的瓶颈。随着我国产业结构的调整和升级以及新技术企业的不断涌现,也必将对供电可靠性和电能质量提出越来越高的要求。

国内外的电网运行资料表明,用户遭受的停电的情况绝大部分是由中、低压配电网的原因引起的。我国输电系统造成的用户停电仅占 5%,高压配电也仅占 5% 左右,而中低压配电网占了 90%。又据国内多年的供电可靠性统计分析,目前用户停电原因中有 70% 来自非限电的预安排停电,即网络改造、业扩接电、计划检修等,而这些配电作业恰恰可以大量采用不停电作业来完成。不停电作业方式是指对用户不停电而进行电力线路或设备测试、维修和施工的作业方式。不停电作业方式主要有以下两种:一是直接在带电的线路或设备上作业,即带电作业;二是先对用户采用旁路作业或移动电源法等方法连续供电,再将线路或设备停电进行作业。

带电作业是指工作人员接触带电部分的作业或工作人员用操作工具、设备或装置在带电作业区域的作业。采用的方法有绝缘杆作业、绝缘手套作业和等电位作业。带电作业的工作内容主要包括：在输电设备上采用等电位作业方式进行的作业；在输、配电线路设备近旁采用操作杆、测量杆进行的作业；在配电设备近旁，将带电部分绝缘隔离，使用高架绝缘斗臂车、绝缘平台等与地电位隔离，采用绝缘手套进行的直接作业；对线路绝缘子串、变电站绝缘子串、变电设备瓷套和瓷柱进行的带电水冲洗等。

旁路作业是指应用旁路电缆、旁路开关等临时载流的旁路线路和设备，将需要停电的运行线路或设备（如线路、断路器、变压器等）转由旁路线路或设备替代运行；再将原来的线路或设备进行停电检修、更换，作业完成后再恢复正常接线供电方式；最后拆除旁路线路或设备，实现整个过程对用户不停电作业。

移动电源法是指把需检修的线路或设备从电网中分离出来，利用移动电源（移动电源可以是移动发电车、应急电源车或者移动箱式变压器等）形成独立网对用户连续供电，作业完成后再恢复正常接线的供电方式，最后拆除移动电源，实现整个过程对用户少停电（停电时间为倒闸操作时间）或者不停电。电网的很多作业，如配电变压器的更换、增容、迁移杆线、更换导线等作业项目无法直接采用带电作业来实现，这时就可以采用移动电源法保证对用户的持续供电。

我国的带电作业起步于20世纪50年代初，人工带电作业是一项艰苦繁重又具有一定危险性的工作，需要引进先进可靠的新技术和新方法来降低劳动强度，保证作业的安全性。配电带电作业机器人的问世提供了十分理想的解决方案。"十五"期间，国家"863计划"连续用两个项目支持了带电作业机器人的研究。另外，直升机带电水冲洗作业也已用于输电线路的绝缘子清洗中，有效降低了污秽造成的工频污闪，提高了电网的绝缘水平和运行可靠性。

开展不停电作业是当前提高供电可靠性的最直接、最有效的措施，不仅减少了停电损失，大大提高了劳动效率，而且提升了服务效能和质量，树立了良好的企业形象，同时也促进了检修方式的进步，更好地保障了电网安全。配电网作业方式从传统的停电作业（即对需要检修作业的线路或设备停电隔离后再进行施工、检修，作业完成后再恢复供电的作业方式）向以停电作业为主、带电作业为辅进一步向不停电作业方式转变，这将是电网作业技术领域的一场新的革命，必将带动供电可靠性的大幅提升。

另一方面，实施配电自动化可以大大缩短故障处理所需的时间，下面以日本九州电力公司在应用配电网自动化系统前后，对配电系统故障处理所需的时间进行比较统计分析为例来说明。配电变电所变压器组故障时，从故障停电至开始由其他变压器组供电，自动操作需要5min，人工操作需要30min（缩短了25min，约83%）；改由其他变压器组和变电所恢复送电操作由自动化系统完成需15min，而采用人工操作则需要120min（缩短了105min，约88%）；变电所发生全所停电时，由自动化系统完成全部配电线路负荷转移需15min，采用人工就地操作需要150min（缩短了135min，约90%）。配电线路故障时，由自动化系统控制向非故障区间恢复送电的时间平均为3min，如果采用人工操作则需55min（缩短了52min，约95%）；至处理完故障系统恢复正常运行，通过自动化系统一般需要60min，而人工操作则需要90min（缩短了30min，约33%）。

2. 提高供电经济性

目前，用电市场对供电电能质量提出了新的更高要求，所以提高供电质量和降低线损也是城市电网自动化的重要目的。我国电网1995年的统计网损率为8.77%，而世界经济发达国家的平均网损率仅为3%~5%。以某城区供电局为例，该局年最高负荷约150MW，年售电量约 8×10^8 kW·h，如果加强城网改造，合理进行网络配置及优化无功补偿，降低线损率0.10%，经初步测算每年就可节省300万元以上。

降低配电网线损一直是电力企业和电力科研工作者努力的方向之一。目前，可以通过多种方法来降低配电网的线损，如配电网络重构、安装补偿电容器、提高配电网的电压等级和更换导线等。其中，提高配电网的电压等级需要进行慎重的综合考虑，更换导线和安装补偿电容器则需要投资。配电自动化使用户实时遥控配电网开关进行网络重构和电容器投切管理成为可能，通过配电网络重构和电容器投切管理，在不显著增加投资的前提下，可以达到改善电网运行方式和降低网损的目的。配电网络重构的实质就是通过优化现存的网络结构，改善配电系统的潮流分布，理想情况是达到最优潮流分布，使配电系统的网损最小。当然，通过配电自动化实现远方自动抄表，还可以杜绝人工抄表导致的不客观性和漏洞，显著降低管理线损，并能及时察觉窃电行为，减少损失。

3. 提高供电能力

一般说来，配电网是按满足峰值负荷的要求来设计的。然而在配电网中，每条馈线均有不同类型的负荷，如商业类、民用类和工业类。这些负荷的日负荷曲线是不同的，在变电站的变压器及每条馈线上峰值负荷出现的时间也是不同的，导致实际当中配电网中的负荷分布是不均衡的，有时甚至是极不均衡的，这严重降低了配电线路和设备的利用率，同时也导致线损较高。通过配电网优化控制，可以从重负荷甚至是过负荷转移到轻负荷馈线上，这种转移有效地提高了馈线的负荷率，增强了配电网的供电能力。

城市配电网的某些线路有时会发生过负荷。为了确保供电安全，传统的处理办法是想办法再建设一条线路，将负荷分解到两条线路上运行。但是实际上往往过负荷仅仅发生在一年中某几天的个别时期内，因此上述做法很不经济。在合理的网架结构下，通过配电自动化实现技术移荷与负荷管理，实际上可以利用现有的配电网资源消除过负荷。

4. 改善电能质量

电能质量关系着电网的安全经济运行，是工业产品质量的保障，对降低能耗及人类生活环境等产生重要影响。现代工业和科学技术中的精密仪器设备，复杂的控制系统和工艺流程，对电能质量的要求越来越高。电能质量关系着国民经济的总体效益。随着现代工业技术的发展，电力负荷的种类越来越多，特别是非线性、冲击性负荷在容量上、数量上日益增大，使公用电网中的各种干扰成分不断增加，电能质量日益恶化。近年来，由于电能质量引发的事故和问题呈上升趋势，对电能质量的管理和对电力污染的治理工作势在必行。通过配电自动化实现远方有载调压和集中补偿电容器的正确投切、配电变压器低压侧无功补偿以及以提高电压质量为目的的配电网络重构等，都是提高电压质量的有效手段。

5. 降低劳动强度，提高管理水平和服务质量

配电自动化还能实现在人力尽量少介入的情况下，完成大量的重复性工作，这些工作包括查抄用户电能表、监视记录变压器运行工况、检核配电变电站的负荷、断路器分合状态记录、投入或退出补偿电容器、升或降有载调压变压器分接头等。通过配电自动化，不必登杆操作，在配电控制中心就可以控制柱上开关；实现配电变电站和开闭所无人值班；借助人工智能代替人的经验做出更科学的决策报表、曲线、操作记录等自动存档；数据统计和处理；

配电地理信息系统的建立；客户呼叫服务系统等。这些手段无疑显著地降低了劳动强度，提高了管理水平和服务质量。

实现配电自动化提高了用户满意程度。供电部门除了在供电可靠性和电压质量上要使用户满意外，还应当使用户不为用电烦恼。例如，对实行分时电价制的用户，可利用配电自动化通道协助他们合理停用或投入一些耗能设备，既保证设备发挥作用，又可节约电费。所以，从某种意义上说，使用户满意才是城市电网自动化最主要的最终目的。

1.5 配电自动化的现状与发展情况

1.5.1 国外配电自动化发展及现状

国外配电自动化开始于 20 世纪 70 年代，欧美等开展配电自动化的早期目标是用缩短馈线停电时间。如美国，在开展配电自动化工作的初期，采用配电线路上装设多组重合器、分段器方式，使线路故障不影响变电站馈线供电。在纽约曼哈顿地区，27kV 任一线路故障时真空重合器和变电站内的断路器配合，经过小于 3 次的开合操作，自动隔离故障使非故障段恢复供电。1997 年全纽约的用户平均停电时间（含检修、故障等各种因素停电时间）为 104min，而曼哈顿地区仅为 9min。1994 年，美国长岛电力公司配电自动化系统采用 850 台 FTU 和无线数字电台组成了故障快速隔离和负荷转移的馈线自动化，在 4 年内避免了 59 万个用户的停电故障（根据美国事故统计标准，对用户停电达到或超过 5min 就是停电事故），并因此获得 IEEE DA/DSM 大奖。整个系统的形成大致经历了 3 个阶段：第一步使线路运行达到能自动分段，第二步建立通信实现 SCADA 功能；第三步实施非故障段的自动恢复供电。随着微机技术的兴起和发展，大约在 1980 年，配电自动化方面的研究已有相当的规模。到 20 世纪 90 年代，美国的配电网自动化技术已达相当高的水平。其中典型的例子是美国纽约长岛照明公司于 1993 年投运的配电网自动化系统，系统涉及 750 条馈线，100 多万用户，该系统的使用使受主线路故障影响的用户减少 25%，即总计 24 万用户可实现在 1min 内完成故障区间隔离和非故障区间的自动化恢复送电，代表当时这一领域的国际最高水平。

日本配电网自动化的发展途径和美、英等国不同，它首先是在配电线路上安装具有判别故障及按时限顺序合闸的柱上开关，并与安装在线路上的重合器、分段器及变电站馈线开关的保护相配合。当线路发生故障经过二次合闸，重合器、分段器能自动判别故障，自动隔离线路故障段，使线路非故障区域恢复供电。在上述基础上又进一步增设通信功能，将柱上自动配电开关的信息送至中央控制室，由配电自动化系统对配电网进行监控，其功能包括 SCADA、AM/FM/GIS、负荷控制（LC）等。日本在 20 世纪 50 年代送配电损耗约为 25%，到 80 年代已降到 5%，日本九州电力公司每户平均停电时间从 6min 下降到 1min，正是依靠配电自动化实现的。日本是配电自动化发展比较快的国家，到 1986 年全国 9 个电力公司的 41 610 条配电线路已经有 35 983 条（86.5%）实现了故障后的按时限自动顺序送电，其中 2 788 条（6.7%）实现了柱上开关的远方监控。到 1997 年底，日本全国已基本上实现了配电网自动化。

欧洲配电自动化系统的实施进程不如日、美那么快。如意大利国家电力公司（ENEL）在 20 世纪 80 年代初，才着手进行变电站设备的自动控制，到 80 年代末才开始进行基于配电网数据传输的配电网自动化系统的工业性开发。到 1996 年 9 月底，有 13 个配电自动化系统运行，连接到大约 1 000 个配变电站和 6 万个家庭用户。

同时，国外著名电力设备制造厂商基本上都涉足配电自动化领域，如西门子公司、施耐德公司、COOPER 公司、MOTOROLA 公司、ABB 公司、东芝公司等，均推出了各具特色的配电自动化产品。

相比较而言，日本、美国自动化系统的覆盖面较广，而欧洲则相对差些。其主要原因是，日本配电网以架空线路为主（根据日本九州电力公司 1997 年统计的数据，该公司 6kV 配电系统的架空线路所占的比例为 98.3%），架空线路易受环境、气候等自然因素和外力撞杆、断线等人为因素影响，为了保证高供电可靠性要求，除需要大量的柱上开关构成网格式配电网络外，还需自动化手段保证快速处理故障及恢复供电。欧洲配电网以电缆线路为主，由于电缆线路基本上不受上述架空线路外界因素的影响，所以即使没有自动化手段的支持，也能获得高的供电可靠性，但是电缆的造价远高于架空。美国则介于日本和欧洲之间，自动化系统根据不同用户需要确定是否使用。

从以上可以看出，国外配电自动化的实现，大致是先实现馈线自动化，然后建立通信信道和配电自动化主站系统，再完善各项功能。然而，在这过程中留有大量的有待开发的自动化功能和一些已经开发的功能之间的重叠。配电自动化的发展经历了从各种单项自动化林立（也称为"多岛自动化"）的配电系统，向开放式、一体化和网络化的综合自动化方向发展的过程，目前已经具有相当的规模，并且在提高配电网运行的可靠性和效率，提高供电质量，降低劳动强度，充分利用现有设备的能力等方面均带来了可观的社会效益和经济效益。目前国外正致力于配电自动化专家系统和配电网仿真培训系统等研究，并且正在研究通过负荷分配的优化来减少网损，对变压器负荷进行管理，以最大限度地利用变压器容量并降低系统有功损耗以及按即时电价对用户负荷进行管理等。

1.5.2 我国配电自动化的发展现状

随着我国在经济上的可持续发展和人民物质文化生活水平的不断提高，用户对电力的需求越来越大，对供电质量和供电可靠性的要求越来越高。尤其是在国家颁布的《中华人民共和国电力法》贯彻实施以后，电力作为一种商品进入市场接受用户的监督和选择，对电力供应中的停电影响追究电力经营者的责任。还有，高技术和精密装备对电能质量要求也随之提高，配电网供电可靠性已是电力经营者必须考虑的主要问题。为此，加快城乡电网的改造、加快配电系统自动化的进程就显得尤为重要。

配电是电力系统直接面向用户的功能，是电力系统的重要组成部分。过去，我国电网缺电严重，加之"重发、轻配、不管用"等现象，致使配电网技术相对落后，主要表现在网络混乱、装备陈旧、自动化水平低、维护工作量大、供电可靠性低等方面。改革开放以来，电力工业特别是发、输电方面有了很大的发展，电网缺电现象得到显著改善。与此同时，电力系统自动化也进入了新的发展阶段。但是，用不上电的情况仍十分严重，已建成的各种自动化系统形成一个个"孤岛"，互相隔绝，不能充分发挥作用。配电网的规模是随着负荷的不断增长而不断扩建和发展的。早期的配电网规划经常因无法确切预见今后的负荷和市政建设前景，因此形成配电网建设的无序化和不合理性是难免的。对此，我国国家电力公司从 1998 年起对全国城市和农村电网开始进行大规模的建设和改造，投入 2 800 亿元资金，主要建设改造从低压 380V 到高压 110kV（部分 220 kV）的配电网，以便提高配电网的供电能力和安全经济运行水平，改善人民生活，为国民经济持续发展提供了强大的动力。到 2000 年，城市高压配电网整体供电能力增长了 40% ~ 50%，中低压配电网供电能力增长了 25%。

我国配电自动化工作起步于 20 世纪 80 年代，其标志是当时石家庄和南通各引进了一套日本户上制作所赠送的配电网自动化环路设备，该设备每一开关单元由 SF_6 开关、DM 控制器和电源变压器构成，可以完成就地故障隔离功能，相当于日本 20 世纪 70 年代的装备水平。

我国配电自动化工作的真正开展是在 20 世纪 90 年代，90 年代后期陆续在一些省会城市开展局部范围配电自动化试点建设。1998 年末，随着国家启动城、农网改造工程，为配电自动化研究建设提供了机遇。同时，国内配电自动化的产品研发、功能标准讨论、工程项目建设也进入热潮，为国内配电自动化系统的全面建设提供工程经验。国内最早的集成化、综合一体化功能的配电自动化工程试点，是 1998 年的宝鸡市区配电自动化系统。其功能包括了馈线自动化、配电变压器巡检、开闭所自动化、配电网 SCADA、配网仿真优化、配电地理信息系统、客户故障报修等，并实现了各个子系统之间的信息实时共享、功能相互共享的一体综合化的配电自动化系统。

近年来，智能电网已成为电力界的热门话题，被认为是改变未来电力系统面貌的电网发展模式。随着智能电网的建设以及通信技术的发展，作为智能电网重要组成部分的配电自动化技术取得了重大的进步，从 2009 年开始掀起了新一轮大规模的基于智能电网背景的配电自动化建设热潮。2009 年 9 月，北京、杭州、厦门、银川被确立为第一批试点单位；2010 年 1 月，天津、青岛、唐山等 19 个重点城市开展第二批配电自动化试点工程建设工作；2011 年 2 月，在南昌、沈阳、福州等 7 个重点城市开展配电自动化推广工程建设工作；2010 年 1 月，完成了北京、杭州、厦门、银川配电自动化试点项目建设实施方案审查批复工作，第一批试点单位开始工程建设；2010 年 10 月，完成了天津、青岛、唐山等 19 家配电自动化试点项目单位建设实施方案审查批复工作，第二批试点单位开始工程建设；2010 年 12 月，完成了北京等配电自动化试点项目工程验收工作，第一批试点项目全面进入试运行阶段；2011 年 10 月，完成了南昌、沈阳、福州等 7 家配电自动化推广项目单位建设实施方案批复工作，各单位开始工程建设；2011 年 11 月，完成了北京等配电自动化试点项目实用化验收工作，第一批试点项目全面进入正式运行阶段；2012 年 1 月，完成了天津、青岛等配电自动化试点项目工程验收工作，第二批试点项目全面进入试运行阶段。

1.6 配电自动化的难点

现代电力系统是由发电网、输电网、配电网和负荷中心组成的庞大的能力系统，需要一个高度信息化和自动化的系统来监控和调度，这是一个由数据的采集、控制、通信和分析决策功能于一身的计算机系统。近年来，输电网的国调、网调、省调、地调和县调的调度计算机系统自动化程度已经得到了很大的发展，然而配电网的自动化系统发展仍然很低。人们通常形成一个错觉，配电网自动化系统比输电网自动化系统简单，而且投资少，其实正好相反。配电网自动化系统不但比输电网自动化系统对于设备的要求高，而且规模也要大得多，因而建设费用也要高很多，究其原因主要有如下几点。

(1) 测控对象非常多——系统组织困难、信息量巨大、处理困难

输电网自动化系统的测控对象一般都是较大型的 110kV 以上变电站以及少数 35kV 和 10kV 变电站，因此站点少。一般小型县调具有 1~7 个站，中型县调具有 7~16 个站，大型县调有 16~24 个站；小型地调只有 24~32 个站，中型地调有 32~48 个站，大型地调也只有 48~64 个站。

而配电自动化系统的测控对象为进线变电站、10kV 开闭所、小区变电所、配电变压器、分段开关、并补电容器、用户电能表、重要负荷等，站点非常多，通常有成百上千甚至上万点之多。因此，不仅对于系统组织会带来较大的困难，而且在控制中心的计算机网络上也必须下更大的功夫，特别是在图形工作站上，要想较清晰地展现配电网的运行方式，困难将更大，因此，对于配电自动化主站系统，无论是硬件还是软件，较输电网自动化系统都有更高的要求。此外，由于配电自动化系统的站端设备极多，因此要求设备的可靠性和可维护性一定要高，否则电力公司会陷入繁琐的维修工作中，但是每台设备的造价却受到限制，否则整个系统造价会过高，影响配电自动化潜在效益的发挥。

(2) 大量终端设备安放在户外——工作环境恶劣、可靠性要求高

输电网自动化系统的站端设备一般都可安放在所测控的变电站内，因此行业标准中这类设备按照户内设备对待，即只要求其在 0~55℃ 环境温度下工作。而配电自动化系统中的却有大量的站端设备必须安放在户外，由于它们的工作环境恶劣，通常要能够在 -25~65℃ 环境下工作，因此必须考虑雷击、过电压、低温和高温工作、雨淋和潮湿、风沙、振动、电磁干扰等因素的影响，从而导致不仅设备制造难度大，造价也较户内设备高。此外，配电自动化系统中的站端设备进行远方控制的频繁程度比输电自动化系统要高得多，因此要求配电自动化系统中的站端设备具有更高的可靠性。

(3) 通信系统复杂——综合采用

由于配电自动化系统的站端设备数量非常多，会大大增加通信系统的建设复杂性，从目前成熟的通信手段看，没有一种方式能够单独满足要求，因此往往综合采用多种通信方式，并且通常采取多层集结的方式，减少通道数量和充分发挥高速信道的能力。此外，在配电自动化系统内，对于开闭所 RTU 和柱上 FTU 往往要求还不一样，这使得它们难以采用统一的通信规约，使问题更加复杂。

(4) 工作电源和操作电源提取困难

在配电自动化系统中，必须面临许多输电网自动化中不会遇到的问题，其中最重要的是控制电源和工作电源的提取问题。故障位置判断、隔离故障区段、恢复正常区域供电是配电自动化最重要的功能之一，为实现这一功能，必须确保故障期间能够获取停电区域的信息，并通过远方控制跳开一部分开关，再合上另外一些开关。可是由于该区域停电，无论计算机系统工作所需的电源和通信系统所需的电源，还是跳闸或合闸所需的操作电源，都成了问题。对于输电网自动化系统，可以通过所在变电站的直流电源屏获取电源，这个办法同样也适用于配电网自动化系统中当地有直接电源屏的远方站点，但对于诸如现场 FTU 的情形，就往往不得不安放足够容量的蓄电池以维持停电时供电，与之配套还需要有充电器和逆变器。但问题绝不这样简单，长期未进行充放电的蓄电池的性能往往会受到较大的影响，而对于蓄电池的充放电，通常是不便进行控制的。

(5) 我国目前配电网现状落后——需对配网拓扑结构改造

我国目前配电网的现状仍十分落后，首先要对配网的拓扑结构进行改造，使之适合于自动化的要求，如馈线分段化、配网环网化等，分段开关也需更换成为能进行电动操作的真空开关，并且应具有必要的互感器。开闭所和配电变电所中的保护装置，应能提供一对信号接点，以作为事故信号，区分事故跳闸和人工正常操作，开关柜的操作机构应该具有防跳跃机构等。但是我国现在的配电网和上述要求尚存在较大的差距。因此为了实现配电自动化，往往必须把对传统配网的改造纳入工程之中，从而进一步增加了实施的困难。

1.7 智能电网形势下的配电网建设

1.7.1 坚强智能电网概念的提出及规划

2009年5月21日，在北京召开的"2009特高压输电技术国际会议"上，国家电网公司正式发布了"坚强智能电网"发展规划。在2010年3月召开的全国"两会"上，温家宝总理在政府工作报告中强调："大力发展低碳经济，推广高效节能技术，积极发展新能源和可再生能源，加强智能电网建设"。这标志着智能电网建设已经上升到国家层面。2011年，发展特高压和智能电网纳入了国家"十二五"规划纲要，成为国家能源发展的战略重点。

规划分以下三个阶段推进"坚强智能电网"的建设：

1) 2009—2010年为规划试点阶段。重点开展发展规划，制定技术标准和管理规范，开展关键技术研发和设备研制，开展项目试点和示范工程。

2) 2011—2015年为全面建设阶段。完善坚强智能电网标准体系，加快特高压电网和城乡配电网建设，初步形成智能电网安全运行控制和互动服务体系。

3) 2016—2020年为完善提升阶段。基本建成坚强智能电网，使电网的资源配置能力、运行控制、清洁能源利用、互动服务的水平得到显著提高。

信息化、自动化、互动化是坚强智能电网的基本技术特征，智能电网建设包含电力系统的发电、输电、变电、配电和用电各个环节，覆盖所有电压等级。

1.7.2 基于配电自动化的智能配电网建设

智能电网建设中的智能配电是指以灵活、可靠、高效的配电网网架结构和高可靠性、高安全性的通信网络为基础，支持灵活自适应的故障处理和自愈，利用信息通信、高级传感和测控等技术，满足高渗透率的分布式电源和储能元件接入的要求，满足用户提高电能质量的要求。

基于配电自动化的智能配电网建设是研究如何通过配电自动化系统实现配电网全面监测、灵活控制、优化运行及运行维护管理集约化等功能，满足大幅度提升配电网整体可靠性和运行效率的目标要求。研究的内容还包括配电自动化系统与其他系统（如GIS、95598等）的互联，以及配电网自愈、优化运行、负荷预测、状态估计等高级应用。

未来的智能配电网自愈能力将进一步增强，配电网安全性将进一步提高，抵御外力和自然灾害的能力也将进一步提升，配电网将提供更优质的电能，而且支持分布式电源的大量接入，配电设备的运行状态也会得到实时监控，设备资产的利用率将会大大提高。这些智能配电网带来的美好前景将很快得到实现。

1.7.3 智能电网形势下的配电自动化建设目标和建设标准

随着智能电网的建设以及通信技术的发展，作为智能电网重要组成部分的配电自动化技术取得了重大进步。"十二五"期间，国家电网公司将在 200 个地市级单位、42 个县级单位开展配电自动化建设。2011 年完成北京、上海等 23 个重点城市主城区或核心区的配电自动化建设；启动济南等 6 个重点城市及泉州市城市核心区的配电自动化工程建设（共计开展 30 个工程）。2012 年开工建设乌鲁木齐 1 个重点城市及临沂、扬州、井冈山、赤峰等 69 个地级城市的配电自动化工程（2012 年开工建设 70 个，累计开展 100 个）。2013 年及以后开工建设拉萨 1 个重点城市及北京市石景山区、芜湖市、许昌市、吉林市、喀什市等 99 个地级单位的配电自动化工程（2013～2015 年开工建设 100 个，累计开展 200 个）。

国家电网公司制定智能电网技术标准体系，用以协调和指导智能电网相关技术领域发展。在配电自动化方面制定的标准主要包括配电自动化技术导则、建设系列标准、运行控制系列标准、自动化系统和设备系列标准、验收和运行维护方面的标准。其具体标准包括 Q/GDW 382—2009《配电自动化技术导则》、Q/GDW 625—2011《配电自动化建设与改造标准化设计 技术规定》、Q/GDW 513—2010《配电自动化主站系统功能规范》、Q/GDW 514—2010《配电自动化终端/子站功能规范》、Q/GDW 567—2010《配电自动化系统验收技术规范》、Q/GDW 639—2011《配电自动化终端设备检测规程》《配电自动化验收细则（第二版）》《配电自动化系统实用化验收细则（试行）》、Q/GDW 626—2011《配电自动化系统运行维护管理规范》。

1.8 配电自动化建设经验教训及当前研究热点

1.8.1 配电自动化建设经验教训

我国自 20 世纪 90 年代中后期开始了配电自动化的试点工作，到 2003 年有一百多个地级以上城市开展了配电自动化系统工程试点工作。2003 年以后，不少已建成的配电自动化系统暴露出运行不正常、实用化程度差的问题，再加上全国缺电局面的出现，供电企业忙于应对电力需求的急剧增长，配电自动化应用进入了相对沉寂的阶段。最近，随着国家电网公司建设坚强智能电网方针的提出，作为实施智能电网战略重要手段的配电自动化面临新的挑战和机遇。配电自动化建设是一项系统而复杂的工程，总结过去十多年建设的经验教训，方能更好地在智能电网新形势下推进配电自动化的发展。

1) 配电网基础设施规划要与配电网的智能化建设紧密衔接。配电网基础设施规划不仅包括配电网络的规划，还包含一次设备的智能化改造、配电智能终端设备、分布式电源优化配置、含分布式电源的小区负荷预测等多方面的内容。配电基础设施规划的目标是建立起符合智能配电网要求的能量与通信集成的体系构架，提高配电系统建设资金的利用效率。

2) 通信问题。配电自动化系统的实际应用在很大程度上取决于通信系统，就之前的建设情况来看，通信仍然是制约配电自动化应用的瓶颈。以往多采用点对点串行通信方式，需要通过配电子站转发终端数据，通信速率低，且配置和管理维护工作量大，下一步应采用网络通信方式，实现终端与主站之间透明传输，同时实现终端之间对等数据交换，以支持分布式智能控制功能。

3）系统的功能、设计存在缺陷。如设备选择不当，盲目求新，没有根据实际需求进行考虑；结构设计上缺乏统筹考虑，如主站功能与控制端功能不兼容；管理机制不完善，存在"重形式、轻实效，重技术、轻管理，重系统、轻客户"的传统弊端等。

4）数据的科学管理问题。配电的数据包括基础数据和实时运行数据，应注意遵循 IEC 61968、IEC 61970 与 IEC 61850 等国际标准，不选用不符合标准的产品，更不能贪图方便或以"有特色"和所谓"创新"为由，另起炉灶自行定义私有的数据接口标准，否则，将会为今后新应用的集成和更广泛的信息共享埋下"地雷"。

5）信息孤岛问题。当前用户往往拥有多个信息系统，它们类型多样，但往往由于兼容性不高，常出现相互之间很难实现信息共享的问题。由此带来的信息孤岛导致了重复投资、数据来源不一致、管理维护工作量大等一系列的问题，这限制了配电自动化系统很多功能的实际应用和发展。在今后的建设中，有必要基于标准总线技术，打通各个系统之间的联络，充分发挥信息的多方共享、高度集成和深度挖掘利用的能力。

6）终端电源问题。无论直接取照明用电还是采取取电 CT 方式，均存在一定的问题。馈线终端一般采用蓄电池储电，寿命在 3~5 年，电池的维护工作量很大，有必要研究新的储能技术，如超级电容技术、光伏储能等，以满足实际应用。

1.8.2 配电自动化建设当前研究热点和重点

配电自动化建设是实现智能配电网的重要支撑，智能配电网具有信息化、自动化、互动化等基本特征，信息化是智能配电网的实现基础，自动化是智能配电网发展水平的直观体现，互动化是智能配电网的内在要求。目前，配电自动化正在向着智能化的方向发展，当下的研究热点主要有以下几项：

1）合理设计各自动化系统的功能、结构和接口，以最大程度上实现相互之间的信息共享。

2）研究分布式电源、微网、储能装置、电动汽车充电站等的接入对配电网运行的影响，促进可再生能源的发展和利用。

3）制定配电自动化相关标准体系，如配电自动化系统的验收评价指标、配电网的运行规程和系统维护规程等。

4）配电网单相接地故障定位。单相接地故障是配电网发生概率最高的故障类型，但因其故障电流小使得其故障定位问题一直是一个研究的热点。

5）研究配电网自愈控制技术，研究配电网在线风险评估、安全预警与智能决策技术等，以实现故障的快速处理进而大幅提高供电的可靠性和安全性。

6）研究智能用电与互动化关键技术，如高级量测体系架构及其业务模型、双向信息智能电表关键技术、面向智能用电互动的标准化业务体系等。

7）研究配电网的高效经济运行技术，如扩大供电能力的运行控制策略、降低损耗的经济调度方法、高级分析计算及决策支撑系统等。

8）研究智能终端的自适应、自组织、自管理技术，研究面向智能终端的配电自动化仿真技术及智能故障处理模式和系统控制方法。

9）适用于海量数据采集、通信、存储、共享的实时数据库研究，配电网规划中的智能数据管理。

10) 有源配电网保护新技术的研究。

1.9 配电自动化系统的规划

1.9.1 配电自动化系统规划的总体要求和原则

1. 配电自动化系统规划的总体要求

1) 配电自动化的建设与改造规划,应与一次网架的规划同步进行。在进行本地区配网建设和改造的规划设计时,应将配网自动化系统的规划设计纳入其中,统一协调配合,以保证改造后的配网在供电可靠性、电压合格率以及技术与经济效益等方面的目标指标的实现。

2) 配电自动化的建设与改造规划,分为近期和中远期规划。配电自动化的近期规划,主要是根据一次网架规划及项目立项情况,收集配电自动化建设与改造的需求、方案,并进行评审,建立配电自动化建设与改造项目库。配电自动化中远期规划,主要是根据一次网架、区域用地性质和负荷预测情况等,选择自动化实施区域,并制定分阶段实施方案。配电自动化主站系统应根据应用需求及自动化技术发展情况、远景,来制定相应的功能规划。

3) 配电自动化建设与改造项目分为新建和扩建两类。新建项目指项目单位首次开展配电自动化系统建设的项目;扩建项目指在已有配电自动化系统基础上进行扩建的项目,包括除新建项目外,所有的配电自动化建设与改造工作。

4) 配网自动化规划应注重差异化。由于各地市配网规模差异较大,相应的配网基础条件和管理模式上也可不尽相同。在考虑配网自动化建设时应针对具体情况而有所区别,要因地制宜地选配功能,逐步实现配网自动化系统建设实施规范化和设备选型标准化的目标。

5) 配电自动化规划应综合考虑经济效益和社会效益,从提高供电安全性和可靠性、提高工作效率和管理水平、减少运行维护费用和各种损耗、推迟电源建设投资、改善社会公众形象等各方面进行分析。在可能条件下尽量进行定量分析,计算投资效益。

2. 国家电网公司制定的配电自动化系统规划原则

配电自动化规划应统筹考虑、合理规划,做到科学论证、技术适用、经济合理,并遵循以下原则:

1) 统筹考虑各类供电区域的差异化需求,实现协调发展。

2) 配电终端、配电通信网应与配电网实现同步规划、同步设计、同步建设。对于新建电网,配电自动化规划区域内的一次设备选型应一步到位,避免因配电自动化实施带来的后续改造和更换。对于已建成电网,配电自动化规划区域内不适应配电自动化要求的,应在配电网一次网架设备规划中统筹考虑。

3) 馈线自动化应与继电保护、备自投、自动重合闸等协调配合。

4) 充分满足配电网发展需求,提高电网智能化水平。

5) 遵循同一地区配电自动化设备的标准化选型原则,便于运行维护。

6) 应积极开展配电自动化规划多方案比选与成效分析。

1.9.2 配电自动化系统规划的技术导则和设计规范

由于现代配电网规模日益扩大,配电自动化技术的应用在提高配电网运维水平、调度控制水平、配电网管理水平、提高劳动效率和供电可靠性方面的贡献日益突出,在这样的背景下,一系列的城市配电网技术导则和设计规范应运而生,并得到广泛认知,如表1-1所示。

表1-1 配电自动化相关技术导则和设计规范

标准编号	标准名称	发布部门	实施日期	状态
DL/T 1406—2015	配电自动化技术导则	国家能源局	2015-09-01	现行
DL/T 1529—2016	配电自动化终端设备检测规程	国家能源局	2016-06-01	现行
DL/T 390—2016	县城配电自动化技术导则	国家能源局	2016-06-01	现行
DL/T 5500—2015	配电自动化系统信息采集及分类技术规范	国家能源局	2015-09-01	现行
DL/T 5709—2014	配电自动化规划设计导则	国家能源局	2015-03-01	现行
DL/T 721—2013	配电自动化远方终端	国家能源局	2013-08-01	现行
DL/T 814—2013	配电自动化系统技术规范	国家能源局	2014-04-01	现行
GB/T 35732—2017	配电自动化智能终端技术规范	国家质量监督检验检疫总局	2018-07-01	即将实施
Q/GDW 567—2010	配电自动化系统验收技术规范	国家电网公司	2010-12-30	现行
Q/GDW 625—2011	配电自动化建设与改造标准化设计技术规定	国家电网公司	2011-05-25	现行
Q/GDW 626—2011	配电自动化系统运行维护管理规范	国家电网公司	2011-05-25	现行
DL/T 5542—2018	配电网规划设计规程	国家能源局	2018-07-01	即将实施
DL/T 5729—2016	配电网规划设计技术导则	国家能源局	2016-06-01	现行
GB 50613—2010	城市配电网规划设计规范	住房和城乡建设部	2011-02-01	现行

1.9.3 配电自动化系统规划的年限和内容

1. 配电自动化规划年限的确定

国家电网公司的配电自动化规划年限一般分为近期(5年以内)、远期(6~15年)两个阶段,遵循"近细远粗、远近结合"的思路,并建立逐年滚动工作机制。其中,近期规划应结合需求分析着力解决当前主要问题,并依据近期规划编制年度计划,应给出2年的分年度规划项目,并估算5年的建设规模。远期规划应侧重于战略性研究和展望,应与近期规划相衔接,明确配电自动化发展目标,对近期规划起到指导作用。

2. 配电自动化规划内容

配电自动化规划应与配电网同步规划、同步调整;应对配电网一次网架和设备提出建设改造需求,结合供电安全水平要求和区域条件,因地制宜地开展;应该充分考虑配电自动化建设需求。

配电网规划内容如下:

(1) 近期规划宜解决配电网当前存在的主要问题,通过网络建设、改造和调整,提高配电网的供电能力、质量和可靠性,提出逐年新建、改造和调整的项目及投资估算,为配电网年度建设计划提供依据和技术支持。

(2) 中期规划宜与地区输电网规划相统一,并与近期规划相衔接。重点选择适宜的网络接线,使现有网络逐步向目标网络过渡,为配电网前期工作计划提供依据和技术支持。

(3) 远期规划宜与国民经济和社会发展规划及地区输电网规划相结合,重点研究电源结构和网络布局,规划落实变电站站址和线路走廊、通道,为将来发展预留电力设施用地和线路走廊提供技术支持。

（4）配电网规划应吸收国内外先进经验，规划内容和深度应满足国家有关规定，并应包含节能、环境影响评价和经济评价等内容。

1.10 要点掌握

配电网是整个电力系统直接面向用户的一个重要环节，然而相应的配电网综合自动化技术在我国发展时间不长，是一门新兴的技术，本章是全书的一个重要组成部分，也是学习后面各章的基础。配电网是属于电力系统的一个重要组成部分，所以本章开始介绍了电力系统的相关内容，即它的组成、发展等。然后介绍了配电管理系统的基本概念以及目前存在的一些问题。根据配电自动化系统的体系大小，从小、中、大型系统分别介绍了其总体构成和功能，本书的章节安排顺序也是据此结构体系而定，即先介绍终端，然后介绍通信，最后介绍主站。对配电自动化的意义作了较为详细的介绍，以使读者也能从中了解其功能，在介绍配电自动化发展情况的基础上，特别介绍了其实现的难点所在，这也更进一步明确了努力的方向。

本章的要点掌握归纳如下：

1）了解。①电力系统发展简史；②配电自动化的一些基本概念；③配电自动化的现状与发展情况；④当前配电管理系统存在的问题。

2）掌握。①电力系统的构成；②实现配电自动化的意义。

3）重点。①配电网自动化系统的总体构成；②配电主站、子站、终端各部分的功能；③实现配电自动化的难点。

思 考 题

1. 写出下列英文在配电系统中对应的中文含义：DAS、SCADA、GIS、FA、AMR。
2. 配电网自动化系统的总体构成如何？画出其框图。
3. 配电自动化具有哪3项基本功能？简述之。
4. 实现配电自动化的意义是什么？
5. 当前配电管理系统存在哪些问题？
6. 配电自动化的发展大致分为哪几个阶段？各阶段的特点是什么？
7. 实现配电自动化的难点何在？

第 2 章 配 电 网

2.1 我国配电网的特点和历史建设情况

2.1.1 配电网的特点

在电力网中起分配电能作用的网络就称为配电网。配电网具有如下一些特点：

1）高压直接进入市区，深入负荷中心，深入城市中心和居民密集点，负载相对集中，发展速度快，因此在规划时要留有余地。高压深入负荷中心可以减少线路损耗，提高供电质量。随着城市高楼大厦的崛起，生活小区的形成及生产的集团化和规模化，需要高压送电给负荷中心。

2）传输功率和距离一般不大，不同的送电容量应采用不同的电压等级。《电力供应与使用条例》规定，一般送电容量超过 160～250kV·A 采用 6kV 送电电压给负荷中心，送电容量 315kV·A 以上采用 10kV 送电电压给负荷中心。

3）网络结构多样复杂，有辐射状、环状、树状等多种形式。在城市配电网中，随着现代化的进程，电缆线路将越来越多，电缆与架空线路的混合网络给电网运行和分析带来复杂性。

4）用户性质、供电质量和可靠性要求不同，不同的负荷等级要求采用不同的供电形式。例如对一级负荷要求由两个电源供电，当其中一个电源发生故障时，另一个电源应不致同时受到损坏，对特别重要负荷还应增设应急电源；二级负荷应由两回路供电，供电变压器也应有两台；对三级负荷的供电无特殊要求。

5）对配电设施要求较高。因为城市配电网的线路和变电站要考虑占地面积小、容量大、安全可靠、维护量小及城市景观等诸多因素。在城乡电网改造和建设中，推行环网供电。采用电缆，走地下，呈环路，可以减少供电的中断，同时可以大大减少临时性故障。城网的电压等级为 10～220kV，建筑用电设施的电压等级一般为 10～35kV。在城网中，由于高压直接进入市区，深入负荷中心，因而高压开关的使用量增加，而且要求采用占地面积小、安全可靠且无油的电气设备。在城网建设与改造中，因推行环网供电，环网供电单元配电设备应运而生。

6）开关设备户外式、小容量、小型化。

户外式：高压开关为户外式，如 SF_6 断路器或重合器、分段器，用 SF_6 气体既灭弧又绝缘。而真空断路器或重合器、分段器用真空灭弧，外绝缘用油、SF_6 或空气作绝缘，可节约面积和造价。

小容量：配网用的高压开关容量较低，一般额定短路开断电流为 16～20kA。

小型化：架空线路多装在户外柱上，要求结构紧凑、性能好、可靠性高、环境适应性强。例如户外柱上 SF_6 断路器，为三相共箱式，采用旋转式灭弧，结构简单、体积小、寿命长。又如真空断路器，亦采用三相共箱式真空灭弧，并采用 SF_6 或油、干燥空气绝缘。

7) 配电网直接面向用户，运行方式多变，并且有大量的电力电子非线性负荷，故将产生不容忽视的谐波，谐波抑制问题需要考虑。

2.1.2 我国配电网建设情况及发展战略目标

我国是发展中国家，电力短缺在很长一段时间是电力系统存在的主要矛盾。因此，在很长一段时间里，电源建设摆到了突出的地位，电网建设则从属于电源的建设。从历史数据来看，与发达国家相比，我国对发电的投资远高于配电，如表2-1所示。

表2-1 1995年各国发电、输电、配电投资比例表

国 家	发电投资	输电投资	配电投资
美国	1.00	0.43	0.70
英国	1.00	0.45	0.78
日本	1.00	0.47	0.68
法国	1.00	0.67	0.60
中国	1.00	0.23	0.20

从表2-1可以看到，当年发达国家都是电网（包括输电与配电）投资大于电源投资，且配电网投资又明显大于输电网投资；我国刚好相反，电网投资不到电源投资的一半，且配电网投资又小于输电网投资。这种投资比例不合理的后果，造成电网发展滞后于电源建设，特别是配电网的建设和技术发展受到限制，中低压配电网在建设方面无序和不合理，存在配电网老化，供电能力不足，可靠性差，设备落后、自动化水平低，线损率居高不下等问题。

解决电力供应问题，仅有发电能力的增长是不够的，还必须有输配电能力的相应增长。否则，电网就有可能成为电源和最终用户间的"瓶颈"，形成更大程度上的"卡脖子"和窝电现象，造成新的资源浪费。例如，山西阳城电厂装机2.1×10^6kW，但由于线路限制只能发电1.7×10^6kW，发电能力受限0.4×10^6kW。这种情况直接造成了现有的发电能力不能充分发挥，装机资源不能充分利用。"卡脖子"问题，还体现在限制了电网对供电资源的调配能力。例如，由于地区配电网原因造成用电负荷高的地区无法接受足够的电力电量，体现在当负荷中心附近发电机组或者线路跳闸造成线路上的潮流大量转移时，超过一些地区电网线路的送电能力，造成限电。这种情况主要出现在华东，如浙江的温州、台州、丽水等地区，由于地区变电站能力的问题，造成高峰时变电能力不足而限电。

通过多年的发展及社会情况的改变，我国在电网上的投资大幅增长，也会有更大的发展前景。

2.2 有源配电网

2.2.1 概述

有源配电网是进化的产物，又称主动配电网，即指含分布式发电的配电网。

分布式发电（Distributed Generation，DG）也称分散式发电或分布式供能，一般指将相对小型的发电储能装置（50MW以下）分散布置在用户现场或附近的发电/供能方式。分布

式发电的规模一般不大,通常为几十千瓦到几十兆瓦,所用的能源包括天然气、沼气、太阳能、生物质能、氢能、风能、小水电等洁净能源或可再生能源。这些分布式能源通常接入到35kV及以下电压等级的配电网;而储能装置主要为蓄电池,还有超级电容储能、超导储能、飞轮储能等。此外,为了提高能源的利用效率,降低成本,分布式发电往往采用冷热电联供或热电联产的方式。显然,分布式发电是一种与传统集中供电模式完全不同的新型供电模式。

1996年,美国电力科学研究院(Electric Power Research Institute, EPRI)在《分布式发电》一书中首次提出了分布式能源的概念,社会追求可持续发展,受环境相关法规的刺激。之后,许多国家大力发展分布式发电,美国、日本、丹麦、意大利等国纷纷表示除非特殊需要,原则上不再建设大型发电设施。1998年,分布式能源的概念被正式引入我国。如今,我国分布式能源总量已经接近1亿kW,分布式能源技术将是未来世界能源技术的重要发展方向。

分布式能源一般在本地开发,往往靠近负荷中心,只需要短距离传输,依分布式电源与公共电网的关系,其运行模式分类如表2-2所示。

表2-2 分布式电源的运行模式

运行模式	孤岛运行模式	并网运行模式	
特征	分布式电源独立运行向附近的用户单独供电	分布式电源接入系统电网,与电网一起向用户供电	
		分布式电源与公共电网并联运行,但不向公共电网输出电能	分布式电源与公共电网并联运行,且向公共电网输出电能

2.2.2 分布式电源接入配电网的好处

1)环保节能。分布式发电大多利用可再生能源,减少了CO_2、SO_2等废气及固体废弃物的排放,清洁环保;同时,分布式电源靠近负荷供电,避免了远距离送电而产生的线路损耗,也避免了因建设输电线路而导致的土地占用及环境破坏问题。

2)满足偏远农村地区的要求。对于经济欠发达的农村地区,要形成一定规模、强大的集中式输配电网需要巨额的投资和很长的时间周期,分布式发电正好弥补了这种不足,解决了偏远地区的供电问题。

3)提高供电可靠性。一方面当主电网发生故障时,分布式电源与大电网分离形成电力孤岛,可以维持系统未出现故障部分的供电,避免大面积停电带来的严重后果;另一方面,分布式电源可以支持电网出现故障后恢复正常的"黑启动"过程,由于分布式电源具有设备简单、启动速度快等优点,分布式电源能快速提供电源,独立启动各子系统,使电网恢复正常供电状态。

4)能源利用率高。分布式电源实现多系统优化,将电力、热力、制冷和蓄能技术有机地融合,实现多系统能源的互补和综合梯级利用,将每一系统的冗余限制在最低水平,将能源的利用效率发挥到最大状态。同时,使用可再生的分布式电源也没有能源枯竭的问题。

5)削峰填谷提高电网运行效率。分布式电源可以作为备用发电容量、削峰容量,也可承担系统的基本负荷,可平抑电网负荷的峰谷差,缓解电网调峰的压力,从而降低了因系统运行方式的频繁变动而导致故障的概率。

2.2.3　分布式电源接入配电网后需要注意的问题

（1）对继电保护的影响

传统配电网一般为单电源的辐射状网,继电保护一般采用三段式的电流保护,即瞬时电流速断保护、定时限电流速断保护和过电流保护。分布式电源接入配电网后,系统潮流、短路电流的方向、水平都将受到分布式电源类型、接入位置及容量的影响,可能导致原有的继电保护系统出现误动或拒动。目前我国对包含分布式电源的配电网的继电保护的研究还处于探索阶段,有很多方面值得深入探索:合理调整线路以减小分布式电源的影响,升级现有保护装置,提出新的保护方案等。

（2）对系统潮流的影响

传统配电网的潮流方向为单一的变电站指向负荷端,分布式电源的引入使得用户端也出现了电源,配电网络结构就由原来的单电源辐射型网络变成了多电源网络结构,因此某些线路上将形成双向潮流,也就意味着现在电能有可能从配电系统向更高电压等级传送。

（3）对电能质量的影响

由于分布式电源多由用户控制,用户根据需要会频繁地启动和停运,这会使配电网的线路负荷潮流变化加大,使电压调整的难度加大;另外,多数分布式电源都是采用电力电子器件作为接口,这会对电网造成谐波污染。

（4）对电压的影响

线路上的电压降为

$$\Delta U = \frac{PR + QX}{U}$$

式中,P、Q 为流过阻抗为 R、X 线路的功率。

当在线路下游接入分布式电源后,流经线路的 P、Q 将降低为 $P-\mathrm{DG}$、$Q-\mathrm{DG}$。也就是说,分布式电源将抬升末端电压,这打破了传统的电压沿馈线降低的规律,从而加大了电压调整的难度。

（5）对配电网自动化的影响

分布式电源的接入使得信息采集、开关设备操作、能源调度等过程复杂化,需要建立功能更为完善的 SCADA 系统,增强对海量数据的处理能力。另外,分布式发电商的竞争也会影响到电力市场的发展。

2.2.4　分布式电源接入配电网的要求

如前所述,分布式电源为保护环境和解决能源危机带来了好处,但同时它的接入也会对电力系统的结构和性能产生影响,因此对分布式电源接入配电网需要有相应的标准来约束。IEEE 起草的分布式电源并网标准 IEEE Std 1547.2—2008 中,定义了刚性系数（Stiffness Ratio,SR）的概念,以此来衡量分布式电源并网对配电网的影响。电网刚性是指区域电网抗击由分布式电源引起的电压偏差的能力,刚性系数 SR 定义为公共连接点含分布式电源的配电网的短路容量与分布式电源短路容量之比,即

$$\mathrm{SR} = \frac{S_1 + S_2}{S_2}$$

式中，S_1 为区域配电网的短路容量；S_2 为受评估分布式电源的短路容量。

SR 反映了公共连接点区域配电网相对于分布式电源的强度，也反映了分布式电源对公共连接点短路电流的贡献。SR 越大，则分布式电源对短路电流的贡献越小，则配电网运行电压与短路电流受分布式电源的影响越小。如果 SR 大于 20，则可以忽略分布式电源对配电网运行的影响。

我国国家电网公司于 2009 年 2 月发布了 Q/GDW 392—2009《风电场接入电网技术规定》（已被 Q/GDW 1392—2015 替代）；2011 年发布了 Q/GDW 617—2011《光伏电站接入电网技术规定》（已被 Q/GDW 1617—2015 替代）；为规范其他分布式电源接入电网的技术指标，发布了 Q/GDW 480—2010《分布式电源接入电网技术规定》（已被 Q/GDW 1480—2015 替代）。《分布式电源接入电网技术规定》阐述了通过 35kV 及以下电压等级接入电网的新建或扩建分布式电源应该满足的技术指标，明确规定分布式电源并网点的短路电流与分布式电源的额定电流之比不宜低于 10；当公共连接点处并入一个以上电源时，应总体考虑它们的影响，分布式电源总容量原则上不宜超过上一级变压器供电区域内最大负荷的 25%。

2.3 配电网的中性点运行方式

2.3.1 中性点接地方式分类及比较

电力系统的中性点是指星形联结的变压器或发电机的中性点。这些中性点的运行方式是个很复杂的问题。它关系到绝缘水平、通信干扰、接地保护方式、电压等级、系统接线等很多方面。

中性点运行方式主要分两类，即直接接地和不接地。直接接地系统供电可靠性低，因这种系统中一相接地时，出现了除中性点外的另一个接地点，构成了短路，接地相电流很大，为了防止设备损坏，必须迅速切除接地相甚至三相。不接地系统供电可靠性高，但对绝缘水平的要求也高。因这种系统中一相接地时，不构成短路回路，接地相电流不大，不必切除接地相，但这时非接地相的对地电压却升高为相电压的 $\sqrt{3}$ 倍。在电压等级较高的系统中，绝缘费用在设备总价格中占相当大的比重，降低绝缘水平带来的经济效益很显著，一般就采用中性点直接接地方式，而以其他措施提高供电可靠性。反之，在电压等级较低的系统中，一般就采用中性点不接地方式以提高供电可靠性。在我国，110kV 及以上的系统中性点直接接地，60kV 及以下的系统中性点不接地。两种中性点接地方式的比较如表 2-3 所示。

表 2-3 中性点接地方式比较

别　　称	中性点直接接地系统 大电流接地系统（NDGS）	中性点不直接接地系统 小电流接地系统（NUGS）
可靠性比较	低	高
电流电压比较	大电流	高电压
适于电压等级	高	低

从属于中性点不接地方式的还有中性点经消弧线圈接地。所谓消弧线圈，其实就是电抗线圈。由于导线对地有电容，中性点不接地系统中一相接地时，接地点接地相电流属于容性电流，而且随着网络的延伸，这种电流也越增大，以至完全有可能使接地点电弧不能自行熄灭并引起弧光接地过电压，甚至发展成严重的系统性事故。为避免发生上述情况，可在网络中某些中性点处装设消弧线圈。由于装设了消弧线圈，构成了另一回路，接地点接地相电流中增加了一个感性电流分量，它和装设消弧线圈的容性电流分量相抵消，减小接地点的电流，使电弧易于自行熄灭，提高了供电可靠性。一般认为，对 3～60kV 网络，容性电流超过下列数值时，中性点应装设消弧线圈：

3～6kV 网络，30A；10kV 网络，20A；35～60kV 网络，10A。

2.3.2　经消弧线圈接地系统的 3 种补偿方式

中性点经消弧线圈接地时，根据消弧线圈的电感电流对电容电流的补偿程度的不同，可以有完全补偿、欠补偿和过补偿 3 种补偿方式，分别分析如下：

（1）完全补偿

完全补偿就是使感性电流等于容性电流，接地点的电流近似零。从消除故障点电弧，避免出现弧光过电压的角度看，显然这种补偿方式是最好的。但从实际运行看，则又存在严重的缺点，不能采用。因为完全补偿时，正是电感和三相对地电容对 50Hz 串联谐振的条件，这样线路上会产生很高的谐振过电压，这是不允许的，所以实际运行中不能采用完全补偿的方式。

（2）欠补偿

所谓欠补偿，则是指感性电流小于容性电流的补偿方式，补偿后接地点的电流仍然是容性的。采用这种方式时，仍然不能避免谐振问题的发生，因为当系统运行方式变化时。例如某个元件被切除或因为发生故障而跳闸，则电容电流就会减小，这时很可能出现感性和容性两个电流相等而引起谐振过电压，因此欠补偿的方式一般是不用的。

（3）过补偿

所谓过补偿，指感性电流大于容性电流的补偿方式，补偿后的残余电流是感性的。实践中，一般采用过补偿方式，主要原因如下：

1）考虑系统的进一步发展。电力系统往往是不断发展的，电网的对地电容也将不断增大，如果采用过补偿，原装的消弧线圈仍可以使用一段时间，至多是由过补偿转变为欠补偿方式运行，但如果原来就采用欠补偿的方式运行，则系统一有发展就必须增加补偿容量。

2）避免谐振。欠补偿方式在运行中有可能出现谐振危及系统绝缘。只要是采用欠补偿方式，这一缺点就无法避免。过补偿运行不可能发生串联谐振的过电压问题。

2.4　配电网涉及的一次设备——开关

尽管配电自动化系统的监控对象非常之多，数以万计，但归纳总结起来配电网自动化系统监控所涉及的电网一次设备就是两种：开关（包括环网柜）和变压器。

2.4.1 开关设备的灭弧介质无油化历程

衡量配电系统现代化的一个重要标志是设备的无油化程度。因为用油作绝缘和灭弧介质，时刻潜伏着火灾和爆炸的危险，且检修维护工作量大，不适应故障自动定位和负荷自动调整中的频繁重合分。回顾开关设备的发展史，人们在灭弧介质和熄弧方法的寻求和探索上走过了曲折的历程，从在大气中灭弧的简单的角形间隙到利用油、水、磁吹、压缩空气、产气材料、真空、六氟化硫（SF_6）作为灭弧介质的各种形式的开关设备，不断更新改进。到目前为止，真正能立足市场、广为应用的断路器有多油、少油、真空和 SF_6 断路器，只是由于各种背景条件的不同，使它们在时间的先后上，在不同的国家和地区各自占据着不同的位置。在一些工业发达国家自 20 世纪 70 年代就提出了无油化问题，在高压、超高压、特高压领域，开关设备的灭弧介质几乎为 SF_6 一统天下是众所周知的。在中压领域，日本 20 世纪 70 年代末就基本实现了无油化，1981 年就开发了 77kV 的 SF_6 绝缘变压器（美、法等国开发得更早）。就开关设备而言，取代油断路器的主导产品，世界各先进国家主要采用真空或 SF_6 作灭弧介质的断路器。这是由于它们电寿命长、可以做到少维修或不检修的必然结果，也是配电开关设备要自动化、现代化的必然结果。

同时，需要顺便指出的是，要求无油化的直接原因是火灾危险和维护检修工作量大，因此对那些户外柱上开关设备和仅用油作绝缘介质而不作灭弧介质的装置。若造价低廉、使用过程中利大于弊时，还是会有它的生命力的。在基本实现配电自动化的美国农村，至今仍有相当数量的油开关设备在运行。对我国而言，"无油化"不是"全无油"，这也是我国目前还适当发展油重合器、油分段器的原因。为解决外绝缘问题，户外柱上真空断路器目前也有采用将真空灭弧管浸泡在油中的结构，这些开关设备用于配电，安装在户外或柱上仍然有其应用价值。

2.4.2 典型开关设备介绍

下面介绍 3 家知名企业的几种断路器、负荷开关、隔离开关产品及其性能。

1. ABB 公司

(1) Sectos NXA 负荷隔离开关（ANSI/IEC）

Sectos NXA 负荷隔离开关（ANSI/IEC）如图 2-1 所示，额定电压为 24kV 或 36kV，额定电流为 630A，是一种 SF_6 气体绝缘的负荷隔离开关，用于最高电压 36kV 的架空线路。开关箱本体采用不锈钢材料密封而成，保证其内部的元件不会受外界环境的影响。SF_6 有优良的负荷开断能力，高绝缘能力和优良的灭弧特性。这意味着提高了运行人员和公众的安全，大大改进了供电可靠性。Sectos NXA 有不同的安装形式。所有手动操作机构可通过增加电动机很容易地升级为电动操作，再由电动操作升级为远控，无需花费很高的费用。所有电气部件都安装在不锈钢的防腐蚀外壳内。

(2) 户外 SF_6 断路器

OHB 系列是一种户外 SF_6 断路器，额定工作电压为 24~40.5kV，额定工作电流为 1250~3150A（40℃），额定短时耐受电流为 25~31.5kA（3s），如图 2-2 所示。OHB 系列主要应用于配电线路、变电站、变压器、整流器以及电容器组等的控制和保护。OHB 系列不会产生操作过电压，同时也非常适合于旧站更新，尤其是对绝缘敏感的地方。

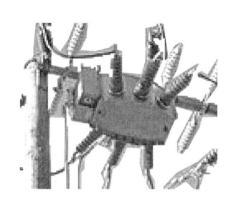

图 2-1　Sectos NXA 负荷隔离开关　　　　　图 2-2　OHB 户外 SF_6 断路器

2. GE 公司

美国通用 GE 公司的 PowerVac VB2 型真空断路器如图 2-3 所示。

PowerVac VB2 型 12kV 系列户内高压真空断路器（简称 VB2）是复合绝缘的户内开关元件。产品符合标准 DL/T 403—2000《12kV-40.5kV 高压真空断路器订货技术条件》和 GB 1984—2003《高压交流断路器》，是高压供配电系列中控制与保护的最佳选择，尤其适用于需频繁操作的场所。VB2 断路器在开关柜内的安装机可采用可移开式，也可采用固定式的适用形式。它采用高端三维计算机辅助设置（pro-engineer）和动态仿真优化设计（pro-mechanical）；采用电磁场优化分布的设计原理，使局部放电和局部过热最小；采用世界最先进的小型化、高功能的真空灭弧室，利用纵向旋转磁场灭弧原理，有效地保证了截流值小于 3A，使开断性能极为稳定；具有极其优越、极为可靠的绝缘性能，顺利通过了凝露试验，适合在最恶劣的环境条件下运行，并具有比标准要求更高的爬电距离和电气间隙；有可靠的接地方式（接地刀），确保断路器从工作位置到试验位置接地的连续性；通过了 1.1 倍额定电流温升试验。

3. 西门子公司

西门子公司的 8BK40 真空断路器柜如图 2-4 所示。

图 2-3　PowerVac VB2 型真空断路器　　　　图 2-4　8BK40 真空断路器柜外形

8BK40 开关柜是配有可移开式真空断路器的金属铠装空气绝缘开关设备。断路器手车与灭弧室和开关室有可靠联锁。可以徒手将断路器手车从设在封闭前门后部的连接位置沿水平方向移动，不需要任何辅助设备。完全孤立的低压室是一个综合系统，所有通用的分支线路和辅助原件都可以安装在其中。

2.5 配电网涉及的一次设备——环网柜

2.5.1 环网柜

1. 概述

在电力系统中，10kV 配电网担负着分配电能的重要职能，起着异常重要的作用。近年来，我国经济飞速发展，同时也带动了电网的发展。为了提高供电可靠性、降损节能，1998 年，国家投入巨资，全面启动城乡电网建设改造，利用 3 年时间，对全国 2400 个县农村电网和 280 个城市电网进行建设改造。在城乡农电网改造过程中，为了提高用户供电可靠率和电能质量，确定城网装备向无油化、绝缘化、组合化方向发展，并简化电压等级，建设双环网，高电压深入负荷中心，加强城网结构的技术改造。因此，10kV 全绝缘环网开关柜以其全绝缘、结构紧凑、体积小、可扩展、全天候、安装方便、无需维护等优越的性能和特点成了城乡农网改造的首选，特别适用于城市配电系统的电缆线路中，应用于住宅小区、高层建筑、中小企业、大型公共建筑、开闭所、箱式变电站等。目前，环网柜已成为配电系统的重要设备之一。

负荷开关柜、负荷开关 + 熔断器组合电器柜，是交流金属封闭开关设备，主要用于 10kV 及以下的电缆线路配电系统中，常用于环网供电系统，故俗称环网柜。其中主要开关元件为负荷开关、断路器或负荷开关 + 熔断器组合电器，在此断路器通常不要求快速重合闸功能。由于在使用时常常是负荷开关柜与组合电器柜配套使用，所以它们这种配套使用的单元被称为环网供电单元，即环网供电单元中的每一个功能柜统称为环网柜，每个环网柜对应着一路进（出）线支路。

对于每个环网供电单元中，可以将每个负荷开关柜或组合电器柜做成单个柜子，也可将几个负荷开关柜和组合电器柜集成在一个柜（箱）体内，在这种共箱的环网供电单元中，通常最多不超过 5 路进（出）线，为了便于组织生产和灵活安装组合也生产 1~4 个支路的柜型模块，用户可根据需要将这些柜型模块自由组合使用。

2. 环网柜的分类

按照柜内的主绝缘介质来划分，环网柜可分为空气绝缘环网柜和 SF_6 气体绝缘环网柜，近年来又出现了采用固体绝缘材料的复合绝缘环网柜。

按照柜体结构来划分，环网柜分为间隔式、共箱式和间隔 + 共箱混合式 3 种。

间隔式的优点是将 1 个支路做成一面开关柜体，不同方案的柜型可以自由拼接；其缺点是体积大、成本较高。

共箱式的优点是将常用的多路进出线（一般 2~5 路）环网供电单元装置在一个充满 SF_6 气体的密封箱体内，采用电缆接插件作为进出线连接，从而组合体积小、环境适应性强、安装容易、维修量小、安全性高。缺点是不利于扩展,功能单元有限。

间隔+共箱混合式的优点是将1个支路做成间隔式,分别将2个支路、3个支路做成共箱式,形成模块化生产,可按主接线要求,选择不同功能模块任意组合,构成更多的支路,方便扩展及加装计量、分段等小柜型。

3. 典型环网柜介绍

环网柜采用了成套技术,把开关设备作为一个整体来考虑,既考虑了电网在整体上对开关设备的要求,又考虑了开关及其他电器元件之间的相互配合。因而适应性更强,构成上更科学、使用更可靠,可大大缩短安装、调试时间,减少元器件在安装调试过程中可能出现的失误,较之单个元件,本身就代表着更高一级的技术水平。城市乃至乡镇,要求供电设备占地少、投运快、可靠性高、抗污染、低噪声、不可燃等,环网柜的自动化、智能化程度越来越高,可以满足这些要求。

下面介绍知名企业的几种环网柜产品及其性能。

(1) ABB公司

SafeRing 环网单元如图2-5所示。

ABB公司的SafeRing是一种用于二级配电网络的SF_6气体绝缘的环网单元。SafeRing有多种组合形式,适用于12/24kV配电网络中大多数应用开关的场合,额定电流为630A,额定短时耐受电流25kA/2s、20kA/3s。SafeRing是一个完全密封的系统,其所有带电部件以及开关封闭在不锈钢的壳体内。密封在不锈钢体中的恒定气压条件确保了运行的高可靠性及人身安全,并且实现了免维护。SafeRing为变压器的保护提供两种选择:负荷开关熔断器组合电器和安装有继电保护的断路器。SafeRing还可以提供集成的遥控和监测系统。

(2) GE公司

US2000型金属封闭式环网开关设备如图2-6所示。

GE公司的US2000型金属封闭式环网开关设备结构紧凑、绝缘强度高、日常维护工作量小;可配置SF_6负荷开关、真空断路器及SF_6断路器,SF_6负荷开关可配置压力报警装置,可选配负荷开关电动操作机构,以及完整的控制、测量和保护系统,额定转移电流高达1700A,延伸组合方便,可灵活更换和扩展。

图2-5　SafeRing环网单元　　　　图2-6　US2000型金属封闭式环网开关设备

2.5.2　电缆分接箱

1. 作用

电缆分接箱(分支箱)是用于电缆线路中分接负荷的配电装置,是根据配电电缆支接的需要制成的能够安装一定数量的配电电缆终端的户外封闭箱，如图2-7所示。为便于随时投切分支电缆，在每一个配电电缆终端至汇流母线间接入熔断器、刀闸开关或可带电插拔的电缆终端，有的还在支接的回路中加装短路指示器，以便为判断故障的分支电缆线路提供信息。电缆分接箱不能用作线路联络或分段功能。随着配电网电缆化进程的发展，当容量不大的独立负荷分布较集中时，可使用电缆分接箱进行电缆多分支的连接。

1）电缆分接作用。在一条距离比较长的线路上有多根小面积电缆往往会造成电缆使用浪费，于是在出线到用电负荷的情况中，往往使用主干大电缆出线，然后在接近负荷的时候，使用电缆分接箱将主干电缆分成若干小面积电缆，由小面积电缆接入负荷。这样的接线方式广泛用于城市电网中的路灯等供电及小用户供电。

图 2-7 电缆分接箱

2）电缆转接作用。在一条比较长的线路上，电缆的长度无法满足线路的要求，那就必须使用电缆接头或者电缆转接箱。通常短距离时采用电缆中间接头，但线路比较长的时候，根据经验在1km以上的电缆线路上，如果电缆中间有多中间接头，为了确保安全，会考虑用电缆分接箱进行转接。

2. 特点

图2-8所示为10kV电缆分接箱，其广泛适用于商业中心、工业园区及城市密集区。

电缆分接箱进出线灵活、体积小、结构紧凑、安装简单、操作方便，并且全绝缘、全密封、全防护、全工况。电缆分接箱可安装电缆故障指示器，便于迅速查找电缆故障，能够抗洪水、抗污秽、抗凝露、抗凝霜、耐腐蚀，可安装带电指示器，提示操作人员线路带电。另外，它还有多种箱体材质可选择：普通钢配军品绿色、镜面不锈钢、不锈钢配军品绿色等。

图 2-8 10kV 电缆分接箱

电缆分接箱按照结构形式和电缆接头种类的不同可分为美式电缆分接箱、电缆分接箱和带开关的电缆分接箱三种。在电力系统10kV配网电缆化工程中，能以一种经济、可靠、维护方便的接线方式替代原配网架空线中大量的分支，并且电缆分接箱以全绝缘、全密封的特性而使线路故障率大为降低，成为配网电缆化工程的首选设备。因简单、方便、灵活的连接组合方式，它在某些场合下可代替环网柜。并且，它在必要场合下，可埋在地下或浸于水中，节省了设备和电缆的投资，提高了供电的可靠性。

3. 类型

1）户内终端电缆分接箱。这是各分支电缆线路终端之间采用户内终端与母排加普通支撑绝缘子（或与普通套管）完成绝缘和电气连接的电缆分接箱。其绝缘形式含全空气部分，高压电气连接存在裸接金具；导体连接形式多为固定螺栓连接结构。

2）户内终端加绝缘套电缆分接箱。这是各分支电缆线路终端之间采用户内终端加绝缘套及专用支撑绝缘子或专用套管完成绝缘和电气连接的电缆分接箱。其绝缘形式为固体绝缘与空气串联,电气连接无裸露金属件;导体连接形式多为固定螺栓连接结构。

3) 非屏蔽型可分离连接器电缆分接箱。这是各分支电缆线路终端之间采用非屏蔽型可分离连接器及其专用支撑绝缘子或专用套管完成绝缘和电气连接的电缆分接箱。其绝缘形式为固体绝缘与空气串联;导体连接形式多为固定螺栓连接结构。可分离连接器是一种可分离式终端,一般由绝缘套和与其直接配合安装成一体的专用套管或专用支撑绝缘子套件组成。绝缘套与专用套管或专用支撑绝缘子的结构及其相互配合尺寸,通常由可分离连接器的制造厂商统一设计和制造或选定。

4) 屏蔽型可分离连接器电缆分接箱。这是各分支电缆线路终端之间采用屏蔽型可分离连接器及其专用支撑绝缘子或专用套管完成绝缘和电气连接的电缆分接箱。其绝缘形式为全固体绝缘,所有绝缘件的外表面均挤包(推荐选用)或喷涂有导电屏蔽层,保证人触摸时不会导致触电;导体连接形式为固定螺栓连接结构或插拔式连接结构。

5) 不带电插拔电缆分接箱。这是各分支电缆线路的连接与分断方式采用由不带电插拔式可分离连接器完成的电缆分接箱。"不带电插拔"是指进行连接与分断(即"插"或"拔"操作)的分支电缆线路已经与电源系统隔离。

6) 带负荷插拔电缆分接箱。这是各分支电缆线路的连接与分断方式采用由带负荷插拔式可分离连接器完成的电缆分接箱。"带负荷插拔"是指进行连接与分断(即"插"或"拔"操作)的分支电缆线路仍与电源系统连接,并且能对该分支电缆线路按规定的负荷进行规定次数的连接(关合)与分断。

7) 带负荷开关电缆分接箱。这是各分支电缆线路的连接与分断方式采用由负荷开关完成的电缆分接箱。带负荷开关能对该分支电缆线路按通常负荷开关标准规定的性能进行连接(关合)与分断。

8) 带负荷开关加熔断器电缆分接箱。这是各分支电缆线路的连接与分断方式采用由负荷开关加熔断器组合完成的电缆分接箱。带负荷开关能对该分支电缆线路按通常负荷开关标准规定的性能进行连接(关合)与分断,还可分断短路电流。

4. 典型接线实例

电缆分接箱,是完成配电系统中电缆线路的汇集和分接功能的专用电气连接设备,常用于城市环网供电和放射式供电系统中的电能分配和终端供电,一般直接安装在户外。它可以和环网柜配合使用,构成电缆环网结构,如图 2-9 所示。

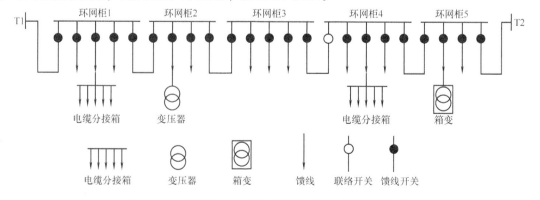

图 2-9　10kV 环网柜-电缆分接箱组成的电缆环网结构图

2.6 配电网涉及的一次设备——开闭所

2.6.1 概述

中压开闭所,也称中压开关站,是设有中压配电进出线、对功率进行再分配的配电装置。开闭所的特征是电源进线侧和出线侧的电压相同。区域二次变电站也具有开闭所的功能。

中压开闭所(6kV、10kV、20kV)是配电网的重要组成部分,是随着城镇配电网或企业配电网的发展,为解决终端变电站出线数量不够问题而出现的,并得到大面积应用的配电网主要设施。目前,10kV 开闭所在大、中城市的配电网、县城配电网和其他负荷密集区域配电网中得到了广泛应用。

开闭所按照接线方式的不同可以分为终端开闭所和环网开闭所。环网开闭所主要是解决线路的分段和用户接入问题,且存在功率交换。终端开闭所主要是提高变电站中压出线间隔的利用率,能扩大配送线路数量和解决出线走廊所受限制,可提高用户的供电可靠性,且不存在功率交换。

环网开闭所用于线路主干线,原则上开闭所采用双电源进线,两路分别取自不同变电站或同一变电站不同母线。现场条件不具备时,至少保证一路采用独立电源,另一路采用开闭所间联络线。开闭所进线采用两路独立电源时,装接总容量控制在 12 000kV·A 以内;采用一路独立电源时,装接总容量控制在 8 000kV·A 以内。高压出线回路数宜采用 8~12 路,出线条数根据负荷密度确定。

终端开闭所用于小区或支线及末端用户,起到带居民负荷和小型企业及线路末端负荷的作用。一般采用双电源进线,一路取自变电站,另一路可以取自公用配电线路。终端开闭所带装接容量不宜超过 8 000kV·A,高压出线间回路数宜采用 8~10 路。所内可以设置配电变压器 2~4 台,单台容量不应超过 800kV·A。

根据不同的要求,进出线开关采用断路器或熔断器、负荷开关组合。10kV 开闭所一般按无人值班配置配电设备,采用环网柜、电源间隔不设保护,配变及分支出线采用熔断器保护。

2.6.2 开闭所设置原则

1)由于开闭所能加强对配电网的控制,提高配电网供电的灵活性和可靠性,因此在重要用户附近或电网联络部位应设立开闭所,如政府机关、电信枢纽、重要大楼及有多条 10kV 线路供电的十字路口等。

2)由于开闭所具有变电站 10kV 母线延伸的功能,对电能进行二次分配,为周边用户提供供电电源,因此在用户比较集中的地区应设立开闭所,如大型住宅区、商业中心地区、工业园区等。

3)因为城市建设及城市景观的需要,旧城改造及城市道路拓宽改造大规模开展,原先的架空线路需"下地"改造为电缆线路。为了解决原先接在架空线路上的分支线及用户的供电电源,必须在改造地块或改造道路的沿线建设开闭所或电缆分接箱,为周围用户提供电源。

4) 开闭所应设置在通道通畅、巡视检修方便、电缆进出方便的位置。一般情况下，要求开闭所设置在单独的建筑物或附设在建筑物一楼的裙房中，尽量不要把开闭所设置在大楼的地下室中，避免地下室潮湿或进水引起线路跳闸。

2.6.3 开闭所的功能和作用

建设中压开闭所的目的是，解决终端变电站出线走廊受限和提高设备的利用率。一般开闭所建设在主要道路的路口附近、负荷中心或两座变电站之间，以便加强电网联络。开闭所应有两回或以上的进线电源。其电源应取自二次变电站的不同母线或不同高压变电站，以提高供电可靠性。

开闭所的功能和作用总结如下。

(1) 变电所 10kV 母线的延伸

建设 10kV 开闭所最早的目的是为了解决城市变电所 10kV 出线数量不足、出线走廊受限的问题。多年来，对于向城市供电的变电所，10kV 出线数量非常有限，而且以前建设的变电所往往又有许多 10kV 用户专线。随着负荷密度的增加，往往需要增加 10kV 线路的出线回路数，但是，由于受变电所出线数量和出线走廊的限制，即使变电所有剩余容量，也不一定能供电。为此，将负荷集中输送到 10kV 开闭所，再从 10kV 开闭所把负荷转送出去，这样 10kV 开闭所的母线变成了变电所母线的延伸，既解决了变电所公共线出线不足的问题，也解决了开闭所周边用户供电电源的问题。

(2) 电缆化线路分支线支接的节点

随着城市的发展，城市的改造力度不断加大，对道路景观的要求越来越高，对于市中心、商业区及城市景观有特殊要求的地段，10kV 架空线路"下地"改为电缆线路是必然的发展趋势。

10kV 线路电缆化改造时，为了解决支接分支线路、公用配电变压器和高压用户，必须建设一定数量的 10kV 开闭所，把 10V 开闭所作为线路上的一个节点，通过其中的各个出线开关柜把电能输送出去，为周围的用户、分支线路提供电源。

(3) 提高供电可靠性和灵活性

随着社会经济的发展，城网供电可靠率已成为供电企业管理水平的重要标志。由于 10kV 开闭所一般可以同时有来自不同变电所或同一变电所不同 10kV 母线的两路或多路相互独立的可靠电源，因此它可以用来解决城市中政府机关、高层建筑、大型商场等重要用户多路电源供电的问题，确保重要用户的可靠供电。另外，配电网中 10kV 开闭所的合理设置，可以加强对配电网的控制，提高配电网运行及调度的灵活性，从而大大提高整个配电网供电的可靠性。有了一定数量的开闭所，可实现对配电网的优化调度，部分城网设备检修时，可以灵活进行运行方式的调整，做到设备检修时用户不停电；当发生设备故障时，开闭所可发挥其操作灵活的优势，迅速隔离故障设备单元，使停电范围减到最小。

(4) 方便操作和提高操作的安全性

传统的架空配电线路为了进行分段操作或分支操作，在电杆上装设了开关、跌落式熔断器等分断或分支操作设备，需要时由线路工登杆用绝缘操作工具进行操作。这种操作不但作业人员劳动强度大、安全管理难度大,而且操作所需时间长,对供电可靠性影响大,同时还受气象因素和周围环境条件的影响,有时会因为恶劣的气象条件而不能及时完成操作任务。而 10kV 开闭所的设备均安装在室内,操作安全、方便,有效地克服了上述缺点。而且室内设备运行环境好,运行维护方便。

2.6.4 开闭所常见主接线形式

常见的开闭所接线方式有单母线接线、单母线分段接线和双母线接线 3 种。

(1) 单母线接线方式

单母线接线方式如图 2-10 所示。一般为 1~2 路进线间隔,若干路出线间隔。

优点:接线简单清晰、规模小、投资省。

缺点:不够灵活可靠,母线或进线开关故障或检修时,均可能造成整个开闭所停电。

适用范围:这种接线方式一般适用于线路分段、环网或为单电源用户供电。

(2) 单母线分段接线方式

单母线分段接线方式如图 2-11 所示。一般为 2~4 路进线间隔,若干路出线间隔,两段母线之间设有联络开关。

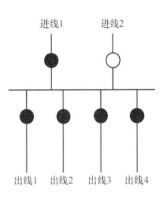

图 2-10 单母线接线方式

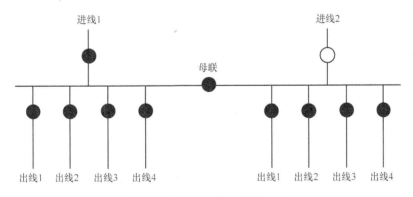

图 2-11 单母线分段接线方式

优点:用开关把母线分段后,对重要用户可以从不同母线段引出两个回路,提供两个供电电源,当一段母线发生故障或检修时,另一段母线可以正常供电,不至于使重要用户停电。

缺点:母线联络需占用两个间隔的位置,增加了开闭所的投资;当一段母线的供电电源故障或检修而导入第二段母线供电时,系统运行方式会变得复杂。

适用范围:这种接线方式适用于为重要用户提供双电源或供电可靠性要求比较高的场合。

(3) 双母线接线方式

双母线接线方式如图 2-12 所示。一般为 2~4 路进线间隔,若干路出线间隔,两段母线之间没有联系。

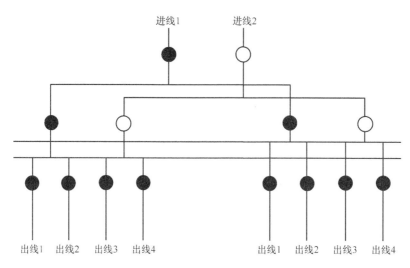

图 2-12 双母线接线方式

优点：供电可靠性高，每段母线均可由两个不同的电源供电，两回电源线路中的任意一回故障或检修，均不影响对用户的供电；调度灵活，能适应 10kV 配电系统中各种运行方式下调度和潮流变化的需要。

缺点：与开闭所相连的外部网架要强，每段母线要有两个供电电源。

适用范围：这种接线方式适用于为重要用户提供双电源或供电可靠性要求比较高的场合。

2.6.5 开闭所所用电源

由于开关柜数量较少，开闭所的线路结构简单（多为单回路或双回路进线），基本上没有所用电源或外电源，这给开关操作电源的选取带来一定困难。目前，主要供电方式有三种。

（1）电压互感器二次侧电源供电方式

直接利用电压互感器（TV）的二次侧 100V 交流电或由电压互感器二次侧经中间变压器提供 220V 交流电作为操作电源，给操作、控制、保护、信号等回路提供电源。

（2）直流供电方式

当 10kV 开闭所用电源为直流时，需在开闭所设置直流屏和蓄电池。直流屏的交流电源来自所用变压器或就近的配电变压器。系统正常运行时，由整流回路或高频开关电源提供直流操作电源。交流失电时，由蓄电池经稳压回路提供直流操作电源。目前，直流电源箱和壁挂直流电源等小型直流电源体积小，可挂在墙上或墙角安装，且价格为同类直流电源的 $1/3 \sim 1/2$。

（3）交流电源通过 UPS 向操作回路供电

当系统发生故障时，UPS 将蓄电池的直流电逆变成交流电不间断地向操作回路、保护、信号等设备供电。高压电源正常时，由低压电源向操作回路供电，系统失电或故障时由 UPS 供电。采用 UPS 供电，操作电源不受高压母线电压的影响，可避免采用 TV 供电方式时出现的计量问题和保护拒动现象。

2.7 配电网涉及的一次设备——变压器

2.7.1 变压器的分类

变压器都是按照电磁感应原理制成的,其种类繁多,一般常用变压器的分类可归纳如下:

(1) 按相数分类

1) 单相变压器,用于单相负荷和三相变压器组。
2) 三相变压器,用于三相系统的升、降电压。

(2) 按冷却方式分类

1) 干式变压器,依靠空气对流进行冷却,室内用的一般采用风机进行冷却,一般用于局部照明、电子线路等小容量变压器。优点是无油化,缺点是造价高。
2) 油浸式变压器,依靠油作冷却介质、如油浸自冷、油浸风冷、油浸水冷、强迫油循环等。优点是造价低,制造工艺简单,缺点是油易渗漏,不利于消防。
3) 充气式变压器,用特殊气体(SF_6)代替变压器油散热。
4) 蒸发冷却变压器,用特殊液体代替变压器油进行散热。

(3) 按用途分类

1) 电力变压器,用于输配电系统的升、降电压。
2) 仪用变压器,如电压互感器、电流互感器,用于测量仪表和继电保护装置。
3) 试验变压器,能产生高压,对电气设备进行高压试验。
4) 特种变压器,如冶炼用的电炉变压器、电解用的整流变压器、焊接用的焊接变压器、试验用的调压变压器等。

(4) 按绕组形式分类

1) 双绕组变压器,用于连接电力系统中的2个电压等级。
2) 三绕组变压器,用于连接电力系统中的3个电压等级,一般用于区域变电站。
3) 自耦变电器,用于连接不同电压的电力系统。也可作为普通的升压或降压变压器用。

(5) 按铁心形式分类

1) 心式变压器,用于高压的电力系统。
2) 壳式变压器,用于大电流的特殊变压器,如电炉变压器、电焊变压器;或用于电子仪器及电视、收音机等的电源变压器。

(6) 按用户性质分类

1) 公用配电变压器,主要指供给城市公共事业、商业、居民生活用电。特点是分散在城市各处,数量多,容量大小不一。
2) 专用配电变压器,供给工矿企业、重要事业单位,特点是分布在各企事业单位处,与公用变压器相比数量相对较少,单台容量较大。

(7) 按铁心材料分类

1) 普通型,以硅钢材料为铁心。
2) 非晶合金型,以非晶合金材料为铁心。

2.7.2 新型节能变压器

变压器是电力系统中的重要电气设备,在发电、输电、配电、用电的过程中,变压器要产生有功功率损耗,据统计,其电能损耗占发电量的10%左右。因此,降低变压器运行损耗、提高运行能效对我国节能降耗有着重要意义。

在实际应用中,要大力推广使用低损耗新型节能变压器,逐渐淘汰老式的高能耗变压器。从1998年开始,政府在全国推行城乡电网改造,用S9系列配电变压器取代了S7系列。经过两次全国大规模的更新换代,降低变压器空载损耗8%~15%,降低负载损耗25%~30%。近几年,新型的节能变压器不断推出,目前S9系列产品成为市场主流,而S11系列节能型产品的市场规模正在增长,其空载损耗较S9系列低75%左右,其负载损耗与S9系列变压器相等,S13系列也正在萌芽起步。

另一种新型节能变压器是非晶合金铁心变压器,是当前损耗最少的节能变压器。1980年美国联信公司首次推出15kV·A非晶变压器,从1986年开始,美国已有6~7万台非晶变压器投入实际使用。它具有低噪声、低损耗等特点,其空载损耗仅为常规产品的1/5,且全密封、免维护、运行费用极低。它对电力系统无特殊要求,无论是电力使用高峰或是低谷,它都能持续节能,对长期处于低负荷率的城市电网和农村电网节能降耗尤为重要。非晶合金铁心变压器的价格高于S9系列变压器,但随着硅钢价格的上涨,非晶变压器与传统变压器的成本差异正在缩小,两种变压器的价差可在5~7年内由降损节省的电费来补偿,有条件的地方应优先考虑。

另外,通过按经济运行条件,合理选择变压器容量;停运空载变压器,减少空载损耗等措施也能达到节能降损的目的。

2.8 配电线路

电力线路按结构可以分为架空线路和电缆线路两大类别。

2.8.1 架空线路

架空线路由导线、避雷线、杆塔、绝缘子和金具等构成,它们的作用:①导线——传输电能;②避雷线——将雷电流引入大地以保护电力线路免受雷击;③杆塔——支持导线和避雷线;④绝缘子——使导线和杆塔间保持绝缘;⑤金具——支持、保护导线和避雷线,连接和保护绝缘子。

架空线路的导线和避雷线都架设在空中,要承受自重、风力、冰雪荷载等机械力的作用和空气中有害气体的侵蚀,同时还受温度变化的影响,运行条件相当恶劣。因此,它们的材料应有相当高的机械强度和抗化学腐蚀能力,而且,导线还应有良好的导电性能。

导线主要由铝、钢、铜等材料制成,在特殊条件下也使用铝合金,避雷线则一般用钢导线。导线和避雷线的材料标号以不同的字母表示,如铝为L、钢为G、铜为T、铝合金为HL。

由于多股线优于单股线,架空线路多半采用绞合的多股导线,多股导线的标号为

J,由于多股铝线的机械性能差,往往将铝和钢组合起来制成钢芯铝线。它是将铝线绕在单股或多股钢线外层作主要载流部分,机械荷载则由钢线和铝线共同承担的导线。钢芯铝线中,因铝线部分与钢线部分截面积比值的不同,机械强度也不同,又可将其分成以下3类:

1) 普通钢芯铝线,标号为LGJ,铝线和钢线部分截面积的比值为5.3~6.0。
2) 加强型钢芯铝线,标号为LGJJ,铝线和钢线部分截面积的比值为4.3~4.4。
3) 轻型钢芯铝线,标号为LGJQ,铝线和钢线部分截面积的比值为8.0~8.1。

无论单股或多股、一种或两种金属制成的导线,其标号后的数字总是代表主要载流部分(并非整根导线)额定截面积(mm^2)。例如,LGJQ—400表示轻型钢芯铝线、主要载流部分(铝线部分)的额定截面积为$400mm^2$。

至于避雷线,一般都采用钢导线。

线路电压超过220kV时,为减小电晕损耗或线路电抗,常采用直径很大的导线,通常就是采用扩径导线或者分裂导线。送配电架空电力线路应该采用多股裸导线,低压配电架空线路可以使用单股裸铜导线,用电单位厂区内的配电架空线路一般采用绝缘导线。常用的500V以下的绝缘导线,型号为BLXF(铝芯氯丁橡皮绝缘线)和BBLX(铝芯玻璃丝编织橡皮线)。

架空线路的优点:成本低、投资少、施工周期短、易维护和检修、容易查找故障点。

架空线路的缺点:占用空间走廊、影响城市美观、容易受自然灾害和人为因素的破坏。

2.8.2 电缆线路

电缆线路由导线、绝缘层、包护层等构成,它们的作用:①导线——传输电能;②绝缘层——使导线与导线、导线与包护层互相隔绝;③包护层——保护绝缘层,并有防止绝缘油外溢的作用。

由于在城镇居民密集的地方,或在一些特殊的场合,出于安全方面的考虑以及受地面位置的限制,不允许架设杆塔和导线时,就需要用电力电缆来解决,电力电缆的作用就在于此。

电力电缆有多种形式,主要有以下几种:

1) 按芯数分,有单芯、双芯、三芯及四芯等。
2) 按导体形状分,有圆形、半圆形、腰圆形、扇形、空心形和同心形圆筒等。
3) 按构造分,有统包式、屏蔽式和分相铅包式等。
4) 应用于超高压系统的新式电力电缆有充油、充气和压气式等。

电力电缆线路和架空输配电线路比较,有下列优点:

1) 运行可靠。由于电力电缆大部分敷设于地下,不受外力破坏(如雷击、风害、鸟害、机械碰撞等),故发生故障的机会较少。
2) 供电安全,不会对人身造成各种危害。
3) 维护工作量小,无需频繁的巡视检查。
4) 因不架设杆塔,使市容整洁、交通方便,还可节约钢材。
5) 电力电缆的充电功率为电容性功率,有助于提高功率因数。

电力电缆虽然有上述优点,但它的成本高,价格昂贵(约为架空线路的10倍),运行不够灵活,当出现故障时难以查找,给检修工作带来困难,所以只适用于特定的场合。

2.8.3 配电线路的节能

衡量线路电能损耗的一个重要指标就是线损率,其定义为线损电量占供电量的百分率。我国电网的线损率在20世纪80年代和90年代一直处于8%以上,从1995年开始,线损率呈总体下降趋势,目前线损率保持在6.7%左右2000～2009年线损率如表2-4所示。

表2-4　2000～2009年线损率

线损率	7.81%	7.55%	7.52%	7.71%	7.55%	7.18%	7.04%	6.97%	6.79%	6.72%
年 份	2000	2001	2002	2003	2004	2005	2006	2007	2008	2009

日本和德国2000年的电网综合线损率分别为3.89%和4.6%,意大利2004年的综合线损率为3.0%,由此可以看出,尽管通过城农网改造,我国线损率有所降低,但与世界先进水平相比,仍然存在较大的差距。

针对线路的节能措施列举如下:

1) 简化配电网电压等级。我国城农网改造工程要求做到从500kV到380V/220V之间只经过4次变压,电网常采用500 (330)、220、110 (或35)、10kV和380V/220V五个等级。即高压配电电压在110kV和35kV中选择其中之一作为发展方向,非发展方向的网络采用逐步淘汰或升压的措施。

2) 电源靠近负荷中心,在供电半径内供电。农村电网线路供电半径一般要求是,0.4kV线路不大于0.5km,10kV线路不大于15km,35kV线路不大于40km。在安全规程允许的情况下,将配电电源尽量引到负荷中心,尽量缩小电源的供电半径,避免迂回供电和长距离低压供电。

3) 合理选择导线截面。导线截面的选择对线损影响极大,要兼顾未来负荷的发展和电能损耗两方面,可以按照经济电流密度选择导线的最经济截面。

4) 尽量使三相负荷均衡分配。将不对称负荷尽可能分散接到不同的供电点,这样可以减少中性线上的不平衡电流导致的损耗。

5) 提高线路输送容量。三种主要方法是,建设新的输电线路、升级现有线路和使现有线路运行逼近它们的热稳定极限。

6) 无功补偿。实现无功分层分区就地平衡原则,哪里需要就在哪里补偿,最大限度地减少线路中传输的无功功率,根据潮流,从而就减少了线路的损耗,通常有集中补偿和分散补偿两种形式。

7) 减小系统阻抗。可以通过采用扩径导线、分裂导线增加导线截面,或者以电缆线路取代架空线路,或者用导电率更高的铜导体替代铝导体等。

8) 提高电网运行电压水平。

最后三条措施都可以由以下的潮流计算公式分析得到。

$$\Delta S = \frac{P^2 + Q^2}{U^2}(R + jX)$$

2.9 配电网络拓扑形式及馈线故障处理

2.9.1 配电网络的拓扑形式及实际应用案例

10kV 中压配电网由高压变电所的 10kV 配电装置、开关站、配电房和架空线路或电缆线路等部分组成。其功能是将电力安全、可靠、经济、合理地分配到用户。一般城市的网络由架空线和电缆线混合组成。中压配电网接线方式应根据城市的规模和发展远景优化，规范各供电区的电缆和架空网架，并根据供电区的负荷性质和负荷密度规划接线方式。

列举中压配电网常见的接线形式说明：在下列各图中实心大圆点"●"表示电源点；实心小圆点"•"表示分段开关，正常运行时开关闭合；空心小圆圈"○"表示联络开关，正常运行时打开，线段表示相应馈线。

1. 辐射形接线

辐射形接线是指一路馈线由变电站母线引出，按照负荷的分布情况，辐射延伸出去，线路没有其他可以联络的电源，如图 2-13 所示。干线可以分段，其原则如下：一般主干线分为 2、3 段；负荷较密集地区 1km 为 1 段；远郊区和农村地区按所接配电变压器容量每 2~3MV·A 为 1 段，以缩小事故和检修停电范围。它的优点是简单经济、维护方便，缺点是供电可靠性较低，故障影响范围较大，当电源故障时，将导致整条线路停电。适合农村、乡镇、负荷密度较小和城市非重要负荷。辐射形接线应随负荷增长逐步向开

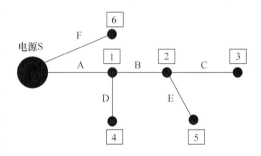

图 2-13 典型辐射形接线配电网

环运行的环网接线过渡。对于这种简单的接线模式，由于不存在线路故障后的负荷转移，可以不考虑线路的备用容量，即每条出线（主干线）均可以满载运行。

2. 环网手拉手接线

环网手拉手接线只需在两个单电源辐射型网的基础上通过增加一个联络开关即可获得，即多分段单联络接线形式。两个电源可以取自同一变电站的不同母线段，也可以取自两个不同的变电站，联络开关一般开环运行，如图 2-14 所示。环网手拉手接线形式简单清晰，运行方式灵活，其最大优点是供电可靠性较单电源辐射型大大提高。这种接线形式适合于负荷密度较大且供电可靠性要求高的城区网络。由于两个电源需要互为备用，因此这种接线形式在正常运行时，每条线路最大负荷只能达到该线路允许载流量的 50%，即留有 50% 的备用容量。这样在某一个电源出现故障时，通过闭合联络开关投入备用电源，相应供电线路达到满载运行，从而恢复对非故障区域的供电。环网手拉手接线由于考虑了备用容量，因此相应馈线输送容量的利用率较低，投资较辐射形接线也要高。

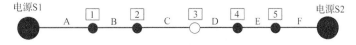

图 2-14 典型环网手拉手接线配电网

3. 多分段多联络接线

多分段多联络接线通过在馈线上加装分段开关把每条线路分段，每条线路的每个分段分别经过联络开关与各不相同的备用电源形成联络，如图 2-15 所示。因此其供电可靠性大大提高，馈线输送容量的利用率也较环网手拉手接线高，但配电线路检修停电较复杂，同时由于在线路间建立了联络线，因此投资也有所增加。城市电网的大部分地区都可以采用此种接线方式，联络线可以就近引接，但须注意要在不同变电站配出线或同一变电站的不同母线出线间建立联络。

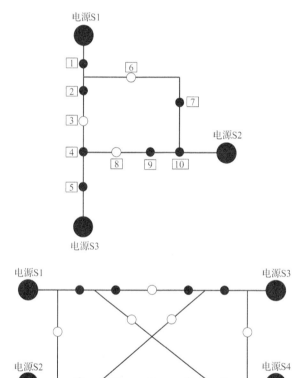

图 2-15　典型多分段多联络接线配电网

4. 双射式接线

自一座变电站或开关站的不同中压母线引出两回线路，或自同一供电区域的不同变电站引出两回线路，构成双射接线方式如图 2-16 所示。在双射式接线形式下，每一个用户均可

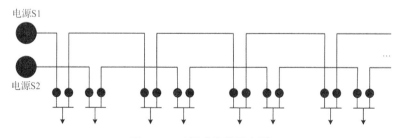

图 2-16　双射式接线配电网

以获得两个电源,满足从上一级 10kV 线路到客户侧 10kV 配电变压器的整个网络的 $N-1$ 的要求,供电可靠性很高。双射式接线适用于负荷密度高、对供电可靠性要求很高、需双电源供电的重要用户,如城市核心区、重要负荷密集区域等。

5. 对射式接线

对射式接线和双射式接线的区别仅在于对射式接线的电源点来自不同方向的两个变电站,由不同方向电源的两座变电站或者开关站的中压母线馈出单回线路组成对射式接线如图 2-17 所示,一般由改造形成。

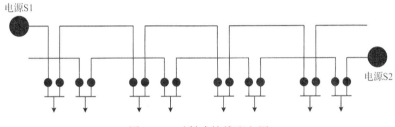

图 2-17 对射式接线配电网

6. N 供 1 备接线

为了提高供电可靠性,配电网的设计要满足"$N-1$ 安全准则"的要求。正常运行方式下,电力系统中任一元件无故障或因故障断开,电力系统能保持稳定运行和正常供电,其他元件不会过负荷,且系统的电压和频率在允许的范围之内。这种保持系统稳定和持续供电的能力和程度,称为 $N-1$ 准则,其中 N 是指系统中相关的线路或元件数量。

电缆配电网经常采用 N 供 1 备的接线模式,一般 N 不宜大于 3。其结构特征是,多条线路正常工作,均可满载运行,而与其均相连的另外一条线路则处于停运状态作为总备用;若有某条运行线路出现故障,则可以通过线路切换把备用线路投入运行。

常用典型的 3 供 1 备接线和 2 供 1 备接线分别如图 2-18 所示。N 供 1 备接线形式的优点是供电可靠性高,适用于负荷发展已经饱和、网络按最终规模一次规划建成的地区。

【应用实例】广东金融高新区中压配电网接线方式采用的就是 N 供 1 备接线方式。由于 N 供 1 备的网架接线方式过渡比较方便,在负荷逐步发展的区域,可先按单环网供电,然后随着负荷的发展逐步向 2 供 1 备和 3 供 1 备过渡;在具备条件的负荷饱和区域,主干线路采用"3 供 1 备"接线方式。这也是其中压配电网的目标网架结构。需要注意的是,在网架构筑的过程中应首先规划建设联络开关站的位置,否则将给网架的过渡带来影响。广东金融高新区内主干线环网柜进/出线单元采用 SF_6/真空断路器、分支/用户出线单元采用真空断路器,其余单元采用负荷开关。上述的 $N-1$ 主备接线模式,就是指 N 条电缆线路连成电缆环网。其中,1 条线路作为公共的备用线路正常时空载运行;其他线路都可以满载运行,若某 1 条运行线路出现故障,则可以通过线路切换把备用线路投入运行,提高了配电设备的利用率,保证了供电可靠性。

7. 单环网接线

该接线方式与架空线的环网手拉手接线方式相似。电缆线路的这一接线形式中有两个电源(见图 2-19)。这两个电源可以来自同一供电区域两座变电站的中压母线,或者来自一座变电站的不同中压母线。正常情况下,一般采用开环运行方式,供电可靠性较高,运行比较

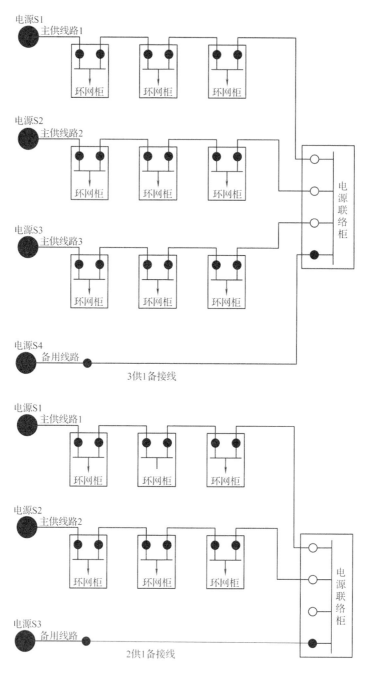

图 2-18 N 供 1 备接线配电网 (3 供 1 备、2 供 1 备)

灵活。在实际应用中，正常运行的时候，每条线路均留有 50% 的裕量，适用于对供电可靠性要求较高的区域。

8. 双环网接线

在单环网接线的基础上，针对双电源用户较多的地区可以采用双环网结构提高供电可靠性。从两座变电站的不同中压母线各引出一回线路，就构成如图 2-20 所示的双环网接线。

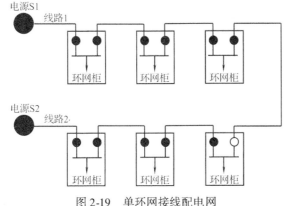

图 2-19　单环网接线配电网

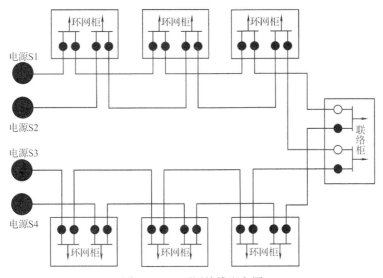

图 2-20　双环网接线配电网

由于采用了双电源并且电源之间通过联络开关形成备用，因此双环网接线供电可靠性高，对于城市中心、繁华地区、负荷密度高的工业园区都可以采用这种接线形式。

在实施配电自动化的过程中，为更有效地减少用户停电时间，人们一直在积极探索新的接线模式，"三双"接线即是其中一种。"三双"即指双电源、双线路、双接入。"双电源"指用户电能的获取是来自同一变电站的不同母线（可向二级负荷供电）或上级两个不同的变电站（可向一级负荷供电）；"双线路"指连接双电源的两条中压线路；"双接入"指配电变压器通过自动投切的开关接入"双线路"，具体接线如图 2-21 所示。

【应用实例】宁波配电自动化建设试点区域为宁波海曙区，是宁波市政治、文化、商业中心，试点区

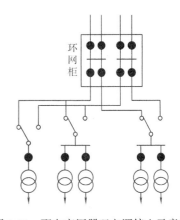

图 2-21　配电变压器双电源接入示意图

域面积为29.4km², 共涉及8座110kV及以上变电站、147条10kV线路及465座开关站、环网单元。宁波配电自动化试点工程于2012年1月通过国网公司工程验收。在试点区的配电自动化建设中，首先就是优化网架结构，通过增加联络线，将原来的两个双射式网络接线优化成双环网接线形式，提高了供电可靠性。

2.9.2 馈线故障的处理

1. 辐射状接线馈线故障的处理

图2-7所示是典型辐射形接线，网络只有一个电源点。实心表示开关闭合，空心表示开关分段。

分支馈线故障的处理，如图2-22所示。若D区故障，则分段开关1断开，从而会导致由1供电出去的所用用户停电，即BCDE区全部停电。由此可见，尽管BCE区没有发生故障，属健全区域，但由于网络结构为辐射式接线，从而会使得停电范围扩大化。也就是说，该结构不能将停电范围仅限制在出现故障的D区中，不能有效隔离故障，更谈不上恢复对健全区域的供电。

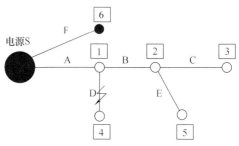

图2-22　D区故障的处理

电源出线故障的处理：若电源出线A区域故障，同理可以分析，则由电源S供电的所有用户停电。

由此可见，辐射状接线虽然接线简单，但由于此结构不能实现负荷转带，故一旦故障，受影响区域范围扩大，使得系统供电可靠性降低，所以这种接线形式不能满足实现配电自动化的要求，这也是目前我国配电网改造过程中提出"配网环网化"的目标的原因所在。

2. 环网手拉手馈线故障的处理

图2-14所示是典型双电源供电构成的环网结构，俗称手拉手接线，每段馈线都可以从两个方向或者说两个电源点获取电能。方框内数字表示开关编号，3为联络开关，正常运行时为打开状态，1、2、4、5为分段开关，正常运行时闭合。

某段馈线B故障时的处理：系统原来运行状态如图2-14所示；馈线B段故障，如图2-23a所示，则1、2分段开关完成故障隔离，健全区域C区会短时停电，如图2-23b所

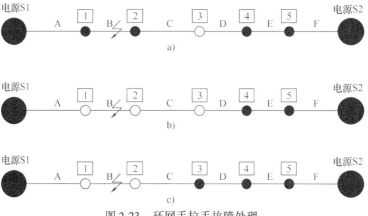

图2-23　环网手拉手故障处理

示;但此时网络结构较先前的辐射式有所改进,故合联络开关3,如图2-23c所示,可恢复健全区域C区的供电。显然,这种接线形式较辐射式可靠性提高了。

3. 三电源点的多分段多联络接线故障的处理

图2-24所示为典型三电源点的多分段多联络接线,3、6、8为联络开关,正常运行时打开,其余为分段开关且闭合。若电源S2出线故障,则首先分段开关10分段,隔离故障区域。原来由电源2供电的8—10、6—10之间的区域将改由另两个电源点供电,即实现负荷转带。实际中,具体转带方式可以视具体情况而定,可以有如下几种。当转带电源具备完全转带能力,则可以采取以下两种方案:

1)闭合联络开关6,原来由电源S2供电的8—10、6—10之间的区域改由电源S1转带。

2)闭合联络开关8,原来由电源S2供电的8—10、6—10之间的区域改由电源S3转带。

上述两种方案是由另一个电源转带所有负荷,若经过计算,转带电源不具备完全转带能力,则可以采取以下两种方案(即分段转带):

1)分断开关7分断,合上联络开关6,6—7由电源S1转带;合上联络开关8,8—9、9—10、7—10由电源S3转带;注意,应该先将分断开关7分断,再合联络开关,以防止出现闭环运行。

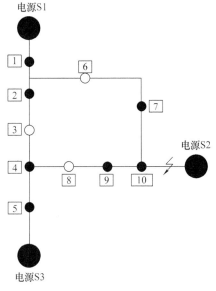

图2-24 三电源点供电网络故障的处理

2)分断开关9分断,合上联络开关8,则8—9由电源S3转带;合上联络开关6,则6—7,7—10,9—10由电源S1转带。

根据上述分析,显然,三电源点接线方式较双电源供电方式更加灵活,可以实现多种负荷转带方式,进一步提高了供电可靠性。

4. 日本3分4连接线故障的处理

图2-25所示为日本6kV配电系统广泛采用的一种接线形式,称为3分4连接线。3分是指由变电站出的每条馈线都被分段开关分成了3段,4连是指被分的每一段馈线都可以从4个方向获取电能。

以干线Ⅱ变电站出口馈线故障为例说明,如图2-25所示。图中,实心圆表示分段开关,闭合;空心圆表示联络开关,断开,各开关旁边的数字表示开关编号。分段开关4将会断开以隔离故障区段。开关4和开关9之间的健全区域可以有3种方式获取电能:一是闭合联络开关6,由变电站经过开关3、连接线、闭合的联络开关6进行供电;二是闭合联络开关7,由变

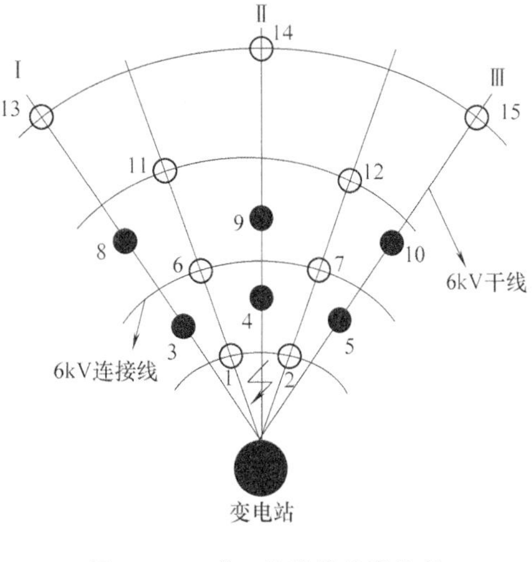

图2-25 3分4连接线故障处理

电站经过开关5、连接线、闭合的联络开关7进行供电；三是闭合联络开关14，由对面电源经闭合的联络开关14、主干线、开关9进行供电。

从上述分析可以看到，3分4连接线形式的故障处理过程非常灵活，其他区段故障时，读者可以自行分析。

2.10 要点掌握

本章主要介绍了配电网综合自动化技术的服务对象，即配电网。从了解配电网的特点入手，介绍了我国配电网的建设情况，通过这些内容的介绍，读者可以更进一步认识到目前我国配电网改造的重要性与紧迫性。介绍了配电网的中性点运行方式，并给出了我国部分地区的中性点实际接地方式，供读者参考。本章还介绍了配电网所涉及的一次设备，即开关和变压器，特别对配电自动化系统中广泛使用的环网柜进行了较为重点的介绍。最后，简单提及了配电线路和配电网拓扑结构，并对馈线故障处理做了简单介绍，为后面章节打下一定基础。

本章的要点掌握归纳如下：

1) 了解。①电网电压等级；②配电网的分类；③配电网的特点；④我国配电网的建设情况；⑤变压器的分类；⑥环网柜的分类；⑦配电线路的分类及优缺点；⑧配电网络的拓扑结构。

2) 掌握。①中性点的概念；②中性点运行方式及各自特点；③经消弧线圈接地的3种补偿形式的概念及原因；④灭弧介质无油化的概念。

3) 重点。①配电网中一些常用开关设备的原理、性能；②环网柜的接线及应用；③不同拓扑结构时馈线故障的处理及一些相应的重要结论。

思 考 题

1. 什么是配电网？配电网具有一些什么特点？
2. 我国配电网的发展情况如何？
3. 经消弧线圈接地系统为什么常采用过补偿方式，而不采用欠补偿或完全补偿方式？
4. 何谓环网柜？其主要结构如何？
5. 目前配电网中开关设备常用的灭弧介质是什么？列举几种熟悉的开关设备。
6. 架空、电缆线路各自的优缺点是什么？
7. 双电源"手拉手"环网、三电源环网、3分4连接线是如何处理故障的？
8. 熟悉配电网常用开关设备和变压器的分类及含义。

第3章 配电终端——FTU

3.1 终端建设原则和终端电源的配置

3.1.1 终端建设原则

标准 Q/GDW 11184—2014《配电自动化规划设计技术导则》明确了终端建设原则。这里进行简要介绍。

1. 总体要求

（1）配电终端用于对环网单元、站所单元、柱上开关、配电变压器、线路等进行数据采集、监测或控制，具体功能规范应符合 Q/GDW 514 的要求。

（2）配电终端应满足高可靠、易安装、免维护、低功耗的要求，并应提供标准通信接口。

（3）配电终端供电电源应满足数据采集、控制操作和实时通信等功能要求。

（4）应根据可靠性需求、网架结构和设备状况，合理选用配电终端类型。对关键性节点，如主干线联络开关、必要的分段开关、进出线较多的开关站、环网单元和配电室，宜配置"三遥"终端；对一般性节点，如分支开关、无联络的末端站室，宜配置"二遥"终端。配变终端宜与营销用电信息采集系统共用，通信信道宜独立建设。

2. 供电分区划分标准（见表 3-1）

表 3-1 供电区域划分表

供电区域		A+	A	B	C	D	E
行政级别	直辖市	市中心区 或 $\sigma \geq 30$	市区 或 $15 \leq \sigma < 30$	市区 或 $6 \leq \sigma < 15$	城镇 或 $1 \leq \sigma < 6$	农村 或 $0.1 \leq \sigma < 1$	—
	省会城市、计划单列市	$\sigma \geq 30$	市中心区 或 $15 \leq \sigma < 30$	市区 或 $6 \leq \sigma < 15$	城镇 或 $1 \leq \sigma < 6$	农村 或 $0.1 \leq \sigma < 1$	—
	地级市（自治州、盟）	—	$\sigma \geq 15$	市中心区 或 $6 \leq \sigma < 15$	市区、城镇 或 $1 \leq \sigma < 6$	农村 或 $0.1 \leq \sigma < 1$	农牧区
	县（县级市）	—	—	$\sigma \geq 6$	城镇 或 $1 \leq \sigma < 6$	农村 或 $0.1 \leq \sigma < 1$	农牧区

注：1. σ 为供电区域的负荷密度（MW/km²）。
2. 供电区域面积一般不小于 5 km²。
3. 计算负荷密度时，应扣除 110（66）kV 专线负荷，以及高山、戈壁、荒漠、水域、森林等无效供电面积。

3. 终端配置

（1）供电区域划分方法应遵循 Q/GDW 1738 的规定。

（2）A+类供电区域可采用双电源供电和备自投以减少因故障修复或检修造成的用户停电，宜采用"三遥"终端快速隔离故障和恢复健全区域供电。

（3）A类供电区域宜适当配置"三遥""二遥"终端。

（4）B类供电区域宜以"二遥"终端为主，联络开关和特别重要的分段开关也可配置

"三遥"终端。

(5) C 类供电区域宜采用"二遥"终端,D 类供电区域宜采用基本型"二遥"终端,C、D 类供电区域如确有必要经论证后可采用少量"三遥"终端。

(6) E 类供电区域可采用基本型"二遥"终端。

(7) 对于供电可靠性要求高于本供电区域的重要用户,宜对该用户所在线路采取以上相适应的终端配置原则,并对线路其他用户加装用户分界开关。

(8) 在具备保护延时级差配合条件的高故障率架空支线可配置断路器,并配备具有本地保护和重合闸功能的"二遥"终端,以实现故障支线的快速切除,同时不影响主干线其余负荷。

(9) 各类供电区域配电终端的配置方式如表 3-2 所示。

表 3-2 配电终端配置方式推荐表

供电区域	供电可靠性目标	终端配置方式
A +	用户年平均停电时间不高于 5 分钟（≥99.999%）	三遥
A	用户年平均停电时间不高于 52 分钟（≥99.990%）	三遥或二遥
B	用户年平均停电时间不高于 3 小时（≥99.965%）	以二遥为主,联络开关和特别重要的分段开关也可配置三遥
C	用户年平均停电时间不高于 9 小时（≥99.897%）	二遥
D	用户年平均停电时间不高于 15 小时（≥99.828%）	基本型二遥
E	不低于向社会承诺的指标	

3.1.2 终端电源的配置

在配电自动化系统运行中,配电终端电源及储能设备作为保障配电终端正常工作的重要设备,其可靠性水平直接关系到配电自动化系统的实用化水平。而由于配电终端呈海量分布,且运行环境较差,导致配电终端的电源尤其是以蓄电池作后备的电源容易受到高温、潮湿等环境因素的影响。

1. 配电终端电源系统架构

配电终端的工作电源通常取自线路 TV 的二次侧输出,特殊情况下使用附近的低压交流电（如市电）,供电电压为 AC 20V,屏柜内部安装电源模块,将 AC 220V 转换成 DC 24/48V,给终端供电,并配置无缝投切的后备电源。一般而言,配电终端电源回路由防雷回路、双电源切换、整流回路、电源输出、充放电回路、后备电源等几个部分构成。电源回路概念框图如图 3-1 所示。

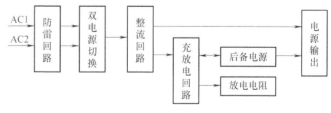

图 3-1 配电终端工作电源回路概念框图

(1) 防雷回路

为防止雷电和内部过电压的影响,配电终端电源回路必须具备完善的防雷措施,通常在交流进线安装电源滤波器和防雷模块。

(2) 双电源切换

为提高配电终端电源的可靠性,在能够提供双路交流电源的场合（如在柱上开关安装两侧 TV、环网柜两条进线均配置 TV、站所两段母线配置 TV 等）,需要对双路交流电源进行自动切换。正常工作时,一路电源作为主供电源供电,另一路作为备用电源;当主供电源失电时,自动切换到备用电源供电。

(3) 整流回路

把交流输入转换成直流输出,给输出回路、充电回路供电。

(4) 电源输出

整流回路或蓄电池的直流输出给测控单元、通信终端及开关操作机构供电,具有外部输出短路保护功能。

(5) 充放电回路

用于蓄电池的充放电管理。充电回路接收整流回路输出,产生蓄电池充电电流。在电池容量缺额比较大时,首先采用恒流充电;在电池电压达到额定电压后,采用恒压充电方式;当充电完成后,转为浮充电方式。放电回路接有放电电阻,定期对蓄电池活化,恢复其容量。

(6) 后备电源

在失去交流电源时,后备电源将提供直流电源输出,以保证配电终端、通信终端及开关分/合闸操作进行不间断供电。

2. 电源及储能设备配置原则

配电终端电源系统需要给装置本身、开关操作、通信设备及其余柜内二次设备供电,并应具备无缝切投后备电源的能力,因此必须要对供电电源系统提出满足配电网运行环境的基本要求。

(1) 应支持双交流供电方式

采用蓄电池或超级电容器作为后备电源供电时,正常情况下,由交流电源供电,支持TV取电。当交流电源中断,装置应在无扰动情况下切换到另一路交流电源或后备电源供电;当交流电源恢复供电时,装置应自动切回交流供电。

(2) 应能实现对供电电源的状态进行监视和管理

具备后备电源低压告警、欠电压切除等保护功能,并能将电源供电状况以遥信方式上送到主站系统。

(3) 具有智能电源管理功能

应具备电池活化管理功能,能够自动、就地手动、远方遥控实现对蓄电池的充放电,且放电时间间隔可进行设置。

3. 配电终端的交流电源的设置

不同站点交流电源选配原则及其容量要求如表3-3所示。

表3-3 配电终端的交流电源选配原则及其容量要求

站点类型	输入电源选择		容量/(V·A)
	首选	备选	
柱上开关	线路电压互感器	附近公用变压器	按照配电终端功耗及其配套通信设备功耗选择
环网柜	母线或线路电压互感器	附近公用变压器	
户内开关站	所内交流电源	母线电压互感器	
户外开关斩	母线或线路电压互感器	附近公用变压器	
配电站(箱式变压器)	站内低压电源		

注:1. 按照DL/T 721—2013《配电自动化远方终端》,馈线终端整机功耗不大于20V·A,站所终端整机功耗不大于30V·A;通信设备功耗,参考所选择具体通信设备功耗指标。

2. 具备两路电源输入条件时,应采取两路并行输入或无缝切换的设计。

3. 从技术角度来讲,也可以使用线路TV取电。但是,由于配电线路负荷电流变化范围较大,在线路处于空负荷或轻负荷状态时,取电TV难以提供足够的能量输出,实际工程使用效果欠佳,不推荐使用。

4. 配电终端的后备电源的设置

后备电源可用免维护铅酸蓄电池或超级电容器储能。由于铅酸蓄电池对充放电方式、环境温度要求高，使用寿命短，严重制约了终端的可靠运行，是导致所建配电自动化系统不能正常运行的关键原因之一。近年来，超级电容器因其良好的可靠性与较长的使用寿命（10年左右）获得了越来越多的应用，是配电终端后备电源的发展方向。

超级电容器（见图3-2）是指介于传统电容器和充电电池之间的一种新型储能装置，既有电容器快速充放电的特性，同时又具有电池的储能特性。与蓄电池和传统电容器相比，超级电容器的特点主要体现在以下几方面：

1）功率密度高。功率密度可达数百 W/kg，远高于蓄电池的水平。

2）循环寿命长。在几秒钟的高速深度充放电循环50万次至100万次后，超级电容器的特性变化很小，容量和内阻仅降低10%~20%。

图 3-2 超级电容器

3）工作温限宽。由于在低温状态下超级电容器中离子的吸附和脱附速度变化不大，因此其容量变化远小于蓄电池。商业化超级电容器的工作温度范围可达 -40~+80℃。

4）免维护。超级电容器充放电效率高，对过充电和过放电有一定的承受能力，可稳定地反复充放电，在理论上是不需要进行维护的。

5）绿色环保。超级电容器在生产过程中不使用重金属和其他有害的化学物质，且自身寿命较长，因而是一种新型的绿色环保电源。

从控制造价和体积两方面考虑，配电终端应用超级电容器储能的不间断供电时间不宜超过1h，如果设备停电时间较长，配电终端将因失去电源而无法工作。考虑到配电终端主要用于正常运行时倒闸操作与故障隔离、恢复供电操作控制，而设备长时间停运后可通过人工操作送电，应用超级电容器储能是能够满足配电网自动化运行要求的。如果在柱上开关或环网柜的两个进线侧都装有电压互感器，则在其任一侧有电的情况下，都可为配电终端提供交流电源。而在两侧都失电的情况下，配电终端长时间运行及对开关进行多次操作并没有什么意义。因此，超级电容器储存的电量只要能在两侧线路失电后，维持配电终端运行一段时间并提供开关操作需要即可。这样对储能装置容量的要求就低了很多，超级电容器完全满足应用要求。

对于二遥终端，其后备电源容量除能够在失去主电源后需要继续运行较短的时间以保证信息的测量存储与停电信息的上传外，还需要满足开关就地操作的需要。对于三遥终端，后备电源应能够在主电源失电的情况下维持配电终端及通信模块运行一段时间，并保证开关至少三次分合闸操作的要求。

配电终端后备电源配置如表3-4所示。

表 3-4　配电终端后备电源配置

终端类型	类　型	电压（直流）	容　量　要　求	备　注
二遥型	超级电容器	24V 或 48V	维持终端及通信模块运行 2min 以上，并能满足开关一次分闸操作	推荐使用
	蓄电池	24V 或 48V	维持终端及通信模块运行 30min 以上，并能满足开关一次分闸操作	
三遥型	超级电容器	24V 或 48V	维持配电终端及通信设备运行 15~30min，并能满足开关三次分合闸操作	推荐使用
	蓄电池	24V 或 48V	维持配电终端及通信设备运行 8h 以上，并能满足开关三次分合闸操作	

3.2　FTU 的基本概念和功能

3.2.1　FTU 的基本概念

电力行业标准 DL/T 721—2000《配电网自动化系统远方终端》对配电网自动化系统远方终端的定义为：配电网自动化系统远方终端是用于配电网馈线回路的各种馈线远方终端、配电变压器远方终端以及中压监控单元（配电自动化及管理系统子站）等设备的统称。采用通信通道完成数据采集和远方控制功能。根据这一定义，本书将把配电自动化系统远方终端分成 FTU、DTU、RTU、TTU 和站控终端来介绍。本章重点介绍 FTU，下一章再介绍其他终端。

什么是 FTU？FTU 称为馈线开关监控终端（Feeder Terminal Unit，FTU），是装设在馈线开关旁的开关监控装置。这些馈线开关指的是户外的柱上开关，如 10kV 线路的断路器、负荷开关、分段开关等。

一般来说，1 台 FTU 要求能监控 1 台柱上开关，主要原因是柱上开关大多分散安装，若遇同杆架设情况，由于上下排线路两台开关之间的距离非常近，这时可以用 1 台 FTU 监控两台开关，不仅能省 1 台 FTU，而且还能节约 1 套通信设备。同理，还可要求能监控 3 台或者更多的开关设备。从 FTU 设计本身考虑，如果监控开关的数量过多，则体积要增大，成本会明显增加。从实际应用来看，超过 3 台的情况较少。

3.2.2　FTU 的功能

FTU 的具有如下的一些功能：

（1）模拟量信息的采集与处理——遥测

FTU 采集交流输入电压，监视开关两侧馈线的供电状况，采集线路的电压、开关经历的负荷电流和有功功率、无功功率等模拟量。一般线路的故障电流远大于正常负荷电流，要采集故障信息必须要求 FTU 能提供较大的电流动态输入范围。

（2）数字量信息的采集与处理——遥信

FTU 应能对柱上开关的当前位置、通信是否正常、储能完成情况等重要状态量进行采集。若 FTU 有微机继电保护功能的话，还应对保护动作情况进行遥信。

(3) 接受并执行指令——遥控

FTU 应能接受并执行指令控制开关合闸和跳闸，动作闭锁，以及起动储能过程等。在检修线路开关时，相应 FTU 应具有远方控制闭锁的功能，以确保操作的安全性，避免误操作带来恶性事故。

(4) 统计功能

FTU 应能对开关的动作次数和动作时间及累计切断电流的水平进行监视。

(5) 设置功能

FTU 应能够进行电压、电流、继电保护的整定，且整定值随配网运行方式的改变能够自适应。

(6) 对时功能

FTU 应能接受主系统的对时命令，以便和系统时钟保持一致。

(7) 事故记录

FTU 应具有电流超过整定值，应记录并上报越限值和发生的时间；记录并上报开关状态变化和发生时间；记录事故发生时的最大故障电流和事故前一段时间的平均负荷，以便分析事故，确定故障区段，并为恢复健全区段供电时进行负荷重新分配提供依据。

(8) 自检和自恢复功能

FTU 应具有自检测功能，并在设备自身故障时及时告警。FTU 应具有可靠的自恢复功能，凡是受干扰造成死机时，能通过监视定时器重新复位系统，恢复正常运行。

(9) 通信功能

除了需提供一个通信口与远方主站通信外，FTU 能提供标准的 RS232 或 RS485 接口和周边各种通信传输设备相连，完成通信转发功能。重要问题是 FTU 的通信规约正面临着标准化的迫切需要。

(10) 远方控制闭锁与手动操作功能

在检修线路或开关时，相应的 FTU 应能具有远方控制闭锁的功能，以确保操作的安全性，避免误操作造成的恶性事故。同时，FTU 应能提供手动合闸/跳闸按钮，以备当通道出现故障时能进行手动操作，避免上杆直接操作开关。

(11) 抗恶劣环境

FTU 通常安装在户外，因此要求它在恶劣环境下仍能可靠地工作。

恶劣环境通常包括以下几种：

1) 雷电。直接雷击或间接雷击造成的过电压是极其有害的。因此必须充分考虑防雷措施，包括加装避雷器、可靠接地和电气防雷等。需要防雷击的部分常有低压电源进线（采用低压交流线路馈电）、有线通信电缆、无线通信天线系统和 10kV 线路（采用 TV 获取低压电源），因此要在这些与 FTU 接口的部位考虑可靠的防雷措施。

2) 环境温度。一般 FTU 起码应能在 $-25 \sim +65$℃ 的环境下正常工作，对于一些特殊地区甚至会有更高的要求。如在吐鲁番，夏天会出现 50℃ 以上的高温，而在大庆，冬天的环境温度会低于 -35℃。

3) 防雨、防湿。具有导电性的雨水是一切电子设备的大敌，因此 FTU 当然应当具有可靠的防雨手段。

4）风沙。风沙也是户外设备的大敌，风沙加上雨水会侵蚀设备的一切保护材料。此外风沙对于 FTU 的引线和固定结构也会造成冲击并威胁其安全。

5）振动。由于安装于户外，来往车辆、大风等原因会对 FTU 造成振动，若将 FTU 装入开关本体构成一体化设备，则开关动作和储能电动机运转时，也会对 FTU 造成振动，若设计不良，会导致 FTU 中印制板上的元器件脱落或接触不良以及接插件松动等，导致设备故障。为此，制作 FTU 时，电路应尽量考虑采用单板化的一体化结构，必要的接插件应选用质地好而且可靠的，并尽可能在结构上采取紧固措施。

6）电磁干扰。随着电信技术的发展，城市范围内充满了电波，安放于户外的 FTU 也往往伴随着较长的引线（或是 0.4kV 低压馈电线，或是有线通信线，或是 10kV 线路本身），而这些长线实际上构成了天线，它能有效地接收各种电磁波并耦合进 FTU，为此 FTU 中必须考虑有效的抗干扰措施。

（12）具有良好的维修性

由于 FTU 安放于分段开关处，因此当 FTU 故障时必须能够不停电检修，否则会造成较大面积停电。为此，FTU 应能很方便地和开关隔离开来，TA 进线处采用试验端子、与开关之间采用航空插头连接、加装电源熔断器以及采用双层机壳等措施往往是有必要的。

（13）可靠的电源

当故障或其他原因导致电路停电时，FTU 应仍能有工作电源。因为这时 FTU 上报的故障信息对于故障区段判断极为有意义。此外，在恢复线路供电时，往往也需要可靠的操作电源。

3.3 SD-2210 型 FTU 的总体结构及特点

下面以与河南思达公司合作的 SD-2210 型 FTU 为例来进行介绍。

3.3.1 SD-2210 型 FTU 的原理框图

由于普通 51、196 系列的单片机采用的是程序指令和数据共用一个存储空间的冯·诺依曼结构，指令周期较长，多为微秒（μs）级，在实时测量中严重限制了采样点数，一般只能对电网每周波采样 16 点，而采样点数的多少直接影响着暂态波形的精度。而高速数字信号处理（DSP）芯片放弃了冯·诺依曼结构，采用了增强的哈佛（Harvard）结构，即将程序指令和数据的存储空间分开，各有自己的地址和数据总线，这就使得处理指令和数据可以同时进行，从而大大提高了处理速度，指令周期多为纳秒（ns）级。除此以外，现在许多微机保护的 A-D 芯片精度为 8 位或 12 位、采样速度在 10μs/chan 以上。数据采集和处理速度低、精度低的问题会严重阻碍着暂态首半波的可靠实现。针对这些问题，下面给出了以河南思达高科技股份有限公司生产的 SD-2210 型电力系统远动终端（FTU）为基本采集单元而研制的一种新型小电流接地选线装置。

SD-2210 型 FTU 由电源板、模入板和 CPU 板共同构成，CPU 采用 TI 公司的定点型 DSP 芯片 TMS320F206，SD-2210 型 FTU 的原理框图如图 3-3 所示。

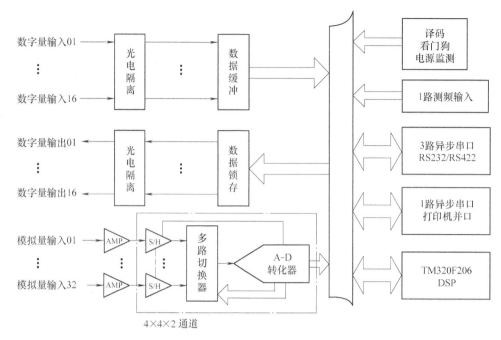

图 3-3　SD-2210 型 FTU 的原理框图

3.3.2　SD-2210 型 FTU 的总体特点

SD-2210 型 FTU 的总体特点如下：

1）TMS320F206 为 CPU，可以实现每秒 2000 万次定点运算。

2）4.5K × 16 位 SRAM 存储器，存放数据。

3）32K × 16 位 FLASH 存储器，存储固化程序，保存重要参数。

4）64K × 16 位程序/数据存储器（可选项），便于调试。

5）2K × 8 位 NVRAM 和实时时钟。

6）完备的输入/输出功能为，32 通道、14 位分辨率、同时采样、每通道 76KSPS 采样率的模拟输入；16 通道、带光电隔离、数字量输入；16 通道、带光电隔离、数字量输出；1 通道测频输入。

7）3 路异步串口（两个带光电隔离）、一路同步串口、一个打印机并口。

8）具有看门狗和电源监测电路，系统安全、可靠。

9）具有仿真接口，与 SEED-C2XXDS 或 XDS-510 配合使用，方便软硬件调试。

3.4　SD-2210 型 FTU 的 TMS320F206 DSP 硬件介绍

3.4.1　TMS320F206 DSP 的主要特点

TMS320F206 是 TI 公司 C2XX 系列产品中唯一具有片内 FLASH 存储器的 DSP，F206 采用了先进的改进型哈佛结构（程序存储器和数据存储器具有各自的总线）、多级流水线，操作灵活，速度高。F206 结构的建立主要围绕着 6 条 16 位的总线展开的，这 6 条总线是 3 条程序/数据总线和3条地址总线，这使得F206的数据处理能力达到了最大限度。程序控制上的4级流水线操作和8级硬件堆栈进一步保证F206的高速运行。F206的高性能CPU具有32位CALU、32位累加器、16×16位并行乘法器、3个移位寄存器和8个16位辅助寄存器。F206具有程序、数据和I/O 3个相互独立的存储空间。

3.4.2 TMS320F206存储器映射

TMS320F206 DSP为增强型哈佛结构，具有程序、数据和I/O 3个相互独力的存储空间，每个存储空间均为64K×16位，如图3-4所示。

0000H 003FH	中断向量表	0000H 005FH	存储器映射 寄存器	0000H	
0040H 3FFFH	片上16K FLASH（0） （MP/MC=0） 片外 （MP/MC=1）	060H 007FH	片上DARAM B2块32字		
		0080H 01FFH	保留		
4000H 7FFFH	片上16K FLASH（1） （MP/MC=0） 片外 （MP/MC=1）	0200H 02FFH	片上DARAM B0块256字 （CNF=0） 保留 （CNF=1）	⋮	片外 I/O空间
		0300H 03FFH	片上DARAM B1块256字		
8000H 8FFFH	片上4K SARAM （PON=1） 片外 （PON=0）	0400H 07FFH	保留		
		0800H 17FFH	片上SARAM 4K字 （DON=1） 片外 （DON=0）		
9000H FDFFH	片外				
FE00H FEFFH	保留 （CNF=1） 片外 （CNF=0）	1800H FFFFH	片外 异步串口 A-D口 开入/开出口 测频输入口 看门狗刷新口	FEFFH	
				FF00H FF0FH	保留 （用于测试）
FF00H FFFFH	片上DARAM B0块256字 （CNF=1） 片外 （CNF=0）			FF10H FFFFH	I/O映射 寄存器
a)		b)		c)	

图3-4 TMS320F206 DSP的存储空间分布
a）程序存储空间 b）数据存储空间 c）I/O存储空间

1. 程序存储器

片上的程序存储器如下：

1）32K ×16 位，FLASH，存放固化程序和重要参数。

2）4K ×16 位，SARAM，存放调试程序。

3）256 × 16 位，DARAM，存放运算系数。

F206 上的 32K ×16 位 FLASH 存储器由两块相互独立的 16K ×16 位 FLASH 存储器构成，可独立的对它们进行读取、擦除、编程等操作。这两块 FLASH 工作模式的切换，分别由片上两个 I/O 映射寄存器控制。这两块 FLASH 存储器，一块可以用于存放固化程序，另一块存放重要参数，实现 FLASH 存储器在线编程。由于 F206 中断向量从 0000H 开始，所以用第一块 FLASH 存放固化程序，第二块 FLASH 存放重要参数。

F206 上的 4K ×16 位 SARAM 通过片上一个 I/O 映射寄存器，既可配置为程序存储器，也可配置成数据存储器，或两者皆是。FTU 的 CPU 板上没有外部程序存储器，所以调试时将此 4K × 16 位 SARAM 配置成程序/数据两者皆是方式，将调试程序定位到此 4K ×16 位 SARAM 上，便于实现程序加载、设置软件断点等仿真调试功能。调试完成后，程序重定位到 FLASH 存储器上，通过仿真器将程序烧录 FLASH 中，详细操作稍后介绍。

F206 上有一块 256 ×16 位 DARAM（B0 块）通过片上状态/控制寄存器，既可配置成程序存储器，也可配置为数据存储器。用它存放相关和数字滤波器等 DSP 算法的系数非常合适，这是因为 B0 块为单周期 – 双获取存储器。

2. 数据存储器

（1）片上数据存储器

1）4K × 16 位，SARAM，存中间数据。

2）256 × 16 位，DARAM，B0 块，存放运算系数。

3）256 × 16 位，DARAM，B1 块，存放常量/变量。

4）32 × 16 位，DARAM，B2 块，存放常量/变量。

（2）片外数据存储器

1）64K × 16 位，SRAM，局部数据存储器与程序存储器共享（可选配置）。

2）2K × 8 位，NVRAM，全局数据存储器。

3）2K × 16 位，扩展 I/O，全局数据存储器。

片外扩展的 NVRAM、实时时钟、异步串口、打印机并口、A-D 口、开入/开出口、测频输入口和看门狗刷新口放在全局数据存储空间，存储空间的分配如表 3-5 所示。

表 3-5 存储空间的分配

功　能	物理地址	等　待	说　明
异步串行口 A	F700 ~ F707H	1	读/写
异步串行口 B	F710 ~ F717H	1	读/写
打印机并口	F720 ~ F727H	1	读/写
A-D 输入口	F730 ~ F733H	1	读/写
开入/开出口	F734H	0	读/写

功能	物理地址	等待	说明
命令寄存器	F735H	0	只写
测频输入口	F735H	0	只读
A-D 触发口	F736H	0	只写
看门狗刷新口	F736H	1	只读
硬件定时器间隔寄存器	F737H	0	只写
NVRAM 和实时时钟	F800 ~ FFFFH	2	读/写

3.4.3 TMS320F206 DSP 片上外设

F206 片上定时器由一个 16 位主计数器 TIM 和一个 4 位分频计数器 PSC 组成，20MHz 时钟加到 PSC 上，每个时钟使 PSC 减 1，当 PSC 减为零时，下一个时钟使 PSC 产生一借位脉冲，同时重装 PSC，此借位脉冲加到 TIM 上，每个时钟使 TIM 减 1，当 TIM 减为零时，下一个时钟使 TIM 产生一借位脉冲，同时重装 TIM，此借位脉冲为 50ns 正脉冲，产生定时中断 TINT，同时输出到 TOUT 引脚上。

F206 片上定时器的复位、启动、重装和停止等操作由 TCR、TIM 和 PRD3 个寄存器控制，定时器控制寄存器 TCR 的定义如表 3-6 所示。

表 3-6 定时器控制寄存器 TCR

15 ~ 12	11	10	9 ~ 6	5	4	3 ~ 0
保留	FREE	SOFT	PSC	TRB	TSS	TDDR
0	R/W-0	R/W-0	R/W-0	R/W-0	W-0	R/W-0

- FREE、SOFT 为定时器操作方式：00 为下一个 TIM 减计数脉冲到时停止计数；01 为 TIM 减为零时停止计数；10 为 FREE RUN；11 为 FREE STOP。
- PSC 为 4 位分频计数器：保存分频计数器当前计数值。
- TRB 为定时器重装控制位：当对 TRB 写入 1 时，PRD 值重装入 TIM，TDDR 值重装入 PSC。
- TSS 为定时器停止控制位：0 为启动定时器；1 为停止定时器。
- TDDR 为 4 位分频寄存器：保存分频计数器重装值。

定时器主计数器 TIM，保存主计数器当前计数值，定时器间隔寄存器 PRD，保存主计数器重装值，定时器输出 TOUT 频率由下式计算：

$$\text{TOUT 频率} = 20\text{MHz} \div [(TDDR + 1)(PRD + 1)] \tag{3-1}$$

3.4.4 TMS320F206 DSP 外部中断

共有 3 级外部中断：INT1——A-D 数据准备好中断；INT2——异步串口 A 或 B 中断；INT3——打印机并口中断。

F206 外部中断均为下跳沿触发，并且低电平至少应该保持 50ns。外部中断的屏蔽与使能分别由中断屏蔽位 INTM、中断屏蔽寄存器 IMR、中断控制寄存器 ICR 和中断标志寄存器

IFR 控制。

3.4.5 TMS320F206 DSP 命令寄存器

命令寄存器（F735H）如表 3-7 所示。

表 3-7 命令寄存器

D7	D6	D5	D4	D3	D2	D1	D0
X	X	X	X	H/F	DE	X	TEN

- TEN 为定时触发源选择：0 为 F206 片上定时器产生定时触发信号；1 为硬件定时器产生定时触发信号。
- DE 为 RS422/RS485 发送使能：0 为发送为高阻；1 为发送使能。
- H/F 为 RS422/RS485 选择：0 为 RS422；1 为 RS485。

复位时候，命令寄存器清零。

3.4.6 TMS320F206 DSP 复位

产生复位脉冲的方式：
1）上电复位脉冲。
2）手动复位按钮。
3）电源故障，即当 +5V 主电源电压跌至 +4.5V 时，产生复位脉冲。
4）看门狗电路，即在规定时间内，如果没有刷新看门狗，则产生复位脉冲。

3.4.7 SD-2210 型 FTU 模拟信号输入

32 路模拟输入信号首先经 RC 滤波器，再经放大器（接成射极跟随）连接到 A-D 转换器（MAX125）的输入端上，MAX125 是 MAXIM 公司推出的一种 2×4 通道、14 位高速、同时采样且带并行微机接口的逐次逼近型 A-D 转换芯片。A-D 的分辨率为 14 位，输入范围为 -5～5V，经 A-D 转换后，输出编码以二进制补码形式给出。

3.4.8 SD-2210 型 FTU 数字量输入输出

16 路数字量输入信号首先经过光电隔离器，再经数据缓冲器（F734H，只读）输入给 F206；16 路数字量输出信号首先锁存到数据缓冲器（F734H，只写）上，再经过光电隔离器输出。

3.4.9 SD-2210 型 FTU 异步串行通信

SD-2210 型 FTU 采用 TI 公司生产的双路异步串行通信芯片 ST16C552，通过扩展异步通信芯片可以实现 DSP 与 PC 之间的高速串行通信，满足系统实时性的要求。ST16C552 片内有两个完全独立的异步串行通信收发器 ACE，每个通道可独立控制发送、接收、线路状态、数据设置中断，有独立的 MODEM 控制信号，有 3 态 TTL 驱动的数据、控制总线，每个通道具有可编程的串行接口，分别可对数据位数、奇偶校验、停止位及波特率等进行编程。

ST16C552 每个通道有 13 个寄存器，通过 A2～A0 和线路控制寄存器中的 DLAB 位来寻址，ST16C552 的寄存器如表 3-8 所示。

表 3-8 ST16C552 的寄存器

通道	寄存器	DLAB	A2	A1	A0	地址	操作
通道 A	接收缓冲寄存器 RBR_A	0	0	0	0	00H	只读
	发送保持寄存器 THR_A	0	0	0	0	00H	只写
	中断使能寄存器 IER_A	0	0	0	1	01H	读/写
	中断标志寄存器 IIR_A	0	0	1	0	02H	只读
	FIFO 控制寄存器 FCR_A	0	0	1	0	02H	只写
	线路控制寄存器 LCR_A	×	0	1	1	03H	读/写
	MOMED 控制寄存器 MCR_A	×	1	0	0	04H	读/写
	线路状态寄存器 LSR_A	×	1	0	1	05H	读/写
	MOMED 状态寄存器 MSR_A	×	1	1	0	06H	读/写
	暂存寄存器 SCR_A	×	1	1	1	07H	读/写
	低位除数寄存器 DLL_A	1	0	0	0	00H	读/写
	高位除数寄存器 DLM_A	1	0	0	1	01H	读/写
	功能切换寄存器 AFR_A	1	0	1	0	02H	读/写

注：通道 B 与通道 A 类同。

(1) 线路控制寄存器（见表 3-9）

表 3-9 线路控制寄存器

D7	D6	D5	D4	D3	D2	D1	D0
DLAB	BREAK	SPB	EPS	PEN	STB	WLS1	WLS0

- WLS1、WLS0 为设置数据长度：00 为 5 位；01 为 6 位；10 为 7 位；11 为 8 位。
- STB 为设置停止位个数：0 为 1 个停止位；1 为 1.5 个停止位（5 位数据长度时），2 个停止位（6 位、7 位、8 位数据长度时）。
- PEN 为奇偶校验使能：0 为奇偶校验无效；1 为奇偶校验有效。
- EPS 为奇偶校验选择：0 为奇校验；1 为偶校验。
- DLAB 为寄存器访问选择：0 为访问其余寄存器；1 为访问除数和功能切换寄存器。

(2) 线路状态寄存器（见表 3-10）

表 3-10 线路状态寄存器

D7	D6	D5	D4	D3	D2	D1	D0
FREE	TEMT	THRE	BI	FE	PE	OE	DR

- DR 为接收数据准备好标志：1 为接收数据缓冲器中有数据；0 为接收数据缓冲器空。
- OE 为溢出错误标志：1 为有溢出；0 为无溢出。
- PE 为奇偶校验错误标志：1 为有奇偶校验错误；0 为无奇偶检验错误。
- THRE 为发送保持寄存器空标志：1 为空；0 为非空。
- TEMT 为发送器空标志：1 为发送保持寄存器和发送移位寄存器都空；0 为发送保持

寄存器或发送移位寄存器非空。

(3) 设置波特率

ST16C552 的波特率可以通过除数寄存器 DLM、DLL 来设置,除数寄存器值和波特率之间的计算如下:

$$除数值 = 输入频率 \div (波特率 \times 16) \qquad (3-2)$$

ST16C552 的输入频率为 15.9744MHz,按照式 (3-2) 可得常用波特率和除数寄存器之间的关系,如表 3-11 所示。

表 3-11 波特率和除数寄存器关系

波特率/ (bit/s)	高位除数寄存器 DLM	低位除数寄存器 DLL
1200	03H	42H
2400	01H	A0H
4800	00H	D0H
9600	00H	68H
19200	00H	34H
38400	00H	1AH
76800	00H	0DH

3.5 直流采样和交流采样

采样是将现场连续不断变化的模拟量的某一瞬间值作为样本采集下来,供计算机系统计算、分析和控制之用。

3.5.1 直流采样

顾名思义,直流采样就是将交流模拟量 (u, i 等) 先转换成相应的模拟直流电压信号,然后再由模拟-数字 (A-D) 转换器转换或相应的数字量。对于 A-D 来说,是对直流信号进行采样和变换。由交流模拟信号转换成相应的直流模拟信号这个任务,是由变送器来完成的。

直流采样有如下特点:

1) 直流采样对 A-D 转换器的转换速率要求不高,因为变送器输出值是与交流电量的有效值或平均值相对应,变化已很缓慢。

2) 直流采样后只要乘以相应的标度系数,便可方便地得到电压、电流的有效值或功率值。这使采样程序简单。

3) 直流采样的变送器经过了整流、滤波等环节,抗干扰能力较强。

4) 直流采样输入回路往往采用 RC 滤波电路,因而时间常数较大 (几十 ~ 几百 ms),这使采样实时性较差。且因变送器输出反映的是有效值或平均值,无法反映被测交变量的波形变化,不能适用于微机保护和故障录波。

5) 直流采样需要很多变送器并组成笨重的变送器屏,占用了空间和增加了投资。

3.5.2 交流采样

交流采样不再采用各种以整流为基础的变送器,仅将交流电压、电流信号经过起隔离和降低幅值作用的中间 TV、中间 TA 后,仍以交流模拟信号供 A-D 进行采样,然后通过计算得到被测量的有效值等需要的参数。交流采样有以下一些特点:

1) 实时性好,微机继电保护必须采用交流采样。
2) 能反映原来电压、电流的波形及其相位关系,可用于故障录波。
3) 由于免去了大量常规变送器,使占用空间和投资均可减小。
4) 对 A-D 转换器转换速率和采样保持器要求较高,一个交流周期内采样点数应该较多(一般每周波采样 12 点、16 点、20 点、24 点,为分析高次谐波甚至需要 32 点)。

3.6 开关量输入电路

前面介绍了 SD-2210 型 FTU 的构成,从中知道一般 FTU 硬件构成主要有如下几部分:①CPU,核心部件;②ROM,只读存储器,断电不丢失,不可写,用于存放程序和数据;③RAM,随机存储器,可读可写,断电丢失,存放临时数据和程序;④网卡,将要传递的数据转换为网络上其他设备能够识别的格式;⑤MODEM,调制解调,完成通信功能;⑥接口电路,包括模拟量输入回路(简称模入回路)、模拟量输出回路(简称模出回路)、数字量输入回路(简称开入回路)、数字量输出回路(简称开出回路)。

配电系统中大量存在着以 0、1 变化的信号量,如断路器的开合状态、隔离开关的位置状态、继电保护和自动装置的工作状态,这些开关量信息输入微机系统的电路称为开入,采集这些开关量信息在配电自动化中也被称为遥信。开入电路通常由隔离电路、去抖电路、三态门、地址译码、逻辑控制、驱动等构成。

3.6.1 隔离电路

断路器、隔离开关的状态一般取自它们的辅助触点,这些辅助触点位于高压配电装置的现场,现场电磁场很强,而这些触点通常距离测量装置较远,连线较长,为了避免这些连线将干扰引入微机系统,一般信号输入时需要采取隔离措施。隔离方法通常有两种:继电器隔离和光电隔离。

1. 继电器隔离

继电器隔离的原理接线如图 3-5 所示。

继电器隔离的工作原理分析如下:

1) 若断路器打开,断路器辅助触点闭合,直流电源经过闭合的断路器辅助触点使得继电器线圈 K 带电,从而继电器对应触点 K_1 闭合,数据采集电路将低电平 0 采入微机系统。

2) 若断路器闭合,辅助触点打开,继电器 K 线圈失电,从而继电器对应触

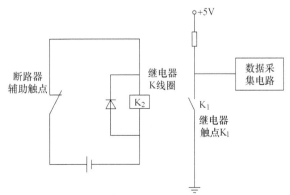

图 3-5 继电器隔离的原理接线

点 K_1 打开，数据采集电路将高电平 +5V 即高电平 1 采入微机系统。

特别注意：与继电器 K 线圈反并联的二极管称为续流二极管，当 K 线圈失电时，由于是一电感线圈，电流不能突变，所以必须通过反并联的二极管续流，释放能量，否则根据电感的基本伏安关系式 $u = L\dfrac{\mathrm{d}i}{\mathrm{d}t}$，电感能量无处可去，引起电流从有到无的突变，必将引起高电压，烧坏整个电路。

2. 光电隔离

光电隔离是目前最常用的隔离方式，与继电器隔离电路相比，其核心部件改由光敏晶体管代替，其余部分相似。光电隔离的原理接线如图 3-6 所示。

光电隔离的工作原理分析如下：

若断路器打开，其辅助触点闭合，直流电源经过闭合的断路器辅助触点使得二极管导通发光，从而光敏晶体管导通，数据采集电路将低电平 0 采入微机系统。

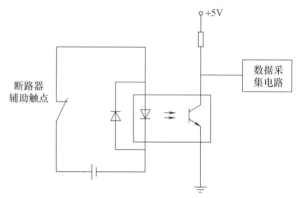

图 3-6 光电隔离的原理接线

若断路器闭合，其辅助触点打开，二极管失电，从而光敏晶体管不导通，集电极发射级呈高阻状态，数据采集电路将高电平 +5V 即 1 采入微机系统。

光耦合器体积小，响应速度快，不受电磁干扰影响，是较为理想的隔离手段。

3.6.2 去抖电路

断路器触点的闭合并不是一步到位的，而是有一个抖动的过程，并且长线和空间也会产生干扰信号，这样会使得输入信号上下波动，而输出信号如果亦步亦趋，跟踪十分灵敏，会造成微机对断路器位置的错误判断，所以在隔离电路之后还应加一个去抖电路。

去抖电路的核心部件是具有双门槛触发特性的施密特触发器。

施密特触发器是一种特殊的门电路，与普通的门电路不同，施密特触发器有两个阈值电压，分别称为正向阈值电压和负向阈值电压。在输入信号从低电平上升到高电平的过程中使电路输出状态发生变化的输入电压称为正向阈值电压（U_{T+}）；在输入信号从高电平下降到低电平的过程中使电路输出状态发生变化的输入电压称为负向阈值电压（U_{T-}）。正向阈值电压与负向阈值电压之差称为回差电压（ΔU_T）。普通门电路的电压传输特性曲线是单调的，施密特触发器的电压传输特性曲线则是滞回的。施密特触发器的电路符号和输入输出波形如图 3-7 所示。

施密特触发器用在去抖电路中的工作原理分析如下：

1) 没有采用施密特去抖之前，开关的微小抖动，微机都跟踪灵敏，如图 3-8a 所示，采样值一高于设定的门槛值，高

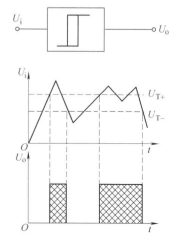

图 3-7 施密特触发器的电路符号和输入输出波形

电平 1 输入微机，判定开关闭合，采样值一低于设定的门槛值，低电平 0 输入微机，判定开关打开，如此，开关实际只动作了一次，可却由于将抖动误判断成了开关的关合状态，实际判断结果却是开关关合了好几次，出现判断错误。

2）当加入去抖电路后，由于施密特的双门槛触发特性，如图 3-8b 所示，当输入信号下降虽然低于了 U_{T+}，可由于没有低于 U_{T-}，输出信号不会发生翻转，这样在开关微小抖动期间，微机一直判断开关闭合，仅动作一次，正确。

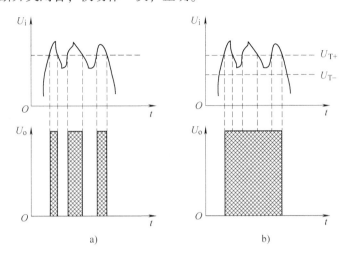

图 3-8　施密特触发器用在去抖电路中的工作原理分析
a）没有采用施密特触发器　b）采用施密特触发器

3.7　开关量输出电路

开关量信息自微机系统输出去遥控远方的开关状态称为开出，其硬件构成与开入电路基本相同，如图 3-9 所示。

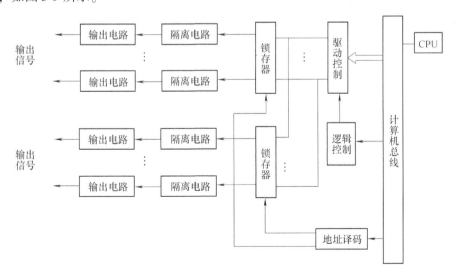

图 3-9　开关量输出基本硬件结构

输出通道的主要特点是微机输出的数据在系统总线上只能存在很短的时间,所以接口电路必须及时把数据接收并保持住,常用的锁存器芯片有74LS273、74LS373等。图3-10所示为74LS373的常用接法,其对应的功能如表3-12所示。

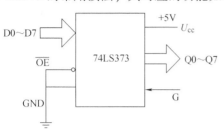

图3-10 74LS373的常用接法

表3-12 74LS373功能表

G	$\overline{OE}$	输入 D0~D7	输出 Q0~Q7
H	L	L	L
H	L	H	H
L	L	×	Q0
×	H	×	Z

说明:表3-12中,G为锁存控制信号,$\overline{OE}$为使能控制端,H表示高电平,L表示低电平,Z表示高阻态。

74LS373有3种工作状态:

(1) $\overline{OE}$为低电平、G为高电平时候,输出端状态与输入端状态相同,即输出跟随输入。

(2) 当$\overline{OE}$为低电平、G降为低电平时(下降沿),输入端数据锁入内部寄存器中,内部寄存器的数据与输出端相同。当G电平保持为低电平时,输入端数据变化不会影响输出端状态。

(3) 当$\overline{OE}$为高电平时,锁存器缓冲三态门封闭,即输出端为高阻态,输入端D0~D7与输出端Q0~Q7隔离。

3.8 模拟量输入电路

电力系统中的电流、电压、功率、温度等都是连续变化的模拟量,模拟量的输入电路是数据采集系统很重要的电路。模拟量输入电路的主要作用是隔离、规范输入电压及完成模-数转换,以便与微机接口,完成数据采集任务。

根据模-数变换原理的不同,数据采集系统中模拟量输入电路有两种方式:一是基于逐次逼近型A-D转换(ADC)方式,该方式直接将模拟量转换成数字量;二是采用电压-频率转换(VFC)原理进行模-数变换方式,它是将模拟量电压先转换为频率脉冲量,通过脉冲计数变换为数字量的一种变换方式。

3.8.1 基于逐次逼近型A-D转换的模拟量输入电路

逐次逼近型A-D转换方式由电力设备、变换器、滤波电路、A-D转换芯片几部分组成,下面将分别叙述这几个部分的结构和作用。

(1) 电力设备

母线、线路、变压器、开关等配电网的被监控对象。

(2) 变换器

将上述被监控一次设备的采集数据转换成微机可以接受的量。常用的电量变换器就是电压互感器(TV)和电流互感器(TA)。TV将一次测高电压变换成二次侧低电压,二次侧低电压通常为100V;TA将一次侧大电流变换成二次侧小电流,二次侧小电流通常为5A。

(3) 滤波电路

根据模拟信号的采样定理,要确保采样信号能真实反映出原始信号,不出现频域叠混现象,则采样频率 $f_s > 2f_{max}$,其中,f_{max} 是原始信号的最大频率。

采样总是按一定的频率工作的,为了满足采样定理,必须限制输入信号的最高频率,也就是说必须给予输入信号一定的带限,模拟低通滤波的主要作用便在于此。模拟滤波器通常可以分为两类,一类是无源滤波器,由 R、L、C 元件构成;另一类是有源滤波器,主要由集成运算放大器和 R、C 等元件构成。

电力系统在故障的暂态期间,电压和电流含有较高的频率成分,如果要对所有的高次谐波成分均不失真地采样,那么采样频率相对就要取得很高,这就对硬件速度提出很高的要求,使硬件成本增高。配电自动化系统中有些功能只需要工频分量或者某种高次谐波,故可以在采样前将最高频率分量限制在某一频带内,采用低通滤波电路,将 $f_s/2$ 以上的频率的谐波过滤掉。

(4) 采样/保持 (Sample/Hode, S/H)

A-D 转换器完成一次完整的转换需要一段时间(如 AD574A 需 25μs),在这段时间里,模拟量不能变化,否则就不准确了。对变化较慢的模拟信号,例如经过变送器整流后输出的直流模拟信号,在若干微秒内的变化很小,基本可以忽略。但对变化较快的模拟量来说,例如直接对交流进行采样时,就必须引入采样/保持电路,将瞬间采集的模拟量样本冻结一段时间,以保证 A-D 转换的精度。

采样/保持基本电路结构如图 3-11a 所示,其核心是高速电子采样开关 S 和保持电容 C_h,另外在其输入和输出端配以起缓冲和阻抗匹配作用的运算放大器 A_1、A_2。当控制逻辑在 CPU 指挥下置高电平时,采样开关 S 闭合。模拟信号在该时刻的瞬时电压值经高增益运放 A_1 放大后,快速充电到电容 C_h 上,完成了快速采样任务。然后 CPU 指挥电子开关 S 断开,由于运放 A_2 的输入阻抗很高,理想情况下采样得到的电压值被电容 C_h 所保持(冻结)。C_h 上的电压值由 A_2 的输出端输出给 A-D,在整个 A-D 转换期间都保持不变。对应的输入信号波形和采样/保持波形如图 3-11b 所示。

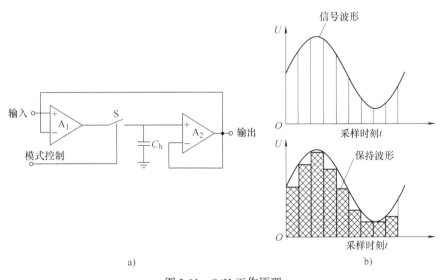

图 3-11 S/H 工作原理
a) S/H 基本电路结构　b) 采样/保持波形

(5) 逐次逼近型 A-D 转换

电力系统数据采集要求有比较高的速度,因此一般采用逐次逼近型 A-D 转换器,又称逐位比较法,其原理类似天平称重。

A-D 电路主要包含逐次逼近寄存器 SAR、D-A 转换器、电压比较器和时序及控制逻辑部分等,如图 3-12 所示。转换开始前,先将 SAR 寄存器清零。转换开始时,待转换模拟用电压 U_x 经多路开关选通后从电压比较器(运算放大器)"+"端输入,同时由控制逻辑电路将 SAR 寄存器的最高位 D7 置 1,其余各位皆置 0,这样 SAR 中二进制数为 100…0(8 位),经 D-A 转换后的输出电压即为最大的砝码电压 U_{c1},将此 U_{c1} 引入电压比较器与 U_x 进行比较。若 $U_{c1} < U_x$,置数控制逻辑在保留第 1 位 1 的情况下,又将第 2 位置 1,SCR 中存数为 1100…0,又经 D-A 后再与 U_x 比较,若此时 $U_{c2} > U_x$,则第 2 位 D6 重新置 0,再将第 3 位 D5 置 1,即以 10100…0 对应的 U_{c3} 再与 U_x 比较,如此重复,直到最低一位 D0 被置 1 为止。最后逐次逼近寄存器 SAR 中的内容就是与 U_x 相对应的二进制数字量,即 A-D 转换结果。

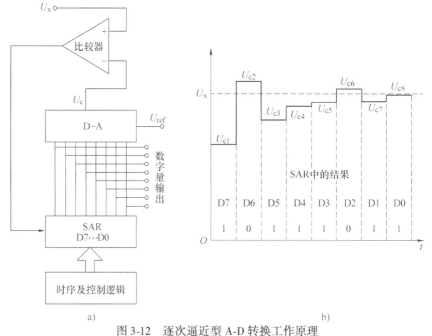

图 3-12 逐次逼近型 A-D 转换工作原理
a) 电路构成 b) 逐次逼近示意

3.8.2 2×4 通道 14 位高速 A-D 转换芯片 MAX125 及其应用

MAX125 是 MAXIM 公司推出的一种 2×4 通道、14 位高速、同时采样且带并行微机接口的逐次逼近型 A-D 转换芯片,片内有 4 个采样/保持电路,每个采样/保持电路的输入对应一个 2 选 1 模拟输入,输出经 4 选 1 开关到 A-D 转换器。电力系统远动终端装置 FTU 是实现电力系统馈线自动化的核心设备,多通道、高速,同时采样的 MAX125 芯片特别适合这样的场合以实现对电压、电流的实时采集。前面 3.3 节所介绍的 SD-2210 型 FTU 就是采用的 MAX125 芯片来完成数据采样的。

1. MAX125 芯片简介

MAX125 是 MAXIM 公司推出的一种高速、多通道、14 位 A-D 转换芯片。该芯片内部带有一个 14 位、转换时间为 3μs 的逐次逼近型（SAR）A-D 转换电路（ADC），4×14 位的 RAM，可和数字信号处理器（DSP）总线接口的三态输出器件；片内还有 4 个采样/保持电路，每个采样/保持电路的输入对应一个 2 选 1 模拟输入（共有 8 个模拟输入通道，4 个一组，分为 A 和 B 两组），输出经 4 选 1 开关到 A-D 转换器。

MAX125 具有以下基本特点：

1) 电压输入范围为 -5～+5V；电流输入范围为 -667～+667μA。
2) 片内带有 +2.5V 基准源，也可采用外部基准源。
3) 具有 ±LSB/2 的积分非线性（INL）和差分非线性（DNL）。
4) 有 8 个可编程的转换模式和一个低功耗模式（此时转换模式默认为 A 组单通道）。
5) 采用 ±5V 电源供电。
6) 具有高速并行 DSP 接口。
7) 采样频率为，1 个通道为 250kHz；2 个通道为 142kHz；3 个通道为 100kHz；4 个通道为 76kHz。
8) 输入电阻 10kΩ。
9) 孔径延迟为 10ns。
10) 使用温度范围为，MAX125（A/B/C）CAX，0～70℃；MAX125（A/B/C）EAX，-40～85℃。
11) 采用 SSOP-36 封装形式。

2. MAX125 的内部结构及引脚说明

MAX125 的内部结构功能框图如图 3-13 所示。

MAX125 的引脚排列如图 3-14 所示。

各引脚具体说明如下。

- CH2B、CH2A：通道 2 的 2 路模拟信号输入端，后经一个 2 选 1 多路转换开关输出为一路采样/保持电路。
- CH1B、CH1A：通道 1 的 2 路模拟信号输入端，后同通道 2。
- AVDD：+5（1±5%）V 模拟供电输入端。
- REFIN：外部基准电压输入端/内部基准电压输出端；在 2.5V 基准电源上接 10kΩ 电阻后连于此端；为适应温度变化范围大的场合，可选择 MAX6325 芯片（最大温漂 1×10^{-6}/℃）直接为 REFIN 端供给 2.5V 电压。
- REFOUT：基准缓冲器输出端，增益为 +1 的内部缓冲器在 REFOUT 端供给 2.5V 电压。
- AGND：模拟接地端。
- D13～D6：并行数据输出端（D13 = MSB）。
- DVDD：+5（1±5%）V 数字供电输入端。
- DGND：数字接地端。
- D5、D4：并行数据输出端。
- D3/A3～D0/A0：双向的数据/地址端（D0/A0 = LSB）；输入数据（A0～A3）及输出数据（D0～D13）是多路的三态双向接口，此并行 I/O 口很易与微处理器或 DSP 相接；由 $\overline{CS}$、$\overline{WR}$ 和 $\overline{RD}$ 三端的信号来控制 I/O 口的读写操作；当 $\overline{CS}$ 为高电平时，它不使能 $\overline{WR}$ 和 $\overline{RD}$ 的输入并强制此 I/O 口呈高阻状态。

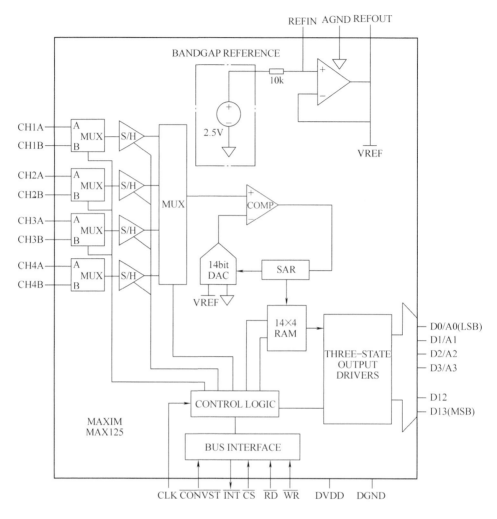

图 3-13 MAX125 的内部结构功能框图

- CLK：时钟输入端，通常为 16MHz，占空比必须为 30%～70%，以保证信噪比 SNR 和动态噪声电平 DNL 的性能。
- $\overline{CS}$：片选信号输入端。
- $\overline{WR}$：写状态输入端，当 $\overline{CS}$ 和 $\overline{WR}$ 为低电平，编程 A0～A3，置相应的模式转换命令字，当 $\overline{WR}$ 或 $\overline{CS}$ 上升沿时，则所设命令字写入 MAX125，从而完成转换模式设定（通电 MAX125 的默认转换模式为 A 组单通道模式）。
- $\overline{RD}$：读状态输入端，根据转换模式，需要转换 N 个通道，则需且仅需 N 个 $\overline{RD}$ 脉冲（1≤N≤4）。
- $\overline{CONVST}$：转换启动信号输入端，其上升沿使各个 S/H 保持其模拟输入值。
- $\overline{INT}$：中断信号输出端，下降沿 $\overline{INT}$ 变为低电平表示所有通道转换完成。
- AVSS：-5（1±5%）V 模拟供电输入端
- CH4A、CH4B：通道 4 的 2 路模拟信号输入端，后同通道 2。
- CH3A、CH3B：通道 3 的 2 路模拟信号输入端，后同通道 2。

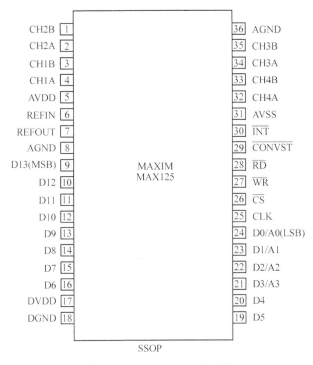

图 3-14　MAX125 的引脚排列

3. MAX125 应用在配电网数据采集的硬件设计

电力系统远动终端装置 FTU 是实现电力系统馈线自动化的核心设备，它应能采集线路的电压、开关经历的负荷电流和有功功率、无功功率等模拟量，并及时将上述信息发给远方自控中心，以确保电力系统的稳定运行。因此多通道、高速、同时采样的 MAX125 芯片特别适合这样的场合。数据采集处理部分的电路原理框图如图 3-15 所示。

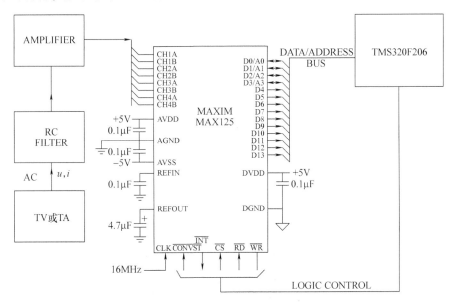

图 3-15　FTU 的数据采集处理部分电路原理框图

来自电压互感器、电流互感器（TV、TA）的交流电压、电流信号首先经 RC 滤波器，再经放大器（接成射极跟随）连接到 A-D 转换器的输入端上，经 A-D 转换后，输出编码以二进制补码形式输入到 TMS320F206 DSP。

MAX125 的工作模式可由 CPU 编程设定，写信号的上升沿锁存 D0~D3，由此决定工作模式（见表 3-13）并保持不变，直到重新编程。MAX125 转换启动信号（下降沿）初始化 A-D 转换过程，其上升沿使片内多个采样/保持电路同时保持各自模拟输入信号。根据设定的工作模式，顺序转换各通道模拟输入，并将量化值顺序存入片内 4×14 位缓冲器中。当最后一个通道转换完成，给出转换完成信号，自动申请 F206 的 $\overline{INT1}$ 中断，通知 CPU 读 A-D 数据，CPU 顺序读出各通道的 A-D 数据，第一个读信号下降沿清除转换完成信号，自动撤销 $\overline{INT1}$ 中断。

表 3-13 MAX125 转换模式表

D3	D2	D1	D0	转换时间	工作模式
0	0	0	0	3μs	A 组单通道
0	0	0	1	6μs	A 组 2 通道
0	0	1	0	9μs	A 组 3 通道
0	0	1	1	12μs	A 组 4 通道
0	1	0	0	3μs	B 组单通道
0	1	0	1	6μs	B 组 2 通道
0	1	1	0	9μs	B 组 3 通道
0	1	1	1	12μs	B 组 4 通道
1	×	×	×	—	低功耗（A 组单通道）

4. MAX125 应用在配电网数据采集的软件编程

多通道 A-D 转换由触发信号同时启动，转换完成后自动申请 F206 的 $\overline{INT1}$ 中断，读 A-D 数据自动撤销 $\overline{INT1}$ 中断。

触发信号有以下几个：

1）F206 片上定时器 TOUT，见式 (3-1)，频率为 $20MHz \div [(TDDR+1)(PRD+1)]$。

2）由 12 位加计数器构成的硬件定时器，输入时钟 2.5MHz，输出负脉冲，频率为 $2.5MHz \div$（间隔值 +1）。

3）软件触发，写 A-D 触发口产生负脉冲。

F206 片上定时触发和硬件定时触发由命令寄存器的 TEN 位选择，TEN = 0，F206 片上定时触发有效，TEN = 1，硬件定时触发有效。

硬件定时触发编程：首先写间隔值，然后置 TEN = 1，硬件定时器开始工作。

A-D 数据采集流程：设定 4 片 MAX125 的工作模式，读 A-D 以便清除系统上电引起的虚假的转换完成信号，初始化定时器，设置定时时间间隔（即 A-D 采样周期），定时触发源选择，开 F206 的外部中断 1，启动定时器，F206 外部中断 1 服务程序用于读 A-D 数据。

（1）A-D 数据采集的初始化程序部分

A-D 输入口：adr . set 0f730h ；read
　　　　　　　adw . set 0f730h ；write
　. global_ADCHS
　_ ADCHS . set 62h
mar ＊, ar5
lar ar5, #adr
lacc ＊　　　　；读 A-D 以便清除系统上电引起的虚假转换完成信号
lar ar5, #adw
lacc #01h
sacl _ADCHS
sacl ＊　　　　；初始化 MAX125 的工作模式为 A 组 2 通道
splk #12499, 60h
out 60h, prd
out 60h, tim
splk #0c00h, 60h
out 60h, tcr ；选用 F206 片上定时器作为触发源，初始化定时器，设置定时时间间隔
　　　　　　　（即 A-D 采样周期）
ldp #0
splk #003fh, ifr
splk #0013h, 60h
out 60h, icr
splk #0007h, imr ；开 F206 的中断

(2) 用于读取 A-D 数据的 F206 外部中断 1 服务程序（以 A 组 2 通道、B 组 2 通道的工作模式为例）

在 C 主程序中已经定义有 unsigned int adsample [160]；此数组用于存放采样数据
汇编中声明有 . global _ adsample
_sampling：
popd ＊＋
sar ar0, ＊＋
sar ar1, ＊
lark ar0, 1
lar ar0, ＊0＋, ar4 ；调用 sampling（ ）函数时的初始处理
ssxm
ldp #0
lar ar0, #40
lar ar2, #adr
bit _ADCHS, 13
bcnd chanch, TC　　；TC＝1 即 D2 位为 1，跳转去转换 B 组 2 通道；否则 D2 位为 0，
　　　　　　　　　　　转换 A 组 2 通道

```
        lar ar4, #_ adsample +72
        rpt #32
        dmov * -
        lar ar4, #_ adsample +32
        rpt #32
        dmov * -
        CH1A: mar * +, ar2
                lacl *, ar4
                sacl *, 2
        CH2A: mar *0 +, ar2
        lacl *, ar4
        sacl *, 2
        mar *0 +, ar2
        lacc #05h ; 下次中断转换 B 组 2 通道
        b ch_ switch
        chanch: lar ar4, #_ adsample +152
                rpt #32
                dmov * -
                lar ar4, #_ adsample +112
                rpt #32
                dmov * -
        CH1B: mar * +, ar2
                lacl *, ar4
                sacl *, 2
        CH2B: mar *0 +, ar2
        lacl    *, ar4
                sacl *, 2
                mar *0 +, ar2
                lacc #01h     ; 下次中断转换 A 组 2 通道
        ch_ switch: sacl _ ADCHS
                lar   ar2, #adw
                sacl   *, ar1 ; 函数返回前重新编程 MAX125 的转换模式
                sbrk   2
                lar ar0, * -
                pshd *
                ret           ; 函数的结束处理
```

MAX125 应用于 FTU 中，对于实现电力系统电压、电流等信号的实时采集，进而完成监控和各项保护功能起到了重要的作用。不仅如此，MAX125 还广泛应用于多相电动机控制、功率因数监控、电网同步分析、数字信号处理等领域。

3.8.3 电压-频率转换电路

1. 电压-频率转换的特点

由于在逐次逼近型的 A-D 转换过程中 CPU 需要使采样保持、多路转换开关及 A-D 转换器三个芯片之间协调好,因此接口电路复杂、成本高。目前,已有许多系统采用了电压-频率转换技术进行 A-D 转换。

电压-频率转换电路(Voltage Frequency Converter,VFC)技术的原理是将输入的电压模拟量 U 线性地变换为脉冲式的频率 f,使产生的脉冲频率正比于输入电压的大小,然后在固定的时间内用计数器对脉冲数目进行计数,供 CPU 读入。

VFC 型 A-D 转换方式的接口电路比基于逐次逼近型的 A-D 转换的简单得多,CPU 几乎不需要对 VFC 芯片进行控制。其优点如下:

1)工作稳定,线性度高、电路简单。
2)A-D 转换时间为恒定值,与输入电压的大小无关。
3)对一定的时钟频率,检测和计数时间虽可能长些,但无需扩展积分器的动态范围;不易产生不灵敏区,即使输入电压很小,接近为零,准确度也不会降低。
4)抗干扰能力强,VFC 是脉冲式数字电路,因此它不受随机高频噪声干扰,可以方便地在 VFC 输出和计数器之间接入光电耦合器件。
5)可以方便地实现多 CPU 共享一套 VFC。

但是 VFC 数据采集系统在每个采样时刻读出的计算器数值不能直接使用,必须采用相隔一段时间间隔的计数器读值之差才能用于计算。此计数器读值之差对应于在一定时间内模拟信号的积分值。所以,这种采样电路的速度是有一定限制的。

2. VFC 原理

计数式 VFC 型 A-D 转换器的基本原理是将被电压转换为与之成正比的脉冲频率,然后在固定的时间间隔内对具有此频率的脉冲进行计数。所以此种转换器的关键在于如何实现电压-频率的转换。下面将主要讨论电压-频率的转换方法。

其电路原理示意图如图 3-16 所示,相应的工作过程如图 3-17 所示。

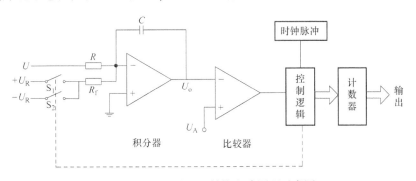

图 3-16 VFC 型 A-D 转换电路原理示意图

图 3-16 中,被转换的电压 U 加于积分器的输入端。当积分器只有 U 输入时,其输出端产生与 U 呈积分变化关系的 U_o。当 U_o 到达规定的电平 U_A 时,控制逻辑发出指令使 S_1 或 S_2 有一个闭合,将与 U 极性相反的标准电压 U_R 接入积分器,接入的时间固定为 τ_1。在 τ_1 时

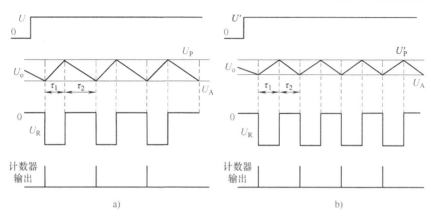

图 3-17 VFC 型 A-D 转换器工作波形（输入电压 $U' > U$）
a) 工作波形 b) 计数值与输入模拟电压的关系

间内积分器对 U 和 U_R 之和进行积分。由于 U_R 恒大于 U，故积分器输出电压将产生回扫现象，经过时间 τ_1 使 U_o 由 U_A 折回到相应的电压 U_P，此时 S_1 或 S_2 断开，积分器重新恢复为仅由输入电压充电，直到 U_o 等于 U_A 时再重复上述过程。这里将 U_o 由 U_A 上升到 U_P 再返回到 U_A 的时间 ($\tau_1 + \tau_2$) 定义为一个回扫周期。当输入电压 U 一定时，回扫周期一定。当 U 不同时，回扫周期也不同。例如，图 3-17b 中，因输入电压 $U' > U$，在回扫时，$U' - U_R$ 较 $U - U_R$ 小，因此在 τ_1 时间内电压上升较小，所以 $U'_P < U_P$。这样，τ_2 变短，使回扫周期变短。用一个计数器对每一个回扫周期计数一次。在事先规定的时间段 Δt 内的计数值将与输入模拟电压的大小相对应。该计数值为 A-D 转换结果。上述原理的数学描述如下。

当积分器从零开始对输入电压 U 积分时，其输出为

$$U_o = -\frac{1}{RC}\int_0^t U\mathrm{d}t \tag{3-3}$$

假定输入电压为直流，即假定在转换期间保持不变，U_o 将呈线性增加（绝对值）。当 U_o 到达 U_A 时由于 S_1 或 S_2 投入，使积分器开始对输入电压与同它极性相反的标准电压 U_R 之和进行积分，所以有

$$U_o = U_A - \frac{1}{RC}\int_0^{\tau_1} U\mathrm{d}t - \frac{1}{R_fC}\int_0^{\tau_1}(-U_R)\mathrm{d}t = U_P \tag{3-4}$$

式中 τ_1——标准电压加入充电的固定时间；
U_R——标准电压的幅值（常数）；
U_P——积分器在 τ_1 结束时的输出电压。

在 τ_1 过后，积分器重新恢复为只对输入电压 U 积分，但积分开始时已有输出电压 $U_o = U_P$，故当 U_o 重新达到 U_A 时将有如下关系成立：

$$U_o = U_P - \frac{1}{RC}\int_0^{\tau_2} U\mathrm{d}t = U_A \tag{3-5}$$

将式 (3-4) 代入式 (3-5)，整理可得

$$U_A - \frac{1}{RC}\int_0^{\tau_1} U\mathrm{d}t + \frac{1}{R_fC}\int_0^{\tau_1} U_R\mathrm{d}t - \frac{1}{RC}\int_0^{\tau_2} U\mathrm{d}t = U_A$$

即

$$\frac{1}{RC}\int_0^{\tau_1+\tau_2} U\mathrm{d}t = \frac{1}{R_\mathrm{f}C}\int_0^{\tau_1} U_\mathrm{R}\mathrm{d}t \tag{3-6}$$

经积分得

$$\frac{1}{RC}U(\tau_1+\tau_2) = \frac{1}{R_\mathrm{f}C}U_\mathrm{R}\tau_1$$

式中 $\tau_1+\tau_2=\tau$ 为计数脉冲周期。对 τ 进行整理可得

$$\tau = \frac{R}{R_\mathrm{f}}\frac{U_\mathrm{R}}{U}\tau_1$$

而

$$f = \frac{1}{\tau} = \frac{R_\mathrm{f}}{RU_\mathrm{R}\tau_1}U \tag{3-7}$$

那么,在固定时间 Δt 内的计数值可表示为

$$N = f\Delta t = \frac{R_\mathrm{f}\Delta t}{RU_\mathrm{R}\tau_1}U \tag{3-8}$$

由式(3-7)和式(3-8)可见,计数频率与输入电压成正比,而计数器的计数值在一定的意义下可代表输入电压的数字值。不难看出,Δt 越长或计数脉冲频率越高(即 τ_1 越短),对于同一个输入电压的计数值就越大。也就是说,Δt 和计数时钟频率影响 A-D 转换的精度。

3.9 模拟量输出电路

模拟量输出电路主要由输出接口、锁存器、D-A 转换再经放大驱动到现场的电力设备,如图 3-18 所示。

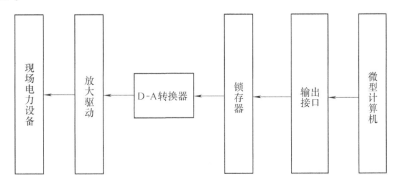

图 3-18 模拟量输出电路

模拟量输出电路各组成部分的功能如下:

1)锁存器。微机输出的数据在数据总线上稳定的时间很短,所以在 D-A 转换期间必须锁存数据。

2)D-A 转换器。它是关键部件,由给定的数值转换得到模拟输出。

3)放大驱动。D-A 输出的模拟信号需要经过低通滤波器使波形平滑,为了能驱动受控设备,还必须采用功率放大器作为驱动电路。

3.10 傅里叶算法

对于采样来的数据,微机中有多种算法来计算相应的电压、电流等参量,这里介绍一种广泛采用的算法——傅里叶算法。

积分方程

$$U = \frac{1}{T} \int_{-\frac{T}{2}}^{\frac{T}{2}} u(t) y(t) \, dt \tag{3-9}$$

式中 $y(t)$——选定的正交样品函数,如为正弦函数;

$u(t)$——待分析的时变函数。

根据正交函数的定义,如 $u(t)$ 可分解为一个级数且级数各项都属于同一正交函数,则上述积分结果为 $u(t)$ 中与样品函数相同的分量的模值。取 $y(t) = \cos n\omega t$ 时,则得 n 次倍频分量的实部的模值 U_{Rn} 为

$$U_{Rn} = \frac{2}{T} \int_{-\frac{T}{2}}^{\frac{T}{2}} u(t) \cos n\omega t \, dt \tag{3-10}$$

取 $y(t) = \sin n\omega t$,则得 n 次倍频分量的虚部的模值 U_{In} 为

$$U_{In} = \frac{2}{T} \int_{-\frac{T}{2}}^{\frac{T}{2}} u(t) \sin n\omega t \, dt \tag{3-11}$$

由此,则可得模值 U_n,即

$$U_n = \sqrt{U_{Rn}^2 + U_{In}^2} \tag{3-12}$$

并可得到以样品函数为基准的 U_n 的相位角 θ,有

$$\theta = \text{arctg} \frac{U_{In}}{U_{Rn}} \tag{3-13}$$

式(3-10)和式(3-11)就是傅里叶级数相对应项的系数计算式。

这种算法在计算机上实现时,也是对离散的采样值进行运算。首先是计算 U_n 的实部 U_{Rn} 和虚部 U_{In},然后计算 U_n 和 θ。将式(3-9)用离散值计算时,其实部为

$$U_{Rn} = \frac{2}{N} \sum_{k=1}^{N} u_k \cos nk \frac{2\pi}{N} \tag{3-14}$$

式中 N——一个周期 T 中的采样数;

u_k——第 k 个采样值。

这种算法是利用一个周期 T 内的全部采样值来进行计算,因此数据窗也就是一个周期 T。

用同样方法求其虚部

$$U_{In} = \frac{2}{N} \sum_{k=1}^{N} u_k \sin nk \frac{2\pi}{N} \tag{3-15}$$

在计算机上做实时计算时,每隔一个 $T_s = T/N$ 就对 $u(t)$ 采样一次。换句话说,随着时间的变化,每隔一个 T,就出现一个新的采样值 u_k,从而做实时计算时,一般须在每出现一个新采样值后就计算一次。根据式(3-14)和式(3-15)的要求,计算机应对这一个新采样值前的 N 个采样值(包括新出现的一个)同时加以运算。在运算时,对 N 个采样值都分别

乘以不同的系数 $\cos nk\dfrac{2\pi}{N}$ 和 $\sin nk\dfrac{2\pi}{N}$，然后求和。

由于用离散值累加代替连续积分，所以上述计算结果要受频率的影响。此外，计算要用到全部 N 个采样值，因此，计算必须在系统发生故障后第 N 个采样值出现时才是准确的，在此之前，N 个采样值中有一部分是故障前的数值，一部分是故障后的数值，这就使得计算结果不是真正反映故障的电量值。

3.11　要点掌握

全书按照配电自动化系统的体系结构，首先从最底层的开始介绍，即配电终端。用于配电自动化系统的配电终端有几种，本章重点为读者介绍了馈线终端 FTU。从什么是 FTU、它有一些怎样的功能开篇，接着详细举例介绍了 SD-2210 型 FTU 的总体框图、特点及硬件设计，使读者对 FTU 有既直观又较为深入的了解。FTU 最主要的功能就是数据的采集，所以，本章还对数据采集的两种采样方式即直流采样和交流采样做了简要介绍。在数据采集中，存在 4 种基本接口电路：开入、开出、模入、模出。本章对这 4 种电路的硬件结构、工作原理等进行了详细介绍。本章最后还对数据采集的傅里叶算法做了相应介绍。

本章的要点掌握归纳如下：

1）了解。①FTU 的功能；②数据采集的两种基本形式及其比较；③SD-2210 型 FTU 的总体构成；④A-D 转换的两种形式。

2）掌握。①配电终端的概念；②傅里叶算法。

3）重点。①FTU 的概念；②隔离电路的构成及工作原理；③去抖电路的构成及工作原理。

思　考　题

1. 何谓 FTU？它安装在配电系统的什么地方？
2. FTU 具有一些怎样的功能？
3. 采样分哪两种？了解各自的特点。
4. 开入电路中为什么要先经过隔离电路？
5. 常用的隔离电路有哪两种？分别简述其工作原理。
6. 开入电路中为什么有去抖电路？
7. 简述开入电路中去抖电路的工作原理，其核心元器件是什么？

第4章 其他配电终端

4.1 DTU

4.1.1 DTU 的概念及功能

什么是 DTU？DTU 即开闭所监控终端（Distribution Terminal Unit），是安装在开闭所、环网柜、小型变电站、箱式变电站等处的数据采集与监控终端装置。

DTU 具有如下一些功能：

1）状态量采集与监控。状态量有开关位置、保护动作信号和异常信号、开关储能信号、无功补偿装置投退状态、通信状态、蓄电池状态监视（选配功能）。

2）模拟量采集与监控。模拟量有电压、电流、有功功率、无功功率、功率因数等。

3）控制功能。接受并执行遥控指令，如开关分/合闸操作、无功补偿装置投退。

4）设置功能。电流整定值、电压整定值、继电保护动作时限等参数的设置；当地、远方操作设置；时间设置、远方对时。

5）时间记录和上报。①电流、电压超整定值时，记录及上报其极限值及发生的起止时间，时间记录精确到分，至少记录最近3次；②记录并上报重要状态量变位状态和发生时间；③记录并上报终端主电源失电的起始时间和恢复时间（时间记录精确到分）。

6）通信功能。具有两个及两个以上通信接口，按预定通信规约的规定，与上级站进行通信，将采集信息及时上报或者接受上级站命令执行相应的操作。

7）自诊断功能。程序出轨死机时自行恢复功能；自动监视主、备通信信道及切换功能；个别插件损坏诊断报告等功能。

8）当地功能。对有人值班的较大站点，可以完成显示、打印功能；越限报警功能等。

9）电源及失电保护功能。应有备用电源，主电源失电时，备用电源自动投入，并至少维持终端连续24h工作，同时具有备用电源工作状态监视及上报功能。

4.1.2 DTU 备自投的实现

为保证在事故发生后，对非故障区域内用电负荷快速恢复供电，DTU 还具有备用电源自动投入功能，简称"备自投"，缩写为 BZT。

开闭所的典型接线形式通常为单母分段，如图 4-1 所示，双电源进线，即电源进线 S_1 和电源进线 S_2，进线开关为典型"隔离开关 QS_{11}—断路器 QF_{12}—隔离开关 QS_{13}"的组合形式，在以下描述中，为简单起见，将这种组合形式直接描述成开关 Q_1 开或合，值得注意的是，Q_1 打开时，断路器 QF_{12} 先动作，然后分断隔离开关；Q_1 闭合时，先合隔离开关，再合断路器。

单母分段备自投有单电源供电方式和双电源供电方式两种运行方式，分别介绍如下：

1. 单电源供电方式备自投的实现

1）单电源供电方式正常运行时，Q_1 闭合、Q_3 闭合、Q_2 打开，即由电源 S_1 供电给整个开闭所所有的出线负荷，S_1 作为主电源，S_2 作为备用电源，电源的这种备用方式也称为明备用或者冷备用，还可以称为双电源一用一备运行方式。

2）若主电源 S_1 故障，则 DTU 控制 Q_1 跳开，隔离故障，所有负荷停电。

3）DTU 检查备用电源 S_2 是否正常，若 S_2 也无电，则等待主电源 S_1 来电；若 S_2 正常，DTU 控制 Q_2 闭合，实现备自投，所有负荷经过短时停电后转由电源 S_2 供电。

4）此后 DTU 检测 S_1，若 S_1 故障排除，则控制 Q_2 分，Q_1 合，恢复主电源供电模式。

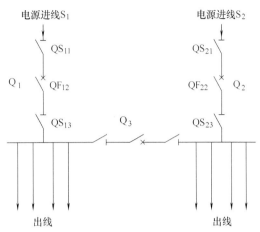

图 4-1 DTU 备自投的实现

上述是以 S_1 为主电源，S_2 为备用电源分析的，单电源供电的另一种运行方式是 S_2 为主电源，S_1 为备用电源，备自投实现过程类似，不再叙述。

2. 双电源供电方式备自投的实现

1）双电源供电方式正常运行时，Q_1 闭合、Q_3 打开、Q_2 闭合，即由电源 S_1 供电给母线一段，由电源 S_2 供电给母线二段，S_1、S_2 互为备用，电源的这种备用方式也称为暗备用或者热备用，也称为双电源分列运行。

2）若 S_1 故障，则 DTU 控制 Q_1 跳开，隔离故障，S_1 所带母线上的负荷停电，S_2 供电负荷不受影响。

3）DTU 检测 S_2 带载能力，若能带 S_1 原来的全部负荷，则直接控制开关 Q_3 闭合，实现备自投；若不能带 S_1 原来的全部负荷，则先切除原 S_1 供电的部分不重要负荷，再控制开关 Q_3 闭合，实现备自投。

4）此后 DTU 检测 S_1，若 S_1 故障排除，则控制 Q_3 分，Q_1 合，恢复原有双电源供电模式。

4.1.3 开闭所 DTU 与馈线终端 FTU 的比较

开闭所 DTU、FTU 虽都属于配电终端，其基本原理相同，但由于安装环境、监控对象、系统要求等不同而有区别。柱上 FTU 往往安装在户外柱上或路边等处，主要监控的是单一的柱上开关（一条线路）。对于同杆架设两条线路的情况，也有监控两路开关（两条线路）的。监控两条线路比监控一条线路，除了要求 FTU 有更多的模拟量输入、开关量输入以及控制量/数字量输出容量外，其他方面对 FTU 的功能要求是完全一样的。开闭所 DTU 一般安装在开闭所内，运行环境较 FTU 要好，但监控对象、功能上却有所不同，如表 4-1 所示。

表 4-1　开闭所 DTU 与馈线终端 FTU 的比较

比　较　项	FTU	DTU
环境条件	差（户外）	好（开闭所内）
监控对象数量	1 台	少则 2、3 台，多达 10 台以上
功能	遥测、遥信、遥控	遥测、遥信、遥控/还需要备用电源自动投入功能、多路保护功能等
结构形式	台式，体积较小，安装在电杆上	柜式，体积较大，落地安装

4.1.4　环网柜 DTU 与开闭所 DTU 的比较

环网柜 DTU 安装在环网柜内。环网柜一般都为两路进线，多路出线，因此环网柜 DTU 至少需要监控 4 条线路，要求 DTU 有很大的数据容量。因为环网柜本身的空间很小，所以，对环网柜 DTU 最基本的要求是数据容量大、物理体积小，这就对 DTU 设计和制造厂家提出了比较高的要求。

至于开闭所 DTU，所要监控的开关和线路的数量就更多了，因此对模拟量输入（遥测 YC）、开关量输入（遥信 YX）以及控制量/数字量输出（遥控 YK）的容量要求就更大。但相对于环网柜 DTU，开闭所 DTU 对体积的大小要求不是很严。对开闭所 DTU 的实现，主要有两种方法：一种是利用几个 DTU 组合并相互协调来实现，每个 DTU 分别监视一条或几条馈线，同时各 DTU 间通过通信网络互联（如级连方式）实现数据转发和共享。这种方案的好处在于系统可以分散安装，各 DTU 功能独立，接线相对简单，便于系统扩充和运行维护。另一种方案是参照传统的集中控制 RTU 实现方案，在传统的 RTU 基础上将功能增强，提供故障检测功能，甚至继电保护及备用电源自投等功能，由类似的成套设备来完成全部的功能。这种方案的优点在于投资相对较低，功能也可以完成得更加复杂，缺点是不利于安装及维护，系统扩充也不方便，另外整个系统稳定性也相对较低。

4.1.5　开闭所 DTU 与变电站 RTU 的比较

与调度自动化系统中变电站 RTU 相比，开闭所 DTU 与变电站 RTU 系统硬件构成基本相同，不同的是装置的容量和功能。由于一般开闭所的规模要小于变电站，故开闭所 DTU 的容量一般小于变电站 RTU 的容量。一般变电站配备专门的继电保护设备，RTU 的功能就是"四遥"（遥测、遥信、遥控、遥调）或"三遥"；而有的开闭所要考虑造价及统一管理问题，需要将保护和备自投、"三遥"等功能集中到一台装置上，这些功能问题往往要求 DTU 解决。

4.2　TTU

4.2.1　TTU 的概念及功能

什么是 TTU？TTU（Transformer Terminal Unit）是配电变压器监测终端的英文缩写。它是装设在配电变压器旁监测变压器运行状态的终端装置。TTU 用于对配电变压器的信息采集和控制，它实时监测配电变压器的运行工况，用以完成传统的电压表、电流表、功率因数表及负荷指示仪和电压监视仪等的功能。它能与其他后台设备通信，提供配电系统运行控制及管理所需的数据。一般要求 TTU 能实时监测线路、柱上配电变或箱式变的运行工况，及时发现和处理事故和紧急情况，就地和远方进行无功补偿，实现有载调压的配电变或箱式变的自动调压功能。TTU 的引入，是提高配电网安全、经济运行的有力工具。

TTU 不需要如 FTU 那样进行实时数据采集和计算以快速识别馈线故障并进行故障隔离。由于数据可以离线计算，TTU 采用的 CPU 性能要求较 FTU 低得多。一般来说，即便采用普通的 8 位的单片机也基本能够胜任。但作为一个独立的智能设备，TTU 构成时同样需要由模拟输入回路、遥信量输入回路、遥控量输出回路以及核心的 CPU 芯片等组成。各模块的构成与 FTU 无多大的区别，所不同的主要是元器件的档次和规模而已。由于 TTU 直接安装在负荷点上，供电部门希望能提供较详尽的谐波信息，以便于电能质量的管理。因而 TTU 设计的重点是能够提供定时高速采样（一般要求每周波 64 点以上）功能，并将采样所得数据放入缓冲器中以便 CPU 离线计算。TTU 的另外一个主要功能是需要提供比较多的遥控输出触点，用于电压和无功自动调节。一般来说，变压器分接头的调节需要 3 副触头（升压、降压和急停），而电容器的投切则至少需要 4 副输出触头，它们分别提供单相投切功能和三相投切功能。TTU 并不像户外安装的 FTU 那样需要提供一整套设备以独立安装电线杆上或环网柜内，TTU 一般直接安装在电容器补偿柜上或与其他电能表一起安装在控制柜上。这种安装方式决定了 TTU 设计尺寸应尽量缩小，以方便地嵌入安装。

4.2.2 TTU 的无功补偿功能

与前面所述的其他终端相比，TTU 特有无功补偿功能。

电力系统中大部分用电设备为感性负载，自然功率因数较低，功率因数是供用电系统的一项重要技术经济指标。《电力系统电压和无功电力管理条例》第十二条明确说明："用户在当地供电局规定的电网高峰负荷时的功率因数，应达到下列规定：高压供电的工业用户和高压供电装有带负荷调整电压装置的电力用户功率因数为 0.90 及以上，其他 100 kV·A（kW）及以上电力用户和大、中型电力排灌站功率因数为 0.85 及以上，趸售和农业用电功率因数为 0.80 及以上。凡功率因数未达到上述规定的新用户，供电局可拒绝接电。"

提高功率因数可以达到节约电能、降低损耗、提高设备利用率的目的，我国的电价结构包括基本电费、电能电费和按功率因数调整电费三部分，提高功率因数对于用户可以减少电费的支出，获得较好的经济效益。由此，国家电网公司制定的《国家电网公司电力系统无功补偿配置技术原则》明确规定了无功补偿配置的基本原则：电力系统配置的无功补偿装置应能保证在系统有功负荷高峰和负荷低谷运行方式下，分（电压）层和分（供电）区的无功平衡。分（电压）层无功平衡的重点是 220kV 及以上电压等级层面的无功平衡，分（供电）区就地平衡的重点是 110kV 及以下配电系统的无功平衡。无功补偿配置应根据电网情况，实施分散就地补偿与变电站集中补偿相结合，电网补偿与用户补偿相结合，高压补偿与低压补偿相结合，满足降损和调压的需要。

针对 35~220kV 变电站的规定：在主变最大负荷时，其高压侧功率因数应不低于 0.95，在低谷负荷时功率因数应不高于 0.95。

针对 35kV 及以上电压等级变电站的规定：主变压器高压侧应具备双向有功功率和无功功率（或功率因数）等运行参数的采集、测量功能。

针对 10kV 及其他电压等级配电网无功补偿的规定：配电网的无功补偿以配电变压器低

压侧集中补偿为主，以高压补偿为辅。配电变压器的无功补偿装置容量可按变压器最大负载率为75%，负荷自然功率因数为0.85考虑，补偿到变压器最大负荷时其高压侧功率因数不低于0.95，或按照变压器容量的20%~40%进行配置。配电变压器的电容器组应装设以电压为约束条件，根据无功功率（或无功电流）进行分组自动投切的控制装置。

从上可见，对不同电压等级的变压器高低压侧实现无功补偿，有利于系统的无功平衡，提高系统的功率因数。在配电自动化系统中，配电变压器在配网自动化中有重要地位，它既是配网的终端又是用户的最前端，起着承上启下的作用。TTU是针对配电网中配电变压器而研制的自动化装置。TTU功能主要是对变压器运行数据监测、越限报警、远方通信、当地显示、参数设置、变压器和TTU停电记录、开关变位事件记录、变压器运行温度控制、有载调压等。由于处理器速度和成本的限制，这些功能主要集中在在线监测，而实时控制方面相对薄弱。但随着高速处理器如DSP的应用和其价格的不断下调以及TTU在配电自动化中所处的重要地位，TTU必将成为综合的、多功能的自动化终端产品。TTU通过检测系统的电压电流，结合系统功率因数，计算出电网无功功率的盈缺量，系统以此盈缺量并结合电网电压作为投切判据，投入或切除补偿电容器，从而达到补偿无功功率的目的。

4.3 站控终端

4.3.1 站控终端的概念及功能

什么是站控终端？站控终端即装设在配电变电站内，监测10kV出线开关及进行通信转换的监控及处理单元，又称配电子站。关于配电SCADA子站，DL/T 721—2000《配电网自动化系统远方终端》把它命名为"中压监控单元（配电自动化及管理系统子站）"。DL/T 721—2000之所以把它命名为中压监控单元，是要把它纳入到配电自动化系统远方终端范畴中去。中压监控单元这一命名强调的是设备概念，但标准显然是从系统的概念出发对它进行功能规定的。DL/T 721—2000规定中压监控单元的基本功能如下：

1）收集馈线远方终端故障电流或故障电压信息，完成故障识别。
2）向馈线远方终端发遥控命令，实现故障隔离和恢复供电的功能。
3）采集变电站内的并收集馈线远方终端的状态量，状态量变位优先向上级主站传送。
4）实现对变电站电压、电流、有功功率、无功功率、功率因数、频率或者谐波值的测量、采集直流量并向上级主站传送。
5）接收并执行上级主站的遥控命令或者电容器投切及返送校核。
6）采集事件顺序记录并向上级主站传送。
7）采集脉冲量并向上级主站传送。
8）接收并执行对时命令（或者GPS对时）。
9）具有程序自恢复功能。
10）具有设备自诊断或者远方诊断功能。
11）具有通道监视的功能。
12）具有后备电源，并可在主电源失电时自动投入。

DL/T 721—2000规定中压监控单元有如下选配功能：

1）召唤储存在馈线远方终端中的定点电流量。
2）检测小电流接地系统单相接地故障区段。
3）具有与两个及以上主站通信的功能。
4）接收并执行遥调命令。
5）具有接收和执行复归命令的功能。
6）可与变电站内其他系统通信，进行信息交换。
7）具有当地显示或打印制表功能。

4.3.2 子站的设置

是否设置配电子站，设置几级子站，每一级设置几个子站，取决于配电自动化系统实施的规模以及配电网络的构架、通信设施以及所在地的地理环境等诸多因素。系统中之所以要设置子站主要目的是优化网络结构、实现分层/分散控制。对于较大规模的配电网，其监控设备点多、面广，若把所有的监控终端设备直接连至配电主站上，则实时性难以保证，因此必须增设中间一级，即配电子站，由配电子站管理其附近的开闭所、柱上开关、配电变压器上的配电终端监控设备，完成数据集中器的功能。配电子站是整个系统的中间层，它将DTU和FTU采集的各种现场信息中转（上传下达）给配电主站的通信处理机，配电子站还具有对所辖区域故障诊断和隔离的功能。

子站的设置方式一般有两种：

（1）作为小区内配电网集控站

子站作为小区内的集控站，与小区内变电站自动化系统、RTU、FTU进行通信，其作用主要是完成小区内馈线自动化功能，负责小区内变电站的集中监控及数据转发。这种方式的优点是可共享变电站自动化与馈线自动化系统的软硬件资源，系统的独立性和实时性好；缺点是系统配置复杂，子站数据处理量大。

（2）作为小区馈线自动化主站

子站作为小区内馈线自动化控制主站时，用以完成线路设备的监控，并具有故障定位、自动隔离及恢复供电功能。在这种方式下，子站不包含变电站监控功能，变电站自动化系统或RTU数据直接送上级主站，子站系统数据处理量少，结构简单。子站的故障管理功能需要变电站出线开关的配合，它要与变电站自动化系统或RTU通信或通过上级主站转发出线开关的状态信息，实现对出线开关的监控，因此，其通信配置较为复杂。

4.3.3 站控终端与FTU、TTU、DTU的比较

站控终端虽然也称为终端，但它与第3章介绍的馈线监控终端FTU及本章介绍的变压器监控终端TTU、开闭所监控终端DTU有着较大的区别，具体比较如表4-2所示。

表4-2 站控终端与FTU、TTU、DTU的比较

站控终端	FTU/TTU/DTU
信息的分层传输和功能分散	基本终端设备单元
强通信	强采集
较强的故障处理软件功能	无
小规模系统可不设	不可不设

4.4 要点掌握

在第 3 章介绍了馈线监控终端 FTU 之后，本章继续介绍配电自动化系统的其他终端 DTU、TTU 和子站。首先介绍了开闭所监控终端 DTU 及其功能，对其特有的备用电源自动投入功能做了较为详细的分析，为了更好地了解 DTU，将开闭所监控终端 DTU 与馈线终端 FTU、环网柜 DTU、变电站 RTU 逐一进行了比较。本章还介绍了配电变压器监控终端 TTU 及其功能，对其特有的无功补偿监控功能做了特别说明。本书把站控终端（子站）也作为终端来进行介绍，给出了概念及其功能，并将站控终端与 FTU、TTU、DTU 进行了比较。

本章的要点掌握归纳如下：

1) 了解。①DTU、TTU、子站的功能；②子站的设置；③TTU 的无功补偿功能。
2) 掌握。备自投的实现。
3) 重点。①DTU、TTU、子站的概念；②各终端间的比较。

思 考 题

1. 什么是 FTU、DTU、RTU、TTU？各具有怎样的功能？
2. 简述开闭所单电源供电方式 DTU 是如何实现备自投功能的？
3. 简述开闭所双电源供电方式 DTU 是如何实现备自投功能的？
4. TTU 与其他终端相比，较特殊的一个功能是什么？
5. 开闭所 DTU 与变电站 RTU 有何异同？
6. 为什么要设置子站？它与其他 3 种配电终端 FTU、DTU、TTU 有何不同？

第5章 通信系统

5.1 引言

5.1.1 远动的基本概念

由于电能生产的特点，能源中心和负荷中心一般相距甚远，配电系统分布在很广的地域，发电厂、变电所、电力控制中心和用户之间的距离近则几十公里，远则几百公里甚至数千公里，要管理和监控分布甚广的众多厂、所、站和设备、元器件的运行工况，已不能用通常的机械联系或电联系来传递控制信息或反馈的数据，必须借助于一种技术手段，这就是远动技术。

远动（Telecontrol）：就是利用远程通信技术，对远方的运行设备进行监视和控制，以实现远程测量、远程信号、远程控制和远程调节等各种功能。

远程测量（Telemetering）——遥测（YC）：运用通信技术传输模拟变量的值，即电压、电流、功率等连续变化模拟量的上传。

远程信号（Telesignal）——遥信（YX）：对状态信息的远程监视，即开关位置、报警信号等离散变化数字量的上传。

远程切换（Teleswitching）——遥控（YK）：对具有两个确定状态的运行设备所进行的远程操作，即数字量输出，如控制断路器的开合。

远程整定（Teleadjusting）——遥调（YT）：对具有不少于两个设定值的运行设备进行远程操作，即模拟量的输出，如调整发电机机端电压。

这些名词之间的关系可以用下面的公式表示：

远动 = 远程监控 = 远程监视 + 远程控制 = 遥测 + 遥信 + 遥控 + 遥调

远程监视 = 遥测 + 遥信

远程控制 = 遥控 + 遥调

远动技术实际上涉及遥测、遥信、遥控、遥调，是"四遥"的结合。

5.1.2 典型数据通信系统的组成

一个典型数据通信系统由数据终端设备（Data Terminal Equipment，DTE）、数据传输设备（Data Carry Equipment，DCE）、数据传输信道组成，如图5-1所示。

图5-1 典型数据通信系统组成

DTE 主要作用就是完成电网信息的采集，并把这些信息转变成数字信号以便于传输。在配电自动化系统中，常见的数据终端设备有 FTU、TTU、DTU、RTU、站控终端、抄表终端等。

DCE 的主要作用是将数据终端设备送来的基带数字信号转变成适用于远距离传送的数字载波信号。常见的 DCE 有调制解调器（Modem）、复接分接器、数传电台、载波机和光端机等。

调制解调器实际上是一个将数字信号转换为模拟信号并且再转换回数字信号的转发器。调制解调器物理上位于计算机和模拟信道之间。在数据通信系统的发送端，调制解调器从一个串行数字接口（如 RS232）接收离散的数字脉冲，并将它们转换为连续变化的模拟已调信号，然后通过模拟信道传输。在接收端，调制解调器从信道接收模拟已调信号，并将它们再转换为数字脉冲，最后，数字脉冲被传输到数字数据接口。

复接分接器包括复接器和分接器，复接器是在发送端将两个或两个以上的数字信号按时分复用的原理合并为一个数字信号的设备；分接器是在接收端将一个合路的数字信号分解成若干个数字信号的设备；复接分接器的作用是将一个高速的数据传输信道转换成多个较低速的数据传输信道。

数传电台、载波机和光端机将在后续章节进行介绍。

数据传输信道主要完成信号的上传下达，在配电自动化系统中，终端与主站的信息交流都需依靠信道来完成。

数据传输信道按照传输媒介分为有线信道和无线信道，有线信道如光纤、配电载波、通信电缆、现场总线等，无线信道如数传电台、微波中继通信、卫星通信、无线电广播等。

按照信号方式的不同，数据传输信道可分为模拟信道和数字信道。模拟信道只能传输连续的模拟信号，比如在电话通信中，用户线上传送的电信号是随着用户声音大小的变化而变化的。这个变化的电信号无论在时间上或是在幅度上都是连续的，这种信号称为模拟信号。数字信道传输离散的数字信号，即 0、1 二进制码所构成的数字序列，比如电报信号就属于数字信号。

下面对模拟通信与数字通信进行比较。

模拟通信的优点是直观且容易实现，但存在两个主要缺点：①保密性差：模拟通信，尤其是微波通信和有线明线通信，很容易被窃听；②抗干扰能力弱：模拟信号在传输过程中和叠加的噪声很难分离，噪声会随着信号被传输、放大，严重影响通信质量。

数字通信的优点：①抗干扰能力强。数字通信中的信息是包含在脉冲的有无之中的，只要噪声绝对值不超过某一门限值，接收端便可判别脉冲的有无，以保证通信的可靠性；②远距离传输仍能保证质量；③能适应各种通信业务要求（如电话、电报、图像、数据等），便于实现统一的综合业务数字网。

数字通信的缺点：①占用频带较宽；②技术要求复杂，尤其是同步技术要求精度很高；③进行模/数转换时会带来量化误差。

不同的传输信道采用不同的信号变换设备。对模拟信道，信号变换设备即调制解调器，它把计算机或终端送来的数据信号变换成模拟信号送往信道，或者反过来把信道送来的模拟信号变换成数据信号再送到计算机或终端；对数字信道，信号变换器即接口设备，如网卡，其作用是实现信号码型与电平的转换、信道特性的均衡、收发时钟的形成与供给及码速控制等。

5.1.3 数据传输的同步

为了有效地表达信息,我们用有限数量的位组合来代表字符,而由多个字符组成的字符串来构成报文。在数据传输过程中,由于每个字符是以位串形式传输的,所以接收方就收到了随位码型变化的信号电平。接收端为了能够正确地译码和恢复字符串,必须解决这样几个问题:①正确区分信号中的每个位;②正确区分每个单元(字符或字节)的开始位和结束位;③正确区分每个完整的信号块或帧(报文)的开始位和结束位。以上3个概念分别称为位同步、字同步和帧同步。

数据通信要求保持收发双方的时钟一致,如何保持一致就是上述数据同步问题。解决以上问题的不同方法导致了两种传输方式,即异步传输方式和同步传输方式。这两种方式的区别取决于发送设备和接收设备的时钟是相互独立的,还是同步的。前者即为异步通信,后者则为同步通信。

1. 异步通信

异步通信也称为起止式通信,它是利用起止法来达到收发同步的。异步传输每次只传输一个字符,用起止位和停止位来指示被传输字符的开始和结束。

异步通信以字节为单位,字符在异步传输中的格式:起始位 + 数据位 + 校验位 + 停止位。由以下4个部分组成:①1个起始位,低电平;②5~8个数据位;③1个奇偶校验位;④1~2个终止位(停止位)高电平。

如图5-2所示,每帧以"起始位0"开头,接着传送信息码元,最后附加一位"奇偶校验位"和"停止位1"。不传送信息时用"空闲位1"填充,直到下一帧的"起始位"到来。在这种方式中,每个字符独立传输,接收方在收到每一个新字符的起始位后重新同步,起始位和终止位的作用是实现字符同步,字符间距是任意的,收发双方的工作速率通过编程约定而基本保持一致,从而实现位同步。帧同步靠传送特殊控制字符来实现。

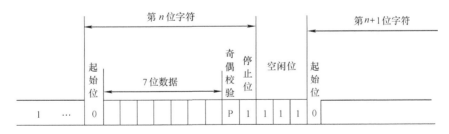

图 5-2 异步传输方式传送8位字符

所谓异步实际是指空闲时段内,收发端的时钟可以是异步的,而在传送一个字符的较短时间内收发两端还是必须保持同步的。异步传输方式由于不需要在发送和接收之间另外传输定时信号,因而实现起来较简单。其缺点是由于每个字符都要加上起始位和终止位,因而降低了有效信息位,传输效率较低。

2. 同步通信

在异步通信中,每个字符要用起始位和终止位作为字符开始和结束的标志,占用了一些时间,为了提高数据块的传送速度,就要设法去掉这些标志,采用同步通信。同步传输格式如图 5-3 所示。同步通信以多字节组成的数据块（几十至几千字节）为单位进行传输，同步格式以"同步字"为一帧的开头，同步字是一种很特别的码元组合，帧内后续信息序列极难和同步字序列用同，所以同步字可以成为识别一帧开始的明确标志。同步字后面是"控制字"，对本帧长度、发送地址、目的地址、信息类别等加以说明。再后面就是"信息字"。

所谓同步是指任何时刻发、收两端必须时刻严格保持同步，因而同步传输实现起来较异步要复杂。同步传输较异步传输效率提高了，原因是尽管同步字也占了时间，但因一帧信息很长，一帧中有效信息所占比例仍比异步传输时大，因此传输效率提高了。

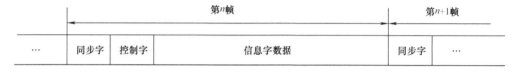

图 5-3　同步传输格式

5.1.4　通信工作方式

数据通信系统的传输方式，按照信息传输的方向和时间的关系，可分为单工通信、半双工通信和全双工通信 3 种方式，如图 5-4 所示。

单工通信方式：信息单方向传输。单工通信是指信息只能按照一个方向传送的工作方式 如图 5-4a 所示，信息只能由发端到收端，而不能从收端到发端，所以在发端装有发送设备，在收端只装接收设备。

半双工通信方式：信息可不同时上下行双向传输。半双工通信方式是指信息可以双方向传送，但两个方向的传输不能同时进行，只能分时交替进行，因而半双工实际上是可以切换方向的单工方式 如图 5-4b 所示。

全双工通信方式：信息可同时上下行双向传输。全双工通信方式是指通信双方

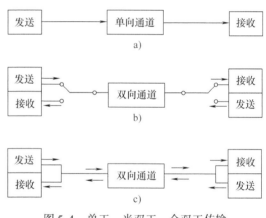

图 5-4　单工、半双工、全双工传输
a) 单工传输方式
b) 半双工传输方式　c) 全双工传输方式

可以同时进行双方向的信息传送，如图 5-4c 所示。可见半双工和全双工的传输方式在发端和收端均装有发送设备和接收设备。

5.2　调制解调

数据终端设备送出的原始数据信号一般是频率很低的信号，其能量或功率集中在 0 频率附近，并具有一定的频率范围，这样的信号称为基带信号。直接传输基带信号称为基带传输，在一些传输距离不太远的情况下，例如在局域网中，可以将基带信号通过有线信道直接传输。但是远距离传输时不能直接传输基带数据，否则波形会有很大畸变，使接收端不能正确判读，从而造成通信失败，这时先要对信号进行调制，所谓调制是使信号 $f(t)$ 控制载波的某一

个（或几个）参数，使这个参数按照信号 $f(t)$ 的规律变化的过程。最适于在模拟线路上长途传输的波形就是正弦波，而正弦波有幅值、频率、相位 3 个要素，因而也就构成了调幅、调频、调相 3 种调制方式。

1. 移幅键控（ASK）

移幅键控（Amplitude Shift Keying，ASK）又称数字调幅，是用正弦波两个不同的幅值来表示码元 0 和 1。如图 5-5 所示，$f(t)$ 为正弦波信号，$G(t)$ 待传输的数字基带信号，$f_0(t)$ 是经过数字调幅后的正弦载波信号，用幅值为 0 正弦波代表码元 0，用幅值为 A 正弦波代表码元 1。其对应的输出函数表达式如下：$f_0(t) = 0$，表示码元"0"；$f_0(t) = A\sin\omega t$，表示码元"1"。这种调制方式最简单，但抗干扰性能差。

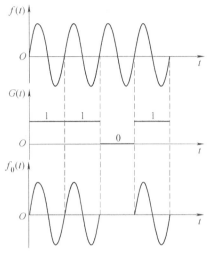

图 5-5　移幅键控 ASK

2. 移频键控（FSK）

移频键控（Frequency Shift Keying，FSK）又称数字调频，是用两个不同频率的正弦波来代表码元 0 和 1，如图 5-6 所示，用频率为 f_1 的正弦波代表码元 1，用频率为 f_2 的正弦波代表码元 0，其对应的输出函数表达式如下：$f_0(t) = A\sin\omega_1 t$，表示码元 1；$f_0(t) = A\sin\omega_2 t$，表示码元 0。

因其抗干扰性能好，所以在配电自动化系统中广泛采用的都是这种形式，如电力线载波和微波通道的 MODEM 通常使用 FSK。

数字调频的调制过程：FSK 信号可以看做是两个交错的 ASK 信号之和，其中一个载频为 f_1，另一个载频为 f_2，产生 FSK 信号的一种方法是用数字信号去控制两个开关电路的通断，使其输出 f_1、f_2 振荡。FSK 调制的原理框图如图 5-7 所示。

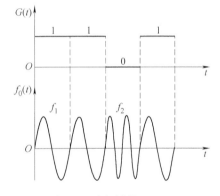

图 5-6　移频键控（FSK）

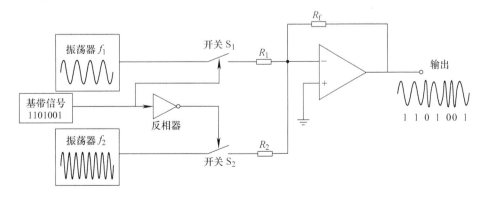

图 5-7　FSK 调制的原理框图

振荡器分别产生两个不同频率的正弦波 f_1 和 f_2，被调制的基带信号控制开关 S_1 或经过反相器后控制开关 S_2 的通断，R_1、R_2、R_f 和运放构成倒相比例器的结构。其工作原理如下：当基带信号为 1 时，控制开关 S_1 接通，此时经反相器后为 0，开关 S_2 关断，电路输出等于振荡器 f_1 经 S_1 的输入信号乘以系数 $-\dfrac{R_f}{R_1}$，当基带信号为 0 时，控制开关 S_1 关断，此时经反相器后为 1，开关 S_2 接通，电路输出等于振荡器 f_2 经 S_2 的输入信号乘以系数 $-\dfrac{R_f}{R_2}$。

3. 移相键控

移相键控又称为数字调相，是利用载波振荡的相位变化来传递信息，它分为绝对调相和相对（差分）调相两种方式。绝对调相利用载波相位（指初相）的绝对值来表示数字信号。例如，1 码用载波的 0 相位表示，0 码用载波的 π 相位表示，绝对调相记为 PSK。相对调相则是利用相邻码元的载波相位的相对变化来表示数字信号，例如波形中本周波相位与前一周波相同的代表码元 0，本周波相位与前一周波相异的代表码元 1，相对调相又称为差分调相，记为 DPSK。

1）绝对移相键控（Phase Shift Keying, PSK）。

产生的 PSK 信号函数表达式是，$f_0(t) = A\sin\omega t$，代表码元 1；$f_0(t) = A\sin\omega(t+\pi)$，代表码元 0。

2）相对移相键控（Differential Phase Shift Keying, DPSK）。

产生的 DPSK 信号函数表达式是，$\Delta\varphi = 0$，代表码元 0；$\Delta\varphi = \pi$，代表码元 1。

图 5-8a 中，基带信号 $G(t) = 1101001$，对应的 DSK、DPSK 信号如图 5-8b、c 所示。

4. FSK 信号的解调过程

从调制信号中不失真的检出原基带信号的过程就称为解调。对于 FSK 信号的解调方法很多，应用最广泛的是零交点检测法。FSK 信号的波形因频率受调而随基带数字信号有疏密的变化，因而可以利用 FSK 信号波形在单位时间内与零电平轴的交叉点数把信号的频率信息检测出来，亦即把基带数字信号检测出来，原理框图如图 5-9 所示。

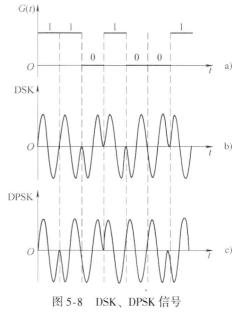

图 5-8　DSK、DPSK 信号

接收到的 FSK 信号经限幅后产生近似的矩形波序列，经微分得到上跳、下跳双向微分尖脉冲，再经过整流后变成单一极性微分尖脉冲序列，这个脉冲序列的微分脉冲数就代表着 FSK 信号波形的过零交点数，其疏密程度不同完全反映出输入频率是不同的。用所得单极性微分脉冲触发脉冲展宽器，脉冲展宽器可以用单稳态触发器实现，就得到一系列等幅、等宽的矩形脉冲系列，这个矩形脉冲序列完全对应触发尖脉冲的疏密规律。最后用低通滤波器滤除其中的高频成分，就得到其中的直流分量，输出波形中对应 FSK 中较高频率的是较高电平，输出趋 1，而对应较低频率的是较低电平，输出 0，这样即可还原出原来的基带数字信号。脉冲展宽器常采用单稳态触发器，它只有一个稳定的状态。这个稳定状态要么是0，要么是1。单稳态触发器的工作特点：①在没有受到外界触发脉冲作用的情况下，单稳态触发器保持在稳态；②在受到外界触发脉冲作用的情况下，单稳态触发器翻转，进入暂稳态。假设稳态为0，则暂稳态为1；③经过一段时间，单稳态触发器从暂稳态返回稳态。单稳态触发器在暂稳态停留的时间仅仅取决于电路本身的参数。

图5-9　FSK信号的解调过程示意图

5.3　差错控制

5.3.1　产生差错的原因

通常把接收数据与发送数据不一致的现象称为传输差错。差错控制是数据通信系统一个重要组成部分，数据通信要求信息传输有高度的可靠性，也就是对误码率有很高的要求。

造成传输差错的主要原因如下：

1）信道存在的噪声，数字信号在传输过程中，会受到各种干扰的影响，如脉冲干扰、随机噪声干扰、人为干扰等。

2）传输线路本身性能不理想，这也会使传输的信号波形畸变。

图5-10所示就是信号受随机噪声影响产生差错的过程示意，从图中可以看出，数据在传输过程中受到噪声的影响从而导致接收判断错误。

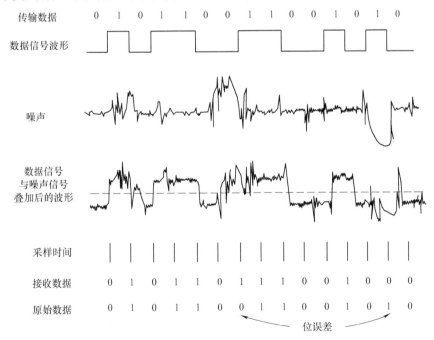

图5-10　信号受随机噪声影响产生差错的过程示意

5.3.2 抗干扰编码

在信息传输过程中会出现各种干扰，干扰可能使所传输的二元数字信号发生差错。如将 1 变为 0 或反之将 0 变为 1，使接收端得到错误的信息。要提高数据传输质量，可从硬件和软件两方面采取措施。硬件方面的措施是很费钱的，如采用性能更好的通信方式和信道，采取多种屏蔽措施，甚至移动线路避开或远离干扰源等，但即使这样也不能完全避免干扰。而在软件方面花费不多，效果可能更好，这就是以下介绍的差错控制措施。差错控制又称为抗干扰编码，差错控制是指允许在通信过程中产生错误的前提下，能有效地检测出错误，并进行纠正，从而提高通信质量的方法。

差错控制的主要目的是减少传输错误，这里可采取两种方案：

1) 纠错编码方案。让每个传输的数据单元带有足够的冗余信息，以便在接收端发现并自动纠正传输错误。

2) 检错编码方案。让每个传输的数据单元仅带有足以使接收端发现差错的冗余信息，但不能确定错误位置，因而不能纠正错误，只能发现错误。

第一种方案是优越的，但系统复杂、成本高，因此应用场合受到限制。第二种方案简单、容易实现、编译码速度快，可通过重传使错误得以纠正，是一种较常用的差错控制方案。这两种方案都是在发送端对原始数据进行编码，产生冗余码元，然后进行传输，在接收端对带有冗余码元的接收数据进行译码，以检查或纠正数据单元中的错误。

下面通过一个例子来说明。

设传送一个断路器的开关状态，1 表示闭合，0 表示断开，若在传输过程中误将 1 传成 0，则接收端也会错误判断断路器断开，这样的编码显然不可检错也不可纠错。若在其后再加一位，如用 00 表示开，用 11 表示合，假设接收端收到 01，则能够判断出错误，但却无法判断正确的原码是什么，这样的编码可检错但不可纠错，多加的这位称为多于码元或者冗余码元。要想纠正错误，还必须增加冗余码元，在其后再加一位，如用 000 表示开，用 "111" 表示合，假设接收端收到 001，则判断传输错误，并且根据错两位的概率低于错一位的概率，以及根据"像谁是谁"的原则，可以纠错，认为原码是 000，这样的编码既可检错又可纠错。

5.3.3 差错控制的几种方式

1. 前向纠错法（FEC）

发送端发送能够纠错的码，即纠错码，然后经过信道传输，接收端对收到的信号进行译码，不仅能发现差错，而且能够确定差错的具体位置，并自动将其纠正。FEC 系统原理框图如图 5-11 所示。

图 5-11 FEC 系统原理框图

FEC 的优点：不需要反馈信道，也不存在由于反复重发而延误时间，较适用于实时通信系统。

FEC 的缺点：译码纠错设备复杂且不能保证纠错成功；为了纠正较多的错误，需要附加较多的冗余码元，故传输效率低。

2. 反馈纠错法（ARQ）

ARQ 也可称为自动请求重发、检错重发 ARQ 或者反馈重传纠错法。发送端发送能够检错的码，即检错码，接收端根据码字的编码特征进行检错，若判断有错，则通过反馈信道要求重传已发错的信息，直到接收端认可为止，若无错码，则直接发送下一码字。所谓检测出错误是指接收端知道有几个码元是错误的，但不清楚错误码元的具体位置，因而只能依靠重发的方式达到纠错的目的。ARQ 系统原理框图如图 5-12 所示，工作原理简述如下：

发送端将数据经检错码编码器编码后经过信道送出，同时还将数据送缓存器存储，以备重发使用；接收端将收到的数据经检错码译码器译码，并进行判断，若无错误，则反馈控制器经过反馈传输信道向发送端发出确认信息，表示接收正确，可以发送下一数据；若有错误，则反馈控制器经过反馈传输信道向发送端发出否认信息，要求重发，发送端收到否认信息后，重发控制器控制缓存器的数据进入检错码编码器进行编码重发，并禁止输入新的数据，若接收端仍然判定错误，则继续要求重发，重复上述过程，直到接收端认定正确为止，向发送端反馈正确信息，重发控制器控制发送端，方会发送下一数据。

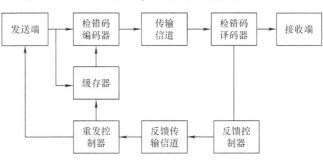

图 5-12 ARQ 系统原理框图

ARQ 的优点：只检错，编码译码比较简单。

ARQ 的缺点：若干扰严重，则重传显著增多，通信效率下降。

3. 反馈校验法（IRQ）

IRQ 又称为信息重发请求法或者信息反馈对比法。接收端把收到的数据原封不动的通过反馈信道发回发送端，发送端将反馈来的数据与发送的数据进行比较并判断是否有错，若有错，则该数据再发一次，如此，直到发送端收到的反馈数据与原数据一样，即发送端没有发现错误为止。IRQ 系统原理框图如图 5-13 所示。

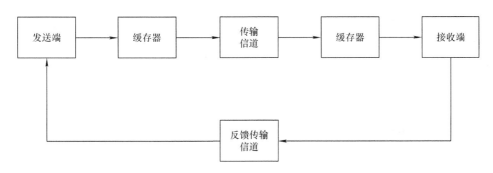

图 5-13 IRQ 系统原理框图

举个例子，遥控操作要十分小心，以防止误操控其他开关，遥控返送校核常采用这种方式以确保遥控对象的正确，如图 5-14 所示。

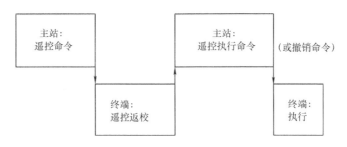

图 5-14　遥控返送校核示意

IRQ 的优点：不需要检错纠错编码译码器，控制设备简单。

IRQ 的缺点：需要双向信道；若发送和反馈时误码出现在同一位置，则检测不出；发送端需要一定的存储器存储发送数据以备反馈比较；反馈校验法每一数据实际上都相当于至少传送了两次，因而传输效率较低，所以这种方式仅适用于传输速率及误码率都较低且具有双向传输线路的系统。

4. 混合纠错方式（HEC）

混合纠错方式（HEC）是前向纠错法（FEC）和反馈纠错法（ARQ）的综合。接收端在收到数据后，若错码较少，则自动纠错；若错误较多，超出自行纠错能力时，虽能检测出来，但需要通过反向通道要求发送端重发来实现纠错。HEC 系统原理框图如图 5-15 所示。

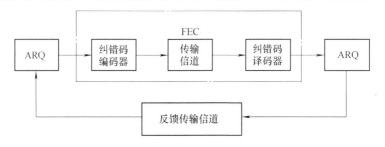

图 5-15　HEC 系统原理框图

HEC 的优点：传输可靠性高，既克服了 FEC 译码纠错设备复杂的缺点，又避免了 ARQ 实时性差的不足。

HEC 的缺点：实现比较复杂。

5. 循环传送检错法

发送端周期性循环传送检错码，接收端进行判断，若无错则用，否则丢弃不用，等待下一次循环送来该信息无错再使用。

循环传送检错法优点：不使用反馈信道，单工，检错简单。

循环传送检错法缺点：信道比较繁忙。

5.3.4 几种常用的抗干扰编码

1. 奇偶校验码

奇偶校验码是一种最简单的检错码，在计算机数据传输中得到广泛应用，奇偶校验编码又可以分为奇校验编码和偶校验编码两种，两者原理是相同的。奇偶校验中，无论信息位有多少位，校验位都只有一位，编码后，整个码组中 1 码个数是奇数的称为奇校验，为偶数的称为偶校验。下面举例说明。

奇校验：设要传送的信息码元为 1101001，在其后附加一位奇监督码元 1，使得合成码元 1101001（1）中 1 码的个数为 5 个，是奇数，这称为奇校验，若接收端收到 10010011，发现 1 码个数为 4 个，是偶数，则判定接收到的数据错误。

偶校验：设要传送的信息码元为 1101011，在其后附加一位偶监督码元 1，使得合成码元 1101011（1）中 1 码的个数为 6 个，是偶数，这称为偶校验，若接收端收到 10110011，发现 1 码个数为 5 个，是奇数，则判定接收到的数据错误。

当错码为一个或奇数个时，因打乱了 1 数目的奇偶性，故能发现错误，然而，当错误个数为偶数个时，由于没有破坏 1 数目的奇偶性，所以错误不能被发现。奇偶校验漏检情况较多，更没有纠错能力。

2. 行列码校验

行列码校验又称为方阵码校验或者水平垂直奇偶校验。该校验方式是把信息码排列成矩阵，根据奇偶校验原理，在垂直水平两个方向同时进行校验。现以水平垂直偶校验为例进行说明。例如现在有 54 个待发送的数据码元，将它们排成 6 行 9 列的方阵，每行后加一个偶校验位，每列后也加一个偶校验位，如表 5-1 所示。然后按行（或列）发送，即信道中传送的序列为：1100010100、0110100111、1111000101、…（或 1011010、1110100、0110110、…），接收端按同样行列排成方阵，逐行逐列检查是否符合偶校验规则。

表 5-1 行列码校验

	1	2	3	4	5	6	7	8	9	行偶校验
1	1	1	0	0	0	1	0	1	0	0
2	0	1	<u>1</u>	0	1	0	<u>0</u>	1	1	1
3	1	1	1	1	0	0	0	1	0	1
4	1	0	0	1	<u>0</u>	1	0	0	1	0
5	0	1	<u>1</u>	1	0	1	<u>1</u>	0	0	1
6	1	0	1	0	0	1	1	1	0	1
列偶校验	0	0	0	1	1	0	0	0	0	

这种校验方式能够检出所有行、列中奇数个错误和大部分偶数个差错，只有当差错个数恰好为 4 的倍数且正好位于矩形 4 个角的情况下，见表格中双下划线标示的 4 个数位置，此时检验不出。

这种校验方式还可以根据某行和某列均不满足监督关系而判断出该列交叉位置的码元有错，也就是说在某些情况下还具有纠错的功能。例如，第 4 行第 5 列的码元 0，若在传输过程中误将 0 传成了 1，则第 4 行接收到的数据为 1001110010，显然不满足偶校验，第 5 列接收到的数据为 0101001，显然也不满足偶校验，所以接收端很容易判断是第 4 行第 5 列的交叉位置上的码元出错了，从而予以纠正。

行列码校验由于检错能力强又具有一定的纠错能力，且实现容易，因而得到了广泛应用。

3. 循环码校验

奇偶校验编码简单，但检错能力有限，常用于要求不高的场合。循环码又称 CRC 码，其检、纠错能力较强，编码和译码设备并不复杂，而且性能较好，不仅能纠随机错误，也能纠突发错误，所以循环码受到人们的高度重视，在 FEC 系统中得到了广泛应用。循环码有严密的代数理论基础，是目前研究得最成熟的一类码。这里对循环码不做严格的数学分析，只着眼于介绍循环码在差错控制中的应用。读者若需要进一步学习循环码的理论，可以参考有关文献。

(1) 循环码的特点

1) 封闭性。循环码是线性分组码的一个重要子类，它满足线性分组码的封闭性，封闭性是指任意两个许用码字之和（逐位模 2 加，即异或相加）仍为一个许用码字。所谓一个 (n, k) 线性分组码是指，将信息序列划分为等长（k 位）的序列段，在序列段后附加 $r = n - k$ 位监督码元且监督码元与信息码元之间构成线性关系，即它们之间可由线性方程来联系，这样构成的抗干扰编码称为线性分组码。线性分组码是利用代数关系构造的，它是建立在近世代数基础上的，因此又是一种代数码。

2) 循环性。一个 (n, k) 循环码的码集中任一码字每次向左或向右循环移位后得到的码字仍然是该码集中的一个码字。表 5-2 给出了一个 (7, 3) 循环码的全部码字。

表 5-2　(7, 3) 循环码

3 位信息码元			4 位监督码元				合成的码字（$n=7$）
0	0	0	0	0	0	0	1 号：0000000
0	0	1	0	1	1	1	2 号：0010111
0	1	0	1	1	1	0	3 号：0101110
0	1	1	1	0	0	1	4 号：0111001
1	0	0	1	0	1	1	5 号：1001011
1	0	1	1	1	0	0	6 号：1011100
1	1	0	0	1	0	1	7 号：1100101
1	1	1	0	0	1	0	8 号：1110010

如图 5-16 所示，以 2 号 0010111 为例，左移循环 1 位变成 3 号 0101110，再左移循环 1 位变成 6 号 1011100，如此循环，其状态变化如图 5-16 所示，0000000 码字自己构成独立循环图，不在其中。由此可见，除零码字外，不论左移还是右移，也无论移多少位，其结果仍属于该码集。图 5-17 所示为右移 2 位的状态变化。

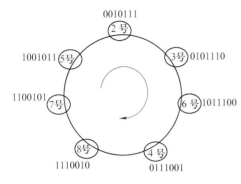
图 5-16　左移 1 位循环码状态变化

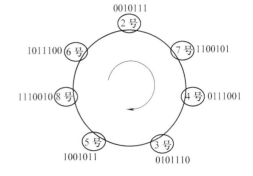
图 5-17　右移 2 位循环码状态变化

（2）码多项式

为讨论循环码的方便，下面简要介绍码多项式的概念。如果把一个码字中的各位看作是一个多项式的系数，则称 $C(x)$ 为码字 C 的码多项式。前例中，6 号码字 1011100 的码多项式为

$$C(x) = 1 \times x^6 + 0 \times x^5 + 1 \times x^4 + 1 \times x^3 + 1 \times x^2 + 0 \times x + 0 \times 1$$

在研究循环码的过程中，常需进行码多项式的运算，与普通多项式运算不同的是系数的运算按模 2 加，即异或运算的规则进行。注意，按模 2 运算，无论是加还是减，均无进位和借位，都按异或运算，遵循"同 0 异 1"的原则，即 $0 + 1 = 1$，$0 - 1 = 1$。

（3）生成多项式

(n, k) 循环码码组集合中（全 0 码除外）幂次最低的多项式 $(n-k)$ 阶称为生成多项式，用 $G(x)$ 表示。它是能整除 $x^n + 1$ 且常数项为 1 的多项式，具有唯一性。在前例循环码 $(7, 3)$ 中，根据码多项式的概念，显然只有 2 号：0010111 所对应的码多项式 $x^4 + x^2 + x + 1$ 幂次最低为 $7 - 3 = 4$ 阶，因此前例循环码 $(7, 3)$ 的生成多项式也就是 $x^4 + x^2 + x + 1$。

$G(x)$ 由式 $x^n + 1$ 进行因式分解得出的，$G(x)$ 为 r 阶多项式。集合中其他码多项式都是按照 $x^n + 1$ 运算下 $G(x)$ 的倍式，即可以由生成多项式 $G(x)$ 产生循环码的全部码组。生成多项式必须比传输信息对应的多项式短。需要说明的是，即使 n、k 均已确定，也可能有多个生成多项式可供选择，所选用的生成多项式不同，产生的循环码组也不同。例如，$(7, k)$ 循环码其生成多项式由 $x^7 + 1$ 因式分解得到，$x^7 + 1 = (x + 1)(x^3 + x + 1)(x^3 + x^2 + 1)$，若 $k = 4$，则 $G(x) = (x^3 + x + 1)$ 或者 $G(x) = (x^3 + x^2 + 1)$；若 $k = 3$，$G(x)$ 应该为一个 4 阶的多项式，即可以是

$$G(x) = (x + 1)(x^3 + x + 1) = x^4 + x^3 + x^2 + 1 \text{ 或者 } G(x) = (x + 1)(x^3 + x^2 + 1) = x^4 + x^2 + x + 1$$

前例选择的生成多项式是 $G(x) = (x + 1)(x^3 + x^2 + 1) = x^4 + x^2 + x + 1$，若选择生成多项式 $G(x) = (x + 1)(x^3 + x + 1) = x^4 + x^3 + x^2 + 1$，则对应的 $(7, 3)$ 循环码组如表 5-3 所示。

表 5-3　$(7, 3)$ 循环码组

3 位信息码元			4 位监督码元				合成的码字（$n = 7$）
0	0	0	0	0	0	0	1 号：0000000
0	0	1	1	1	0	1	2 号：0011101

(续)

3位信息码元			4位监督码元				合成的码字（n=7）
0	1	0	0	1	1	1	3号：0100111
0	1	1	1	0	1	0	4号：0111010
1	0	0	1	1	1	0	5号：1001110
1	0	1	0	0	1	1	6号：1010011
1	1	0	1	0	0	1	7号：1101001
1	1	1	0	1	0	0	8号：1110100

CRC生成多项式$G(x)$的结构与检错效果是经过严格的数学分析和实验后确定的，生成多项式发方、收方事前商定。以下4个多项式已经成为国际标准，并已得到广泛应用：

CRC-12码：$G(x) = x^{12} + x^{11} + x^3 + x^2 + x + 1$

CRC-16码：$G(x) = x^{16} + x^{15} + x^2 + 1$

CRC-CCITT码：$G(x) = x^{16} + x^{12} + x^5 + 1$

CRC-32码：$G(x) = x^{32} + x^{26} + x^{23} + x^{22} + x^{16} + x^{12} + x^{11} + x^{10} + x^8 + x^7 + x^5 + x^4 + x^2 + x + 1$

（4）循环码的编码

循环码的编码可以归纳为以下几个步骤：

1）写出码多项式：$M(x) = A_1 x^{k-1} + A_2 x^{k-2} + \cdots + A_{k-1} x + A_k x^0$。

2）求(n, k)循环码的生成多项式$G(x)$。$G(x)$由式$x^n + 1$进行因式分解得出。$G(x)$为r阶多项式。

3）$M(x) \times x^r / G(x)$的余式为$R(x)$，由$R(x)$可得校验位。

4）$F(x) = M(x) \times x^r + R(x)$可得发送码字。

【例题1】 编制（15，6）循环码组，生成多项式为$G(x) = x^9 + x^6 + x^5 + x^4 + x + 1$，试求循环码组。

【解答】 假设信息码M（A1A2A3A4A5A6）=（111111），则对应的码多项式为

$M(x) = x^5 + x^4 + x^3 + x^2 + x + 1$

$M(x) \times x^r = (x^5 + x^4 + x^3 + x^2 + x + 1) \times x^9 = x^{14} + x^{13} + x^{12} + x^{11} + x^{10} + x^9$

经过$M(x) \times x^r / G(x)$的计算，得到$R(x) = x^5 + x^3 + x^2 + x + 1$，注意同类项的加减运算遵循异或原则，即实行模2运算。

于是发送码字为$F(x) = x^{14} + x^{13} + x^{12} + x^{11} + x^{10} + x^9 + x^5 + x^3 + x^2 + x + 1$，或写成二进制形式（111111，000101111），"，"前为6位信息码元，"，"后为9位监督码元，将此码字一次循环即可得到（15，6）循环码组的所有码字。

【例题2】 已知（7，3）循环码，选择生成多项式为$G(x) = (x+1)(x^3 + x^2 + 1) = x^4 + x^2 + x + 1$，求信息码为$M = $（101）时的码字。

【解答】

1）$M(x) = 1 \times x^2 + 0 \times x^1 + 1 \times x^0 = x^2 + 1$。

2）$M(x) \times x^r = (x^2 + 1) \times x^4 = x^6 + x^4$。

3）$G(x)$是$x^n + 1 = x^7 + 1$的一个多项式为4阶，现取为

$G(x) = (x+1)(x^3 + x^2 + 1) = x^4 + x^2 + x + 1$。

4）$R(x) = M(x) \times x^r / G(x) = 1 \times x^3 + 1 \times x^2 + 0 \times x^1 + 0 \times x^0$。

5) $F(x) = (101,1100)$。

(5) 循环码的译码

接收端译码的要求有两种：检错和纠错。

用于检错目的的译码原理十分简单，由前面编码原理的讨论可知，接收端用接收到的 $F(x)$ 除以生成多项式，即 $\frac{F(x)}{G(x)}$ 得到余式 $Q(x)$，若 $Q(x) = 0$，则表示收到的信息正确，若 $Q(x) \neq 0$，则表示收到的信息错误。

【例题3】 仍以例题2为例，来实现循环码的检错和纠错。

【解答】

1) 设收到的信息正确，即收到的 $F'(x) = F(x) = (1011100)$

则 $\frac{F(x)}{G(x)}$ 计算如下：

$$10111 \overline{\smash{\big)}\ \begin{matrix}100\\1011100\\10111\\\hline 0000000\end{matrix}}$$

2) 若收到的信息错误，例如收到的 $F'(x) = 1011000$

则 $\frac{F(x)}{G(x)}$ 计算如下：

$$10111 \overline{\smash{\big)}\ \begin{matrix}100\\1011000\\10111\\\hline 0000100\end{matrix}}$$

显然余数不为0，$Q(x) = x^2$，说明收到的信息有错。

循环码的纠错功能：余式 $Q(x)$ 又称为伴随式，和"错码样式" E 有一一对应的关系。若检查无错误，则 $E = 000\cdots0$；若是某一位错了，则 E 的相应位变成1。所以根据 $Q(x)$ 就可以查出错码样式 E，然后将收到错码序列 $F'(x)$ 加上 E，就得到正确的码字。

例如，上例中 $Q(x) = x^2$，查得错码样式 $E = (0000100)$，因此有正确的信息应该为 $F(x) = F'(x) \oplus E = (1011000) \oplus (0000100) = 1011100$，这样就完成了纠错的功能。

5.4 通信规约

5.4.1 通信规约的概念

所谓通信规约（Protocol）又称为远动规约，是指调度端和执行端通信时共同使用的人工语言的语法规则及应答关系。通信规约一方面的内容是规定传送的信息的格式，如怎样开始/结束通信、谁管理通信、怎样传输信息、传送的方式是同步传送还是异步传送、帧同步字、数据是怎样表示和保护的、工作机理、支持的数据类、支持的命令以及怎样检测/纠错等内容，调度端和执行端只有使用相同的通信规约，彼此才能明白对方所发信息的意义，通信才能正常进行。通信规约的另一方面内容，是规定实现数据收集、监视、控制的信息传输的具体步骤。例如，将信息按其重要性程度和更新周期，分成不同类别或不同循环周期传送；确定实现遥信变位传送、实现遥控返送校核以提高遥控的可靠性的方式，实现系统对时、实现全部数据或某个数据的收集，以及远方站远动设备本身的状态监视的方式等。通信规约分为循环式通信规约和问答式通信规约，在我国这两种规约并存，下面分别予以介绍。

5.4.2 循环式通信规约

CDT 的特点

循环式通信规约（Cyclic Data Transmission，CDT）是以监控终端为主动方，自发的循环不断地向上级站传送信息的方式。循环式通信规约有这样一些特点：

1）信息传送的主动权在现场终端，主站被动接收。

2）信道投资大。由于只适用于一对一的通信组织方式，即点对点的方式，所以每个终端都要独占一条到主站的信道。

3）要求发送端和接收端始终保持严格同步，信息按照事先约定好的格式，顺序依次循环发送，一遍接一遍周而复始。

4）因为循环传送信息，通道必须采用全双工方式。

5）对上传的信息（即上行信息）可视实时性要求的不同而进行分级，重要数据发送周期短，实时性强，一般数据发送周期长，实时性差。例如，事故时断路器在继电保护作用下跳闸，这样的信息必须尽早上传到主站，这种"遥信变位"信息享有最高优先权，可以优先插入传送。

6）CDT 采用信息字校验方式，将整帧信息化为若干个信息字，当某个码字出错时，丢弃不用，等待下一循环该数据传来，检验正确的码字就使用，由此可见，CDT 对通道的要求不高，信道质量较差时，也能使用。

7）由主站下达的遥控、遥调命令不是循环的，主动权在主站。

5.4.3 问答式通信规约

1. 问答式通信（Polling）规约的特点

问答式通信规约又称为 Polling 规约，它是以主站为主动方，依次询问各终端，各终端遵循有问必答、无问不答的原则进行回答。问答式通信规约有这样一些特点：

1）信息传送的主动权在主站，主站轮流询问各终端，各终端有问必答，当收到主机查询命令后，必须在规定的时间内应答，否则视为本次通信失败；终端无问不答，当未收到主机查询命令时，不允许主动上报信息。

2）平时各终端与循环式一样，不停采集数据，但不上传，而是存储起来等待主站索要。

3）问答式远动规约的另一个特点是通道结构可以简化，在一个通信链路上，可以连接好几个远方站，适用于一点多址或环形结构网络，这样可以使信道投资减少，提高信道的备用性。

4）应答式规约既可以采用全双工通道，也可以采用半双工的通道。

5）问答式信息传输不同于 CDT 方式，它没有帧同步字，而是采用异步方式一个字节一个字节的传送。

6）由于不允许主动上报，应答式规约对事故的响应速度慢，尤其是当通道的传输速率较低的情形（如采用配电线载波通信时），这个问题会更突出。

7）问答式的检验码是在整幅报文传送的末端才加入的，一次通信失败则整幅报文丢失，故对通信质量要求高。

8）由主站下达的遥控、遥调命令与循环式一样，主动权在主站。

2. 对半分割检索算法

CDT 远动规约由于只适用于一对一的通信组织方式，因而其较多使用于调度自动化系统中，配网 SCADA 系统和 FTU 之间的通信组织方式决定了要采用 Polling 规约。采用问答方式访问时，占用时间长，往往会影响重要的信息，如故障信息的及时上传。万一有一个 FTU 发生故障，那么当系统向该 FTU 询问数据时必须等待一定时间以确定该 FTU 确实没有发应答报文。这一等待是致命性的，它会影响同一共线通道下的所有 FTU，不但故障信息无法及时上传，连正常的数据上传的速度也大大减慢，从而影响整个系统的性能。

为缩短 FTU 的轮询时间，介绍一种优化算法，即"对半分割检索算法"，如图 5-18 所示。假设某馈线共有 7 个开关，在其旁分别装有 FTU_1、FTU_2、…、FTU_7，当线路发生故障时，先询问中间位置的 FTU_4 是否有故障电流信息，根据询问结果再询问 FTU_6 或者 FTU_2 是否有故障电流信息。如果故障发生在 G 点，只要两次询问过程，就能完成整个故障识别过程。其他任何一点的故障，也只要 3 次询问过程就能完成整个故障识别过程。所以，故障识别启动的等待时间至少可以减少一半。

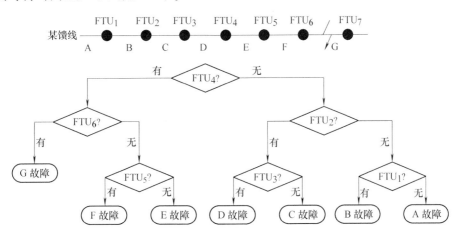

图 5-18 对半分割检索算法

5.5 常用通信方式

5.5.1 概述

配电自动化对通信系统的要求

通信系统是配电自动化系统的关键之一。配电系统自动化程度的重要标志是通信是否符合自动化的要求，它担负着设备及用户与自动化的联络，起着纽带作用，担负着信息的处理、命令的发送和返回以及所有数据的传递。显然，没有可靠有效的通信，配电网将无法与自动化相联系。配电自动化对通信系统的要求有如下几个方面。

（1）通信的可靠性

配电系统的通信设备大多安装在户外，这意味着要长期经受阴雨、大雪、冰雹、风沙、雷电、紫外线、电磁等的考验，如长期暴露在阳光下会导致一些材料的老化。因此，设计配电自动化通信系统时，必须要考虑这些恶劣环境因素的影响。

(2) 满足数据传输速率的要求并留有余地

配电自动化系统中,对通信速率功能要求从高到低分3个层次:①电源进线监视、10kV开闭所及配电变电站监控、馈线自动化;②公用配变的巡检和负荷监控系统;③远方抄表和计费自动化。在选择通信方式时,一方面应根据不同层次选择合适的通信速率,另一方面,设计上应留有足够的带宽,以满足今后发展的需要。

(3) 通信的实时性要求

配电自动化系统是一个实时监控系统,对实时性要求极高,特别是系统故障时,实时性是保证系统快速确定故障、完成故障隔离、恢复供电的基础条件。

(4) 双向通信能力

配电自动化系统中,除负荷控制可以是单向通信,由控制中心向被控负荷发送投运或停运命令外,其他系统基本都需要具备双向通信功能,来完成数据的上传和控制命令的下达。

(5) 通信不受停电、故障的影响

故障时停电区域通信仍能正常进行,配电自动化的馈线自动化功能要求能通过通信系统对停电区域的开关进行操作,提高供电可靠性。这中间有两个值得注意的问题,一是通信系统能否继续畅通,如配电线载波会遇到困难;二是停电区的FTU等终端设备需要有备用电源如电池或其他后备电源等。

(6) 投资费用

配电自动化通信系统是一个庞大的工程,在预算时,应将通信技术的先进性、功能、设备造价、长期使用维护的费用等诸多因素综合考虑,追求最佳的性价比。

(7) 使用维护的易操作性

尽量选择具有通用性标准化程度高的设备,选择标准的通信规约,不仅可以提高系统兼容性,方便今后的扩展,还便于使用和维护。

(8) 可扩展性

通信系统除了能满足目前的需要,还应考虑将来增长的需要,因此设计时应考虑足够的容量以及系统的开放性要求。

5.5.2 配电线载波通信

1. 概念

配电线载波通信是以与要传输的信息路径相同的配电线路为传输媒介,通过结合滤波设备,将要传输的数据等低频低电压信号转变为能在高压线路上传输的高压高频信号,在线路上传输并在接收端将信号还原的一种通信方式。

早在20世纪20年代电力载波通信就开始应用到10kV配电网络线路通信中,利用电力载波机和阻波器,在中高压配电网中传输语音、控制指令和系统状态等信息,并形成了相关国际和国家标准。对于低压配电网来说,许多新兴的数字技术,例如扩频通信技术、数字信号处理技术和计算机控制技术等,大大提高和改善了低压配电网电力载波通信的可用性和可靠性,使电力载波通信技术具有更加诱人的应用前景。

2. 特点

配电线是为输送50Hz强电设计的,线路衰减小,机械强度高,传输可靠,配电线载波通信复用配电线进行通信,不需要通信线路建设的基建投资和日常维护费用,在电力系统中占有重要地位，是电力系统特有的通信方式，与其他通信方式相比，具有以下一些特点。

(1) 独特的耦合设备

电力线上有工频大电流通过，载波通信设备必须通过高效、安全的耦合设备才能与电力线相连。这些耦合设备既要使载波信号有效传送，又要不影响工频电流的传输，还要能方便地分离载波信号与工频电流。此外，耦合设备还必须防止工频电压、大电流对载波通信设备的损坏，确保安全。

(2) 信道的时变性

对载波信号来说，低压电力线是一根非均匀分布的传输线，各种不同性质的电力负载在低压配电网的任意位置随机地投入和断开，使信道表现出很强的时变性。

(3) 信道频率选择的特殊性

由于低压配电网中存在负荷情况非常复杂、负载变化幅度大、噪声种类多且强等特点，各节点阻抗不匹配，信号很容易产生反射、驻波、谐振等现象，使信号的衰减变得极其复杂，造成电力载波通信信道具有很强的频率选择性。我国统一规定电力线载波通信使用的频率范围为 40～500kHz。

(4) 线路存在强大的电磁干扰

由于电力线上存在强大的电晕等干扰噪声，因此要求载波设备具有较高的发信功率，以获得必需的输出信噪比。另外，由于50Hz谐波的强烈干扰，使得0.3～3.4kHz 的话音信号不能直接在电力线上传输，只能将信号频谱搬移到40kHz 以上，进行载波通信。

(5) 通道建设投资相对较低

由于直接采用配电线路作为通信信道，无需额外的通信线路，电力线路到哪，通信就可以到哪，一次建设成本低，投资少，见效快。

(6) 组网灵活，实时性强

利用现有配电网构成通信信道，一次系统构成网络，相应也就构成了数据传输网络。监控节点的电气连接也同样确保了该节点的通信连接，因而确保了与任一节点的实时通信。

3. 组成原理

以电力线路作为高频通道传输高频信号，必须对电力线路进行高频加工，加工耦合的方式有三种：相—地耦合、相—相耦合和相—地、相—相混合耦合。

1) 相—地耦合方式。这种方式将载波设备连接在一根相导线和大地之间，其特点是只需要一个耦合电容器和一个阻波器，在设备的使用上比较经济，因而得到广泛应用。但这种方式引起的衰减比相—相耦合方式大，而且在相导线发生接地故障时高频衰减增加很多。

2) 相—相耦合方式。这种耦合方式需要两个耦合电容器和两个阻波器，耦合设备费用约为相—地耦合方式的两倍；但相—相耦合方式的优点是高频衰减小，而且当电力线路故障时，由于80%的故障属于单相接地故障，所以具有较高的安全性。目前国内外在一些可靠性要求较高的电力线高频通道中已采用了相—相耦合方式。

除此之外，国内也有少数线路开始采用相—地、相—相混合耦合方式。

综上，电力线路只在一相上加工的，称为相—地制高频通道；在两相上作高频加工的通道，称为相—相制高频通道。相—地制高频通道的传输效率较低，但所需加工设备较少，投资较小；相—相制高频通道的衰耗小，但所需加工设备多，投资大。国内一般都采用相—地制高频通道，如图5-19 所示。

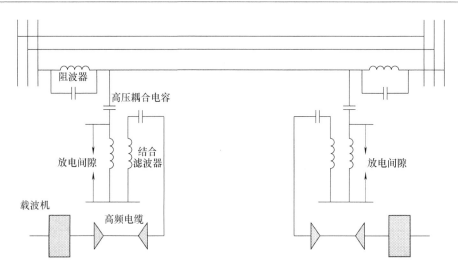

图 5-19 配电线载波组成原理

图 5-19 中各部分功能原理介绍如下。
(1) 高频阻波器

高频阻波器串联在线路两端,它是由电感线圈和可变电容组成一个对高频信号的并联谐振电路,因此对高频电流呈现最大的阻抗,从而将高频信号限制在本线路的范围内,用以防止高频载波信号向不需要的方向传输。由于电感线圈电感值很小,一般为 0.1~2mH,对 50Hz 的工频电流呈现阻抗很小(约 0.04Ω),所以工频电流可以在输电线路上顺利通过。

(2) 高压耦合电容器

高压耦合电容器的作用是将载波设备与馈线上的高电压、操作过电压及雷电过电压隔开,以防止高电压进入通信设备,确保人身设备安全,同时将低压的高频收发信机信号耦合到高压线路上。耦合电容器的电容量很小,一般为 3000~10000pF,对工频电流呈现很大的阻抗,使工频高电压几乎全部降落在耦合电容上。

(3) 结合滤波器

结合滤波器是一个可调节的空心变压器,在其连接至高频电缆的一侧串接有电容器。结合滤波器与耦合电容器共同组成对高频信号的串联谐振回路,对高频信号呈现最小的阻抗,让高频电流顺利通过。高频电缆侧线圈的电感与电容也组成高频串联谐振回路。此外,结合滤波器在线路一侧的输入阻抗与输电线路的波阻抗匹配(约 400Ω),而在高频电缆侧的输入阻抗与高频电缆的波阻抗(约 100Ω)相匹配,这样就可以避免高频信号的电磁波在传送过程中产生反射,因而减小高频能量的附加损耗,提高传输效率。

(4) 高频电缆

高频电缆用来连接高频收发信机与结合滤波器。高频电缆采用同轴电缆,它具有高频损耗小,抗干扰能力强等优点。由于载波机的型号不同,高频电缆可以是不平衡电缆或平衡电缆,电缆的阻抗一般为 75Ω(不平衡)和 150Ω(平衡)。

(5) 放电间隙

放电间隙用以防止过电压对收发信机的损坏。

(6) 载波机

载波机是电力线载波通信系统的主要组成部分，其作用是接收和发送高频信号，可分为高频收、发信机。高频发信机包含高频振荡器、调制器、放大部分和接口部分。高频振荡器就是产生一个频率和振幅均稳定的高频信号，以便于进行调制。对于输电线载波通信，载波频率一般为 10～300kHz，传输速率可达 1200bit/s，传输距离可以大于 100km 或更远；对于高、中压配电线载波通信，载波频率一般为 5～40kHz，传输速率可达 50～300bit/s，主要用作配电网 SCADA 的信息传输；对于低压配电线载波通信（又称入户线载波），载波频率一般为 50～150kHz，应用于 380V/220V 网络，用于自动抄表信息传输。调制器就是完成我们前面所讲过的调制任务；放大器是将调制器输出的高频信号放大，以获得所需要的输出功率。接口部分通常由滤波器与衰耗器组成，滤波器主要是滤掉非工作频率信号，衰耗器是为了某种需要而降低对侧送来的高频信号幅值。收信机主要包含收信滤波器、放大部分和解调器。收信滤波器是为了滤掉干扰信号，使工作频率信号顺利通过，经放大后将高频信号进行解调，即还原成原信号。

4. 典型系统

典型配电线载波通信系统组成如图 5-20 所示。

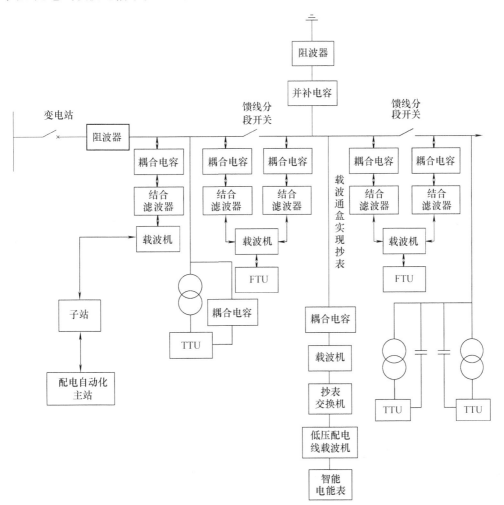

图 5-20 典型配电线载波通信系统组成

在各分段开关处安装 FTU，在各配电变压器处安装 TTU，利用载波机经过结合滤波器及耦合电容耦合到馈线，并通过馈线与子站相联系，这样就可以把分散的 FTU、TTU 上报的信息集中至子站，并通过高速数据通道将收集的信息转发给配电自动化主站，另外，主站也可以通过载波信道下发命令。低压用户的抄表，可以采用低压配电线路载波方式将各用户的信息传送至抄表交换机，再通过配电线载波方式经耦合电容传至子站。

由于配电线载波通信直接以配电线路作为传输的通信信道，因此，当分段开关处于分位置时，相应的配电线路也随之断开，这样就会造成通信的中断，如何解决这一问题？可以采用增加耦合设备的办法，如图 5-20 所示，在开关两侧均装有耦合电容，使载波信号能够跨越开关传输。

5.5.3 光纤通信

1. 光纤通信的优点

光纤通信是以光波为载体，以光纤为传输介质的通信方式。目前光纤通信技术已经成熟，并且已经在电力系统中广泛应用，是目前认为最有前途的一种有线通信方式。

光纤通信具有如下一些优点：

1）容许频带很宽，传输容量很大。目前，单波长光纤通信系统的传输速率一般为 2.5Gbit/s 和 10Gbit/s，采用外调制技术，传输速率可以达到 40Gbit/s。任何通信系统追求的最终技术目标都是要可靠的实现最大可能的信息传输容量和传输距离。微波通道的通信容量一般具有 960 路，而光纤通信当用 $0.85\mu m$ 短波长时通信容量可以达到 1920 路，当用 $1.55\mu m$ 长波长时通信容量可以达到 7680 路。举例比较一下，当采用微波无线电通信时，传输容量 960 路，中继距离 50km，1000km 内中继器个数 20 个；同轴电缆，传输容量 960 路，中继距离 4km，1000km 内中继器个数 250 个；光纤通信，传输容量 6000 路（445Mbit/s），中继距离 134km，1000km 内中继器个数 7 个。一根直径 $50\mu m$ 的玻璃纤维竟可以传输百万路电话，其容量之大实属惊人。

2）损耗小，中继距离长，适合长距离传输。光纤在 $1.31\mu m$ 和 $1.55\mu m$ 波长时，传输损耗分别为 0.50dB/km 和 0.20dB/km，甚至更低，因此光纤通信系统中继距离长。举例来说，传输速率为 2.5Gbit/s 时，中继距离可达 150km，传输速率为 10Gbit/s 时，中继距离可达 100 km。

3）体积小、重量轻、可绕性强。光纤重量很轻，直径很小，即使制成光缆，在芯数相同的条件下，其重量还是比电缆轻很多，体积也小得多。光缆与电缆的重量与截面积比较举例，8 芯光缆重量 0.42kg/m，8 芯电缆重量 6.3kg/m，是 6.3/0.42 = 15 倍；8 芯光缆直径 21mm，8 芯电缆直径 47mm，截面积之比是 5 倍。

4）输入与输出间电气隔离好，抗电磁干扰性能好。光纤由电绝缘的石英材料制成，光纤通信线路不受各种电磁场的干扰和闪电雷击的损坏，这对于存在很高电压和强磁场干扰的电力部门特别适合，例如无金属光缆非常适合于存在强电磁场干扰的高压电力线周围和油田、煤矿等易燃易爆环境中使用。

5）泄漏小，保密性能好，无串音干扰。在光纤中传输的光泄漏非常微弱，即使在弯曲地段也无法窃听，没有专用的特殊工具，光纤不能分接，因此信息在光纤中传输非常安全。

6）抗腐蚀，耐酸碱，敷设方面，可以直埋地下。

7）节约金属材料，有利于资源合理使用。光纤是由石英（SiO_2）材料制成，通俗点说就是经过提纯的玻璃纤维，其材料来源可以说是取之不尽，而制造电缆则需要消耗铜、铝、铅等金属材料。

2. 光纤通信系统的组成

光纤通信系统的组成如图 5-21 所示，图中示出了通道的一个传输方向，相反方向的传输结构与此完全相同。发端的电端机是常规的通信发送设备，用于对信息信号进行处理，例如进行模/数转换、调制和多路复用等。发端的光端机内有作为光源的激光器或发光器或发光二极管，其作用是将电信号调制到光信号上。然后将经过调制的光源输入光纤，向对端传输。光信号在传输途中要经过多次中继器的整形和放大，以恢复其形状和强度，再向前传输。中继器的间隔大约为 50～70km。中继器的原理是用光检测器将光信号变成电信号，经过整形放大后，再变成光信号，在收端正好相反。经光纤传来的光信号经光检测器后变成电信号，再经收端电端机的解调，恢复成发端信号的信号形状。

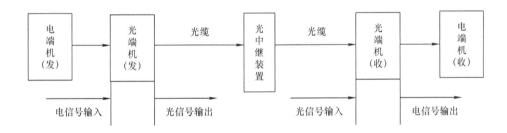

图 5-21 光纤通信系统的组成

3. 光纤通信系统的分类

光纤通信系统可以有如下多种不同的分类方法。

（1）按传输的光波长划分

1）短波长光纤通信系统，工作波长为 0.8～0.9μm，中继距离小于 10km。

2）长波长光纤通信系统，工作波长为 1.0～1.6μm，中继距离大于 100km。

3）超长波长光纤通信系统，工作波长为 2.0μm 以上，中继距离大于 1000km。

（2）按光纤的种类划分

1）多模光纤通信系统，采用多模光纤，传输容量小，一般在 140Mbit/s 以下，传输距离小于 5km，常用于 FTU、TTU 与子站间的通信，设备内部通信。

2）单模光纤通信系统，采用单模光纤，传输容量大，一般在 140Mbit/s 以上，传输距离长，可以达到几十甚至几千公里，用于通信主干线。

（3）按传输的信号形式划分

1) 光纤数字通信系统，传输数字信号，抗干扰能力强。
2) 光纤模拟通信系统，传输模拟信号，仅适用于短距离传输。
(4) 按组成网络的形式划分
1) 点对点光纤通信系统。
2) T形光纤通信系统。
3) 环形光纤通信系统。
4) 星形光纤通信系统。

4. 光导纤维与光缆

光导纤维简称光纤（Optical Fiber），其结构包括纤芯、缓冲层和包层，它们都是玻璃的，外面还有由涂覆材料和塑料制成的涂层和保护层。纤芯和包层决定了光特性，所以纤芯采用高纯度材料，以避免杂质引起损耗；包层采用纯度稍差的材料，其折射率稍高于缓冲层，但低于纤芯。包层的作用是加大外直径，使光纤结实，能抵抗弯曲；缓冲层的作用是防止包层中的杂质离子移入纤芯。

把多根光纤同加强芯和保护材料组合在一起就构成了光缆。电力系统采用的特种光缆有架空光缆、地埋光缆和架空地线复合光缆等敷设形式。

1) 地线复合光缆，即架空地线内含光纤。这种光缆使用可靠，不需维护，但一次性投资价格较高，适用于新建线路或旧线路更换地线时使用。

2) 地线缠绕光缆，是用专用机械把光缆缠绕在架空地线上。这种光缆经济、简易，也具有较高的可靠性，但也存在着芯数少，容易折断（如枪击、鸟害）等缺点。对于采用架空线的配电网，可以采用这种光缆。

3) 无金属自承式光缆。这种光缆可以提供数量大的光纤芯数，安装费用比地线复合光缆低，一般不需停电施工，还能避免雷击。因为它与电力线路无关，光缆重量轻，价格适中，安装和维护都比较方便，但容易产生电腐蚀。对于地埋电缆的配电网，这种光缆可以方便地与配电电缆同沟敷设，因此非常方便。

5. 自愈式光纤系统

配电自动化实现的前提就是配网环网化，因此光纤环网通信方式非常方便、可靠。光纤环网通信方式分为单环和双环两种形式。

(1) 单环光纤通信

单环光纤通信系统如图5-22所示，在环网中每个配电终端处都安装一个单环光Modem，利用一根光纤组成环网，这种组网方式造价低，一般应用于对系统的可靠性要求不高的情况下，例如传送TTU数据等可靠性要求较低的场合。

(2) 自愈式双环光纤通信

自愈式双环光纤通信系统如图5-23所示，它在单环光纤通信网上增加了一根备用光纤，如图中虚线所示。

所谓"自愈"，就是人们生病后无需医生的治疗（干预）会自行痊愈的。这种自行痊愈的过程是需要一定时间。对于通信网络而言，就是一旦通信线路发生故障导致通信中断后，不需人工干扰，网络自身会自动绕过故障而使通信立即恢复。这种恢复过程是迅速的，以至通信人员感觉不到线路发生过故障。

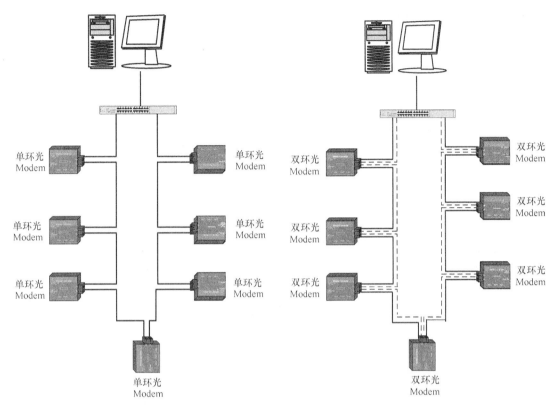

图 5-22　单环光纤通信系统　　　　图 5-23　自愈式双环光纤通信系统

5.5.4　脉动控制

脉动控制（Ripple Control）技术的工作原理类似输电线载波通信。它也是将高频信号注入电力传输线，只是脉动控制技术对信息的调制方式是通过让脉动有或无来实现的。之所以称为脉动控制技术是因为它的频率较低，低于2kHz（一般为100~500Hz），当通过示波器观看时，有时很像脉动。由于这个频率较配电线载波使用的频率更接近50Hz工频，因此脉动控制技术在配电网上的传输效率高，可靠性高，但是由于使用的频率低，脉动技术的数据传输速率低于配电线载波通信，尽管如此，脉动控制技术对于大部分配电自动化功能的实现，仍是够用的。

在电力系统中，低于1kHz的谐波是很普遍的，由于这个频段正是脉动控制技术的工作区间，因此脉动控制技术的工作频率必须避开电力系统的谐波点，否则将会受到谐波的强烈干扰。我国经实际测试，采用216.6Hz或183.3Hz具有较低的衰耗比。脉动控制技术已经在世界各地成功地应用了60多年了，它主要适用于单向通信的场合，比如负荷控制，它也使用于已建成的电力线，并且不受无线电管理委员会限制。

5.5.5　工频控制

工频控制技术一种双向通信技术，它也是利用电力传输线作为信号传输途径，因此可以认为是配电线载波的一种变形。其工作原理是利用电压过零的时机进行信号调制，由变电站向外传送信号的工频控制技术是在 50Hz 工频电压过零点附近（25°左右）的很窄区间内，根据需要，如传输 1 码时，通过调制电路，产生轻微的电压波形畸变，位于远方控制点的检测设备能够检测出这个电压波形畸变，并还原出所代表的码元。

工频控制技术与脉动控制技术相比，设备更简单，投资更节省，与配电线载波系统相比，不存在由于驻波而带来的盲点问题。目前这种技术在美国和加拿大已经广泛应用于远方自动抄表和零散负荷控制（如热水器、游泳池水泵、路灯和空调器）等领域。

5.5.6 电话专线

电话网的发展已经经历了 100 多年的历史，纵观这 100 多年的历史，电话网从最早的直连方式到今天的数字程控交换网络，从单一的通话业务到能提供数十种业务，可以说已经发展到了相当成熟的程度，电力公司的 SCADA 和继电保护中已广泛采用电话网通信方式。

电话网通信具有如下优点：
1) 不需要投资建设专用通信网，由电话网即可组成配网通信系统。
2) 利用电话线通信可以达到较高的波特率，如专用电话线传输速率可以高达 2400bit/s。
3) 容易实现双向通信。

电话网通信具有如下缺点：
1) 开通费用低，但运行费用高。
2) 电力公司无法完全掌握电话线通信的维护以确保其可靠运行。

利用电话网通信有两种方式：租用电话线和拨号电话。租用电话线是指电力公司租用专门的电话线路用于配电自动化通信，这种方式运行费用较高，但投资少、建设快，得到广泛应用；拨号电话需要安装拨号调制解调器（Modem），是指在需要进行数据采集和发布命令时，通过 Modem 完成数据上传下达，这种方式存在监控实时性无法保证的问题。

5.5.7 现场总线

现场总线（Field Bus）是近 20 年来发展起来的新技术，是连接智能现场设备和自动化系统的数字式、双向传输、多分支结构的通信网络，它的关键标志是能支持双向、多节点、总线式的全数字通信。在配电自动化系统中，现场总线适合于用来满足区域智能设备之间（如 FTU 和附近配电子站之间、FTU 与 TTU 之间）的通信，以及同一区域内部各个智能模块之间（如级连方式的各 FTU 之间）的通信。

现场总线具有如下特点：
1) 全数字化的双向数据传输，现场总线的一对传输线上可以连接多台设备，使通信简单化。
2) 现场总线采用经打包后的数字信息传输，并具有检错和纠错功能，因而抗干扰能力强。
3) 智能程度高，可以完成差错控制和一些采集与控制算法，可以具有一定的报文处理能力。
4) 拓扑结构灵活，可构成总线型、环形、星形等各种结构。
5) 现场总线是开放式系统，它是根据开放系统互连（OSI）协议的七层协议制订的，可根据需要将不同厂商的设备互换互连，还可以共享数据库。

目前使用的现场总线：FF、AnyBus、CAN、Profibus、Fieldbus、WorldFIP、P-NET、LonWorks、INTERBUS、DNET、CNET、LIGHTBUS、MODBUS、CC-LINK、HART。

5.5.8 RS485 串行总线

RS485 是一种改进的串行接口标准，RS485 可以采用二线与四线方式，二线制可实现真正的多点双向通信。RS485 总线，在要求通信距离为几十米到上千米时，广泛采用 RS485 串行总线标准。RS485 采用平衡发送和差分接收，因此具有抑制共模干扰的能力。加上总线收发器具有高灵敏度，能检测低至 200mV 的电压，故传输信号能在千米以外得到恢复。RS485 采用半双工工作方式，任何时候只能有一点处于发送状态，因此，发送电路须由使能信号加以控制。RS485 用于多点互联时非常方便，可以省掉许多信号线。应用 RS485 可以联网构成分布式系统，其允许最多并联 32 台驱动器和 32 台接收器。RS485 最大传输距离约为 1219m，最大传输速率为 10Mbit/s。目前，RS485 接口芯片的发展已经达到了很高的技术水平，其功能和安全性都能满足基本要求（如输入输出隔离、防静电、防雷击、微功耗等）。因此，采用 RS485 方式也是配电自动化系统的理想选择之一，在一些对实时性要求不高的场合，比如远方自动抄表，可以采用 RS485 方式代替现场总线通信。

5.5.9 无线扩频

无线扩频是扩展频谱通信（Spread Spectrum Communication）的简称，其特点是传输信息所用的带宽远大于信息本身带宽。扩频通信研究始于二次世界大战末，鉴于技术复杂、价格昂贵、相关学科综合要求很高等原因，直到 20 世纪 80 年代末期，才逐渐进入实用阶段。在我国，从 1995 年起，在部分农村电网采用了扩频通信，实践证明运行可靠，价格合理；但由于扩频通信要求通信两端无阻挡，因此对于高楼林立的城市配电网，不太适用。在配电自动化系统中，扩频通信可以用于子站与主站的通信，而不便于实现为数众多的一些分散测控点如 FTU 间的通信，这是因为柱上开关的位置很难确定较好的通信环境。

扩频通信有如下主要特点：

扩频通信技术在发端以扩频编码进行扩频调制，一般要进行 3 次调制，第一次调制为信息调制，第二次调制为扩频调制，第三次调制为射频调制。在收端以相关解调技术收信，对应的有射频解调，扩频解调和信息解调。这一过程使其具有诸多优良特性。

1）抗干扰性强，误码率低。

扩频通信系统由于在发送端扩展信号频谱，在接收端解扩还原信息，产生了扩频增益，从而大大地提高了抗干扰容限，抗干扰性能强是扩频通信的最突出优点。

2）隐蔽性强，干扰小。

因信号在很宽频带上被扩展，则单位带宽上的功率很小，即信号功率谱密度很低。信号淹没在白噪声之中，别人难于发现信号的存在，再加之不知扩频编码，就更难拾取有用信号。而极低的功率谱密度，也很少对其他电信设备构成干扰。

3）易于同频使用，实现码分多址，提高了无线频谱利用率。

正是由于扩频通信要用扩频编码进行扩频调制发送，而信号接收需要用相同的扩频编码之间的相关解扩才能得到，这就给频率复用和多址通信提供了基础。充分利用不同码型的扩频编码之间的相关特性，分配给不同用户不同的扩频编码，就可以区别不同的用户信号，众多用户，只要配对使用自己的扩频编码，就可以互不干扰地同时使用同一频率通信，从而实现了频率复用,使拥挤的频谱得到充分利用。

4) 扩频通信绝大部分是数字电路,设备高度集成,安装简便,易于维护,也十分小巧可靠,便于安装,便于扩展,平均无故障率时间也很长。

5) 另外,扩频设备一般采用积木式结构,组网方式灵活,方便统一规划,分期实施,利于扩容,有效地保护前期投资。

5.5.10 甚高频通信(数传电台通信)

频率在 30~300MHz 的无线电波称为甚高频(Very High Frequency,VHF)。配电自动化系统中,主要用于各分散测控点(如 FTU、TTU 与配电子站间)的通信,有时也可以用于主干通道。建设甚高频通信系统之前,必须要得到无线电管理委员会的许可,甚高频信号覆盖面小,且易受多路径效应和障碍物的影响,因此设计时必须小心。

在 VHF 频段,224~228MHz、228~231MHz 已经作为无线负荷控制专用通道,200MHz 的数传电台就是甚高频通信在配电自动化系统中的一个应用,但值得注意的是,目前在大中城市,工作在 200MHz 频段附近的设备太多了,如电视机、寻呼机、对讲机等,因此干扰比较严重。

数传电台通信方式就是以无线电波为载体,以自由空间为传输媒介,利用无线发射和接收电台将信息从一处传输到另一处的通信方式。无线通信设备包括数传电台、天线、连接馈线、电源等。典型数传电台系统组成如图 5-24 所示。

以变电站某条出线为例,在每个馈线开关旁装有 FTU 及电台天线等无线收发射装置,控制主站也同样装有电台天线等无线收发射装置,当在无线通信传输信道中,因摩天大楼或高山等阻挡物影响正常通信时,可以采用增设中继站或利用邻近

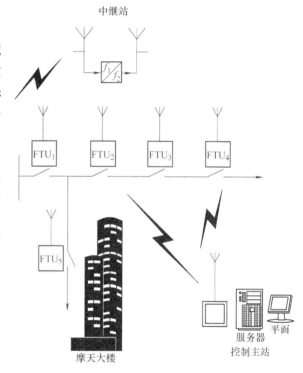

图 5-24 典型数传电台系统组成

未被阻挡电台转发的方式解决。例如,图 5-24 所示的 FTU_5 因高楼阻挡无法与主站通信,这时主站可先将信号发给中继站,再由其转发给 FTU_5;或者也可发给邻近的 FTU_1、FTU_2,由它们转发给 FTU_5。

5.5.11 特高频通信

频率在 300~1000MHz 的无线电波称为特高频(Ultra High Frequency,UHF)。配电自动化目前常用的是 800MHz 的频段,我国无线电管理委员会将 866~870MHz 用于基地台(即中心站)的发射,821~825MHz 用于终端台发射。

UHF 通信可以达到 9600bit/s 的通信速率,而且由于波长较短,UHF 通信的天线尺寸也

比 VHF 通信的小，数传电台体积小重量轻，可直接安于线杆上。由于工作频率高，与较低频率的通信方式相比，UHF 的覆盖范围更小，最大传输距离为 50km（视距）。

VHF 和 UHF 无线通信方式投资省、建设周期短，但传输速率较低、易受城市建筑物和地形阻挡影响、通信保密性差、易受干扰、有些地方资源较为紧张（频点申请困难）。

5.5.12 微波通信

波长在 0.001~1.0m、频率在 300MHz~300GHz 的无线电波称为微波，其中常用的频率范围是 1~40GHz，"微"是用来形容该无线电波的波长相对于周围物体的几何尺寸很短。

同光波一样，微波基本上沿直线传播，而由于地球曲面的影响以及空间传输的损耗，所以每隔 50km 左右，就需要设置中继站，将电波放大转发而延伸。这种通信方式，也称为微波中继通信或称微波接力通信。长距离微波通信干线可以经过几十次中继而传至数千公里仍可保持很高的通信质量。

微波站的设备包括天线、收发信机、调制器、多路复用设备以及电源设备、自动控制设备等。为了把电波聚集起来成为波束，送至远方，一般都采用抛物面天线，其聚焦作用可大大增加传送距离。

微波通信频带宽、容量大，具有良好的抗灾性能，对水灾、风灾以及地震等自然灾害，微波通信一般都不受影响，对信息传输可靠性比较高，跨越山河比较方便。但微波经空中传送，易受干扰，在同一微波电路上不能使用相同频率于同一方向。

微波中继站按其工作方式分为有源站和无源站。无源站又分为天线直接连接的无源方式、反射板无源方式和绕射网无源方式等。根据是否有人值班管理分为有人站和无人站（远动操作、远方监控）。由于路径有时被高山阻隔不能视通，常常采用无源中继方式，在高山处安装反射板加以解决。

典型微波中继系统如图 5-25 所示。

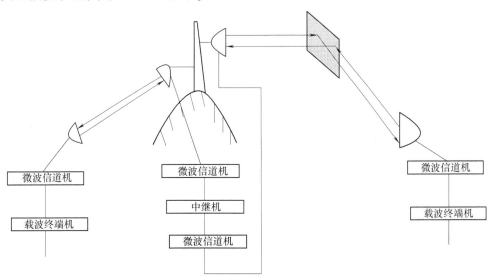

图 5-25 典型微波中继系统

5.5.13 卫星通信

卫星通信是在微波中继通信的基础上发展起来的，它是利用人造地球卫星作为中继站来转发无线电波，从而进行两个或多个地面站之间的通信。卫星通信的另一个用途就是利用 GPS 全球定位系统来统一系统时间，提高 SOE 的站间分辨率。

卫星通信特点如下：

1) 通信距离远，通信成本与距离无关。由于卫星在离地面几百、几千、几万千米的高度，因此在卫星能覆盖到的范围内，通信成本与距离无关。以地球静止卫星来看，卫星离地 36000km，一颗卫星几乎覆盖地球的 1/3，利用它可以实现最大通信距离约为 18000km，地球站的建设成本与距离无关，如果采用地球静止卫星，只要 3 颗就可以基本实现全球的覆盖。所以卫星通信适合于长距离干线和幅员广阔的地区。

2) 以广播方式工作，便于实现多址连接。卫星通信系统类似一个多发射台的广播系统，每个有发射机的地球站都可以发射信号，在卫星覆盖区内可以收到所有广播信号。因此，只要同时具有收发信机，就可以在几个地球站之间建立通信连接，提供了灵活的组网方式。

3) 通信容量大，传送的业务种类多。由于卫星采用的射频频率在微波波段，可供使用的频带宽，加上太阳能技术和卫星转发器功率越来越大，随着新体制、新技术的不断发展，卫星通信容量越来越大，传输的业务类型越来越多。一颗通信卫星总通信容量可以实现上万路双向电话和十几路彩色电视的传输。

卫星通信使用的频率：目前大部分国际通信卫星尤其是商业卫星使用 4/6GHz 频段，上行（地球到卫星）为 5.925~6.425GHz，下行（卫星到地球）为 3.7~4.2GHz。许多国家的政府和军事卫星使用 7/8GHz，上行为 7.9~8.4GHz，下行为 7.25~7.75GHz，这样与民用卫星通信系统在频率上分开，避免相互干扰。

由于 4GHz/6GHz 频段的拥挤，以及与地面微波网的干扰问题，目前已经开发使用 11GHz/14GHz 频段，其中上行采用 14~14.5GHz，下行采用 11.7~12.2GHz、10.95~11.20GHz 或 11.45~11.7GHz，并用于民用卫星和广播卫星业务。20GHz/30GHz 频段也已经开始采用，上行为 27.5~31GHz，下行为 17.7~21.2GHz。

典型卫星通信系统如图 5-26 所示。

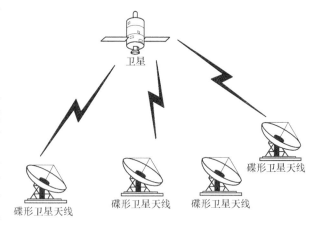

图 5-26 典型卫星通信系统

5.5.14 调幅广播

调幅（AM）广播是对信号进行相位调制后以幅度调制的形式调制到载波上，通过发射系统发送出去，是一种单向的广播方式。用于配电自动化的调幅广播采用不干扰现有无线调幅广播电台的频率范围工作，一般应用于对大量的用户进行负荷控制。与其高频通信相比，调幅广播的波长更长，因而传输的距离较长，且不受视距和障碍物的影响，一般没有多路径效应。调幅广播适用于地形复杂区域的配电自动化系统的需要。

5.5.15 调频辅助通信业务

调频辅助通信业务（FM/SCA）是通过对一个负载波进行频率调制，而将信号在调频波段分开传输的通信方式。只有经过特殊制作的接收机才能检测到并解调出这个信号来，普通的调频收音机则无法接收。FM/SCA 也是一种单向通信方式，常用于配电自动化系统的负荷控制。由于 FM/SCA 工作频率较高，因此容易受到多路径效应和障碍物的影响，并且往往受到视距的限制。

5.6 要点掌握

本章主要介绍配电自动化的通信系统。配电网分布区域广，各种终端与上级站之间的通信必须采用远动技术来实现，即"四遥"功能：遥测、遥信、遥控和遥调。一个典型数据通信系统由数据终端设备 DTE、数据传输设备 DCE 和数据传输信道组成，本章对这各个组成部分所涉及的设备、功能特点做了简单介绍，并就通信中的并行、串行传输问题、数据传输的同步问题、通信工作的 3 种方式以及通信的一些基本概念做了较深入介绍。调制解调部分主要介绍了移频键控、移幅键控、绝对移相键控和相对移相键控几种方式的基本原理。信息在传输过程中可能会出现差错，造成传输差错的主要原因是什么，什么是抗干扰编码本章都给出了答案。对差错控制的几种方式（前向纠错法、反馈纠错法、反馈校验法、混合纠错方式、循环传送检错法）从概念、原理及组成框图、优缺点比较等进行了详尽的分析。对奇偶校验码、行列码、循环码这 3 种常用的抗干扰编码给出概念，并结合例子说明其检纠错能力。特别对配电网自动化系统中广泛采用的循环码从其特点、码多项式、生成多项式、循环码的编码、译码等方面并结合例题做了更为重点的介绍。通信离不开规约，通信规约分循环式通信规约（CDT）和问答式通信规约（Polling）两种，本章从概念、特点、结构及优化几个方面进行了说明。要满足配电自动化对通信系统的可靠性、数据传输速率、通信的实时性等诸多的要求，与之对应配电自动化系统所采样的通信方式也非常之多，有近 20 多种，本章对配电线载波通信、光纤通信、脉动控制、工频控制、电话专线、现场总线、RS485 串行总线、无线扩频、甚高频（VHF）通信（数传电台通信）、特高频（UHF）通信、微波通信、卫星通信、调幅（AM）广播、调频（FM）辅助通信业务（SCA）等通信方式从概念、特点、组成原理、典型系统等多方面进行了介绍。

本章的要点掌握归纳如下：

1）了解。①数据通信系统的组成，DTE、DCE 设备各有哪些；②码元、码制、传信率、传码率、误码率的概念；③差错产生的原因；④循环式通信规约（CDT）；⑤问答式通信规约（Polling）；⑥配电自动化对通信系统的要求。

2）掌握。①"四遥"的概念；②异步通信与同步通信的比较；③并行传输与串行传输的比较；④单工通信、半双工通信和全双工通信 3 种方式的概念；⑤前向纠错法（FEC）、反馈纠错法（ARQ）、反馈校验法（IRQ）、混合纠错方式（HEC）、循环传送检错法的概念、原理及组成框图、优缺点比较；⑥奇偶校验码、行列码、循环码。

3) 重点。配电自动化中常用的通信方式。

思 考 题

1. 远动通信的"四遥"功能是指什么?
2. 比较异步通信与同步通信。
3. 比较并行传输与串行传输。
4. 调制分哪几种?配电网常用的是哪种?
5. 差错控制 5.3.4 节循环码的译码,例题 3 中若收到的 $F(x)$ 为 1011101,试检错纠错。
6. 何谓 CDT 规约?何谓 Polling 规约?两者有何区别?
7. 配电自动化系统对通信的要求有哪些?
8. 配电线载波通信系统由哪几部分组成?各部分的功能是什么?
9. 光纤通信的优点何在?其系统组成如何?
10. 自愈式双环光纤通信中"自愈"的含义是什么?
11. 列举几种配电自动化系统常用的通信方式,简单描述。

第 6 章 馈线自动化

6.1 智能配电网的自愈与馈线自动化

6.1.1 自愈的概念

自愈（Self-healing）是智能配电网的一个重要特征，是智能配电网的免疫系统，自愈电网的概念反映了从传统电网的保护跳闸进化到主动防止断电，减少影响的新理念。

电力系统自愈的概念最早出自美国电科院与美国能源部于 1999 年启动的复杂互动系统联合研究计划。后来美国电科院的智能电网、美国能源试验室的现代电网研究项目就把自愈作为主要研究内容，以及研究保证电网供电质量的核心技术手段。自愈功能也是目前智能电网研究的热点内容之一。

由于世界范围内大停电事故的频繁发生，这些涉及级联事件和人为因素以及自然因素等导致的大事故日益引起人们的重视。在我国，社会公众期待电网具有自愈能力，期待电网能够提升自身的危机处理能力，电网可以自己治愈自己。DL/T 1406—2015《配电自动化技术导则》"扩展功能"中就已经指出配电网自愈控制属于配电自动化的智能化功能之一。

配电网的自愈是指配电网在无需或仅需少量的人为干预的情况下，利用先进的监控手段对电网的运行状态进行连续的在线自我评估，并采取预防性的控制手段，及时发现、快速诊断、快速调整、消除故障隐患；在故障发生时能够快速隔离故障、自我恢复，不影响用户的正常供电或将影响降至最小。就像人体的免疫功能一样，自愈能力使电网能够抵御各种内外部危害（故障），保障电网的安全稳定运行和用户的供电质量。

6.1.2 自愈控制

自愈控制是自愈能力实现的具体技术手段，电网自愈控制以面向过程的预防控制为主要手段，强调工况适应，强调全局与局部的协调。配电网自愈控制以不间断供电为控制原则，配电网的运行状态可分为紧急状态、恢复状态、异常状态、警戒状态和安全状态，对应上述五种状态，配电自愈控制包括以下四种基本控制：

1）配电网预防控制。配电网处于警戒状态时，通过校核检修二次系统、调节无功补偿设备、切换线路等方式，消除配电网的故障隐患，使其转到安全状态。

2）配电网校正控制。配电网处于异常状态时，对其实施控制，排除设备异常运行、消除过负荷与电压越限、避免发生电压失稳，使其转移到警戒状态或者安全状态。

3）配电网恢复控制。配电网处于恢复状态时，选择合理的供电路径，恢复负荷供电，实现孤岛并网运行，使其转到异常状态、警戒状态或安全状态。

4）配电网紧急控制。配电网处于紧急状态时，为了维持稳定运行和持续供电，必须采取如切除故障、切机、切负荷、系统主动解列等措施，以便使系统逐步转为恢复状态、异常状态、警戒状态或安全状态。

从不间断供电角度看，自愈控制有四种结果：①避免故障发生；②故障后不失去负荷；③故障后失去部分负荷；④故障后电网瘫痪。

配电网自愈控制的目标：首先，避免故障的发生；其次，如果故障发生，故障后不失去负荷。以故障后失去部分负荷为基本的控制底线，如果发生了电网瘫痪事故，则意味着电网自愈控制失败。

6.1.3 实现自愈的条件和关键技术

要实现配电网的自愈，对设备、网架结构、通信等多个方面都提出了更高的要求，实现自愈的条件简单列举如下：

1）智能化的设备。一次设备应具有高性能、免检修、少维护的特点，二次保护和控制设备应具有较强的抗干扰能力、能保证恶劣运行环境下工作的准确性。

2）灵活可靠的网架结构。网架结构与分段开关、联络开关的配置是实现配电网自愈功能的基础，网络拓扑结构灵活则抵御风险的能力明显增强，双电源或者多电源的配置能更好地保证供电可靠性。

3）先进的通信网络。通信网络将主站、终端有机的联系起来，形成一个高效、开放、交互能力强的综合系统，实现信息与数据的实时交换。

4）智能决策与先进控制技术。先进的控制技术能使网络迅速及时地进行故障诊断，以最快的速度排除故障。

5）自动化实时软件处理系统。具有更加智能化的数据整合体系和采集体系，更具有决策分析的能力。

目前，与自愈相关的一些关键技术研究点主要集中在以下几个方面：故障定位技术、智能开关控制技术、配电网运行状态评估、智能配变终端的研究、广域测控技术、网络重构技术、配电网的仿真、分布式电源接入及需求侧管理等。

6.1.4 馈线自动化的功能与类型

馈线自动化（Feeder Automation，FA）是配电自动化的重要组成部分，是智能配电网自愈的基础支撑技术，是配电自动化的基础，是实现配电自动化的主要监控系统之一。不管是国内还是国外，在实施配电自动化时，也确实都是从实施馈线自动化开始的。馈线自动化的对象是中低压配电网中的馈电线路。

馈线自动化是提高智能配电网可靠性的关键技术之一。配电网的可靠、经济运行在很大程度上取决于配电网络结构的合理性及其可靠性、灵活性、经济性，这些又与其自动化程度紧密相关。通过实施馈线自动化，使馈线在运行中发生故障时，能自动进行故障定位，实施故障隔离和恢复对健全区域的供电，提高供电可靠性。

馈线自动化的功能包括，馈线运行数据的采集与监控，故障定位、隔离及自动恢复供电，无功补偿调压功能，另外还有报表、对时等功能。其中，故障定位、隔离及自动恢复供电是最重要的一项功能。

1）馈线运行数据的采集与监控，包括所有被监控线路（包括主干线和各支路）的电流、电压、有功、无功、电能量的监视；配电网络运行工况的实时显示，实时监视110/

10kV 变电所的 10kV 出口断路器，线路分段开关，联络开关运行状态；线路分段开关和联络开关的遥控；故障记录和越限报警处理；事件顺序记录；事件顺序记录；扰动后记录；报表生成和打印；必备的计算和图形编辑。

2）故障定位、隔离及自动恢复供电，包括线路故障自动记录和显示；故障定位，隔离及自动恢复供电指线路故障区段（包括小电流接地）的定位隔离及无故障区段供电的自动恢复。

3）无功补偿调压，指线路上无功补偿电容器组的自动投切控制。在馈线自动化的众多功能中，故障处理功能是最重要的功能，是提高供电可靠性改善电能质量的关键。

馈线自动化的实现有两种基本类型，即就地控制和远方控制。

1）就地控制，是利用开关设备相互配合来实现馈线自动化。即采用具有就地控制功能的线路自动重合器和分段器，实现配电线路故障的自动隔离和恢复供电功能、无远方通信通道及数据采集功能。

2）远方控制，是基于 FTU 来实现馈线自动化。即采用远方通信通道，具有数据采集和远方控制功能，该系统除一次设备外，还包括 FTU、通信信道、电压电流传感器、电源设备等，实现配电线路故障的自动隔离和恢复供电的功能。

就地控制的馈线自动化根据检测电气物理量的不同，又可分为电流型方案和电压型方案。电流型方案是采用重合器、过流脉冲计数型分段器、熔断器相配合，以检测馈线电流为依据来进行控制和保护的；电压型方案则是采用重合器和时间—电压型分段器相配合，以检测馈线电压为依据进行控制和保护的。

6.2 馈线自动化的发展历程

馈线自动化的发展经历了下述 3 个阶段。

6.2.1 第一阶段——不分段、不拉手（传统模式）阶段

关于图形符号的简单说明：

（大楼）表示配电自动化主控中心；

 表示建筑处于停电状态； 表示建筑处于有电状态；

 表示断路器处于断开状态； 表示断路器处于闭合状态；

━━━ 表示馈线处于停电状态； ▭▭▭ 表示馈线处于有电状态。

首先来介绍一下配网结构，如图 6-1 所示，最左边的大楼表示配电自动化主控中心，两变电站出口断路器分别为断路器 1 和断路器 2，经断路器 1 的馈线上带有负荷建筑 1、建筑 2、建筑 3、建筑 4，但此时馈线并没有分段，即馈线上没有装设分段开关，经断路器 2 的馈

线上带有负荷建筑 5、建筑 6、建筑 7、建筑 8，同样馈线也没有分段。建筑 4 和建筑 8 之间的馈线没有经过开关连接，也即该配网"不拉手"。

图 6-1 中，当 L3 区段即建筑 3 和建筑 4 之间发生故障，断路器 1 自动断开，因为馈线没有分段，所以导致整条馈线 L0~L4 都处于停电状态，从图 6-1 中馈线和建筑物的表示显见，这时值班人员通过电话或其他方式告知配电自动化主控中心，图 6-1 所示即是故障上报阶段。

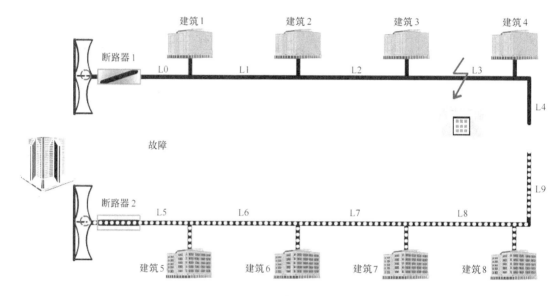

图 6-1 故障上报阶段

配电自动化主控中心得知馈线故障后，即派出维修人员沿线巡检，从断路器 1 开始，沿建筑 1、建筑 2、…，约经过 2h 后检查到故障区段，接着经过约 4~5h 将故障维修完毕。图 6-2 也给出了沿线巡检的汽车和一个人拿工具维修的示意。

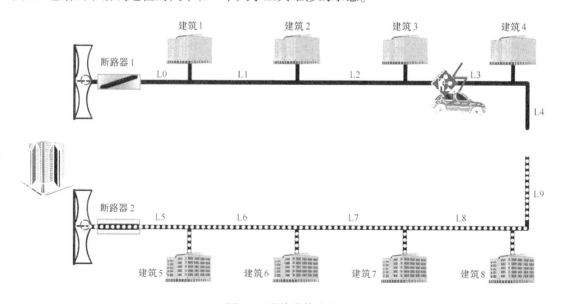

图 6-2 巡检维修阶段

维修完毕后,再由维修人员将断路器手动合闸,于是 L0~L4 恢复供电,整个过程约需 6~7h,如图 6-3 所示。

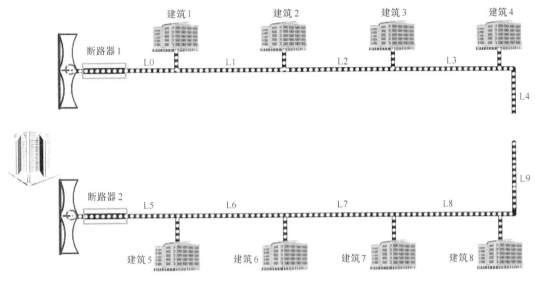

图 6-3 供电恢复

结论:由于馈线没有分段,所以只要断路器 1 出线的任何一处故障,都会导致全线停电。尽管故障出现在建筑 3 和建筑 4 之间,但建筑 1 和建筑 2 也会停电,建筑 1、2、3、4 均要在故障修复后才能恢复供电,该模式在故障发生后,造成停电面积大。另外,由于"不拉手",建筑 3 和建筑 4 之间的故障只能等待断路器 1 的合闸,没有其他途径,因此造成停电时间很长。

6.2.2 第二阶段——馈线分段、拉手、无自动化阶段

关于图形符号的简单说明:

表示开关处于闭合状态; 表示开关处于打开状态。

其他图形符号同 6.2.1 节的说明。

同样先来介绍一下配网结构,如图 6-4 所示,与 6.2.1 节不同的是,此时馈线分段了,在断路器 1 出来的馈线上现在装有了负荷开关 A、负荷开关 B、负荷开关 C,对应的也就将馈线分成了 L0、L1、L2、L3 4 段;另外,此时的配网形成了环网"手拉手"的结构,在区段 L3 与 L8 之间多了一个联络开关 D,正常运行时,此联络开关打开。

若负荷开关 B、负荷开关 C 之间的区段 L2 发生故障,断路器 1 自动断开,L0~L3 区段均处于停电状态,值班人员通过电话或其他方式将故障告知配电自动化主控中心,图 6-4 所示即是故障上报阶段。

配电自动化主控中心派出检修员沿线巡检,约经过 2h 查到故障后,于是将负荷开关 B 和 C 手动断开,将断路器 1 手动合闸,并将联络开关 D 手动合上,由另一侧给建筑 4 供电,这样建筑 1、2、4 所在非故障区域恢复供电,将故障区段隔离开进行修复,如图 6-5 所示。

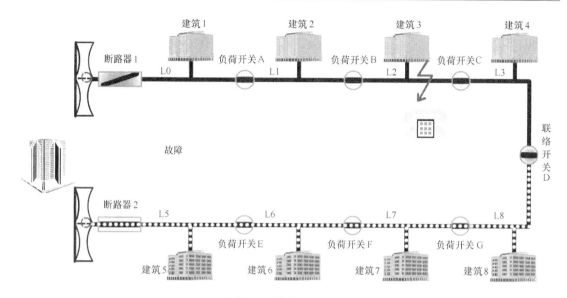

图 6-4 故障上报阶段

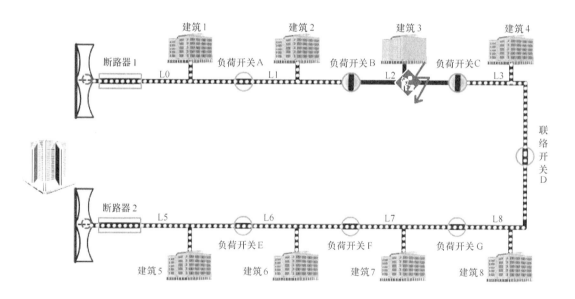

图 6-5 巡检维修阶段

约经过 4~5h 后故障修复完毕,再将负荷开关 B 和 C 合上,将联络开关断开,恢复原来状态,恢复整个区域的供电,如图 6-6 所示。

结论:由于装有负荷开关,对馈线进行了分段,与 6.2.1 节不同的是,建筑 1、建筑 2 不再需要等到故障完全修复完毕才能恢复供电,一旦检查到故障后,就可以隔离故障,从而缩小了故障停电影响范围,但仍需要进行巡检来确定故障的位置,隔离故障后,建筑 1、2、4 恢复供电时间仍需要约 2h,主要为巡检时间。

由于配网结构较 6.2.1 节也有所改进,为"手拉手"结构,所以一旦隔离故障后,可以通过合联络开关恢复建筑 4 的供电,也缩短了停电时间。

而对于发生故障的区段,建筑 3 只有在故障修复完毕后才能恢复供电,共需约 6h。

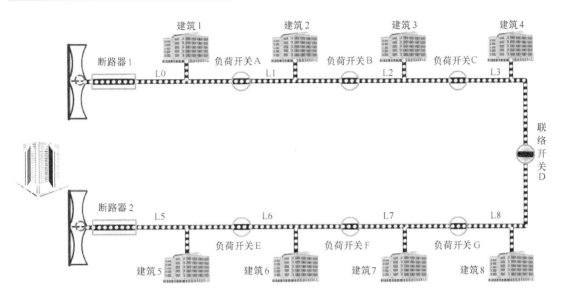

图 6-6 供电恢复

6.2.3 第三阶段——自动分段、馈线自动化阶段

关于图形符号的简单说明：

------------ 表示通信信道； ●------ 表示通信信道上传送的信息。

其他图形符号与 6.2.1 节相同。

如图 6-7 所示，该配网结构与 6.2.2 节有相同之处，即也为馈线分段、"手拉手"环网，所不同的是，该环网还具有馈线自动化功能，即在分段开关、联络开关处均装有监控终端，并且监控终端与配电自动化主控中心之间有通信信道，可以进行通信。

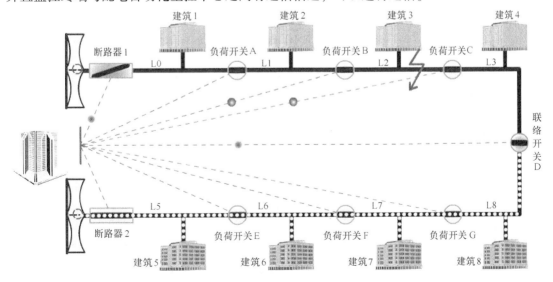

图 6-7 主控中心收到故障上报后下发命令

若负荷开关 B、负荷开关 C 之间的 L2 区段发生故障,断路器 1 跳闸,整条馈线所带负荷全部停电,这时监控终端即会通过通信信道及时将故障信息传与配电自动化主控中心,配电自动化主控中心收到信息后即可确切地知道故障位置,下发命令去控制开关的分合操作,图 6-7 所示即为主控中心收到故障上报后下发命令的示意。

主控中心下发的命令经通信信道到各开关的监控终端处,于是自动控制负荷开关 B 断开、负荷开关 C 断开,联络开关 D 闭合,约需 2s 即恢复非故障区域 L0、L1、L3 的供电,同时隔离故障区段 L2,并进行维修,如图 6-8 所示。

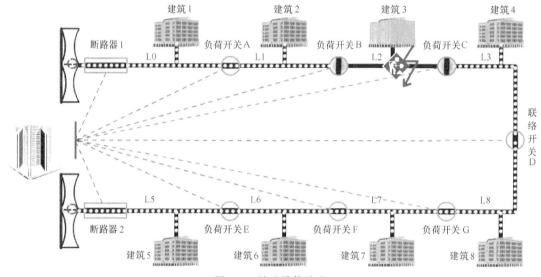

图 6-8 故障维修阶段

待故障区域修复完毕后,再由主控中心下发命令将负荷开关 B、负荷开关 C 合上,将联络开关 D 断开,恢复为原来状态,所有开关全部为自动化设备,主控中心可以控制其自动合闸或分闸,如图 6-9 所示。建筑 1、2、4 恢复供电时间约为 2s,建筑 3 恢复供电时间与修复时间一致,约 3~4h。

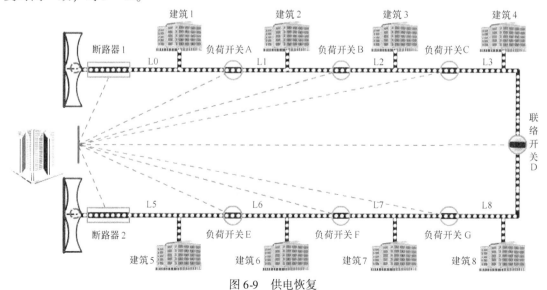

图 6-9 供电恢复

结论：该环形网为自动分段，而且有馈线自动化，当发生故障后，信息经过通信信道上传到配电主控中心，由配电主控中心控制开关的分合，并根据信息可确定故障的位置，省去了巡检的时间，并可在极短的时间内隔离故障并恢复非故障区域的供电，大大减少了停电面积和停电时间。

6.3 重合器

6.3.1 重合器的概念

重合器（Recloser）是用于配电网自动化的一种智能化开关设备，它能够检测故障电流、在给定时间内断开故障电流并能进行给定次数重合的一种有"自具"能力的控制开关。所谓"自具"是指重合器本身具有故障电流检测和操作顺序控制与执行的能力，无需附加继电保护装置和另外的操作电源，也不需要与外界通信。

当线路发生短路故障时，它按顺序及时间间隔进行开断及重合的操作。当遇到永久性的故障，在完成预定的操作顺序后，若重合失败，则闭锁在分闸状态，把事故区段隔开；当故障排除后，需手动复位才能解除闭锁。如果是瞬时性故障，则在循环分、合闸的操作中，无论哪次重合成功，则终止后续的分、合闸动作，并经一定延时后恢复初始的整定状态，为下次故障的来临做好准备。重合器可按预先整定的动作顺序进行多次分、合的循环操作。

6.3.2 重合器的分类

按照不同的分类标准，重合器有如下一些种类。

（1）按相分类——单相和三相

两者动作原理相似，使用时根据配电网结构不同而进行选择，对于三相中性点不接地系统，一般不宜采用单相重合器，否则造成非三相运行；单相重合器主要用于中性点直接接地系统，允许电气设备作为单相运行。

（2）按结构分类——整体式和分布式

所谓整体式是指重合器中的断路器本体与其控制部分是密不可分的。整体式重合器采用高压（10kV）操动机构，可用于户外10kV电杆上，无需另外的操作电源，直接由所控制的10kV线路供给；但因为采用高压合闸线圈，对绝缘水平要求高，有时会因绝缘水平难以保证导致线圈发热，匝间绝缘损坏，造成重合器爆炸的事故。

所谓分布式是指重合器采用积木式结构，例如本体、操动机构、控制电路是分开的3个部分。分布式重合器采用低电压（220V）操作机构，这样避免了高压电源进行调试的复杂性和危险性，安装、检修都较为方便。

（3）按灭弧介质分类——油、真空、SF_6

油重合器出现最早，运行历史最长，一般采用液压控制。油重合器有两个固有缺点：因油属非自恢复绝缘介质，故其维护较频繁，至少3年需换油、检修一次；有火灾危险。现在来看其技术相对落后，国内已基本淘汰。

真空灭弧室于20世纪60年代用于重合器设计。真空灭弧室的优点是开断寿命长，无需检修，无火灾危险。到了90年代后期，随着真空泡制造技术的飞速发展，真空重合器已逐步成为国内外重合器市场上的主流产品。

SF₆ 重合器是将干燥的 SF₆ 气体充入密闭的开关本体中，作为开关设备的绝缘和灭弧介质。SF₆ 气体具有极好的绝缘和灭弧性能，但其分解物具有一定的毒性，其本身也是温室效应的主要因素之一，如果泄漏将会对人和环境造成一定的损害，因此应做好开关箱体的密封和 SF₆ 气体的回收、处理工作。

（4）按控制方式分类——液压控制、电子控制

液压控制有单液压系统和双液压系统两种。液压控制的主要优点是简单、可靠、经济、耐用，不受电磁的干扰，这些优点对于农村电网和距离配电站较远的设备很有用。液压控制的缺点，是保护特性无法做到足够稳定、精确和快速，选择范围窄，受温度影响较大，特性调整不方便等。

电子控制有分立元件电路和集成电路两种。分立式电子电路与集成电路相比，其优点是价格便宜，元器件耐用，维修简单；其缺点是体积大，功能少，插件多，选择范围窄，调整不便，可靠性较差。以集成电路为基础的微机控制于 20 世纪 80 年代初应用于重合器，其典型产品为英国的 ESR 型和 PMR 型重合器。重合器控制所用微机为单片机，其主要优点是体积小，功能强，重合器的分闸电流、重合次数、操作顺序、分闸时延、重合间隔、复位时间等特性的整定，都可以简单地在控制箱上通过控制面板整定，使用极为方便，这对改善保护配合，提高供电可靠性，提高运行自动化程度意义很大。

（5）按重合器的控制器安装方式分类

1）室外就地安装：安装在断路器下面的水泥杆上。

2）集控台式安装：室内集中控制，安装在集控台内。

3）集控屏式安装：安装在集控屏内。

4）10kV 配电线路：安装在电杆上，并配有专用电源给重合器供交流 220V 电源。

6.3.3　重合器与普通断路器的比较

重合器在开断性能上与普通断路器相似，但从性能、结构、控制方式，及使用场合方面都与断路器有很大的不同，重合器可以认为是一种智能化的断路器，能自身完成故障检测，执行重合功能，并能记忆动作次数、完成合闸闭锁等。

（1）作用不同

重合器的作用是与其他高压电器配合，通过其对电路的开断，重合操作顺序，复位和闭锁，识别故障所在地，使停电区域限制最小，而断路器只是用来开断短路故障，线路停电区域大。

（2）结构不同

重合器的结构由灭弧室、操动机构、控制系统和高压合闸线圈组成，断路器通常仅由灭弧室和操动机构组成。国内先进的重合器的操动机构为永磁机构，断路器的操动机构一般为弹簧机构。永磁机构与弹簧机构相比，零部件的数量要少很多，免维护、可靠性高。

（3）控制方式不同

重合器为"自具"控制设备，检测、控制、操动自成体系，自身具有检测故障电流功能，自动分闸，再次重合，无需通信信道和接受遥控指令。而断路器与其控制系统在设计上是分别考虑的，只能接受继电保护信号动作分闸和控制室遥控命令分合闸。

(4) 开断特性不同

重合器的开断具有反时限特性和双时性。而断路器常用的速断和过电流保护。

(5) 安装地点不同

重合器可以安装于变电站内或架空线路上；而断路器一般安装于变电站内。

(6) 操作顺序不同

重合器操作次数"四分三合"，按使用地点及前后配合开关设备的不同有"二快二慢"、"一快三慢"等，额定操作顺序为分$\xrightarrow{0.1s}$合分$\xrightarrow{1s}$合分$\xrightarrow{1s}$合分，特性调整方便；断路器的操作顺序由标准统一规定为分$\xrightarrow{0.3s}$合分$\xrightarrow{180s}$合分，操作顺序不可调，与前后开关设备没法配合。

6.3.4 重合器的应用场合

重合器因其操作简便、安装灵活、可靠性高而在配电网络中有着广泛的应用。

(1) 用于35kV变电所

用于35kV变电所的10kV出线处，作为10kV馈线分、合负荷电流、过载电流及短路电流之用，取代10kV高压断路器，但无需附加继电保护屏、控制屏和直流屏，减少综合投资，提高自动化程度，可实现无人值班，是35kV重合器模式变电所的理想设备。也可用于110kV变电所的10kV出线处。

(2) 用于城网、农网10kV线路

用于10kV配电系统干线、分支线及环网线路上，取代一般断路器，集开关、保护、控制为一体，高度智能化，提高自动化程度，也可实现双回路及多回路自动重合器环网供电，对于长线路可实现分段延时供电。重合器装有四遥接口，便于实现城网自动化；也可实现近距离现场遥控，方便操作，减轻维修、操作人员的工作量。

6.3.5 重合器实例

下面为读者介绍中国电科院研制生产的ZCW-12系列户外交流分布式真空自动重合器，它是10kV电压等级的户外设备，适合于35kA变电所的10kV出线开关，也可以装设在10kV配电线路上，与负荷开关和分段器配合使用，实现配网保护和监控自动化。图6-10所示为其安装于电杆上的实景。

真空自动重合器由真空断路器和自动控制装置组成，如图6-11所示。ZCW-12系列户外交流分布式真空自动重合器的显著特点是：将中压合闸电源改为交流220V分合闸电源，采用分布式单元布置，自动控制部分可装在户外，也可装在户内。

图6-10 ZCW-12户外真空自动重合器安装于电杆上

图 6-11　ZCW-12 户外真空自动重合器的组成

自动控制装置具有相间故障电流整定、接地故障电流整地功能、重合闸时间间隔整定、接地故障动作延时整定、复位时间整定、动作顺序及次数整定、外部功能设定,还可通过 RTU 实现重合闸首次关合故障自动闭锁远方控制。图 6-12 所示为 ZCW-12 系列户外交流分布式真空自动重合器自动控制装置内部参数设置。

图 6-12　ZCW-12 户外真空自动重合器参数设置

ZCW-12 系列户外交流分布式真空自动重合器的主要技术参数有:额定电压为 12kV,额定电流为 1250A,额定短路开断电流为 20kA,动稳定电流峰值为 50kA,4s 热稳定电流为 20kA,额定短路开断电流的开断次数为 30 次,机械寿命为 10000 次,重合闸时间间隔为 1~60s,动作闭锁次数为 1~4 次。

6.4 分段器

6.4.1 概念

分段器是 10kV 配电网自动化系统中又一智能化开关设备,通常与重合器或断路器配合使用。分段器一般只在线路出现异常电流后动作,用以隔离故障线路区段,可以开断负荷、关合短路,不能开断短路电流。分段器从 20 世纪 50 年代在英美诞生以来,与重合器基本上是同步发展的。

分段器必须与电源侧前级主保护开关配合,不能单独作为主保护开关使用。当线路出现永久性故障电流时,首先由位于出线的重合器或断路器切除故障,分段器将完成一次故障的计数。根据分段器所处的线路位置预先设定有一定的计数次数,当分段器动作达到了规定的计数次数后,在无电流下自动分断,将故障区段隔离出来,非故障区段的供电由重合器或断路器恢复送电。当线路出现瞬时性故障电流时,分段器计数器的计数次数可以在一定时间后自动复位,将计数清除复位。

分段器准确地讲是一种带智能装置的负荷开关,具有负荷开关的开断、关合等性能,可以分手动操作和自动操作两种,按灭弧介质来分有真空分段器、SF_6 分段器、空气分段器、油分段器等,按控制功能分有电子控制和液压控制等,按相数分有单相、三相。

6.4.2 电压—时间型分段器原理接线

电压—时间型分段器又称自动配电开关,是凭借加电压、失电压的时间长短来控制其动作的,失电压分闸,加电压合闸或闭锁。

配电网络中电压—时间型分段器的接线形式如图 6-13 所示。

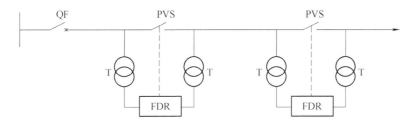

图 6-13 配电网络中电压—时间型分段器的接线形式

其中 PVS 为真空开关,也即是电压—时间型分段器的开关本体。T 为电源变压器,是开关的动力电源。FDR 是故障检测器,用来检测开关两端的电压,当检测到馈线有电压时,真空开关就闭合。

电压—时间型分段器内部原理接线如图 6-14 所示。

电压—时间型分段器由开关本体 PVS、开关电源变压器 T、整流回路、故障检测回路 FDR 组成。开关接入配电网时,根据实际的馈电情况,接入 T_1 或者 T_2 供电。若电源侧在图 6-14 所示左侧,则接入 T_1,开关电源变压器 T_1 接受馈线电压,供给两个并联工作的桥式整流器。桥式整流器的直流输出回路是:直流电源 + →手动常闭触点 S_1→FDR 继电器线圈

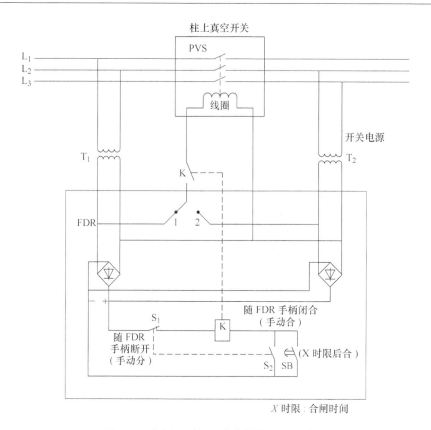

图 6-14 电压—时间型分段器内部原理接线

K 手动常开触点 S_2 和触点 SB 直流电源—。若直流电源有电，S_2 或 SB 触点闭合，线圈 K 有电，触点 K 闭合，PVS 的励磁线圈有电，PVS 将关合。如果励磁线圈的电压失去，PVS 自动分断。K 触点闭合的条件：FDR 的手柄处于手动关合位置；或者分段器一侧得到电压的时间超过 X 时限后 SB 触点闭合。当分段器失电压或者将 FDR 的手柄置于手动开断的位置，触点 S_1 分断，触点 K 断开，PVS 的励磁线圈失去电压，PVS 开断。

电压—时间型分段器有两套功能：一是正常运行时闭合，作为分段开关来用；二是正常运行时断开，作为联络开关来用。这两种功能的切换可以利用故障检测器 FDR 底部的操作手柄来切换。

6.4.3 电压—时间型分段器的参数

电压—时间型分段器有两个重要参数需要整定，一个是时限 X，称为合闸时间，是指从分段器电源侧加电压开始，到该分段器合闸的时间。另一个是时限 Y，称为故障检测时间，其含义是当分段器关合后，如果在 Y 时间内一直可检测到电压，则 Y 时间后发生失电压分闸，分段器不闭锁，当重新来电时，经 X 时限，还会合闸；如果在 Y 时间内检测不到电压，即在分段器合闸后在没有超过 Y 时限的时间内又失电压，则分段器将发生分闸，并闭锁在分闸状态，即断开后再来电也不再闭合。开关的工作与这两个时间有着密切的关系，下面举例说明，图 6-15 所示为分段器 B 后馈线发生瞬时性故障时各开关动作时序。

图 6-16 所示为分段器 B 后馈线发生永久性故障时各开关动作时序。

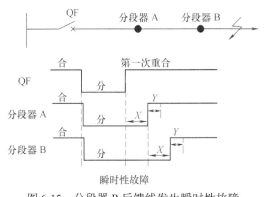
图 6-15 分段器 B 后馈线发生瞬时性故障时各开关动作时序

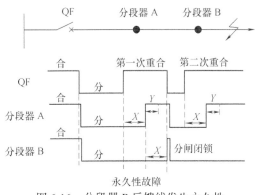
图 6-16 分段器 B 后馈线发生永久性故障时各开关动作时序

6.4.4 电流—时间型分段器

电流—时间型分段器又称为过电流脉冲计数型分段器，是以检测线路电流来进行控制的。电流—时间型分段器通常与前级开关设备（重合器或断路器）配合使用，它不能开断短路电流，但具有"记忆"前级开关设备开断故障电流动作的次数，也即流过自身过电流脉冲次数的能力。当线路发生永久性故障时，重合器分闸，在失电期间，分段器分闸，并开始进行计数，当分闸次数达到整定次数时，即自动永久分闸，而重合器（或断路器）重合闸后，就可隔离该故障段。一般分段器整定的次数应比重合器或断路器的操作次数少一次。当发生瞬时性故障时，分段器的分闸次数还未达到预定的次数，因瞬时性故障已消除，线路就可恢复正常供电。分段器的累计计数器经过一段时间后自动复零，为下一次故障做好准备。

过电流脉冲计数值可以整定在记忆 1 次、2 次和 3 次。这种分段器可以装设在重合器之后，或者装设在重合器和熔断器之间。由于它只检测超过指定电平的电流，且无任何时延，所以它的电流配合范围很广，即从最小的激励值起，到所允许的最大瞬时值止。过电流脉冲计数型分段器所累计记忆的计数值，经一段时间（可整定）后会自动清除，为下次动作做好准备。

过电流脉冲计数型分段器按相分可分为单相和三相的，按控制方法分可分为液压和电子的。

6.5 重合器与电压—时间型分段器配合

英美国家由于地域广阔，配电线路以辐射形为主，早在半个多世纪以前就采用了重合器分段器的保护方式来提高供电可靠性。我国农网 1987 年引进了上述重合器、分段器方式的配网自动化运行方案。

6.5.1 辐射状网的故障处理

1. 工作原理

图 6-17 所示为一个典型辐射状网。

在采用重合器与电压—时间型分段器配合时，隔离故障、恢复供电的配电网络工作状态如图 6-18 所示。图形符号的说明如下：

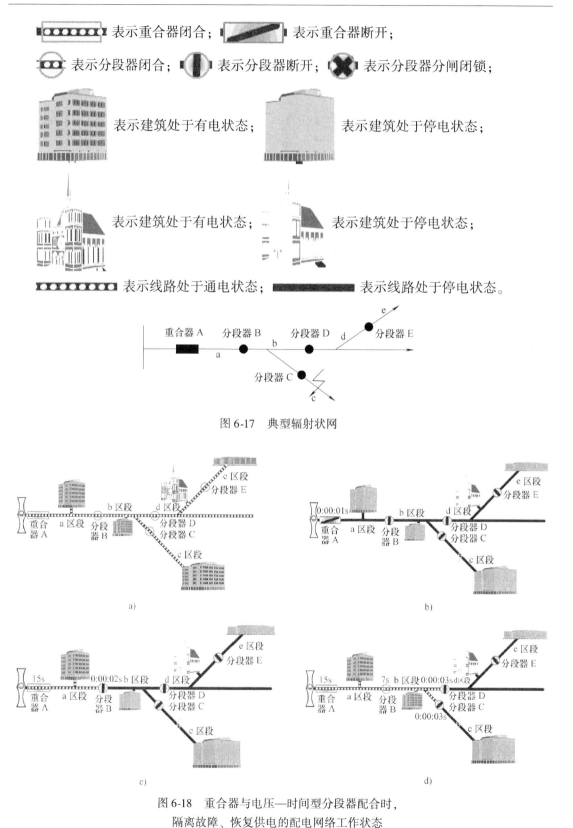

图 6-17 典型辐射状网

图 6-18 重合器与电压—时间型分段器配合时,
隔离故障、恢复供电的配电网络工作状态

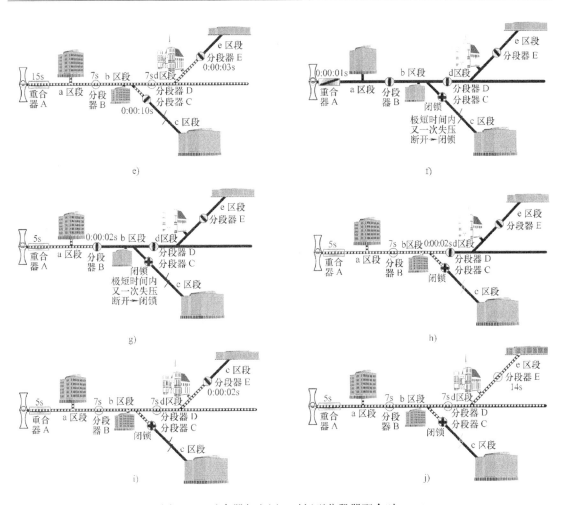

图 6-18　重合器与电压—时间型分段器配合时，
隔离故障、恢复供电的配电网络工作状态（续）

各开关动作时序如图 6-19 所示。

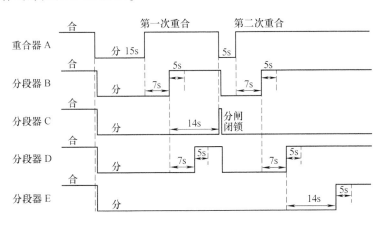

图 6-19　与图 6-18 对应的各开关动作时序

变电站出口采用重合器 A，整定为一慢一快，即第一次重合时间为 15s，第二次重合时间为 5s。B、C、D、E 均为电压—时间型分段器，其时限整定如下：

1) 分段器 B、分段器 D：$X=7s$，$Y=5s$。
2) 分段器 C、分段器 E：$X=14s$，$Y=5s$。

时限为什么要如此整定，稍后述。

由于分段器 B、C、D、E 现在是用于辐射状配网，所以其功能均设置在第一套功能，即为常闭开关。配网正常运行时，所有开关闭合，建筑均有电，如图 6-18a 所示，对应图 6-19 中均用合来表示。

现若 c 区段发生故障，则主保护开关重合器 A 跳闸，从而线路失电压，于是分段器 B、C、D、E 均开闸，处于断开状态，各区段无电流流过，所有建筑均处于停电状态，如图 6-18b 所示。对应图 6-19 中，所有开关均用分来表示，注意由于分段器不能作为主保护开关用，不具备切断短路电流的能力，所以分段器 B、C、D、E 的分开稍滞后于重合器 A，如图 6-19 从合到分的虚线所示。

重合器设为一慢一快，首先按其事先整定的第一次重合时间经过 15s 后重合器自动重合，a 区段来电，如图 6-18c 所示，a 区段建筑来电。此时电供至了分段器 B 处，根据 X 时限的定义，从分段器电源侧加电压开始，到该分段器合闸的时间，所以分段器 B 经过 $X=7s$ 后自动重合，如图 6-19 所示，对应 b 区段来电，如图 6-18d 所示，b 区段建筑来电。

分段器 B 重合后，电供至分段器 C 和 D，依 X 时限的整定，分段器 D 经过 $X=7s$ 后自动重合，电供至 d 区段，如图 6-18e 所示，d 区段建筑来电。

分段器 C 从分段器 B 重合开始定时，经过 $X=14s$ 后自动重合，预将电供至 c 区段，可由于 C 一合上就又一次供故障区域，从而主保护开关重合器 A 断开，又一次导致全线停电，稍后分段器 B、D、E 也均分闸，如图 6-18f 所示。由于分段器 C 重合后没有达到其 Y 时限 5s 又一次失电压，所以分段器 C 进入到闭锁状态，下次来电将不再重合。

分段器 C 处于闭锁状态后，由于重合器 A 为一慢一快，第二次经过 5s 后就再一次重合，将电供至 a 区段，如图 6-18g 所示，a 区段建筑来电。

分段器 B 从 A 合闸开始定时，经 $X=7s$ 后合闸，将电送至 b 区段，如图 6-18h 所示，b 区段建筑来电。

分段器 D 从 B 合闸开始定时，经 $X=7s$ 后合闸，将电送至 d 区段，如图 6-18i 所示，d 区段建筑来电。

分段器 C 闭锁，不再重合，从而将故障区段 c 隔离不供电。分段器 E 从分段器 D 合闸开始定时，经 $X=14s$ 后合闸，将电送至 e 区段，如图 6-18j 所示，e 区段建筑来电。

上述过程对应的开关动作时序如图 6-19 所示。

2. 电压—时间型分段器 X、Y 时限的整定原则

电压—时间型分段器 X、Y 时限的整定应该满足下式要求：$X>Y>t$，t 为分段器源端重合器检测到故障并跳闸的时间。

首先来看 X 为什么要大于 Y 呢？仍以上述辐射状网图 6-17 为例，如对于分段器 C，若 X 由原来整定的 14s 改成 $X=3s$，即 $X<Y$（$X=3s$，$Y=5s$）。如图 6-20 所示，重合器经过 15s 第一次重合后，再经过 7s 分段器 B 重合，再经过 3s 分段器 C 重合，合至故障点，重合器 A 跳闸，分段器 C 分闸闭锁，这时，分段器 B 由于在其 $Y=5s$ 时限内就又再次失电压，所以

也会分闸闭锁,这样当再经过 5s 重合器 A 第二次重合时,由于 B、C 均闭锁,显然,这与图 6-18 相比,会导致停电范围扩大,仅仅 a 区段会来电,由于时限整定不正确,会使得非故障区段 b、d、e 也会停电。

再来看为什么 Y 要大于 t 呢?假设 $t = 1s$,$Y = 0.5s$,若分段器合到故障点,经过 $t = 1s$ 后重合器跳闸,也就是说经过 1s 后线路失电压,换句话说,也就是在 $Y = 0.5s$ 的时间分段器是一直可以检测到电压的,这样分段器不会闭锁,重合器再次重合时,该分段器还会合闸,又会合到故障点,重合器跳闸,分段器仍没有闭锁,周而复始,形成恶性循环,始终无法隔离故障,当然也就不能恢复健全区域的供电。

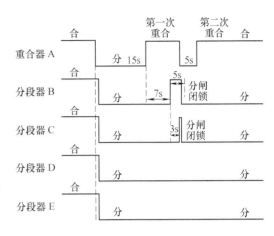

图 6-20 $X < Y$ 开关动作时序

6.5.2 环状网的故障处理

图 6-21 所示为一个典型环状网。

在采用重合器与电压—时间型分段器配合时,隔离故障、恢复供电的配电网络工作状态如图 6-22 所示。图形符号的说明与 6.5.1 节相同。

变电站出口采用重合器 A、B,整定为一慢一快,即第一次重合时间为 15s,第二次重合时间为 5s。B、C、D、E、F、G 均为电压—时间型分段器,其时限整定为,分段器 B、C、D、E、F、G 的 $X = 7s$,$Y = 5s$。联络开关 W:$X = 45s$;分段器 B、C、D、E、F、G 的功能均设置在第一套功能,即

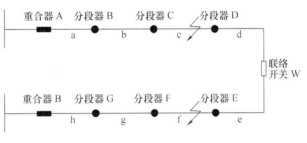

图 6-21 典型环状网

为常闭开关,联络开关 W 的功能设置在第二套功能,即为常开开关。

配网正常运行时,各建筑负荷均有电,联络开关处于打开状态,即系统开环运行,如图 6-22a 所示。

若 c 区段发生永久性故障,重合器 A 断开,线路失压,分段器 B、C、D 均分闸,处于断开状态,a、b、c、d 区段处于停电状态,如图 6-22b 所示。同时联络开关开启定时器,45s 后自动重合。重合器 A 断开后,经过 15s 自动重合。

重合器 A 重合后,将电供至 a 区段,a 区段建筑来电,如图 6-22c 所示。

分段器 B 经过 7s 自动重合,将电供至 b 区段,b 区段建筑来电,如图 6-22d 所示。

分段器 C 经过 7s 自动重合,将电供至 c 区段,由于 c 区段存在永久故障,主保护开关重合器 A 跳闸,分段器 C 再次失电压,重新断开,由于接通时间小于分段器 C 的 Y 时限就又断开,所以分段器 C 闭锁,不再重合。线路失电压,分段器 B 也断开,但不闭锁,如图 6-22e 所示。

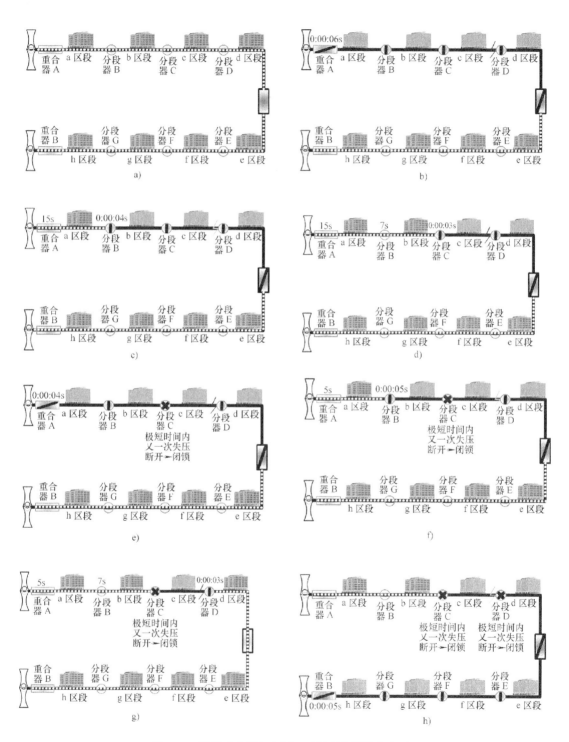

图 6-22 采用重合器与电压—时间型分段器配合时，隔离故障、恢复供电的配电网络工作状态

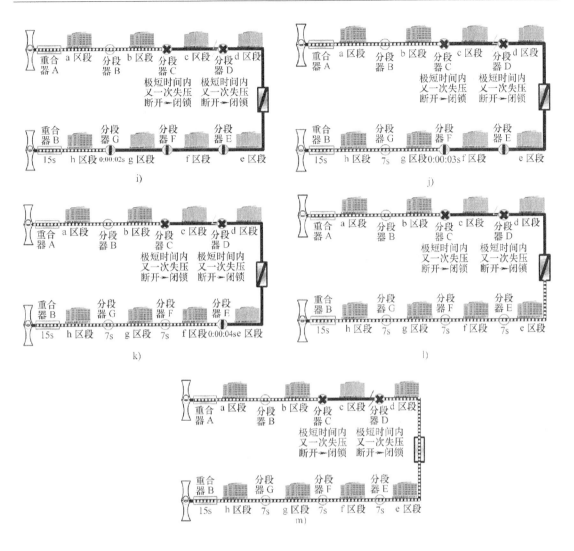

图 6-22 采用重合器与电压—时间型分段器配合时，
隔离故障、恢复供电的配电网络工作状态（续）

重合器 A 为一慢一快形式，第二次经过 5s 又一次重合，将电供至 a 区段，如图 6-22f 所示。

重合器 A 重合后，分段器 B 经过 7s 自动重合，将电供至 b 区段。分段器 C 处于闭锁状态，不再重合，ab 区段恢复供电，c 区段处于停电隔离状态。此时联络开关的定时器达到 45s，开始重合，将电供至 d 区段，如图 6-22g 所示。

分段器 D 经过 7s 后自动重合，由于合至永久故障区段，主保护开关重合器 B 跳闸，线路失电压，分段器 D 重新断开，由于接通时间小于分段器 D 的 Y 时限就又断开，所以分段器 D 闭锁，下次来电不再重合。线路失电压，分段器 G、F、E 均分闸，但不闭锁。如图 6-22h 所示。

重合器 B 断开后，经过 15s 自动重合，将电供至 h 区段，如图 6-22i 所示。

分段器 G 经过 7s 后自动重合，将电供至 g 区段，如图 6-22j 所示。

分段器 F 经过 7s 自动重合，将电供至 f 区段，如图 6-22k 所示。

分段器 E 经过 7s 后自动重合，将电供至 e 区段，如图 6-22l 所示。

联络开关再经过 45s 重合，将电供至 d 区段，分段器 D 闭锁，不再重合，恢复配网下半部分供电，这样将故障区段隔离，恢复了其他健全区段的供电。

各开关动作时序可以仿照图 6-19 所示的辐射状网绘制，请读者自己思考。

可见，当隔离开环运行的环状网的故障区段时，要使联络开关另一侧的健全区域所有开关都分一次闸，造成供电短时中断，这是很不理想的。制造公司就这个问题作出了改进，提出了分段器的低残压闭锁功能，即当分段器一侧加电压后，若立即检测到其任何一侧出现高于额定电压 30% 的异常低电压的时间超过 150ms 时，该重合器将闭锁。图 6-22e 中，开关 D 就会被闭锁，从而在图 6-22g 中，只要合上联络开关 W 就可完成故障隔离，而不会发生联络开关下面所有开关跳闸再顺序重合的过程。

6.5.3 分段开关和联络开关的时限整定

1. 分段开关的时限整定

重合器与电压—时间型分段器配合分段开关的整定方法按照如下步骤进行：

1）确定分段开关合闸时间间隔，并从联络开关处将配电网分割成若干以电源开关为根的树状配电子网络。

2）定义沿着潮流的方向，从某个开关节点到电源节点所途径的开关数目加 1 为该开关节点的层数，依此原则对各个配电子网分层。

3）对各个配电子网从第一层依次向外将各台开关排好顺序。

4）确定每台分段开关的绝对合闸延时时间。计算方法是，各台开关按照所排的顺序，以确定的分段开关合闸时间间隔依次递增。

5）某台开关的 X 时限等于该开关的绝对合闸延时时间减去其同一条馈线上的上一层分段开关的绝对合闸延时时间（电源点的绝对合闸延时时间认为是 0）。

关于 X 时限的整定主要是保证各开关时限的配合，以保证任一时刻没有超过一个的开关同时合闸，从而导致无法判断故障。关于 Y 时限是在 X 时限的基础上整定的。

下面通过例题来说明上述步骤的具体应用。

【**例题 1**】 图 6-23 所示为某一复杂配电网络的一部分，"▬"表示重合器，"●"表示常闭分段开关，"○"表示常开联络开关，试对图中各分段开关进行定值整定。

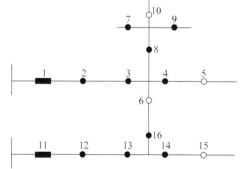

图 6-23 某配电网络（部分）

【**解答**】

1）分子网。子网 A 包括的开关有 1、2、3、4、7、8、9；子网 B 包括的开关有 11、12、13、14、16。

确定分段开关合闸时间间隔为 7s。

下面以子网 A 为例分析，子网 B 请读者自行分析。

2) 分层。子网 A 中潮流方向为从左至右，开关 2 到电源节点所途径的开关数目为 0，加 1 即为开关 2 所对应的层次，为第一层；类似推导，可得分层结果如下（子网 A）：

层次	第一层	第二层	第三层		第四层	
开关编号	<2>	<3>	<4、8>		<7、9>	
排序	2	3	4	8	7	9
绝对合闸延时时间/s	7	14	21	28	35	42
X 时限/s	7	7	7	14	7	14

【例题 2】 图 6-24 所示为三电源点配电网络，"▬"表示变电站出口重合器，"●"表示常闭分段开关，"○"表示常开联络开关，试对图中各分段开关进行定值整定。

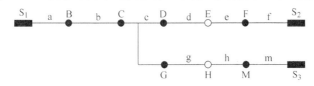

图 6-24 三电源点配电网络

【解答】
1) 分子网。子网 1 有 S_1、B、C、D、G；子网 2 有 S_2、F；子网 3 有 S_3、M。
2) < > 内字母表示是同一层。
子网 1：

分层排序	<B>	<C>	<D、G>	
绝对合闸延时时间/s	5	10	15、20	
X 时限/s	5	5	5、10	

子网 2：

分层排序	<F>
绝对合闸延时时间/s	5
X 时限/s	5

子网 3：

分层排序	<M>
绝对合闸延时时间/s	5
X 时限/s	5

注意，电源点的绝对合闸延时时间认为是 0。

2. 联络开关的时限整定

联络开关的时限整定遵循总的一个原则，即"分段"闭锁后"联络"再合闸。联络开关的时限整定分为两种情况：

(1) "手拉手"只有一台联络开关的情形

分别计算出假设该联络开关两侧与该联络开关相连的区域故障时,从故障发生到与故障区域相连的分段开关闭锁在分闸状态所需的延时时间 t_{maxL}、t_{maxR},取其中较大的一个记为 T_{max},则 $X_L > T_{max}$。

【例题 3】 以前面图 6-21 所示为例,试说明联络开关 W 时限的确定方法。

【解答】

与联络开关 W 上侧相连的 d 区段故障,从故障发生到与故障区域相连的分段开关 D 闭锁在分闸状态所需的延时时间为

$$t_{maxL} = (15+7+7+7)s = 36s$$

与联络开关 W 下侧相连的 e 区段故障,从故障发生到与故障区域相连的分段开关 E 闭锁在分闸状态所需的延时时间为

$$t_{maxR} = (15+7+7+7)s = 36s$$

则 $T_{max} = 36s$,取 $X_L > T_{max}$,如 $X_L = 45s$。

(2) 多台联络开关的情形

第一步:分别计算出这些联络开关两侧与其相连的区域故障时,从故障发生到与故障区域相连的分段开关闭锁在分闸状态所需的延时时间,取其中最大者记为 T_{max};

第二步:设置第一营救策略 $X_{L1} > T_{max}$;

第三步:第二营救策略 $X_{L2} - X_{L1} > t_{12}$,$X_{L3} - X_{L1} > t_{13}$

t_{ij} 表示从联络开关 i 合闸到将电送到联络开关 j 的时间。

【例题 4】 以前面图 6-24 所示为例,试说明联络开关 E、H 时限的确定方法。重合器 S_1、S_2、S_3 的重合时间分别为 10s、5s。

【解答】

第一步:假设 d 区域故障,从故障发生到 D 开关闭锁在分闸状态所需要的延时时间: $10s+5s+5s+5s=25s$;

假设 e 区域故障,从故障发生到 F 开关闭锁在分闸状态所需要的延时时间: $10s+5s=15s$;

假设 g 区域故障,从故障发生到 G 开关闭锁在分闸状态所需要的延时时间: $10s+5s+5s+10s=30s$;

假设 h 区域故障,从故障发生到 M 开关闭锁在分闸状态所需要的延时时间: $10s+5s=15s$;

则 $T_{max} = 30s$。

第二步:确定 E 合闸为第一营救策略,则 $X_{LE} = 40s > T_{max} = 30s$。

第三步:设置 H 合闸为第二营救策略,则 $X_{LH} = 70s > (40+5+10)s = 55s$,其中 $t_{EH} = (5+10)s$。

联络开关的整定相对较为复杂,并且相互的协调可能会导致故障恢复时间的加长,这一点在采用基于 FTU 的馈线自动化中可以得到很好的解决,因为那是采用远方遥控的方法控制联络开关的动作。

6.6 重合器与过电流脉冲计数型分段器配合

6.6.1 永久性故障的处理

图 6-25 中,采用重合器与过电流脉冲计数型分段器配合方式,BCD 的计数次数均整定

为 2 次。正常运行时，重合器 A，分段器 BCD 均为合，当 C 之后区段发生永久性故障时，重合器 A 跳闸，分段器 C 计过电流一次，由于没有达到事先整定的 2 次，因此不分闸而保持在合闸状态。经过一段时间后，重合器进行第一次重合，由于再次合到故障点，重合器 A 再次跳闸，分段器 C 第二次过电流，其过电流脉冲计数值会达到整定的 2 次，于是，分段器在重合器跳闸后的无电流时期分闸；又经过一段时间，重合器 A 进行第二次重合，由于此时分段器 C 处于分闸状态，从而将故障区段隔离开，恢复了对健全区段的供电。其隔离故障、恢复健全区域供电的过程如图 6-25 所示，对应的开关动作时序如图 6-26 所示。

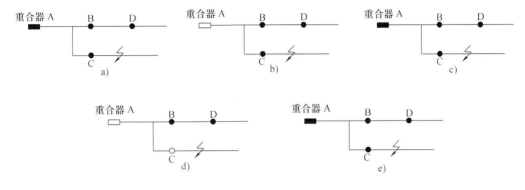

图 6-25 永久性故障的处理过程

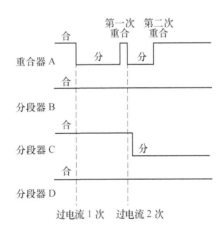

图 6-26 与图 6-25 对应的开关动作时序

6.6.2 瞬时性故障的处理

当发生的是瞬时性故障时，重合器 A 跳闸，分段器 C 计过电流 1 次，由于没有达到整定的 2 次，所以不分闸而保持在合闸状态，经过一段时间，重合器进行第一次重合，由于是瞬时性故障，此时故障已经消除，故重合成功，恢复了系统的正常供电，在经过一段确定的时间（与整定有关）后，分段器 C 的过电流计数值清零，又恢复至其初始状态，为下一次做好准备。其隔离故障、恢复健全区域供电的过程如图 6-27 所示，对应的开关动作时序如图 6-28 所示。

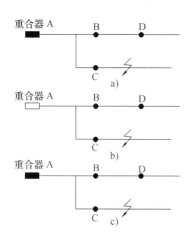

图 6-27 瞬时性故障的处理过程

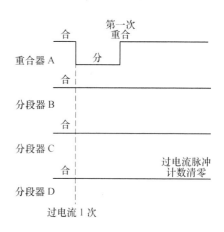

图 6-28 与图 6-27 对应的开关动作时序

6.7 基于 FTU 的馈线自动化

6.7.1 基于 FTU 的馈线自动化系统构成

基于重合器的就地控制馈线自动化系统自动化程度不高,存在着以下这样一些不足:重合器或断路器切除故障电流、馈线全线失电压,切除故障时间长;扩大了故障影响范围,仅在故障时起作用,不能实现监视线路负荷,故障时恢复供电无法采用最优方案。

功能更强的采用基于 FTU 的馈线自动化是目前馈线自动化的发展方向。它是通过安装配电终端监控设备,并建设可靠有效的通信网络将监控终端与配电网控制中心的 SCADA 系统相连,再配以相关的处理软件所构成的高性能系统。该系统在正常情况下,远方实时监视馈线分段开关与联络开关的状态和馈线电流、电压情况,并实现线路开关的远方合闸和分闸操作以优化配网的运行方式,从而达到充分发挥现有设备容量和降低线损的目的;在故障时获取故障信息,并自动判别和隔离馈线故障区段以及恢复对非故障区域的供电,从而达到减小停电面积和缩短停电时间的目的。

典型的基于 FTU 馈线自动化系统的构成如图 6-29 所示。

在图 6-29 所示的系统中,各 FTU 分别采集相应柱上开关的运行情况,如负荷、电压、功率和开关当前位置、储能完成情况等,并将上述信息经由通信网络发向远方的配电子站,各 FTU 还可以接受配网自动化控制中心(主站)下达的命令进行相应的远方倒闸操作以优化配网的运行方式。在故障发生时,各 FTU 记录下故障前及故障时的重要信息,如最大故障电流和故障的负荷电流、最大故障功率等,并将上述信息传至配电子站,经过计算机系统分析后确定故障区段和最佳供电恢复方案,最终以遥控方式隔离故障区段、恢复非故障区域供电。

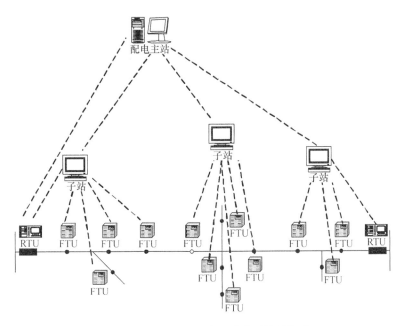

图 6-29 基于 FTU 馈线自动化系统的构成

6.7.2 基于 FTU 的馈线自动化系统的功能

基于 FTU 和通信网络的馈线自动化系统具备的功能一般有：在正常情况下，远方实时监视馈线开关的状态和馈线电流、电压情况，实现线路开关的远方合闸和分闸操作，在负荷不均匀时，通过负荷均衡化达到优化运行方式的目的。在故障时获取故障记录，并自动判别和隔离馈线故障区段以及恢复对非故障区域供电。具体功能如下：

1）遥测，10kV 馈线柱上开关处的电流、电压、有功、无功等模拟量。

2）遥信，10kV 馈线柱上开关的位置、储能完成信号以及其他监视信号等。

3）遥控，10kV 馈线柱上开关合闸/分闸操作；提供手动分合闸接口，通道出现故障时，能进行当地操作。

4）故障处理，识别馈线发生的短路故障、故障类型，故障区域自动判断、指示与自动隔离；故障消除后迅速恢复供电功能。

5）负荷管理，根据配电网的负荷均衡程度合理改变配电网的运行方式。

6）重合闸控制，当发生过电流并导致开关跳闸时启动，并在开关一侧电压恢复时开始延时计数，从而实现沿线从电源至末梢依次重合，若一次重合失败则不再重合。

7）对时功能，保证全系统时间统一。

8）过电流记录功能，FTU 能够采集开关故障电流，实现故障电流量的测量和越限监测。

9）事件顺序记录（SOE）功能，记录开关状态变化的时间并上报，记录馈线发生短路故障的时间并上报。

10）定值的远方修改和召唤功能，为了能够在故障发生时及时地启动事故记录等过程，必须对 FTU 进行整定，并且整定值应能随着配网运行方式的改变而自适应。为此，应使

FTU 能接收配电自动化控制中心的指定修改定值，并使配电自动化控制中心可以随时召唤 FTU 的当前整定值。

11）电源失电保护功能，具有失电数据保护功能，记录的数据能长期保持，不丢失；具有备用电源，主电源失电后至少能维持 FTU 能 8h 工作。

6.8 两种馈线自动化的比较

馈线自动化的实现有基于重合器—分段器的就地控制方案和基于 FTU 和通信网络的远方控制方案，这两种系统目前均大量采用，下面从结构、总体价格、主要设备、故障的处理、应用场合等方面对两者进行一下比较。

6.8.1 基于重合器—分段器的就地控制方案

（1）结构

结构简单，只适用于配电网络相对比较简单的系统，而且要求配电网运行方式相对固定。

（2）总体价格

建设费用低，故障隔离和恢复供电有重合器和分段器配合完成，不需要主站控制，不需要建设通信网络，投资省见效快。

（3）主要设备

主要设备包括重合器、分段器。

（4）故障的处理

重合器与电流型分段器配合方式隔离故障时分段器要记录一定次数后才能分闸，重合器有多次跳合闸过程，不利于开关本体，对用户冲击大，可靠性低。同时，最终切断故障的时间过长，尤其是串联型网络远方故障时更严重。重合器与电压型分段器配合时，对于永久性故障，重合器固定为两次跳合闸，可靠性比电流型分段器配合时高，但故障最终隔离时间很长，尤其串联级数较多时，末级开关完成合闸的时间将会长达几十秒，影响供电连续性。基于重合器—分段器的就地控制方案在故障定位、隔离时，会导致相关联的非故障区域短时停电，具有如下特征：

1）仅在故障时起作用，正常运行时候不能起监控作用，因而不能优化运行方式。
2）调整运行方式后，需要到现场修改定值。
3）恢复健全区域供电时，无法采取安全和最佳措施。
4）需要经过多次重合，对设备及系统冲击大。

（5）应用场合

适于农网、负荷密度小的偏远地区。供电途径少于两条的网络。

6.8.2 基于 FTU 和通信网络的远方控制方案

（1）结构

结构复杂，适于复杂配电网络。

（2）总体价格

建设费用高，需要高质量的通信信道及计算机系统，投资较大，工程涉及面广、复杂；在线路故障时，对监控终端存在电源提取问题，要求相应的信息能及时传送到上级站，同时下发的命令也能迅速传送到终端。

（3）主要设备

主要设备包括 FTU、通信网络、区域工作站、配电自动化计算机系统。

（4）故障的处理

由于引入了配电自动主站系统，由计算机系统完成故障定位隔离，因此故障定位迅速，可以快速实现非故障区段的自动恢复供电。具有如下特征：

1）故障时隔离故障区域，正常时监控配电网运行，可以优化配电网运行方式，实现安全经济运行。

2）适应灵活的运行方式。

3）恢复健全区域供电时，可以采取安全和最佳措施。

4）可以和 GIS、MIS 等联网，实现全局信息化。

（5）应用场合

应用于城网、负荷密度大的区域、重要工业园区、供电途径多的网格状配电网、其他对供电可靠性要求高的区域。

6.9 要点掌握

本章重点介绍了配电自动化系统的一个非常重要的组成部分：馈线自动化 FA，不管是国内还是国外，在实施配电自动化时，往往都是从实施馈线自动化开始的。首先介绍了馈线自动化的功能，即馈线运行数据的采集与监控，故障定位、隔离及自动恢复供电，无功补偿调压等功能，而故障定位、隔离及自动恢复供电是 FA 最重要的一项功能。馈线自动化有就地控制和远方控制两种基本类型。馈线自动化的发展历程分成 3 个阶段，即不分段、不拉手（传统模式）阶段、馈线分段，拉手、无自动化阶段，自动分段、馈线自动化阶段，本章结合图形为读者进行了介绍。重合器和分段器是馈线自动化系统的两个很重要一次设备。对于重合器，本章介绍了其概念、分类，并将其与普通断路器从作用、结构、控制方式、开断特性、安装地点及操作顺序等方面进行了详细比较，说明了重合器的选择原则、应用场合并给出 ZCW-12 户外真空自动重合器实例。对于分段器，介绍了其概念、使用时的配合原则，对分段器的两种基本类型电压—时间型分段器和电流—时间型分段器，分别介绍了其原理及参数设置方法。重合器与电压—时间型分段器配合时辐射状网的故障处理、环状网的故障处理均从形象的网络工作图入手，并给出了对应的开关动作时序图。分段开关和联络开关的时限整定以具体的例题形式说明。重合器与过电流脉冲计数型分段器配合时的故障处理分永久性故障和瞬时性故障两种来介绍。在介绍完就地控制的 FA 后，接着就介绍了基于 FTU 的馈线自动化系统构成、功能、实施原则及电源提取问题。本章最后将基于重合器—分段器的就地控制方案与基于 FTU 和通信网络的远方控制方案从结构、价格、主要设备、故障的处理、应用场合等方面进行了比较。

本章的要点掌握归纳如下：

1）了解。①FA 的功能；②FA 的特点；③FA 的发展历程；④重合器的概念、分类及选择;⑤两种馈线自动化的比较。

2) 掌握。①FA 的类型;②重合器与普通断路器的异同;③电流—时间型分段器;④基于 FTU 的馈线自动化系统构成。

3) 重点。①电压—时间型分段器的 X、Y 时限定义;②电压—时间型分段器的 X、Y 时限整定原则及原因;③重合器与电压—时间型分段器配合故障处理;④分段开关和联络开关的时限整定;⑤重合器与过电流脉冲计数型分段器配合故障处理。

思 考 题

1. 馈线自动化有哪两种实现方式?比较实现方法和优缺点。

2. 了解 FA 的发展历程。

3. 重合器、分段器是什么样的配电设备?各具有什么功能?

4. 图 6-17 辐射状网的故障处理,如果 d 区发生永久性故障,说明故障隔离,恢复对健全区域供电的过程,并画出各开关的动作时序图。

5. 图 6-21 环状网的故障处理,如果 b 区发生永久性故障,说明故障隔离,恢复对健全区域供电的过程,并画出各开关的动作时序图。

6. 如图 6-30 所示,分段器整定 $X=7s$,$Y=5s$,断路器切除故障时间(包括继电保护动作时间)$t_{QF}=2s$,分析说明永久故障时故障隔离过程。如果分段器整定错误,整定为 $X=5s$,$Y=7s$,有什么后果?由此得出 X、Y、t_{QF} 之间应满足的关系。

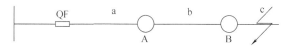

图 6-30

7. 掌握分段开关、联络开关的整定方法。

8. 图 6-27 中,若分段开关 B、D 之间发生瞬时性故障,试说明故障处理过程,画出对应的开关动作时序图。

9. 掌握分段器 X 时限、Y 时限的含义。

第7章 配电网单相接地故障选线

7.1 概述

7.1.1 NUGS 单相接地故障选线的国外、国内研究现状

小电流接地系统即中性点非直接接地系统（NUGS），它包括中性点不接地系统（NUS）、经消弧线圈接地系统（NES，也称为谐振接地系统）和经电阻接地系统（NRS）。国内的供用电系统，66kV、35kV、10kV、6kV、3kV 系统均为 NUGS。在 NUGS 系统中，因为单相接地（$f^{(1)}$）是通过电源绕组和输电线路对地分布电容形成的短路回路，所以故障点的电流很小，而且三相之间的线电压仍然保持对称，对负荷的供电没有影响，因此规程规定可继续运行 1~2h，而不必立即跳闸。但是单相接地发生以后，其他两相对地电压要升高$\sqrt{3}$倍，个别情况下，接地电容电流可能引起故障点电弧飞越，瞬时出现比相电压大 4~5 倍的过电压，导致绝缘击穿，进一步扩大成两点或多点接地短路；故障点的电弧还会引起全系统过电压，常常烧毁电缆甚至引起火灾；随着系统容量的增加，线路总长度增加，电容电流加大，NUGS 的单相接地故障严重威胁着配电网的安全可靠性，为此实践中希望尽快选择出接地线路，并进行处理。

在苏联，NUGS 得到广泛应用，其保护原理也从过电流、无功方向发展到了群体比幅比相，群体比幅比相比我国学者提出的原理滞后了 4 年；日本在供电、钢铁、化工用电中普遍采用 NUS 或 NRS，因此选线原理也比较简单，采用基波无功方向方法，近年来在如何获取零序电流信号以及接地点分区段方面投入了不少力量，利用光导纤维研制的架空线和电缆零序互感器 OZCT 试验获得成功；德国多使用 NES，并于 20 世纪 30 年代就提出了反映接地故障开始时暂态过程的单相接地保护原理；法国在使用 NRS 几十年后，现在正以 NES 取代 NRS，同时开发出了高新技术产品，零序导纳接地保护；芬兰传统的测量相位角的物理模拟接地保护，已为近年研制的测量有功电流的新型数字式接地保护所取代；在瑞典的中压谐振接地电网中，有的方向过电流接地保护是利用残流中的暂态分量和中性点位移电压的极性构成的；在美国，NUGS 中单相接地保护被认为难于实现且引起的过电压严重，他们宁愿在供电网架结构上多投资以保证供电可靠性，也不采用 NUGS，但 IEEE 的专题报告认为应当加强 NUGS 的保护研究。20 世纪 90 年代初，国外已将人工神经网络原理应用于接地保护装置并有文献提到应用专家系统方法，可望使其选择性更加完善。

我国的 NUGS 大多是 NUS 或 NES，近年来，在发电厂的厂用电系统中还出现了 NRS。单相接地保护原理和装置的研究自 1958 年以来从未间断，保护方案从零序电流过电流到无功方向保护，从基波方案发展到五次谐波方案，从步进式继电器到微机群体比幅比相，以及首半波方案，先后推出了几代产品，如许昌继电器厂的 ZD 系列产品、北京自动化设备厂的 XJD 系列装置、中国矿大的 UP-1 型微机检漏装置和华北电力学院研制的系列微机选线装置

等。近代的微机技术将 NUGS 的单相接地选线研究提高到了一个新的水平，放弃过去保护装置中沿用的"绝对定值"概念，应用数字模拟技术，按不同条件选用"群体比幅""相对相位""双重判据""重复判断"等办法，充分发挥微机的灵敏度高、计算速度快和综合分析判断能力强等特点，研究提出了诸多选线方案，接下来按照其原理利用的是稳态或暂态分量将其分为如下 3 类进行叙述。

7.1.2 利用电网稳态电气量特征提供的故障信息构成的选线方法

1. 基于基波的选线方法

（1）零序电流比幅法

中性点不接地系统单相接地短路时，流过故障元件的零序电流其数值等于全系统非故障元件对地电容电流之和，即故障线路上的零序电流最大，据此只要通过零序电流幅值大小比较就可以找出故障线路。此法依靠的是本线路的电容电流，当出线较少时，K_{lm} 很小，无法满足选择性；当中性点有补偿时，此法失效。

（2）零序功率方向法

NUGS 发生 $f^{(1)}$ 时，其故障线路和非故障线路的零序电流的方向不同，前者滞后零序电压 90°，后者超前 90°，据此以零序电压和零序电流的乘积作为输入信号可构成接地保护。此法在系统运行方式发生改变后无需重新整定，线路的长短影响不大，但在谐振接地系统中失效。法国电力公司（EDF）对此法的研究表明，当电网中出现高阻接地故障时，由于 U_0 很小，残流不大，该保护的灵敏度很快就到极限了。

（3）群体比幅比相法

其原理是先进行 I_0 比较，选出几个幅值较大的作为候选，再在此基础上进行相位比较，选出方向与其他不同的，即为故障线路。

（4）零序导纳法

测量线路零序导纳，发生 $f^{(1)}$ 时，非故障线路 k 的零序测量导纳等于线路自身导纳，而故障线路零序测量导纳等于电源零序导纳与非故障线路零序导纳之和的负数，零序导纳接地保护即为把其他线路故障时馈线 k 的测量导纳矢量与馈线 k 自身故障时的测量导纳矢量进行区分。EDF 据此原理研制出的微机保护可以检测 $100 k\Omega$ 的高阻接地故障。波兰研制的导纳接地保护装置，已在国内推广应用，到 1996 年为止，已有多套投入中压电网运行。该保护原理具有以下一些特点：①中性点经电阻接地或经消弧线圈并电阻接地，能增大系统零序电导，有利于提高接地导纳继电器的灵敏度；②抗过渡电阻能力强，且适合对地绝缘老化型故障的检测；③保护动作裕度大；④不受低电压不对称负荷包括单相冲击负荷的影响；⑤如采用在线测量系统导纳，Y_{0k}，$Y_{0k'}$ 是由测量值自适应整定，可进一步提高保护精度。

（5）有功电流法

其原理是当 $f^{(1)}$ 时，首先从所有馈线中抽取零序电流的基波有功分量，算出故障点的残余有功电流，也即所有馈线零序有功电流的向量和 $\dot{I}_r$，并选取该向量和的垂直线作为参考轴，再对所有馈线的基波零序电流在参考轴上的投影进行比较。此时，故障馈线接地电流的投影与各条非故障馈线零序电流的投影不仅相位相反，而且数值最大，据此便可检出故障馈线。此种保护既不要求测量零序电压，也不需要专用的传感器，只要求用现有的 CT 就足够了。据此原理芬兰研制的该新型接地保护与分散补偿的消弧装置相结合，已于 1996 年在 20kV、10kV 谐振接地电网中同时投入运行。据此原理 EDF 开发的 DESIR 保护装置更是对功率方向保护当中压电网的零序电压不能利用时的进一步发展。

（6）零序电容电流补偿法

利用系统中出现的零序电压，对每一条出线的零序电流进行补偿，补偿的大小为本线路的零序电流的大小，方向为线路流向母线。从而使非故障线路的零序电流为零，而故障线路的零序电流则为所有线路零序电容电流之和或系统经消弧线圈补偿后的零序电流。因此可以判定，经补偿后零序电流 I_j 为零或近似为零的线路为非故障线路，不为零的线路为故障线路。实现该方法的关键在于准确获得各条被检测线路所需的零序补偿电流。为保证此计算结果的准确性，提出了 3 种整定计算方法。该法易在微机保护中实现，且选线性能基本上不受线路长度和过渡电阻的影响。

（7）相间工频电流变化量法

分析 $f^{(1)}$ 前后各相电容电流变化特点，可知：非故障元件的各相电容电感电流的工频变化量相同，各相之间电容电感电流工频变化量的差值为零；而故障元件的故障相电容电感电流的工频变化量与非故障相电容电感电流的工频变化量的差值为电网总电容电流的 p 倍。据此，将两相电流的工频变化量的差值与另外一相电流的工频变化量的大小（或一个定值）进行比较即可构成反映 NES 发生 $f^{(1)}$ 时的相间工频变化量保护。此法无须考虑出线元件的对地电容参数来进行整定，因此其动作灵敏度和可靠性都有较大的提高。

（8）有功分量法

在使用自动跟踪消弧电抗器的 NES 中，非故障线路不与消弧线圈构成低阻抗回路，而故障线路经接地点与消弧线圈构成低阻抗回路，所以其零序电流中包含有流过 R_n 的有功电流，（R_n 为与消弧线圈串联的非线性电阻），显然故障线路的有功电流明显大于非故障线路的，因此通过检测各线路零序电流中有功分量的大小，有功功率最大的线路即为接地线路。

2. 基于谐波的选线方法——5 次谐波电流法

NUGS 发生 $f^{(1)}$ 后，5 次谐波含量增长很快，其在电网中的分布与基波零序电流的分布相似，从而，通过比较零序 5 次谐波电流的方向可完成接地保护。此法在 NUS 和 NES 中均适用。当系统中存在谐波污染和弧光引起多次连续过渡过程以及高阻接地故障时，此法选线准确性差，在这种情况下，可利用相位重判和小波技术来改善谐波电流接地保护。由于 5 次谐波信号微弱以及系统母线电压互感器（TV）和零序电流互感器（TA）的误差导致了 5 次谐波信号的失真，使得这种传统保护选线方法可靠性不高。

3. 其他方法

（1）最大投影差值法

其原理是通过一个中间参考正弦信号 $\dot{U}_r$（经处理后的 TV 线电压或所用交流电源信号），使得各线路故障前的零序电流 $3\dot{i}_{0i前}$（此时仅有 $\dot{i}_{bp}$）对故障母线段 h 故障后的 $3\dot{U}_{oh}$ 亦能找出相位关系，由此再把所有线路故障前后的零序电流 $3\dot{i}_{0i前}$、$3\dot{i}_{0i后}$ 都投影到 $3\dot{i}_{0f}$（故障线路零序电流）方向。接着，计算出各线路故障前后的投影值之差 ΔI_{0j}，找出差值的最大者 ΔI_{0k}，即最大 $\Delta(I\sin\varphi)$。显然，当 $\Delta I_{0k}>0$ 时，对应的线路为故障线路，否则为母线段 h 故障。此法本质上寻找最大零序无功功率突变量的代数值。

最大 $\Delta(I\sin\varphi)$ 原理完全克服了由于 TA 误差引起的不平衡电流的影响，无须现场的零序电流数值整定。对于不同的现场条件，允许用户将现场条件写入控制字，由微机自动选择最合适的判据。该算法在实现过程中有两个缺陷：①需选取一个中间参考正弦信号；②计算量相当大。使用递推离散傅里叶变换（DFT）可减小计算量，并完全可以省去中间参考正弦信号。

(2) 残流增量法

残流增量法其基本原理：在线路单相永久接地故障下，若增大消弧线圈的失谐度（或改变限压电阻的阻值），则只有故障线路中的零序电流（即故障点的残流）会随之增大。此法原理简单，摆脱了 TA 等测量误差的影响，灵敏度和可靠性高，但此法是以增大接地点电弧为代价的，且在现实中调节消弧线圈的失谐度是很困难的。

7.1.3 利用电网暂态电气量特征提供的故障信息构成的选线方法

(1) 零序暂态电流法

对于辐射形结构的电网，暂态零序电流与零序电压的首半波之间存在着固定的相位关系。在故障线路上两者的极性相反，而在非故障线路上，则两者的极性相同，借此可以检出故障线路。此法的特点是对故障反应迅速。经过渡电阻接地，谐波污染，弧光引起的多过渡过程此法均适用，但在电压过零短路时，暂态过程不明显，此法不适用。要说明的是，此法在环网结构中的选择性问题还有待进一步研究。

(2) 能量法

利用接地后零序电流和电压构成能量函数 $S_{0j}(t)=\int_0^t u_0(\tau)i_0(\tau)\mathrm{d}\tau(j=1,2,\cdots,n)$。非故障线路的能量函数总是大于零，消弧线圈的能量函数与非故障线路极性相同，网络上的能量都是通过故障线路传送给非故障线路的，因此故障线路的能量函数总是小于零，且其绝对值等于其他线路（包括消弧线圈）能量函数的总和。通过比较能量函数的方向和大小可判别接地线路。此法不受负荷谐波源和暂态过程的影响，对 NES 灵敏度更高，在低采样率时，$S_{0j}(t)$ 仍具有明确的方向性，易于实现。但此法分析的依据是线性系统中的叠加定理，而电力系统往往是非线性系统，所以此法还有待进一步完善。

(3) 小波分析法

利用小波奇异性检测理论对采集到的故障信号进行小波变换，确定模极大值点，并比较各条线路零序电流模极大值的大小和极性，可以判别出故障线路。用此法选线不受故障瞬间电压相角以及消弧线圈的影响。利用故障瞬间信息，受干扰影响程度小，而且此算法从机理上也能抑制随机小干扰的影响。

7.1.4 其他方法

(1) 注入法

人为向系统注入一个特殊信号电流，利用寻迹原理，只有故障线路的故障相才会有此信号电流,从而判断出接地故障线路。此法突破以往大多是利用零序电流作为单相接地选线判据的局限,从根本上解决了两相 TA 架空出现的单相接地选线问题。此法的缺点是仪器接线复杂。

(2) 注入变频信号法

比较位移电压与故障相电压的大小,如位移电压较低,则从消弧线圈电压互感器注入谐振频率恒流信号,反之,则从故障相电压互感器注入,监视各出线零序信号功角、阻尼率,进行故障选线。此法选线精度高,抗高阻接地能力强,从而解决了高阻接地时存在的问题,且易与馈线保护结合为一体,置于开关柜上,实现就地保护与控制。

(3) 负序电流法

故障线路基波负序电流比所有非故障线路大,且两者负序电流分量的相位相反,因此通过比较各出线负序电流的大小和方向可完成接地保护。此法抗弧光接地能力强,适合就地安装并满足配电自动化要求,其保护原理不受中性点接地方式的影响,但保护精度却受故障残流大小的影响。此法对绝缘的老化,缓慢破坏直至最后被击穿的故障检测较困难。

(4) 利用不对称因素的 u、i 综合选线法

充分考虑系统故障前后的不对称因素,对 NUS 滞后于电压幅值最大相的一相为故障相,对 NES 超前于电压幅值最大相的一相为故障相。据此构成 U_{min}、U_{max} 判据,选出故障相。根据故障后各线路电阻性分量电流 I_g 的大小,以 I_g 最大的一条线路为故障线路。此法不受负荷大小的影响,对只有两相 TA 的低压网络,可直接使用,并有 2/3 的选线功能。

7.1.5 意义

我国 3~60kV 中压电网一般采用 NUS 或 NES。在这种小电流接地系统中,单相接地故障率最高,约占配电网故障的 80% 以上,然而,由于 NUGS 单相接地时接地残流小,使得故障选线较困难,直到目前为止,还没有一种完善的保护原理,传统的逐线拉路方法,严重影响了供电可靠性,因此如何检测并隔离接地故障线路,成为配电自动化的一个重要研究课题。有效快速选择出接地故障线路并进行处理具有如下重要意义:

1) 可降低设备绝缘污闪事故率。系统在带单相接地故障运行时,非故障相电压升为线电压,这使得污秽设备在线电压的作用下加速了沿面放电的发展,更容易造成一些污闪的恶性事故。在某些污秽较严重的地方,污闪事故成为系统的突出事故。

2) 可降低 TV 等电气设备的绝缘事故率。当发生 f[(1)] 时,TV 铁心可能会出现饱和现象,在线电压作用下 TV 会产生并联谐振状态,使得 TV 励磁电流大幅度增加,因此在线压作用下,TV 高压熔断器频繁熔断,TV 过热喷油或爆炸事故不断发生;不仅 TV,线电压的作用也会导致许多其他电气设备的绝缘加速劣化。

3) 可降低形成两相异地短路和相间直接短路的机会。系统不可避免地存在绝缘弱点,系统在单相接地故障运行期间,由于电压升高和过电压的作用,很容易发生两相异地短路,使事故扩大。单相接地电弧还可能直接波及相间,形成相间直接短路,在许多情况下,单相弧光接地会很快发展为母线短路,在电动力的作用下,短路电弧会向着备用电源方向跳跃,可能造成"火烧连营"事故。

4) 减小对电缆绝缘的劣化影响。10kV 配电网不少为电缆出线或为电缆—架空线的形式出线。温度对电缆绝缘的影响很大,超过长期允许工作温度(此值一般不超过 60~90℃),

电缆绝缘会加速劣化。实际已运行的许多电力电缆,其长期允许载流量和电缆实际工作电流之间并无多大裕度,这样使得电缆长期发热严重,在单相接地故障运行情况下,线电压的作用使电缆绝缘劣化加速,一旦形成相间短路,则短路电流产生的温升将进一步加速绝缘劣化。因此在单相接地时常有电缆放炮和绝缘损伤的情况发生。

5) 便于无间隙氧化锌避雷器(MOA)的推广应用。我国国标规定的小电流接地系统 MOA 的持续运行电压为系统运行相电压(有效值)的 1.15 倍,其值低于系统运行线电压。当 NUGS 发生 $f^{(1)}$ 持续时间较长时,MOA 就要经常承受线电压的作用,这样会加速 MOA 的劣化,导致避雷器的损坏和爆炸。

7.2 NUGS 单相接地故障理论分析

7.2.1 NUGS 单相接地故障的稳态基波分析

1. NUS 金属性单相接地故障的稳态基波分析

图 7-1 给出了最简单网络接线,在 L_1 相接地以后,相量图如图 7-2 所示,各相对地的电压为

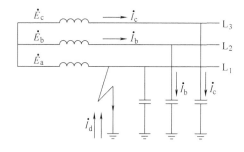

图 7-1 简单网络接线示意

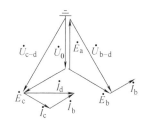

图 7-2 L_1 相接地时的相量图

$$\dot{U}_{\text{a-d}} = 0; \dot{U}_{\text{b-d}} = \dot{E}_\text{b} - \dot{E}_\text{a} = \sqrt{3}\dot{E}_\text{a}\text{e}^{-\text{j}150°}; \dot{U}_{\text{c-d}} = \dot{E}_\text{c} - \dot{E}_\text{a} = \sqrt{3}\dot{E}_\text{a}\text{e}^{\text{j}150°} \tag{7-1}$$

故障点 d 的零序电压为

$$\dot{U}_{\text{d}0} = \frac{1}{3}(\dot{U}_{\text{a-d}} + \dot{U}_{\text{b-d}} + \dot{U}_{\text{c-d}}) = -\dot{E}_\text{a} \tag{7-2}$$

在非故障相中流向故障点的电容电流为

$$\dot{I}_\text{b} = \dot{U}_{\text{b-d}}\text{j}\omega C_0; \quad \dot{I}_\text{c} = \dot{U}_{\text{c-d}}\text{j}\omega C_0 \tag{7-3}$$

其有效值为 $I_\text{b} = I_\text{c} = \sqrt{3}U_\phi \omega C_0$,式中 U_ϕ 为相电压的有效值。此时,从接地点流回的电流为 $\dot{I}_\text{d} = \dot{I}_\text{b} + \dot{I}_\text{c}$,由图 7-2 可见,其有效值为 $I_\text{d} = 3U_\phi \omega C_0$,即正常运行时,三相对地电容电流的算术和。

当网络中发电机和多条线路存在时,如图 7-3 所示,每台发电机和每条线路的对地电容以 $C_{0\text{f}}$、$C_{0\text{I}}$、$C_{0\text{II}}$ 等集中的电容来表示。当线路 II 的 L_1 相接地后的电容电流分布如图 7-3 所示。

在非故障的线路 I 上,线路始端所反应的零序电流为

$$3\dot{I}_{0\text{I}} = \dot{I}_{a\text{I}} + \dot{I}_{b\text{I}} + \dot{I}_{c\text{I}} = \dot{I}_{b\text{I}} + \dot{I}_{c\text{I}} \tag{7-4}$$

如图 7-2 所示，其有效值为 $3I_{0\text{I}} = 3U_\phi\omega C_{0\text{I}}$，即零序电流为线路 I 本身的电容电流，电容性无功功率的方向为由母线流向线路，上述结论可适用于每一条非故障线路。

在发电机 G 上，由图 7-3 可见，各线路的电容电流由于从 L_1 相流入后又分别从 L_2、L_3 相流出了，因此相加后互相抵消，而只剩下发电机本身的电容电流，故 $3\dot{I}_{0\text{f}} = \dot{I}_{b\text{f}} + \dot{I}_{c\text{f}}$，有效值为 $3I_{0\text{f}} = 3U_\phi\omega C_{0\text{f}}$，即零序电流为发电机本身的电容电流，其电容性无功功率的方向为由母线流向发电机，这个特点与非故障线路是一样的。

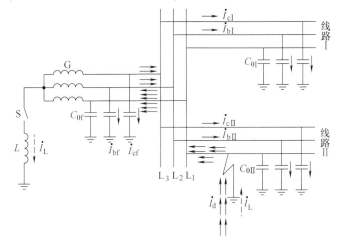

图 7-3 单相接地用三相系统表示的电容电流分布

故障线路 II，接地点电流其值为

$$\dot{I}_d = (\dot{I}_{b\text{I}} + \dot{I}_{c\text{I}}) + (\dot{I}_{b\text{II}} + \dot{I}_{c\text{II}}) + (\dot{I}_{b\text{f}} + \dot{I}_{c\text{f}}) \tag{7-5}$$

有效值为

$$I_d = 3U_\phi\omega(C_{0\text{I}} + C_{0\text{II}} + C_{0\text{f}}) = 3U_\phi\omega C_{0\Sigma} \tag{7-6}$$

式中 $C_{0\Sigma}$——全系统每相对地电容的总和。

此电流要从 L_1 相流回去，因此从 L_1 相流出的电流可表示为 $\dot{I}_{a\text{II}} = -\dot{I}_d$，这样在线路 II 始端所流过的零序电流则为

$$3\dot{I}_{0\text{II}} = \dot{I}_{a\text{II}} + \dot{I}_{b\text{II}} + \dot{I}_{c\text{II}} = -(\dot{I}_{b\text{I}} + \dot{I}_{c\text{I}} + \dot{I}_{b\text{f}} + \dot{I}_{c\text{f}}) \tag{7-7}$$

其有效值为

$$3I_{0\text{II}} = 3U_\phi\omega(C_{0\Sigma} - C_{0\text{II}}) \tag{7-8}$$

由此可见，由故障线路流向母线的零序电流，其数值等于全系统非故障元件对地电容电流之总和（但不包括故障线路本身），其电容性无功功率的方向为由线路流向母线，恰好与非故障线路上的相反。

根据上述分析结果，可以作出单相接地时的零序等效网络，如图 7-4 所示，其对应的相量图如图 7-5 所示。

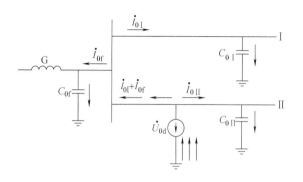
图 7-4 单相接地时的零序等效网络

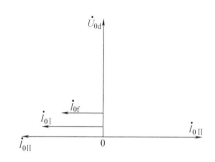
图 7-5 单相接地零序等效网络相量图

总结以上分析的结果，可以得出如下结论：

1）在发生单相接地时，全系统都将出现零序电压。

2）在非故障的元件上有零序电流，其数值等于本身的对地电容电流，电容性无功功率的实际方向为由母线流向线路。

3）在故障线路上，零序电流为全系统非故障元件对地电容电流之总和，数值一般较大，电容性无功功率的实际方向为由线路流向母线。

2. NUS 经过渡电阻单相接地故障的稳态基波分析

当图 7-1 所示网络中 L_1 相经过渡电阻 R_N 接地时，如图 7-6 所示，其相应的相量关系如图 7-7 所示。

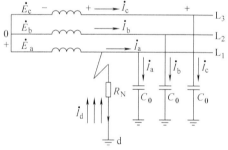
图 7-6 L_1 相经过渡电阻接地

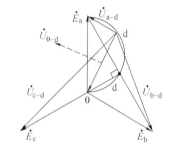
图 7-7 L_1 相经过渡电阻接地相量图

图 7-6 所示各相对地导纳为

$$Y_a = \frac{1}{R_N} + j\omega C_0; \quad Y_b = Y_c = j\omega C_0 \tag{7-9}$$

由电工理论中的弥尔曼定理可推得中性点位移电压（见图 7-6 中的 +、- 参考方向）：

$$\dot{U}_{0\text{-}d} = -\frac{j\omega C_0(\dot{E}_a + \dot{E}_b + \dot{E}_c) + \dot{E}_a/R_N}{j3\omega C_0 + 1/R_N} = -\frac{1}{1 + j3\omega C_0 R_N}\dot{E}_a = -Z\dot{E}_a \tag{7-10}$$

$Z = R - jX$，$|Z| < 1$，其中

$$R = \frac{1}{(1 + 9\omega^2 C_0^2 R_N^2)}; \quad X = \frac{3\omega C_0 R_N}{1 + 9\omega^2 C_0^2 R_N^2}; \quad \phi = \text{arctg}\left(\frac{X}{R}\right) = \text{arctg}(3\omega C_0 R_N) \tag{7-11}$$

复阻抗 Z 也称为接地系数，下面就 Z 的不同取值予以分析：

1) 当电网发生金属性接地，即 $R_N = 0$，则 $Z = 1$，从而 $\dot{U}_{0\text{-}d} = -\dot{E}_a$，与前面分析相同，相量图如图7-2所示。

2) 当 $R_N \to \infty$，则 $Z = 0$，从而 $\dot{U}_{0\text{-}d} = 0$，电网正常运行。

3) 当 R_N 为某一具体有限值，且电网的运行方式一定（C_0 一定）时，则接地系数 Z 的变化范围为 (0，1)，$\dot{U}_{0\text{-}d}$ 将按照式 (7-10) 变化，可以证明（首先根据图7-6知 $\dot{U}_{a\text{-}d} = \dot{E}_a + \dot{U}_{0\text{-}d}$，亦即 $\dot{U}_{a\text{-}d}$、$\dot{E}_a$、$\dot{U}_{0\text{-}d}$ 三向量构成一个封闭的三角形，再证明 $|\dot{E}_a|^2 = |\dot{U}_{a\text{-}d}|^2 + |\dot{U}_{0\text{-}d}|^2$ 即可）$\dot{U}_{0\text{-}d}$ 的变化轨迹是以 $|\dot{E}_a|$ 为直径的右半圆，如图7-7所示，各相对地电压变为

$$\begin{cases} \dot{U}_{a\text{-}d} = \dot{E}_a + \dot{U}_{0\text{-}d} = (1-Z)\dot{E}_a \\ \dot{U}_{b\text{-}d} = \dot{E}_b + \dot{U}_{0\text{-}d} = (e^{-j150°} - Z)\dot{E}_a \\ \dot{U}_{c\text{-}d} = \dot{E}_c + \dot{U}_{0\text{-}d} = (e^{-j150°} - Z)\dot{E}_a \end{cases} \quad (7\text{-}12)$$

全系统零序电压为

$$3\dot{U}_0 = \dot{E}_a + \dot{E}_b + \dot{E}_c = 3(\dot{U}_{a\text{-}d} - \dot{E}_a) = 3\dot{U}_{0\text{-}d} \quad (7\text{-}13)$$

从图7-7向量图可以看出，接地相对地电压不是最低的，当接地发生在 d' 点以上时，$U_{c\text{-}d} > U_{b\text{-}d} > U_{a\text{-}d}$；当接地正好发生在 d' 点时，$U_{c\text{-}d} > U_{b\text{-}d} = U_{a\text{-}d}$；当接地发生在 d' 点以下时，$U_{c\text{-}d} > U_{a\text{-}d} > U_{b\text{-}d}$；不管 L_1 相在哪里发生接地，L_3 相的电压总是最高。同理可以分析，当 L_2 相发生接地时，L_1 相的电压总是最高的；当 L_3 相发生接地时，L_2 相的电压总是最高的。可以看出，电压最高的下一相（按 L_1、L_2、L_3 正序往下推）为接地相，如 L_1 相最高，则 L_2 相接地；L_2 相最高，则 L_3 相接地。

总结以上分析的结果，可以得出如下结论：

1) 线电压保持对称。

2) 各相对地电压随中性点位移电压（受接地过渡电阻影响）发生变化，不再有 $\sqrt{3}$ 倍的关系，电压最高的下一相（按 L_1、L_2、L_3 正序往下推）为接地相。

3) L_1 相对地电容电流不再为零，而是 $\dot{I}_a = \dot{U}_{a\text{-}d} j\omega C_0$，$L_2$、$L_3$ 相电流仍然如式 (7-3) 所示；各出线零序电流随接地电阻 R_N 的增大而减小，故高阻接地不易察觉也不易判断。

4) 接地电阻 R_N 的变化是非线性的。电网的实际情况是 R_N 的变化范围是很大的，如电缆击穿的过程中，随着绝缘的破坏，R_N 可以从几千欧变化到几欧。

3. NES 金属性单相接地故障的稳态基波分析

从上可知，NUS 中发生单相接地时，接地点流过的是全系统的对地电容电流，这个大电流将会在接地点引起弧光过电压，使绝缘损坏，为此，在中性点接入一个消弧线圈，产生一个感性分量电流用以抵消原系统的电容电流，从而减少流经故障点的电流。当采用消弧线圈后，即在图7-3中开关 S 闭合，在电源中性点接入消弧线圈 L，则此时单相接地的电流分布将发生重大变化，相应的零序等效网络和相量图如图7-8、图7-9所示。当线路 Ⅱ 上 L_1 相接地以后，电容电流的大小和分布与不接消弧线圈时是一样的，不同之处是在接地点又增加

了一个电感分量的电流 I_L，因此，从接地点流回的总电流为

$$\dot{I}_d = \dot{I}_L + \dot{I}_{C\Sigma} = -(1+P)\dot{I}_{C\Sigma} + \dot{I}_{C\Sigma} = -P\dot{I}_{C\Sigma}$$

$$= -P(\dot{I}_{bI} + \dot{I}_{cI} + \dot{I}_{bII} + \dot{I}_{cII} + \dot{I}_{bf} + \dot{I}_{cf}) \tag{7-14}$$

式中，$I_{C\Sigma}$ 为全系统的对地电容电流，P 为过补偿度，其关系为

$$P = \frac{I_L - I_{C\Sigma}}{I_{C\Sigma}} = \frac{\dfrac{1}{\omega L} - 3\omega C_\Sigma}{3\omega C_\Sigma}，一般取 5\% \sim 10\%。 \tag{7-15}$$

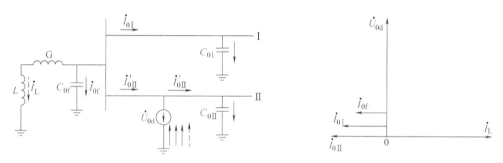

图 7-8　零序等效网络　　　　　　　　图 7-9　相量图

此时非故障线路 I 首端流过的零序电流仍为本身电容电流，其有效值为 $3I_{0I} = 3U_\phi \omega C_{0I}$。故障线路的零序电流为

$$3\dot{I}_{0II} = \dot{I}_{aII} + \dot{I}_{bII} + \dot{I}_{cII} = -\dot{I}_d + \dot{I}_{bII} + \dot{I}_{cII} = -[\dot{I}_L + \dot{I}_{C\Sigma}] + \dot{I}_{bII} + \dot{I}_{cII}$$

$$= -[\dot{I}_L + \dot{I}_{bI} + \dot{I}_{cI} + \dot{I}_{bf} + \dot{I}_{cf}] \tag{7-16}$$

其有效值为

$$3I_{0II} = 3U_\phi \omega (C_{0\Sigma} - C_{0II}) - \frac{U_\phi}{\omega L} = U_\phi \left[3\omega(C_{0\Sigma} - C_{0II}) - \frac{1}{\omega L}\right] \tag{7-17}$$

当采用过补偿方式时，流经故障线路的零序电流将大于本身的电容电流，而又由于过补偿按照 $\dfrac{1}{\omega L} > 3\omega C_{0\Sigma}$ 来考虑，即 $\left[3\omega(C_{0\Sigma} - C_{0II}) - \dfrac{1}{\omega L}\right] < 0$，故 NES 系统单相接地后其故障线路电容性无功功率的实际方向仍然是由母线流向线路，和非故障线路的方向一样，因此，在这种情况下，首先就无法利用功率方向的差别来判别故障线路，其次由于过补偿度不大，因此也很难像 NUS 那样，利用零序电流的大小来找出故障线路。

7.2.2　NUGS 单相接地故障的稳态谐波分析

1. 谐波的基本概念

国际上公认的谐波含义：谐波是一个周期电气量的正弦分量，其频率为基波频率的整倍数。国际电工委员会（IEC）和国际大电网会议（CIGRE）文献对谐波也都有明确的定义："谐波分量为周期量的傅里叶级数中大于 1 的 n 次分量"，对谐波次数 n 的定义为："以谐波频率和基波频率之比表达的整数"，谐波次数 n 必须是个正整数。IEEE 519—1992 标准中定义为："谐波为一周期波或量的正弦波分量，其频率为基波频率的整数倍"。

2. 谐波产生的原因

电力系统谐波产生的原因主要有两个方面：

1) 具有非线性特性的用电设备。这些设备即使供给它理想的正弦波电压，它取用的电流也是非正弦的，即有谐波电流存在。其谐波含量决定于它本身的特性和工作状况，基本上与电力系统参数无关，因而可看作谐波恒流源。这些用电设备产生的谐波电流注入电力系统，使系统各处电压产生谐波分量。这些设备主要有：换流设备、电气化铁道、电弧炉、荧光灯、家用电器以及各种电子节能控制设备等。随着电力电子技术的发展，系统中大量采用晶闸管技术及其硅整流设备，大到直流输电用的整流和逆变装置，小到电视机电源、电池充电器等，这些装置是非线性时变拓扑负荷，将在系统中产生大量的谐波。

2) 含铁心的大容量变压器。变压器励磁回路实质上就是具有铁心线圈的电路，当铁心饱和后，它就是非线性的，也会产生谐波电流，由于变压器励磁电流正、负半波关于横轴对称，所以只含有奇次谐波，且以 3 次为主。当三角形联结时，3 的倍数次谐波不会注入系统，注入系统的谐波电流是 $6k \pm 1$ (k 为正整数) 次谐波。当运行电压偏高，铁心饱和程度变深，又是轻负荷时期，则励磁电流占总电流比例较大，这时对系统的谐波影响颇大。

7.2.3 NUGS 单相接地故障的暂态分析

当发生单相接地故障时，接地电容电流的暂态分量可能较其稳态值大很多倍。图 7-10 给出了 NES 单相接地故障时的暂态过程等效电路，用以分析暂态电容电流和暂态电感电流。图 7-10 中 C 表示电网的三相对地电容总和；L_0 表示三相线路和变压器等在零序回路中的等值电感；R_0 表示零序回路中的等值电阻（包括故障点的接地电阻和导线电阻和大地电阻）；r_L、L 分别表示为消弧线圈的有功损耗电阻和电感；u_0 为零序电压。

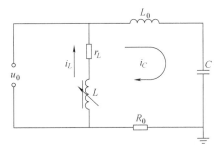

图 7-10 NES 单相接地暂态过程等效电路

通过建立微分方程，考虑初始条件，经拉氏变换等一系列的运算可得暂态电容电流 i_C 为

$$i_C = i_{C.\,os} + i_{C.\,st} = I_{Cm}\left[\left(\frac{\omega_f}{\omega}\sin\varphi\sin\omega_f t - \cos\varphi\cos\omega_f t\right)e^{-\delta t} + \cos(\omega t + \varphi)\right] \quad (7\text{-}18)$$

式中 I_{Cm}——电容电流的幅值；

ω_f——暂态自由振荡分量的角频率；

ω——工频角频率；

δ——自由振荡分量的衰减系数，$\delta = \dfrac{1}{\tau_C} = \dfrac{R_0}{2L_0}$，$\tau_C$ 为回路的时间常数。

同理，可求得消弧线圈的电感电流为

$$i_L = i_{L.\,dc} + i_{L.\,st} = I_{Lm}\left[\cos\varphi e^{-\frac{t}{\tau_L}} - \cos(\omega t + \varphi)\right] \quad (7\text{-}19)$$

在一般情况下，由于电网中绝缘被击穿而引起的接地故障，经常发生在相电压接近于最大值的瞬间，因此可以将暂态电容电流看成是如下两个电流之和：①由于故障相电压突然降低而引起的放电电容电流，它通过母线而流向故障点，放电电流衰减很快，其振荡频率高达数千赫，振荡频率主要决定于电网中线路的参数（R_0 和 L_0 的数值）、故障点的位置以及过渡电阻的数值；②由非故障相电压突然升高而引起的充电电容电流，它要通过电源而成回路，由于整个流通回路的电感增大，因此，充电电流衰减较慢，振荡频率也较低（仅为数百赫兹）。

从上面的分析可知过渡过程中首半波的最大电流值为

$$i_{max} = I_{Cm}\left(\frac{\omega_0}{\omega}e^{-\delta t} - \sin\omega t\right) \tag{7-20}$$

可见，i_{max} 为最大电流和稳态电容电流之比，近似等于共振频率和工频频率之比，它可能较稳态值大几倍到几十倍。

对于中性点经消弧线圈接地的电网，暂态电感电流的最大值应出现在接地故障发生在相电压经过零值的瞬间，而当故障发生在相电压接近于最大值瞬间时，$i_L = 0$，因此，暂态电容电流较暂态电感电流大很多。在同一电网中，不论中性点绝缘或是经消弧线圈接地，在相电压接近最大值发生故障的瞬间，其过渡过程是近似相同的。由于暂态电流的幅值和频率主要是由暂态电容电流所确定的，从而 NES 的暂态电容电流分布与 NUS 的电容电流分布情况类似，如图 7-11 所示。

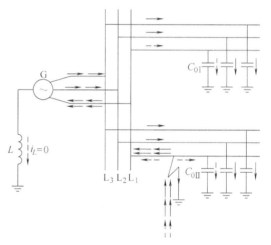

图 7-11　单相接地暂态电流分布

7.2.4　NUGS 单相接地故障选段研究

NUGS 单相接地后允许运行 1~2h，这样可以进一步提高供电可靠性，但却会威胁另外两相的绝缘，因此应能尽快查找到单相接地区段并加以排除。基于 FTU 的选段方法主要有 3 种：

（1）短时断开故障线路法

以图 7-12 为例分析，断开变电站开关 Q_1，在 30s 内合上，并对单相接地故障信号进行观察；若合闸后立即有单相接地故障信号，为 b 段单相接地；若合闸后 30s 有单相接地故障信号，为 c 段单相接地；若合闸后 60s 有单相接地故障信号，为 d 段单相接地。

（2）电容电流差值法

以图 7-12 为例，当 d 区间发生接地故障时，如图 7-12 中虚线所示，则 Q_4、Q_5 开关都将不会有故障电流流过，而只有 Q_1、Q_2、Q_3 开关有故障电流流过，且流过 Q_1、Q_2、Q_3 开关的零序电流从小到大依次是：$I_{Q_1} < I_{Q_2} < I_{Q_3}$，两两之间相差一个区间的对地电容电流数值。

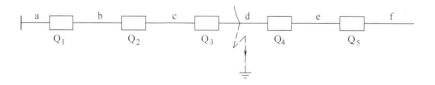

图 7-12　NUGS 单相接地故障选段分析

(3) 零序电流定值法

从原理上讲，发生单相接地后，各开关处流过的零序电流都会有所变化，因而可通过零序电流超过某一定值，来确定故障区段。

以上3种方法都有其缺陷，分析如下：短时断开故障线路法是以短时停电为代价的，这影响了供电可靠性，阻碍馈线自动化的实现；电容电流差值法理论上虽相差一电容电流，似乎可依据电流大小来判断，然而由于这一电容电流差值甚小，实际中它们在数值上是很难分清大小的，所以这种方法不能在实际运行中正确选段；零序电流定值法往往也是不可靠的，这是因为如果负荷三相不平衡的话，也会造成很大的零序电流，导致误动。

针对以上种种选段方法的缺陷，下面提出了一种切实可行的基于FTU的突变量选段方法。

对于辐射状网，判断故障区段，可根据馈线沿线各开关是否流过故障电流来进行判断。假设馈线上出现单一的故障，显然故障区段应当位于从电源侧到末梢方向最后一个经历了故障电流的开关和第一个未经历故障电流的开关之间的区段，进而得到故障选段的实用判据为：接地区段可以定为最后一个有零序电流突变的开关和第一个没有零序电流突变的开关之间的区域。

各FTU将单相接地故障前后各开关零序电流值上报给配网自动化控制中心，通过对比分析，就可以准确的确定哪些开关经历了突然增大的零序电流，哪些开关的零序电流基本未发生变化，从而判断出单相接地位置的可能区段。

7.3 NUGS单相接地故障实验研究——选线方案确定

7.3.1 动态模型的建立

1. 建模思路

为了使实验既贴近实际又便于理论分析，在建模方面做了如下考虑：

1) 为了使实验结果适合理论分析，重点研究空载单相接地情况；电源采用三相交流稳压，以消除三相电压不平衡带来的误差。

2) 考虑到NUGS输电线路一般不长，为了做到有一定的代表性，本模型采用三回出线。

3) 线路分布电容用集中电容模拟，10kV输电线路对地电容值约是 (8.6~9.0) nF/km，若模拟40km长的线路，则电容值为 $8.8 \times 40 \mu F = 0.352 \mu F$，考虑到所接电压为照明电380V，而不是实际的10kV，所以电容大小的选取按10kV线路电容电流的大小近似确定来反映实际的情况。

4) 消弧线圈的电感值 L 按照式 (7-15) 取过补偿 $P = 8\%$ 来确定。

2. 动态模型（见图7-13）及相关参数、设备

说明：

(1) 电源

BT3-15/0.5 调压变压器，容量 15kV·A，输入电压 380V，输出电压 0~430V，最大输出电流 20A。

(2) 线路

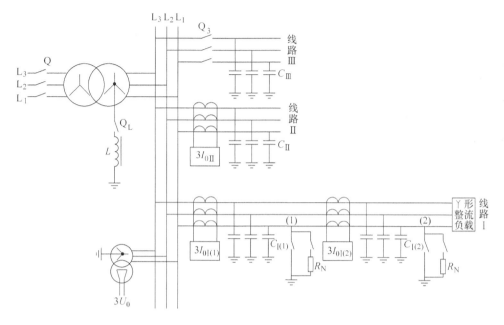

图 7-13 小电流接地系统动态模型

1) 故障线路 I, $C_{I(1)} = 4\mu F$, $C_{I(2)} = 2\mu F$, $R_N = 120\Omega$。
2) 非故障线路 II, $C_{II} = 10\mu F$。
3) 线路 III（多回非故障线路的集中等效），$C_{III} = 40\mu F$。
4) 取过补偿度 $P = 8\%$, $L = 28mH$。

(3) 互感器

1) TA。一次电流 5~10A，二次电流 5A，$\cos\varphi = 0.8$，准确度 0.2 级，额定负载 5V·A，选用电流比 5/5。每 3 只组成一回线路零序电流过滤器，共 9 只。
2) TV。电压比 380/100，共 3 只构成零序电压过滤器。

(4) 其他仪器

SC16 型光线记录示波器，美国泰克 Power Quality Analyzer fluke43、fluke PM6304。

7.3.2 稳态实验记录及分析

1. 实验记录

稳态实验主要是从有无整流负载，有无消弧线圈 L，R 为 0Ω、26Ω、120Ω 等情况进行的。实验采用美国泰克 Power Quality Analyzer fluke43，fluke PM6304 等进行录波和数据测量，取得了大量的数据，限于篇幅，仅选取部分谐波实验数据如下。

表 7-1 详细标注了各栏的含义，表 7-2～表 7-10 进行了简化，其各栏含义同表 7-1，各表中基值栏表示所测电压、电流和功率的总有效值，基波下的三栏分别表示基波的有效值、基波占基值的百分比和基波的相位角，5 次、7 次谐波下的三栏与基波下的三栏含义类同。各表中"—"表示因所测信号微弱，受外界干扰波动很大，无法准确读取数据。L 代表消弧线圈，无 L 表示为 NUS 系统，有 L 表示为 NES 系统；R 为接地短路过渡电阻的大小，$R = 0\Omega$ 表示短路，即金属性直接短路，$R = 26\Omega$、$R = 120\Omega$ 表示经过过渡电阻短路。

(1) 无整流负载时

表 7-1 无 L 且 R 为 0Ω 短路时实验数据记录

测量对象	U、I、P 总的有效值(基值)	基波			5 次谐波			7 次谐波		
		有效值	占总有效值的百分比	相位角/(°)	有效值	占总有效值的百分比	相位角/(°)	有效值	占总有效值的百分比	相位角/(°)
$3U_0$/V	138.7	138.6	99.9%	0	4.9	3.5%	160	2.8	2%	-90
$3I_{0\text{II}}$/A	1.41	1.36	97.4%	0	0.25	17.7%	-137	0.18	12.8%	-60
$P_{0\text{II}}$/kW	0.01	0.02	100%	-85	0	0%	0	0	0%	0
$3I_{0\text{I}(1)}$/A	6.96	6.78	97.4%	0	1.24	17.8%	40	0.95	13.5%	112
$P_{0\text{I}(1)}$/kW	-0.02	-0.05	-100%	93	0	2.1%	79	0	-2.1%	-108

表 7-2 有 L 且 R 为 0Ω 短路实验数据记录

测量对象	基值	基波			5 次谐波			7 次谐波		
$3U_0$/V	135.3	135.2	99.9%	0	3.4	2.5%	176	3.1	2.3%	-87
$3I_{0\text{II}}$/A	1.42	1.39	97.9%	0	0.18	12.7%	155	0.22	15.5%	57
$P_{0\text{II}}$/kW	0.02	0.02	100%	-85	0	0%	0	0	0%	0
$3I_{0\text{I}(1)}$/A	1.76	1.04	59.7%	0	0.24	13.4%	144	1.03	59.7%	135
$P_{0\text{I}(1)}$/kW	0.05	-0.06	100%	29	0	0%	0	0	0%	0

表 7-3 无 L 且 R 为 26Ω 短路实验数据记录

测量对象	基值	基波			5 次谐波			7 次谐波		
$3U_0$/V	86.1	86.1	100%	0	0.4	0.5%	-3	0.1	0.2%	-110
$3I_{0\text{II}}$/A	0.83	0.83	99.9%	0	0.02	2.4%	—	0.01	0.8%	—
$P_{0\text{II}}$/kW	0.01	0.01	100%	-85	0	0%	0	0	0%	0
$3I_{0\text{I}(1)}$/A	4.12	4.12	99.9%	0	0.12	3%	-15	0.06	1.5%	58
$P_{0\text{I}(1)}$/kW	-0.02	-0.02	-100%	93	0	0%	0	0	0%	0

表 7-4 有 L 且 R 为 26Ω 短路实验数据记录

测量对象	基值	基波			5 次谐波			7 次谐波		
$3U_0$/V	130.6	130.5	100%	0	3	2.3%	-142	0.5	0.4%	-44
$3I_{0\text{II}}$/A	1.36	1.32	97.5%	0	0.15	11.1%	-165	0.04	3.1%	100
$P_{0\text{II}}$/kW	0.01	0.02	100%	-85	0	0%	0	0	0%	0
$3I_{0\text{I}(1)}$/A	0.49	0.35	71.8%	0	0.04	8.4%	115	0.04	9.3%	126
$P_{0\text{I}(1)}$/kW	0.01	-0.01	94%	75	0	0%	0	0	0%	0

表 7-5 无 L 且 R 为 112Ω 短路实验数据记录

测量数据	基值	基波			5 次谐波			7 次谐波		
$3U_0/V$	19.04	19.04	100%	0	0.12	0.6%	144	0.01	0.1%	—
$3I_{0{\rm II}}/A$	0.16	0.16	99.5%	0	0	1.5%	—	0	1.5%	—
$P_{0{\rm II}}/kW$	0.001	0.001	100%	—	0	0%	0	0	0%	0
$3I_{0{\rm I}(1)}/A$	0.85	0.85	99.9%	0	0.01	1.8%	120	0	0.3%	—
$P_{0{\rm I}(1)}/kW$	-0.001	-0.001	-100%	94	0	0%	0	0	0%	0

表 7-6 有 L 且 R 为 112Ω 短路实验数据记录

测量对象	基值	基波			5 次谐波			7 次谐波		
$3U_0/V$	24.69	24.52	99.5%	0	0.3	1.1%	34	0.11	0.4%	25
$3I_{0{\rm II}}/A$	0.20	0.19	95.3%	0	0	2.2%	—	0	1.1%	—
$P_{0{\rm II}}/kW$	0.001	0.001	100%	-79	0	0%	0	0	0%	0
$3I_{0{\rm I}(1)}/A$	0.79	0.79	99.8%	0	0.01	2%	135	0	0.3%	—
$P_{0{\rm I}(1)}/kW$	0.004	-0.004	100%	79	0	0%	0	0	0%	0

(2) 有 C 相不对称整流负载时

表 7-7 无 L 且 R 为 0Ω 短路实验数据记录

测量对象	基值	基波			5 次谐波			7 次谐波		
$3U_0/V$	132.2	131.9	99.9%	0	4.2	3.1%	160	2.4	1.8%	-90
$3I_{0{\rm II}}/A$	1.38	1.36	97.9%	0	0.2	14.5%	65	0.18	13.2%	141
$P_{0{\rm II}}/kW$	0.01	0.02	100%	-85	0	0%	0	0	0%	0
$3I_{0{\rm I}(1)}/A$	3.26	2.82	86.6%	0	0.95	29%	115	0.81	24%	-57
$P_{0{\rm I}(1)}/kW$	-0.28	-0.29	-100%	139	0	0.4%	-74	0	0.7%	-12

表 7-8 有 L 且 R 为 0Ω 短路实验数据记录

测量对象	基值	基波			5 次谐波			7 次谐波		
$3U_0/V$	129.4	129.1	99.9%	0	3.5	2.8%	-169	3	2.3%	-93
$3I_{0{\rm II}}/A$	1.37	1.34	98.1%	0	0.16	12.2%	172	0.2	14.6%	60
$P_{0{\rm II}}/kW$	0.02	0.02	100%	-85	0	0%	0	0	0%	0
$3I_{0{\rm I}(1)}/A$	1.14	0.36	31.8%	0	0.06	5.5%	—	0.78	69%	—
$P_{0{\rm I}(1)}/kW$	0.04	-0.05	99.9%	11	0	0%	0	0	4.6%	—

表 7-9 无 L 且 R 为 112Ω 短路实验数据记录

测量对象	基值	基波			5 次谐波			7 次谐波		
$3U_0/V$	22.86	22.82	100%	0	0.08	0.3%	130	0.01	0.1%	—
$3I_{0{\rm II}}/A$	0.26	0.25	99.3%	0	0	0.9%	—	0.01	2.7%	—
$P_{0{\rm II}}/kW$	0.002	0.002	100%	-75	0	0%	0	0	0%	0

(续)

测量对象	基值	基波			5次谐波			7次谐波		
$3I_{0\text{I}(1)}$/A	0.84	0.52	63.8%	0	0.01	0.5%	—	0.01	0.8%	—
$P_{0\text{I}(1)}$/kW	-0.005	-0.005	-100%	113	0	0%	0	0	0%	0

表7-10 有 L 且 R 为112Ω短路实验数据记录

测量对象	基值	基波			5次谐波			7次谐波		
$3U_0$/V	36.37	35.13	97%	0	0.35	1%	10	0.13	0.4%	—
$3I_{0\text{II}}$/A	0.45	0.38	88%	0	0.01	1.6%	—	0.01	1%	—
$P_{0\text{II}}$/kW	0.003	0.003	90.5%	-79	0	0%	0	0	0%	0
$3I_{0\text{I}(1)}$/A	0.79	0.47	59.1%	0	0.01	0.8%	—	0.01	0.6%	—
$P_{0\text{I}(1)}$/kW	-0.001	-0.001	—	96	0	0%	0	0	0%	0

2. 实验数据分析结果

1) 对于无 L 的系统,当 $R=0\Omega$ 时短路,利用基波、5次、7次谐波的大小和相位均可判断。但当经过渡电阻 R 接地短路时,5次、7次谐波信号微弱,但此时仍可用基波的大小和相位进行判别(不带整流负载时)。

对于无 L 的系统,5次、7次谐波不仅受过渡电阻的影响,而且也受整流负载的影响,$R=0\Omega$ 短路仍可用5次、7次谐波的大小及7次谐波相位进行判别,但5次谐波相位失效。$R=112\Omega$ 短路时,5次、7次谐波信号弱,大小相位同时失效。此种情况下利用基波的大小和相位仍可判别。

综上,对于无 L 的系统,基波判别。

2) 无整流负载时,对于有 L 的系统,$R=0\Omega$ 短路时,只可用7次谐波的大小相位判别,随着过渡电阻 R 的增大,基波、5次、7次谐波大小和相位均失效。

有整流负载时,$R=0\Omega$ 短路,利用7次谐波大小可以判别,基波、5次谐波大小相位失效,但随着 R 的增大,全失效。

综上,对于有 L 的系统,可用7次谐波的大小和相位进行判别。

7.3.3 暂态实验记录及分析

1. 实验记录

暂态实验主要是从外加照明电或直接接发电机,有无整流负载,有无消弧线圈 L,接地电阻 R 为0Ω、120Ω等情况进行的。实验采用SC16型光线记录示波器等同时记录在发生单相接地故障前后的零序电压 $3U_0$,相电压 U_a 以及线路Ⅰ第一段零序电流 $3I_{0\text{I}(1)}$,线路Ⅰ第二段零序电流 $3I_{0\text{I}(2)}$,线路Ⅱ零序电流 $3I_{0\text{II}}$ 波形变化情况,取得了大量的波形,限于篇幅,仅选取部分波形如下。

(1) 外加照明电

图7-14和图7-15对应的短路条件:线路Ⅰ的(2)段发生单相接地故障,过渡电阻 $R_N=0\Omega$。图7-16和图7-17对应的短路条件:线路Ⅰ的(1)段发生单相接地故障,$R_N=112\Omega$。

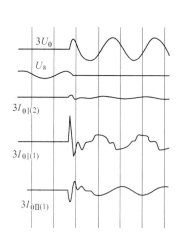
图 7-14 线路 I 的（2）段中性点不接地系统录波（$R_N=0\Omega$）

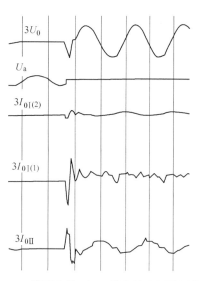
图 7-15 线路 I 的（2）段中性点经消弧线圈接地系统录波（$R_N=0\Omega$）

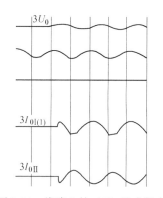
图 7-16 线路 I 的（1）段中性点不接地系统录波（$R_N=112\Omega$）

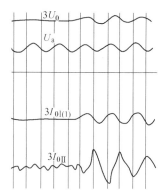
图 7-17 线路 I 的（1）段中性点经消弧线圈接地系统录波（$R_N=112\Omega$）

（2）直接接发电机

图 7-18 和图 7-19 对应的短路条件：线路 I 的（2）段发生单相接地故障，过渡电阻 $R_N=112\Omega$。

2. 实验波形分析结果

1）直接接发电机时的波形比外接照明电时的波形要平滑，说明发电机输出的交流电较普通照明电的质量要好。

2）无论系统是否接消弧线圈 L，其故障与非故障线路的暂态首半波的方向都是相反的，从而验证了暂态过程不受消弧线圈的影响，对 NUS 和 NES 均适用。

3）通过直接接地（$R=0\Omega$）和经高阻接地（$R=112\Omega$）故障的比较，可以看到，直接接地故障暂态电流大，其暂态过程非常明显，且故障与非故障线路首半波方向相反；经高阻接地故障时候，其暂态过程不明显，暂态电流甚至还小于稳态时的电流，但首半波的方向仍然是相反的。

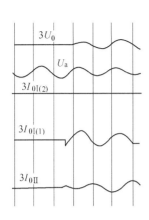 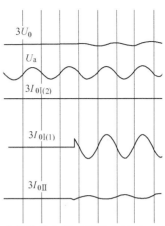

图 7-18　直接接发电机时线路 I 的（2）段中性点经消弧线圈接地系统录波（$R_N = 112\Omega$）　　图 7-19　直接接发电机时线路 I 的（2）段中性点不接地系统录波（$R_N = 112\Omega$）

7.3.4　NUS 选线方案的确定

1. 选线原理

综合上述理论和实验分析的结果，对 NUS 利用稳态基波量作为选线的依据，并进一步提出了"群体比幅比相"的 3 种方案：3C 方案、2C1V 方案和 1C1V 方案。下面分别对这 3 种方案进行说明。

（1）3C 方案

3C 方案即 3 个电流方案。为克服"时针效应"而提出了 3C 方案。所谓"时针效应"是说：因为钟表上时针较分针、秒针短，时针所在位置（指向）较分针、秒针不易辨认，同理，当一个复向量幅值较小时，其角度误差很大，短线路的电容电流幅值很小，受到干扰后，其相位滞后于电压，造成误动。

3C 方案就是同时将多路信号采入计算机，经数字滤波后获得基波，按幅值排队，找出最大的前 3 个（记为 $\dot{i}_1$、$\dot{i}_2$、$\dot{i}_3$），再比较这 3 个电流的相位，其中不同者即为故障线路，若三者相位都相同则为母线故障。

排队后去掉了幅值小的电流，一定程度上避免了"时针效应"；另外，排队也避免了设定值，具有设定值随动的"水涨船高"的优点。

但是因为 $\dot{i}_3$ 也可能较小，由其相位决定是 $\dot{i}_1$ 还是 $\dot{i}_2$ 接地可能引起误判，$\dot{i}_3$ 越小，误判概率越高。为此，扩展了另外两种选线方案：2C1V 方案和 1C1V 方案。

（2）2C1V 方案

2C1V 方案即两个电流一个电压方案。在 $\dot{i}_3$ 较小而被忽略情况下，可以引入零序电压 $\dot{U}_0$，其相位关系如图 7-20 所示。若 $\dot{i}_1$ 或 $\dot{i}_2$ 滞后于 $\dot{U}_0$，则 $\dot{i}_1$ 或 $\dot{i}_2$ 接地，若 $\dot{i}_1$ 和 $\dot{i}_2$ 超前于 $\dot{U}_0$，则为母线接地。

（3）1C1V 方案

1C1V 方案即一个电流一个电压方案。它是指当 $\dot{i}_2$ 也较小时，则按照 $\dot{i}_1$ 与 $\dot{U}_0$ 的相位判

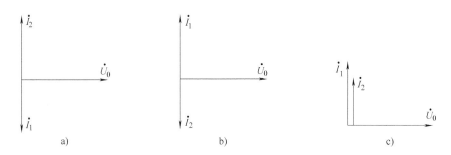

图 7-20 2C1V 方案的向量
a) I_1 接地 b) I_2 接地 c) 母线接地

线的,当 i_1 滞后于电压时判 i_1 接地,反之则判母线接地。由于已经经过了群体比幅,所以不是每一个电流都和电压进行比较,只有最大的电流 i_1 进行比较。

2. 该选线方案的特色

1)"群体比幅比相"的处理预先进行了筛除,避免了零序滤过器输出中的不平衡电流以及装置本身的信号输入通道中难免有的误差,增强了抗干扰能力,克服了"时针效应",与传统的单一功率方向比较是进步的。

2)3C 方案基础上,2C1V 方案和 1C1V 方案的提出,进一步增大相位比较动作区,有利于保护动作的正确性。

3)避免了设定值,具有"水涨船高"的随动特性,不受运行方式变化和接地电阻的影响。

4)适用面广,系统中长短线路不限。

5)现场维护量小,易于扩充、维修。

7.3.5 NES 选线方案的确定

1. 综合选线原理简介

前已述,当 NES 发生单相接地故障时,从故障点暂态电流的组成来看,主要包含:电网故障相的对地电容的放电波、非故障相的对地电容的充电波、消弧线圈的暂态电感电流分量 3 个分量。由于暂态接地电流的频率很高,幅值很大,且该暂态零序电流与零序电压的首半波之间存在着固定的相位关系,此种特性可供构成接地保护之用,对于辐射形结构的电网而言,在故障线路上两者的极性相反,而在非故障线路上,则两者的极性相同,由此可以检出故障线路。这也就是暂态首半波选线的基本原理,即故障线路零序暂态电流峰值最大,且故障线路与非故障线路暂态首半波方向相反。

考虑到暂态首半波只有数百微秒,且当接地故障发生在相电压瞬时值为零的附近时,暂态分量值将更小,为此,在利用暂态首半波选线的基础上进一步提出利用稳态量来作为补充选线方案。

对 NES 系统,从 7.2.1 节的分析已经知道,由于消弧线圈的接入使得 NES 的基波分布与 NUS 的基波分布大不一样,从而适用于 NUS 的基波大小、相位选线的方法对于 NES 失效,而由于 NES 中的谐波分布不受消弧线圈的影响,与 NUS 的基波相同,其相应的零序等效网络和相量图分别与图 7-4 和图 7-5 相同，传统的采用 5 次谐波作为 NES 选线的依据。

通过 7.2.2 节的分析已经知道，具有非线性特性的用电设备和含铁心的大容量变压器是系统中的两大主要谐波源，由 NUGS 单相接地故障谐波电流的分布，又进一步知道 NUGS 中无 3 次、9 次、15 次等 $3i$（$i=1$，2，3，…）次谐波分量，而存在 5 次、7 次、11 次、13 次等谐波，下面重点对 3 次、5 次、7 次进行分析。

设电网中 h 次谐波的 L_1 相电压为

$$U_{ah} = \sqrt{2}U_h\sin(h\omega_1 t + \varphi_h) \tag{7-21}$$

式中　ω_1——电压或电流角频率，$\omega_1 T = 2\pi$；
　　　φ_h——L_1 相 h 次谐波的初相角。

从而 L_2、L_3 相的电压或电流表达式为

$$U_{bh} = \sqrt{2}U_h\sin\left(h\omega_1 t + \varphi_h - \frac{2\pi}{3}h\right) \tag{7-22}$$

$$U_{ch} = \sqrt{2}U_h\sin\left(h\omega_1 t + \varphi_h + \frac{2\pi}{3}h\right) \tag{7-23}$$

对于不同的正整数 h，得到的表达式不同，有 3 种情况。

1）$h = 3k$（k 为任意正整数时），三相电气量的谐波相位相同，用对称分量法分析时只出现零序分量，称为零序性谐波，包括直流和 3 次、6 次、9 次等谐波：

$$U_{ah} = U_{bh} = U_{ch} = \sqrt{2}U_h\sin(h\omega_1 t + \varphi_h) \tag{7-24}$$

2）$h = 3k+1$ 时，三相电气量的谐波相位与基波相序相同，用对称分量法分析时只出现正序分量，称为正序性谐波，包括 1 次、4 次、7 次等谐波：

$$U_{ah} = \sqrt{2}U_h\sin(h\omega_1 t + \varphi_h) \tag{7-25}$$

$$U_{bh} = \sqrt{2}U_h\sin\left(h\omega_1 t + \varphi_h - \frac{2\pi}{3}\right) \tag{7-26}$$

$$U_{ch} = \sqrt{2}U_h\sin\left(h\omega_1 t + \varphi_h + \frac{2\pi}{3}\right) \tag{7-27}$$

3）$h = 3k-1$ 时，三相电气量的谐波相位与基波相序相反，用对称分量法分析时只出现负序分量，称为负序性谐波，包括 2 次、5 次、8 次等谐波：

$$U_{ah} = \sqrt{2}U_h\sin(h\omega_1 t + \varphi_h) \tag{7-28}$$

$$U_{bh} = \sqrt{2}U_h\sin\left(h\omega_1 t + \varphi_h + \frac{2\pi}{3}\right) \tag{7-29}$$

$$U_{ch} = \sqrt{2}U_h\sin\left(h\omega_1 t + \varphi_h - \frac{2\pi}{3}\right) \tag{7-30}$$

电力系统配电网中常以 3 次、5 次、7 次等奇次谐波为主。

对 3 次谐波来说，根据上面的分析知道它们实际上是零序性谐波，当变压器采用Y联结时限制了 3 次谐波，当采用△联结时，零序性谐波电流在三角形内流动而不会注入系统。

而对 5 次、7 次谐波来说，5 次谐波为负序性谐波，7 次谐波为正序性谐波，所以它们会经过线路注入系统，在线路及电源阻抗上产生压降，使得系统电压中含有明显的 5 次、7 次谐波成分，而且离电源越远，负荷电流越小，5 次、7 次谐波成分越大，因而可以作为选线的依据。

传统的单相接地故障选线就是利用 5 次谐波。而实际上除基波外，5 次、7 次谐波以基波值为基数所占的百分数分别为 $I_{05}=2\%\sim8\%$，$I_{07}=1\%\sim5\%$，5 次、7 次谐波所占的比例几乎相同，受系统运行方式、负荷、谐波源等影响，7 次谐波分量甚至可能大大高于 5 次谐波分量，从 7.3.2 节的实验也证明了这一点。

同时，又可以看到在有消弧线圈的系统中，对于 5 次谐波，感抗（$5\omega L$）较基波时增大 5 倍，而容抗（$\omega C/5$）却减少为原来的 1/5，这样电容电流将是消弧线圈电感电流的 25 倍，而对于 7 次谐波这一差值就是 $7\times7=49$ 倍，这一差值是 5 次谐波的两倍，从此说明采用 7 次谐波较采用 5 次谐波受消弧线圈的影响更小，选线可靠性也就更高。7 次谐波的分布与基波分布也完全相同，参见 7.2.1 节。

基于以上的分析，对 NES 系统采用暂稳态结合的首半波、7 次谐波综合选线方案。

2. 综合选线方法的特点

NES 由于消弧线圈的接入，使得其故障选线较 NUS 难度增加，传统的单一选线方案很难正确选线，而综合选线方案巧妙利用了故障的暂稳态特征量，减小了单一判据而导致的误判。表 7-11 是暂态首半波选线方案和 7 次谐波选线方案两者的一个比较，我们发现这两种方案都不受消弧线圈的影响，而且这两种方案本身存在着互补性和相对独立性，综合起来便是一个完善的方案。

表 7-11 两种方案的比较

参比方面	暂态首半波选线	7 次谐波选线
中性点经消弧线圈接地	适合	适合
电压过零时接地	不适合	适合
间歇性接地故障	适合	不适合
有谐波污染时候	适合	不适合
对 A/D 要求	速度快	精度高
算法	简单	相对复杂
故障后反应	立即反应	延时反应

7.4 软件设计

7.4.1 开发语言和工具介绍

1. 开发语言

所实现的单相接地故障选线是基于 FTU 馈线自动化系统的重要组成部分。FTU 采用 SD-2210 型 FTU，各 FTU 分别采集相应柱上开关的运行情况，如电压、电流和开关当前位置等，并将上述信息由通信网络发向远方的配电网自动化控制中心；各 FTU 还可以接受配网自动化控制中心下达的命令进行相应的操作。所以基于 FTU 的单相接地故障选线的软件设计就包括两部分：FTU 的下位机软件设计和中心的上位机软件设计。

FTU 的下位机软件设计采用 C 语言和汇编语言编写。C 语言具有高级语言的简洁、方便的特点，并且可读性好、移植性强、程序修改方便、执行速度快。但在某些情况下，C 代码的效率还是无法与手工编写的汇编代码的效率相比,用 C 语言实现 DSP 芯片的某些硬件控制也不如汇编语言方便。因此,在软件设计上采用 C 语言和汇编语言混合编程的方法实现,以达到最佳地利用 DSP 芯片软硬件资源的目的。

中心的上位机软件设计采用面向对象的 VISUAL BISIC 6.0 语言编写。VB 编程面向用户图形界面,大大减少了编程工作量,缩减软件开发周期;VB 编程以事件驱动为机制,使得程序设计更加容易和方便;VB 采用面向对象的程序设计方法,程序代码具有良好的可重用性、可扩充性。

2. 开发工具简介

在软件设计中用到的开发、调试工具主要有,代码生成工具(主要包括汇编器、链接器及 C 编译器)、在线调试软件、闻亭公司 EPP_XDS510 型仿真器。

(1) 代码生成

代码生成工具用于将用户编写的代码转化为公共目标文件格式(Common Object File Format,COFF)文件或生成各种库,以便开发中管理和调用。COFF 是 TI 公司新的汇编器和链接器创建的目标文件,采用这种目标文件格式更利于模块化编程,并且为管理代码段和目标系统存储器提供更强有力和更加灵活的方法;基于 COFF 编写 DSP 程序可使程序员摆脱对程序绝对地址的操作,不必为程序代码或变量指定目标地址,从而使程序具有更强的可读性和可移植性。代码生成的具体过程如下:C 编译器将 C 源程序编译成汇编程序,而后通过汇编器生成 COFF 文件,再通过链接器生成在 DSP 中可执行的 COFF 文件,然后经 PC 下载到目标系统中进行调试。

(2) 调试软件

在线调试软件可直接用于用户设计系统的开发调试。当生成了可执行的 F206 代码(*.out 文件)后,即可通过主机将其下载到待开发系统进行仿真调试,通过运行于 PC 上的调试软件 C2XX Code Composer Simulator(软件仿真)/Emulator(硬件仿真),可实现对程序的逐步跟踪运行。C2XX Code Composer Simulator(软件仿真)/Emulator(硬件仿真)调试器提供了较为完善的调试功能,其用户界面如图 7-21 所示,在程序运行控制方面,支持待调试程序的条件执行、单步执行、断点设置和清除;在语言方面上,可支持 C 语言和汇编语言的调试;在命令输入方式上,可支持命令输入、批文件输入和菜单输入;此外其还支持全屏幕编辑,用户可即时修改待调试系统的内存和各寄存器的内容,可连续更改屏幕上的信息,并高亮显示变化了的数据。用户可利用 load(或 load 菜单/load program)命令装入待调试文件(*.out 文件),而后可通过在命令窗口输入调试命令进行各种调试。

(3) 扫描仿真

笔者是采用闻亭公司的 EPP_XDS510 型扫描仿真器对系统进行在线硬件仿真调试的,XDS510PP 仿真器一端通过 EPP 并口与 PC 主机相连,另一端通过一双列 14 引脚的仿真插头与 F206 通信(SD-2210 型 FTU 的 DSP 芯片 F206 自带有符合 IEEE 标准 1149.1 的 JTAG 仿真接口),具体接线如图 7-22 所示。

由于高速 DSP 芯片具有高度并行的结构、快速的指令周期、高密度的封装等特点,采用传统的电路仿真方法很难实现可靠的仿真,TI 公司所开发的扫描仿真方法可用来解决高速 DSP 芯片的仿真。扫描仿真器不采用传统的电路仿真器对用户板进行插入仿真的办法,而是通过 DSP 芯片上提供的几个仿真引脚实现仿真功能,这就克服了传统单片机插入式仿

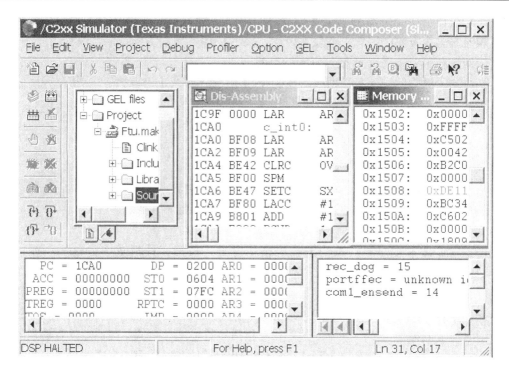

图 7-21 调试软件界面

真方式脱机运行时就出错的缺点,扫描仿真还进一步消除了传统的电路仿真存在的问题,例如:仿真电缆过长会引起信号失真,仿真插头会引起可靠性

图 7-22 仿真器接线

差等问题;用户程序可在目标系统的片内或片外存储器实时运行,而不会因为仿真器引入额外的等待状态。

(4) 程序下载

F206 支持通过 JTAG 扫描端口的程序下载将程序写入片内的 FLASH 中,TI 公司提供了 PGMR20. ZIP 和 PGMR20PP. ZIP 两个压缩包供不同用户烧录 FLASH 用,PGMR20. ZIP 适用于采用 ISA 总线的 XDS510 型仿真器,PGMR20PP. ZIP 适用于并口 XDS510PP 型仿真器,针对 EPP_XDS510 型扫描仿真器,笔者采用了 PGMR20PP. ZIP 压缩包。程序的下载包括 FLASH 的清 0 (Clear,所有位清 0)、擦除 (Erase,所有位置 1) 及编程 (Program) 3 个步骤。F206 的 FLASH 烧录必须具备两个前提:①FLASH 烧录工作只能在 WIN98 操作系统下完成,在 WIN2000 操作系统下将会显示窗口初始化失败,被强行关闭;②F206 的时钟频率必须为 20MHz。

由于 SD-2210 型 FTU 没有外部 RAM,可参见图 3-4 所示的存储空间分布,若将程序完全定位至 8000H 开始的片上 SARAM 内,则与 F206 中断向量表应该定位至 0000H 相矛盾,从而中断进一步程序将不可能正确运行;若将程序完全定位至 0000H 开始的 FLASH 内,虽保证了中断进一步程序可以正确运行,但是由于在 FLASH 内无法设置断点,所以此种情况下不能顺利进行仿真调试;若将中断向量表定位至 0000H 的 FLASH 内,将程序的其他部分定位至 8000H 内,可以保证中断进一步程序的正确执行,也可以在 SARAM 内设置断点,似乎是一种可行的方法，但是程序每改动一点，也就意味着中断向量表也要做相应的修改，即要再次将中断向量表烧录到 FLASH 内，这不仅麻烦而且对 FLASH 也有损伤。针对以上种种方案存在的弊端，提出了一种行之有效的解决办法，那就是将中断向量表和程序都定位至 8000H 开始的 SARAM 内，而在 0000H 烧录进一定的跳转语句，这样既保证了中断的正确执行和程序断点的调试，同时对 FLASH 也只要进行一次烧录即可。

（5）TMS320F206 的 FLASH 烧录详析

TMS320F206 是 TI 公司生产的高性能定点 DSP 芯片，其片内具有 32K 字的闪烁存储器（FLASH），利用闪烁存储器存储程序，不仅降低了成本，减小了体积，同时系统升级也很方便。当用户程序调试完成后，如何将程序烧录进 FLASH 以保证程序能够独立运行，下面就此问题进行了详细的分析。TI 公司提供了 PGMR20.ZIP 和 PGMR20PP.ZIP 两个压缩包供不同用户烧录 FLASH 用，PGMR20.ZIP 适用于采用 ISA 总线的 XDS510 型仿真器，PGMR20PP.ZIP 适用于并口 XDS510PP 型仿真器，以后者为例，XDS510PP 仿真器一端通过 EPP 并口与 PC 主机相连，另一端通过符合 IEEE 标准 1149.1 的 JTAG 口与 DSP 相连。对 FLASH 的烧录必须按照三步进行：①清零——让所有位为零；②置 1——让所有位为 1；③编程——使选择位为 0。PGMR20PP.ZIP 压缩包提供了两种方法来实现这样操作：B0 法和 SARAM 法。

1）B0 法。所谓 B0 法是指利用 DSP 内的 B0 RAM 空间作为烧录程序的空间，利用 B0 法烧录时，清零、置 1、编程的操作只能分别单独执行，这虽然影响效率，但对于调试和诊断确是非常有利的，实现 B0 法的批处理文件如下：

① BTEST.BAT——测试程序，用于检测 JTAG 口与目标板的连接是否完好，在对 FLASH 烧录之前都要实施这一检测，若出错，则任何对 FLASH 的操作都将不能正确执行。

② BC0.BAT——对 FLASH 0 清零的算法，BC1.BAT——对 FLASH 1 清零的算法。

③ BE0.BAT——对 FLASH 0 的置 1 算法，BE1.BAT——对 FLASH 1 的置 1 算法。

④ BP32K.BAT——例程。

⑤ BFLW0.BAT——对 FLASH 0 的编程算法，BFLW1.BAT——对 FLASH 1 的编程算法。

2）SARAM 法。所谓 SARAM 法是指利用 DSP 内的 SARAM 空间作为烧录程序的空间，它不再局限于 B0 法的单独执行，而是可以综合执行清零、置 1、编程的操作，提高了效率。但是对于 TMS320F240 这种没有 SARAM 存储空间的 DSP 芯片就不能用此法，而只能用 B0 法。实现 SARAM 法的批处理文件如下：

① STEST.BAT——测试程序，作用同 B0 法。

② SCE0.BAT——对 FLASH 0 进行清零和置 1 的算法，SCE1.BAT——对 FLASH 1 进行清零和置 1 的算法。

③ SP32K.BAT——例程。

④ SCEP0.BAT——对 FLASH 0 进行清零、置 1 并编程的算法。

SCEP1.BAT——对 FLASH 1 进行清零、置 1 并编程的算法。

SARAM 法允许在一个批处理文件中完成清零和置 1 的综合操作，但如果清零失败，将不会继续置 1 的操作而是会中止。同理，若清零、置 1 不能顺利完成，则不会进行编程操作而是会中止。

3）个性化的烧录法。尽管有了 B0 法和 SARAM 法，但实际情况是多变的，而每个人的要求也是不同的，为此介绍一种个性化的烧录方法，其基本格式：PRG2XXPP - [OP-

TIONS〕C2XX_SPX. OUT NAME. OUT。

——〔OPTIONS〕项的说明如表 7-12 所示。

表 7-12 中，-s 设定一个 16 进制数初始化变量 PRG_option，PRG_option 说明如表 7-13 所示。

● F0/F1：FLASH 选择位，用于指定哪块 FLASH 被选中来进行指定的操作，相应位为 1 表示选定对应的 FLASH。

表 7-12 -〔OPTIONS〕项的说明

OPTIONS	选项说明
-h	帮助
-n	多目标板的情况下，指定待烧录目标板名称，默认为 C200
-p	指定连到 PC 主机的 XDS510 的 I/O 口地址，默认为 240
-w	指定主机编程状态时的超时，默认为 1
-i	编程前要初始化的 I/O 寄存器地址，默认为 0xFFE4
-m	-i 选项指定的地址中要写入的数值
-t	初始化 ST1 寄存器，默认为 0x17FC
-e	表示在对 FLASH 编程前先要进行擦除操作
-s	设定一个 16 进制数初始化变量 PRG_option

表 7-13 PRG_option 说明

15	14	13~3	2	1	0
F1	F0	保留位	P	E	C

● P/E/C：FLASH 操作位，仅对 SARAM 法有效，对 B0 法无效，P/E/C 相应位为 1 表示对选中的 FLASH 块进行对应的 C（清零）、E（置 1）、P（编程）操作。

例如，>PRG2XXPP -P 278 -S 0X4003 C2XX_SPX. OUT 116K0. OUT

对有些 PC 其默认的 I/O 口地址为 378，而这一地址又往往被其他设备所占用，这时候用 B0 法和 SARAM 法都将不能完成烧录，而只能采用个性化的烧录法在命令行中利用 -P 选项改变 I/O 口地址，如上面 -p 选项值为 278，-S 0X4003 表示对 FLASH 0 块进行 C、E 的操作。

4）错误信息及对策。在具体的烧录过程中往往还会碰到诸多的问题，下面对可能出现的四类错误信息分析其产生的原因及相应的解决办法。

① 系统中止错误。在执行 PRG2XXPP 后，系统停止了，可能的原因有：命令行的 -p 选项指定了错误的口地址；DSP 目标板没有连接好；JTAG 口连接错误；DSP 目标板存在外加的复位信号。

② 与 JTAG 连接相关的错误。

● ERROR 100：处理器初始化出错。表示目标板通电但扫描电路没有正常工作，可能的原因有：-n 选项指定的装置名错误；目标板的 VDD 电压低于预期值；JTAG 的一个或者多个引脚出现了开路或短路错误。

● ERROR 101：DSP 目标板不能复位。

- ERROR 102：初始化 ST1 寄存器失败。
- ERROR 103：不能写算法指定的存储空间。
- ERROR 104：不能读算法指定的存储空间。
- ERROR 105：目标系统写失败。
- ERROR 106：目标系统不能从 PC 指定的地址开始执行。
- ERROR 107：目标系统无法停止。
- ERROR 108：DSP 处理器处于不确定状态。

上述出现的错误都与 JTAG 没能保证正常通信有关，检查 JTAG 连接口的 TCK_RET 信号，并确保在对 FLASH 编程时候，没有外加的 NMI 或 RESET 信号。

③ 与文件处理有关的错误。
- ERROR 110：命令行中指定的文件找不到，检查路径和文件名是否正确。
- ERROR 111：装载 COFF 文件失败，重新检查命令行的 COFF 文件，检查是否链接出错。

④ 与 FLASH 算法有关的错误。
- ERROR 109：处理器超时。原因是 CPU 时钟不是 20MHz，若 CPU 速率太快，则编程算法中使用的软件延时将会缩短，从而导致算法不能正常完成；解决的办法就是用示波器检查 CPU 的时钟并给予更正。
- ERROR 113：编程算法失败。可能的原因有：在进行编程操作前 FLASH 并没有完全置 1，例如，COFF 文件超出了 FLASH 0 的地址范围，这时候编程前两块 FLASH（0、1）都要先置 1；CPU 时钟不是 20MHz；COFF 文件错误，可改用给定的例程试。
- ERROR 114：清零、置 1 算法失败。可能的原因有：如果错误出现在清零和置 1 的时候，则说明 FLASH 内的一些存储空间已经损坏，这样的损坏往往是由于操作者对 FLASH 过渡置 1 引起的，例如对只有部分编程的 FLASH 经常执行置 1 操作就可能导致损坏，出现损坏后，修复的办法就是运行 BFLW0/1.BAT 文件利用对 FLASH 的写脉冲来修复装置；如果错误出现在清零而不是置 1 和编程的时候，则 FLASH 存储空间没有损坏，因为是否损坏的检测只在置 1 和编程的时候才会被执行，此时应该检查 CPU 时钟是否为 20MHz，若不是，予以更正，若是，则 FLASH 存储空间可能就是永久性损坏了。

7.4.2 NUS 系统选线下位机软件设计

1. 功能

FTU 下位机程序的功能主要是完成采集电压、电流的实时信号，对 NUS 利用的是稳态基波量，所以按 32 点采样即可，并按照傅里叶算法计算 U_0 值，判断其是否大于整定值 U_{ZD}，一旦大于表示发生故障，延迟几秒后，停止采样，保存稳态数据等待子站下发命令索要。

2. 结构

软件编程采用了模块化的设计方法，主要由 3 块组成：系统初始化部分、采样启动判断部分和通信部分。

系统初始化部分主要完成以下工作：配置存储空间、设置器件工作模式和等待状态、初始化异步串行口（包括设置数据长度、有无奇偶校验、奇/偶校验选择、停止位个数及波特率）、设定采样工作模式、初始化定时器并确定时间间隔、开中断等。

采样启动判断部分是 FTU 程序的核心部分。

由于每个 MAX125 有 8 个通道,现只需要保持一个周波的采样数据,所以在 RAM 中开辟的数组空间的大小为 32 点×8 通道×1 周波=256,考虑一定的裕度,可取 280。MAX125 引脚经 CPLD 逻辑处理后接至 TMS320F206 外部中断 1(INT1),A-D 转换完成后产生中断,CPU 响应中断启动中断服务子程序,读取各通道转换数据到对应的数组空间,在中断服务子程序中,每次都将本次读入的零序电压数据与 U_0 数组空间中保存的前 31 个数据按照如下的傅里叶算法对离散的这 32 点采样值进行运算,则零序电压基波的实部和虚部分别为

$$a_1 = \frac{2}{N}\sum_{k=1}^{N} u_k \cos\frac{2\pi k}{N} \qquad b_1 = \frac{2}{N}\sum_{k=1}^{N} u_k \sin\frac{2\pi k}{N} \tag{7-31}$$

式中 N——一个周期 T 中的采样点数,现采用 32 点采样,所以 $N=32$;

u_k——第 k 个采样值。

由于 F206 为定点 DSP 芯片,在实现该算法时,多次调用 sin、cos 函数就要花费相当长的时间,从而会引起波形畸变失真,为此将 32 个的 $\cos\frac{2\pi k}{N}$ 和 $\sin\frac{2\pi k}{N}$ 首先计算出来,作为常数系数放到一个数组中,以解决定点与函数调用的矛盾;另外,由于 u_k 为以二进制表示的采样数据,其值相对于最大值只有 1 的 sin、cos 函数来说大很多,为减小计算误差,计算出的 $\cos\frac{2\pi k}{N}$ 和 $\sin\frac{2\pi k}{N}$ 常数值统一乘以 1000 后再存放于数组中;这样的两个处理保证了 U_0 的准确计算。

中断服务子程序流程如图 7-23 所示。

变量含义说明:程序中定义了 3 个标志变量 COUNT1、COUNT2、COUNT4,其中 COUNT1 是静态存储变量,初值为 0,COUNT2 和 COUNT4 是全局变量,初值均为 1。COUNT1 用于记载 U_0 大于整定值后为获取稳态数据而延后的 600 个点;COUNT4=2 时表示 U_0 大于了整定值,发生了故障;

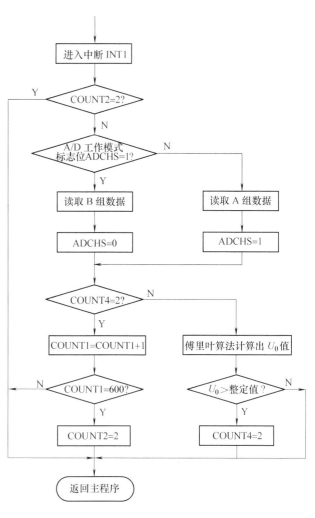

图 7-23 中断服务子程序流程

COUNT2=2 表示此时不再进行采样,保存在数组中数据就是已经延后 600 个点了的稳态数据。

程序设计的基本思路:首先判断 U_0 是否大于整定值,若大于,则再进一步判断是否已

经到达稳态,若已经到达稳态,则下次中断时将不再进行采样,而是直接返回主程序,即保存稳态32点采样数据不变,等待子站索要。

在采样程序中,首先将数组存储空间顺移一位,以保证数据的实时刷新,然后顺序读取转换好的数据。程序返回前要设置 A-D 的工作模式字 ADCHS,以便下次中断启动另一组的4个通道。

当 U_0 计算出大于整定值,表示发生故障,为获取稳态数据,需要一定的延时,在程序实施上采用 U_0 启动后延后600个点实现。

通信部分采用了循环查询的方式进行发送。查询线路状态寄存器 1sr 的第9位发送器空标志位 TEMT,当该位为1时,上传数据,为0则等待。

7.4.3 NUS 系统选线上位机软件设计

上位机的 VB 程序主要功能是根据上传的电压、电流采样数据,进行计算,确定故障相,选出故障线路,同时还可进行一些参数的设定。

1. 故障相的确定

通常小电流接地系统发生单相接地,故障相电压下降,一般采用最低相电压判断故障相别,但当系统不对称度较大且发生高阻接地故障时候,情况就不一定如此,这点在7.2.1节中已有论述。一般接地故障,位移电压大于30%相电压,故障相直接由电压最低相决定,该原则已经得到现场广泛的应用,但高阻接地故障时,位移电压小于30%相电压,电压最低相就不一定是故障相,为此采用如下的选相步骤:

1)零序电压变化量大于30%相电压时,电压最低相为故障相,否则,采用以下判据判断。

2)电压最高的下一相(按 L_1、L_2、L_3 正序往下推)为接地相。

2. 故障线路的确定

(1)选线方案的软件流程

在7.3.4节中已确定对 NUS 故障选线采用3C 方案、2C1V 方案和1C1V 方案,这3种方案的执行条件和优先级如图7-24所示,其中 U_{ZD} 和 I_g 分别是电压、电流的整定值。

U_{ZD} 为零序电压启动的一整定值。正常情况下,零序开口电压为0V,实际上考虑一定的不对称度,约为小于5V;当金属性接地后,接近100V,经电阻接地,约在30~100V 范围内。

I_g 为参比电流的不考虑的最小值,可结合初步的估算结果由实际情况定。零序电流估算为

架空线 $I_{c0} = 2.7 \sim 3.3 \times 10^{-3} UL$ (7-32)

电缆线 $I_{c0} = 0.1 UL$ (7-33)

式中 I_{c0}——零序电流(A);

       U——电网额定电压(kV);

       L——线路长度(km)。

式(7-32)中的系数2.7适用于单回路无架空地线

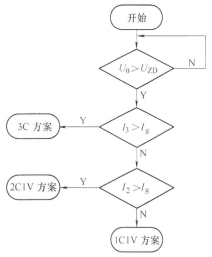

图7-24 3种方案执行优先级

的线路，系数 3.3 适用于单回路有架空地线的线路。

3C 方案、2C1V 方案和 1C1V 方案的具体流程分别如图 7-25 ~ 图 7-27 所示。

(2) 实用算法判据

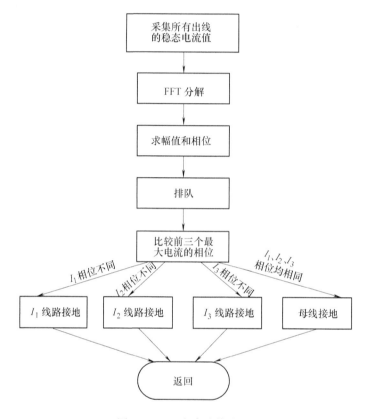

图 7-25　3C 方案选线流程

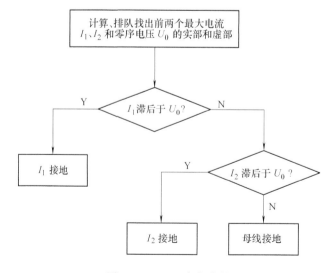

图 7-26　2C1V 方案流程

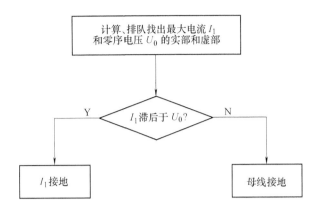

图 7-27 1C1V 方案流程

1) 傅里叶算法求实部、虚部。

按照如下的傅里叶算法对离散的采样值进行运算,则基波电流的实部和虚部分别为

$$a_{1n} = \frac{2}{N}\sum_{k=1}^{N} i_k \cos\left(\frac{2\pi nk}{N}\right) \qquad b_{1n} = \frac{2}{N}\sum_{k=1}^{N} i_k \sin\left(\frac{2\pi nk}{N}\right) \tag{7-34}$$

式中 N——一个周期 T 中的采样点数;

i_k——第 k 个采样值;

n——谐波次数。

求得实、虚部后,模为

$$mo = \sqrt{a_{1n} \cdot a_{1n} + b_{1n} \cdot b_{1n}} \tag{7-35}$$

相角 θ 为

$$\mathrm{tg}\theta = b_{1n}/a_{1n} \tag{7-36}$$

2) 相位相反的实用判据——适于 3C 方案。

设故障线路零序基波电流的实部和虚部分别为 a_{11},b_{11},则令

$$a_{11} + \mathrm{j}b_{11} = r_1\cos\alpha + \mathrm{j}r_1\sin\alpha \tag{7-37}$$

又设另一条非故障线路零序基波电流的实部和虚部分别为 a_{12},b_{12},则令

$$a_{12} + \mathrm{j}b_{12} = r_2\cos\beta + \mathrm{j}r_2\sin\beta \tag{7-38}$$

则

$$\cos(\alpha - \beta) = \cos\alpha\cos\beta + \sin\alpha\sin\beta \tag{7-39}$$

两边同乘 r_1r_2,则

$$r_1r_2\cos(\alpha - \beta) = a_{11}a_{12} + b_{11}b_{12} \tag{7-40}$$

因此

$$\cos(\alpha - \beta) = (a_{11}a_{12} + b_{11}b_{12})/(r_1r_2) \tag{7-41}$$

故障线路与非故障线路零序基波电流方向相反,则

$$90° < \alpha - \beta < 180°, \cos(\alpha - \beta) < 0, \tag{7-42}$$

即

$$a_{11}a_{12} + b_{11}b_{12} < 0 \tag{7-43}$$

按式(7-43)即可找出故障线路。

3) 相位滞后、超前的实用判据——适于 2C1V 方案和 1C1V 方案。

设电流的实部和虚部分别为 a_i,b_i,则令

$$a_i + \mathrm{j}b_i = r_i\cos\alpha + \mathrm{j}r_i\sin\alpha \tag{7-44}$$

设电压的实部和虚部分别为 a_u,b_u,则令

$$a_u + \mathrm{j}b_u = r_u\cos\beta + \mathrm{j}r_u\sin\beta \tag{7-45}$$

又
$$\sin(\alpha-\beta) = \sin\alpha\cos\beta - \cos\alpha\sin\beta$$
$$= \frac{b_i}{r_i}\frac{a_u}{r_u} - \frac{a_i}{r_i}\frac{b_u}{r_u} = \frac{1}{r_i r_u}(b_i \cdot a_u - a_i \cdot b_u) \tag{7-46}$$

若要满足电流滞后于电压，就要满足 $-180°<\alpha-\beta<0$

即
$$\sin(\alpha-\beta) < 0 \tag{7-47}$$

从而得到实用判据：若 $b_i a_u - a_i b_u < 0$，则电流滞后于电压。

7.4.4 NES 系统选线下位机软件设计

NES 系统的 FTU 下位机程序的主要功能与 NUS 系统的基本相同，也是采集电压、电流数据，利用 U_0 进行故障启动判断。在具体实施上，由于 NES 系统将要利用的不再是稳态基波分量，而是暂态值和稳态 7 次谐波值，所以 FTU 的下位机程序较 NUS 的又有不同之处，相异之处具体说明如下。

1. 暂态值的获取

在存储空间上，由于首半波只有数百微秒，U_0 启动后，暂态首半波往往都已过去，所以需要开辟较大的存储空间，采取先保存记忆，再往回找点的方法。

在采样频率的选择上，考虑到后面要与思达公司的程序联调，所以仍然采用 32 点采样，实际中保存了 6 个周波，即（32×6）点 = 192 点，实践证明这样的选择完全可以满足要求。

在延时上，NUS 采用延后 600 个点的方法获取稳态数据，NES 则只能在 U_0 故障启动以后，延后为数不多的几个点，以保证暂态数据不被后面新的采样数据移位冲掉，同时也保证了能够获得稳态的数据，以供 7 次谐波选线之用。

2. 7 次谐波与频率跟踪

由于 7 次谐波的正确利用与系统频率有着密切的关联，所以相应下位机的程序模块除了 NUS 的系统初始化部分、采样启动判断部分和通信部分 3 块外，还增加了频率跟踪部分。下面将重点说明有关频率跟踪的问题。

以 32 点采样为例，正常情况下系统频率 $f=50\text{Hz}$，此时的采样周期 $T=20\text{ms}/32=625\mu\text{s}$。当系统频率偏离额定值，如假设 $f=51\text{Hz}$，则此时的采样周期 $T=(1000/51)\text{ms}/32=19.608\text{ms}/32=612\mu\text{s}$，则一个周期内基波相位差值为 $(20-19.608)\times(360°/19.608)=7.197°$，而对于 7 次谐波而言，其相角差则为 $7\times7.197°=50.379°$；若最后一点采样值本应为 0，现则为峰值的 $\sin50.379°=0.77$，可见相位的变化也影响了 7 次谐波幅值的准确性。

从上可以看到，当 f 从 50Hz 上升到 51Hz，即 $\Delta f=1\text{Hz}$ 时，T 从 625μs 下降到 612μs。推而广之，可以推导出如何根据频率的变化来改变采样周期的一般公式。设现在所测得的频率为 f_{xz}，保证 32 点采样应有的采样周期为 $\frac{1000}{f_{xz}\times 32}\mu\text{s}$，与额定 $f=50\text{Hz}$ 时的 625μs 采样周期的差值为

$$\Delta T = 625\mu\text{s} - \frac{1000}{f_{xz}\times 32}\mu\text{s} \tag{7-48}$$

ΔT 为正表示采样周期偏大，应将其调小 ΔT；ΔT 为负表示采样周期偏小，应将其增加 $|\Delta T|$。

按照上面的推导,还可以知道,当频率变化 $\Delta f = 0.05$ Hz 时,所对应的一个周期内基波相位差值为 0.36°,而对于 7 次谐波而言,其相角差则为 $7 \times 0.36° = 2.52°$,这一误差并不很大,因此,在根据频率变化调整采样周期的时候,若 $\Delta f \leq 0.05$ Hz,则不进行采样周期的调整,反之,则按照式 (7-48) 进行调整。一般情况下系统频率的变化是缓慢的,因此采样周期的调节也很好完成。

从上分析知道,要保证 7 次谐波法的可靠实现必须准确的测量系统频率,并根据系统频率的变化及时调整采样周期。因此在硬件设计上有一通道的测频输入,该信号经整形及电平变换后,由硬件自动完成计数测量,并将测频计数值存入缓冲区中,由 F206 从测频输入口 (F735H,只读)读取测频精度:时间分辨率为 400ns、频率为 2.5MHz/频测计数值。

基于以上的这些相异之处,总体的程序流程如图 7-28 所示,中断子程序如图 7-29 所示。

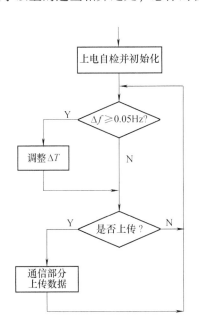

图 7-28 总体的程序流程

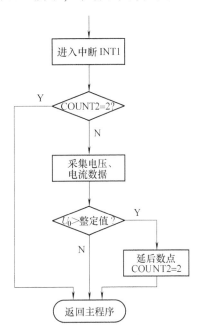

图 7-29 中断子程序流程

7.4.5 NES 系统选线上位机软件设计

1. 暂态首半波的实用判据及选线流程

从 7.3.5 节知道,若某条出线的暂态首半波电流方向与其他的不同,则它就是故障线路,那么如何准确地找出线路的首半波,也就是说在 192 点电流数据中,如何知道哪些数据就是描述暂态首半波的采样数据呢?另外,在找出了暂态首半波的这些数据后,又如何具体地进行判断选线呢?下面就对这样的问题进行深入研究。

首先依据 U_0 来定位首半波,将 192 点的全范围缩小至首半波的局部范围,具体实施如下:对于 U_0 的 192 点采样数据(采用 32 点采样,并保存 6 个周波)找出区间 [144,176] 内的最大值点,即 U_0 的稳态峰值,记为 $U_{0\max}$。设定 $U_{0qd} = \dfrac{2}{3} U_{0\max}$,然后将 U_0 的采样数据从第 1 点开始逐一与 U_{0qd} 进行比较判断,当某点的值大于 U_{0qd} 时,记下此点在 192 个采样点中的位置，记为u0weizhi，并停止比较。

将以u0weizhi为中心，取其前后各 n 点（本实验中 $n=10$，也可根据实际情况选定）的各出线的零序电流采样值（$2n+1$ 个数据）进行下一步的比较，这样就完成了参比范围的局部化。在已经局部化的范围内，为更准确定位暂态首半波的大小、极性，笔者进一步提出了如下办法：对第 K 条线路的（$2n+1$）个参加比较的电流采样值先按正负分成两组，找出正值组中的最大值及此最大值在192点采样数据中所处的相应位置，分别记为maxvalz和mzwz；同理，找出负值组中的绝对值最大值及此绝对值最大值在192点采样数据中所处的相应位置，分别记为maxvalf和mfwz。

比较mzwz和mfwz的大小，若 mzwz < mfwz，表示波形是先向上出现正波再向下出现负波，记此种情况下相应首半波的极性 jx 为"＋"，相应首半波的幅值 maxval = maxvalz；反之，若 mzwz > mfwz，表示波形是先向下出现负波再向上出现正波，记此种情况下相应首半波的极性 jx 为"－"，相应首半波的幅值 maxval = | maxvalf |。

以 U_0 为基准，按照上述方法计算出各出线零序电流的首半波的幅值和极性，然后比较所有出线的这些幅值，找出前3个，再比较这3个幅值的极性，与其他两个不同者即为故障线路，若三者均相同，则为母线故障。

相应的适于NES的暂态首半波选线流程如图7-30所示。

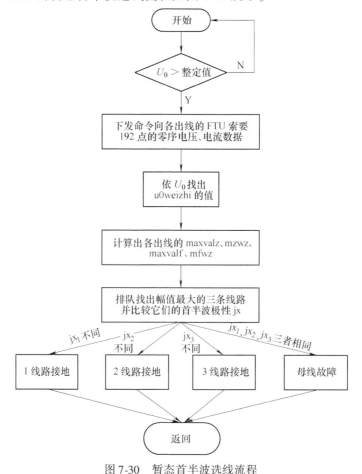

图7-30 暂态首半波选线流程

首半波的准确定位,将参加比较的数据范围缩小至暂态首半波的局部范围内,避免干扰的影响。

由于各 U_0 可能出现的误差而导致的各出线首半波的不同步,若直接比较各出线零序电流首半波,则可能因不同步而导致误判,以上算法各 FTU 均以各自的 U_0 为基准找出相应的首半波的局部范围,然后再进行比较,算法上这样的处理就避免了这样的错误。

利用正负幅值出现的先后顺序来判断首半波的极性,避免了当 | maxvalf | > maxvalz 时直接利用各线路幅值的正负极性进行相位判别的错误。

以上的判据优化有效解决了高阻接地选线难的问题。

对 NES 采用暂态首半波的选线方法,稳态的"群体比幅比相"概念引入到暂态首半波的比较中,大小、极性的双重判断进一步提高了选线的可靠性。

2. 7 次谐波的实用判据

7 次谐波的实用判据与基波的"群体比幅比相"基本相同,有如下的两个实用判据。

1) 幅值判据 1:将各条线路的零序 7 次谐波电流的模值进行比较,找出最大的 3 个。

2) 相位判据 2:比较找出前三条线路的零序 7 次谐波电流的相位,与其他两条相位相反的即为故障线路;若三者相位均相同,则为母线故障。

7 次谐波的模值、相位计算也是采样傅里叶算法,计算公式参见式 (7-34)~式 (7-36),其中谐波次数 $n = 7$ 即可。相应的相位实用判据和选线流程也可参见 7.4.3 节,这里不再赘述。

3. 适于 NES 系统选线的综合选线方案

利用暂态首半波和 7 次谐波的这一综合选线方案以判断准确为首要目标,两者相互配合又相互独立。综合选线流程如图 7-31 所示。

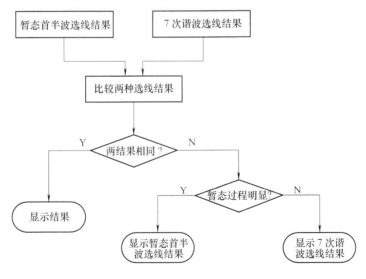

图 7-31 综合选线流程

图 7-30 中暂态过程是否明显的判断按照如下方法进行:将排队找出的前 3 个电流 I_1、I_2、I_3 的首半波幅值 maxval(在 7.4.5 节中已详细介绍了其计算过程)进行比较,若 I_1 的值远大于 I_2、I_3 的值,则认为暂态过程明显;反之,不明显。

综合选线方案充分利用了暂态和稳态的数据，选线的范围互相弥补，互相备用，将两种选线方案综合起来考虑，只是软件不同，分先后顺序执行，而硬件完全一样，不必分彼此，实现起来容易。

7.5 NUGS 选线方案验证实验

7.5.1 优化模型

为了更好的验证选线方案，在 7.3 节的基础上对动态模型进行了优化，用单相表示的接线如图 7-32 所示。

图 7-32 中，线路 1、2、3、4 的每相对地电容分别为，$C_1 = 40\mu F$、$C_2 = 10\mu F$、$C_3 = 4\mu F$、$C_4 = 2\mu F$。开关 Q 打开为 NUS，闭合为 NES。零序 TA 和 TV 的二次端信号均接入 FTU 的数据采集通道，上位机程序可根据采集到的数据绘制出波形，有利于进行更加直观的分析判断。针对中性点接地方式的不同、补偿度的不同、故障点的不同、出线数目的多少、外加电压的大小、故障过渡电阻、短路

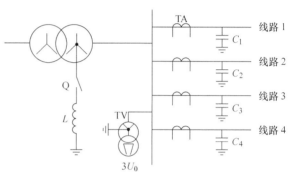

图 7-32 优化动态模型接线

的时刻等诸多种情况进行了实验，取得了大量的数据和波形，由于篇幅有限，仅选取部分结果陈述如下。

7.5.2 NUS 的选线验证实验

1. 实验数据、波形的记录

（1）线路短路

当调压器输出电压 U（线）= 92V，线路 3 经过渡电阻 $R = 0$ 短路，测得总的接地电流 $I_D = 2.5A$，开口零序电压 $U_0 = 41.95V$，根据 FTU 采集的故障数据上位机绘制的波形和选线结果显示分别如图 7-33a~e 所示。

分析：由于外加条件相同，所以总接地电流和 U_0 值与线路 2 短路时相同，但随线路长度的减小（10~4μF），故障线路的最大值增大（2.76~3.13），非故障线路电流保持本身对地电容电流，结果显示能够正确选线。

（2）母线短路

当调压器输出电压 U（线）= 116V，母线 A 相经 $R = 0\Omega$ 短路时，总的接地电流 $I_D = 1A$，$U_0 = 53V$。根据 FTU 采集的故障数据上位机绘制的波形和选线结果显示分别如图 7-34a~e 所示。

注：编号"0"表示母线故障，此时能够正确选线。

2. 实验分析结论

1）当某条线路（如线路 2、线路 3、线路 4 或母线）短路时，纵向比较，随接地电阻

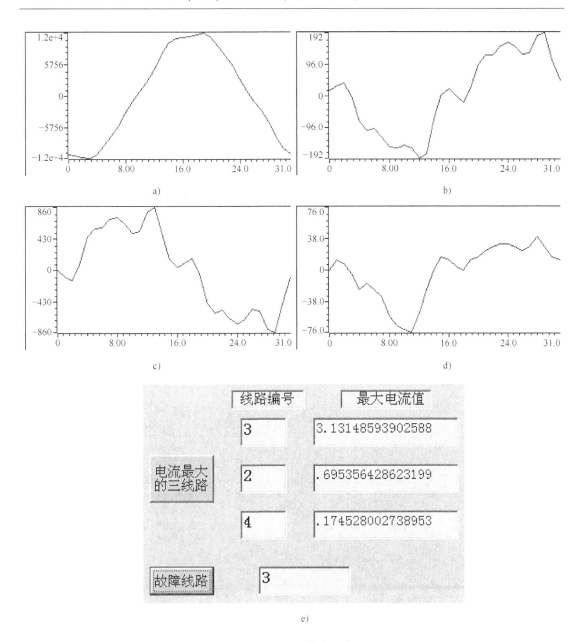

图 7-33 NUS 线路短路

a) U_0 的波形　b) 线路 2 的电流波形　c) 线路 3 的电流波形
d) 线路 4 的电流波形　e) 选线结果显示

R_N 的增大（从 0 到 45Ω 到 96Ω）或母线电压的降低，总的接地电流和各条出线的零序电流都将减小，U_0 亦降低。

2）线路、线路和母线三者之间的横向比较。当母线电压相同，系统运行方式一定，短路条件亦相同的情况下，无论哪条出线短路或母线短路，总接地电流和 U_0 均相同。

当 U（线） = 92V、$R = 0Ω$ 短路时，线路、线路和母线三者之间的横向比较情况之一如表 7-14 所示。

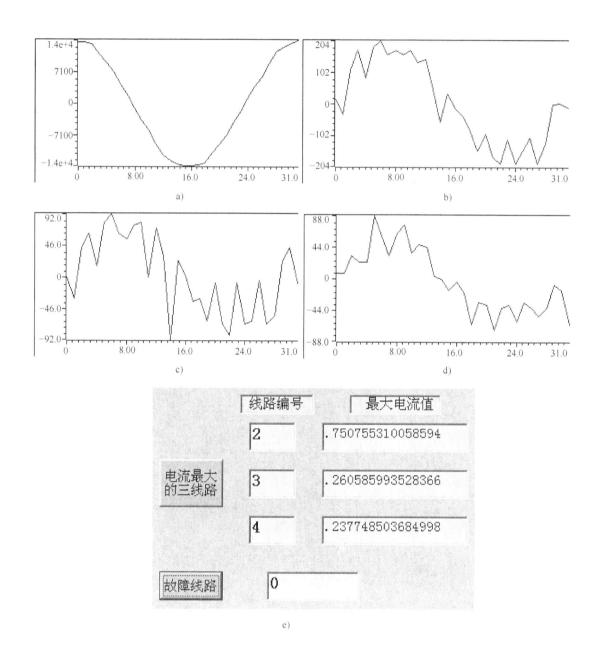

图 7-34 NUS 母线短路

a) U_0 的波形 b) 线路 2 的电流波形 c) 线路 3 的电流波形
d) 线路 4 的电流波形 e) 选线结果显示

当 U（线）=92V、R=45Ω 短路时，线路、线路和母线三者之间的横向比较情况之二如表 7-15 所示。

当母线电压相同，系统运行方式一定，短路条件亦相同的情况下，随线路长度的减小（C 从 10μF 到 4μF 到 2μF），其所对应故障线路的最大电流值呈增大趋势（2.7 到 3.13 到

3.36),而非故障线路的电流保持本身对地电容电流基本不变;母线短路时,各出线零序电流均为本身对地电容电流。

表 7-14 横向比较之一

短路线路	所测得的电流值/A		
	线路 2	线路 3	线路 4
线路 2 发生短路	2.7	0.27	0.13
线路 3 发生短路	0.695	3.13	0.17
线路 4 发生短路	0.68	0.30	3.36
母线发生短路	0.65	0.27	0.14

表 7-15 横向比较之二

短路线路	所测得的电流值/A		
	线路 2	线路 3	线路 4
线路 2 发生短路	1.38	0.13	0.073
线路 3 发生短路	0.29	1.49	0.072
线路 4 发生短路	0.32	0.14	1.54
母线发生短路	0.33	0.16	0.087

3) 只有三条短出线时。线路 2 经 $R=0\Omega$ 短路时,对应外加电压高低、出线多少的不同,所测得的各线路的电流值如表 7-16 所示。

表 7-16 出线比较之一

短路情况		所测得的电流值/A		
外加电压	出线数目	线路 2	线路 3	线路 4
92V	4 条出线	2.76	0.27	0.13
116V	3 条出线	0.54	0.34	0.15

母线经 $R=0\Omega$ 短路时,对应外加电压高低、出线多少的不同,所测得的各线路的电流值如表 7-17 所示。

表 7-17 出线比较之二

短路情况		所测得的电流值/A		
外加电压	出线数目	线路 2	线路 3	线路 4
92V	4 条出线	0.65	0.27	0.14
116V	3 条出线	0.75	0.26	0.24

随线路出线数的减少,零序电流减小,但仍可正确选线。线路出线数的多少对母线短路情况无影响,各出线仍是流过本身对地电容电流。

4) 本实验结论。无论出线数目的多少、母线电压的高低、接地电阻的大小、哪条线路发生短路本实验结果均可正确选线(见各分图),这说明对 NUS 采用"群体比幅比相"的 3 种判据都能完全正确选线,选线可靠性高。

7.5.3　NES 的选线验证实验

1. 实验数据、波形的记录

（1）线路故障

当调压器输出电压 U（线）= 104V，线路 2 经 $R = 0$ 短路时，测得总的接地电流 I_D = 1.75A，U_0 = 46.4V。根据 FTU 采集的故障数据上位机绘制的波形和选线结果显示分别如图 7-35～图 7-37 所示。

1）U_a 相电压过零时短路。

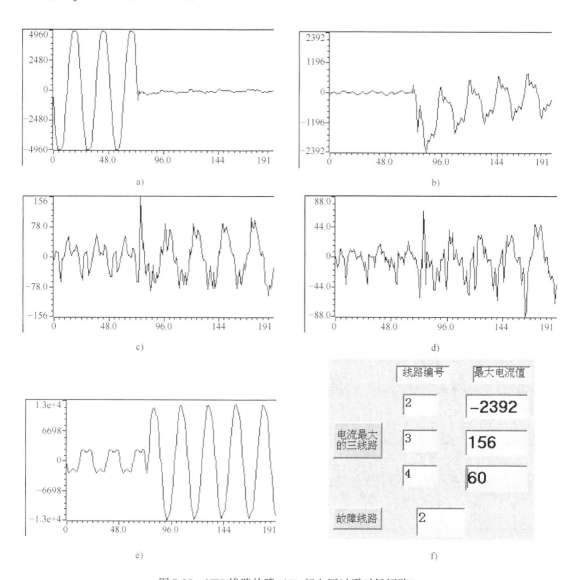

图 7-35　NES 线路故障（U_a 相电压过零时候短路）

a) 相电压 U_a 波形　b) 线路 2 的电流波形　c) 线路 3 的电流波形　d) 线路 4 的电流波形
e) U_0 的波形　f) 选线结果显示

分析：①当 U_a 过零短路时，线路2的波形说明无明显的暂态过程即进入稳态，波形平缓，但比较3条线路的波形仍可以看到，虽然暂态过程不明显，但故障与非故障线路的暂态首半波的方向仍是相反的。

②由于线路4在稳态过程中受到干扰，导致其在144～191出现负的最大值，第5章的实用判据进行了首半波的准确定位，也就是说已经将参比范围局部化了，因此不受干扰影响，仍然能够正确选线。

2）U_a 相电压峰值时短路。

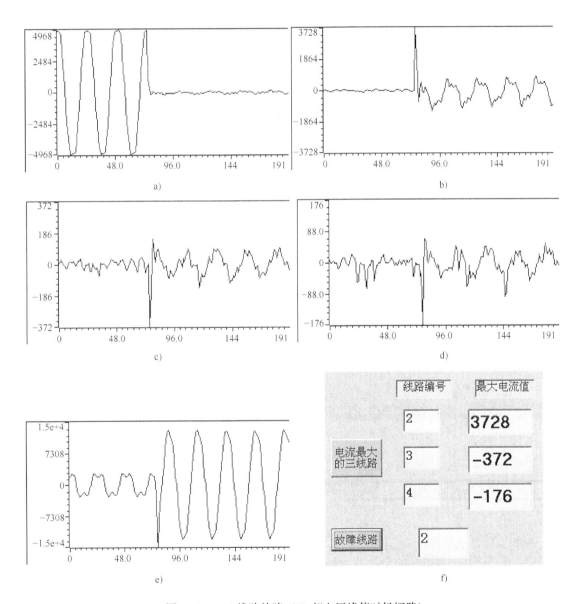

图7-36　NES线路故障（U_a 相电压峰值时候短路）
a) 相电压 U_a 波形　b) 线路2的电流波形　c) 线路3的电流波形　d) 线路4的电流波形
e) U_0 的波形　f) 选线结果显示

分析：当 U_a 峰值短路时，可以看到 3 条线路都有非常明显的暂态过程，且故障与非故障线路首半波方向相反亦清晰可见。

3) U_a 相电压介于零与峰值之间时短路。

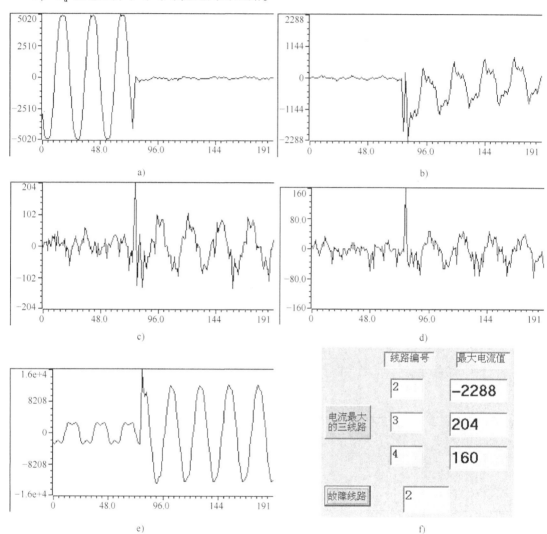

图 7-37 NES 线路故障（U_a 相电压介于零与峰值之间时短路）

a) 相电压 U_a 波形 b) 线路 2 的电流波形 c) 线路 3 的电流波形 d) 线路 4 的电流波形
e) U_0 的波形 f) 选线结果显示

分析：U_a 介于零与峰值之间短路时，从波形可看到，其暂态过程也是介于前 1 与 2 之间，首半波方向从波形清晰可见，可正确选线。

(2) 母线故障

当调压器输出电压 U（线）=148V，L_1 相母线经 $R=0$ 短路时，测得总的接地电流 I_D = 1.7A，U_0（原）=12V，U_0（现）=65V，U_a（原）=25V，U_a（现）=0V。U_a 相电压最大时候短路时，根据 FTU 采集的故障数据上位机绘制的波形和选线结果显示分别如图 7-38a~f

所示。

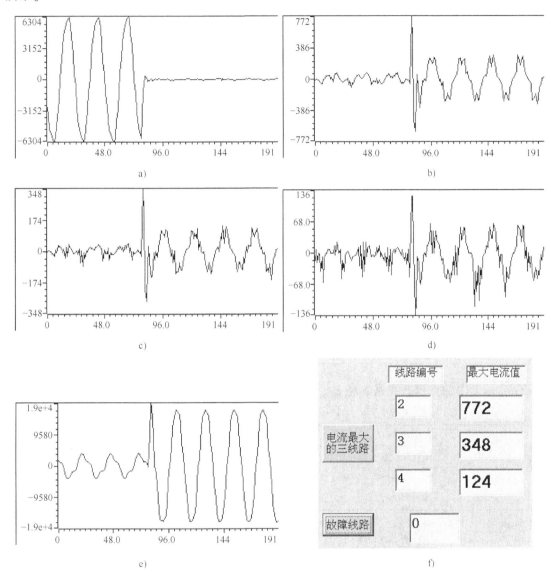

图 7-38 NES 母线故障
a) 相电压 U_a 波形　b) 线路 2 的电流波形　c) 线路 3 的电流波形　d) 线路 4 的电流波形
e) U_0 的波形　f) 选线结果显示

分析：U_a 峰值母线短路，暂态首半波大小、相位均清晰可见。若只是找出线路的最大值，则线路 4 的值将是 -136，据此判断出的首半波将为负，这与实际的正相异，第 5 章介绍的实用优化判据克服了这一缺陷，所以仍然能够正确选线。

2. 实验分析结论

1）母线与最大电流值线路的比较情况如表 7-18 ~ 表 7-20（取值均为 4 条线路模型）。

通过表 7-18 ~ 表 7-20 可以看出：线路故障时显示的最大电流值远大于母线故障时显示的最大电流值，这是因为母线故障时此暂态的最大值点只是与本线路有关，而线路故障时却是与所有非故障线路都相关,据此便可判断是线路故障还是母线故障。

表 7-18　母线与线路的比较之一

短路情况			所测得的首半波采样最大值		
发生短路线路	外加电压	短路时刻	线路 2	线路 3	线路 4
线路 2 经 $R=0$ 短路	104V	U_a 过零	-2392	156	60
母线经 $R=0$ 短路	148V	U_a 过零	376	176	80

表 7-19　母线与线路的比较之二

短路情况			所测得的首半波采样最大值		
发生短路线路	外加电压	短路时刻	线路 2	线路 3	线路 4
线路 2 经 $R=0$ 短路	104V	U_a 峰	3728	-372	-176
母线经 $R=0$ 短路	148V	U_a 峰	772	348	124

表 7-20　母线与线路的比较之三

短路情况			所测得的首半波采样最大值		
发生短路线路	外加电压	短路时刻	线路 2	线路 3	线路 4
线路 2 经 $R=0$ 短路	104V	U_a 间	-2288	204	160
母线经 $R=0$ 短路	148V	U_a 间	1024	432	84

2)出线多少的比较。线路 2 经 $R=0$ 短路情况如表 7-21 所示,可见,出线少,电流小。

表 7-21　出线多少比较

短路情况			所测得的首半波采样最大值		
出线数目	外加电压	短路时刻	线路 2	线路 3	线路 4
4 条出线	104V	U_a 过零	-2392	156	60
3 条出线	148V	U_a 过零	316	-140	-80

3)电压过零时、高阻接地时、出线少时暂态过程不太明显,都将增大暂态首半波法的选线难度,7.4 节对暂态首半波实用判据的优化以及 7 次谐波的综合判断仍然能够保证准确选线。

7.6　要点掌握

在我国 3~60kV 中压电网的小电流接地系统中,单相接地故障约占配电网故障的 80% 以上。由于单相接地时故障点的电流很小,使得故障选线很困难,因此 NUGS 的单相接地故障选线一直是人们所攻克和关注的重要研究课题。它对配电网的安全可靠运行有着重要的理论和实用价值。单相接地故障的及时排除可降低形成两相异地短路和相间直接短路的机会,减小因为接地电容电流引起的故障点电弧飞越而导致的绝缘击穿,减小因故障点电弧引起的全系统过电压而导致的烧毁电缆甚至引起火灾的事故。因此,为避免事故扩大,要求能够及时、准确地选出接地故障线路。传统的逐线拉路方法,严重影响了供电可靠性,本章在回顾国内外研究现状的基础上,从利用的是电网稳态电气量还是暂态电气量等方面全面的对十余种故障选线方案的原理进行了介绍并分析了其利弊,这为 NUGS 的故障选线提供了重要依据。

本章对 NUGS 单相接地故障特征从稳态基波、稳态谐波、暂态 3 个方面进行了详细的理论分析,重点研究了过渡电阻和消弧线圈的影响。具有非线性电气特性的设备是产生谐波的主要原因,电力系统配电网中常以奇次谐波如 3 次、5 次、7 次等为主。对 3 次谐波来说,分析了 3 次谐波实际上是零序性谐波。当变压器采用 Y 联结时限制了 3 次谐波,采用 D 联结时,零序性谐波电流在三角形内流动而不会注入系统。而对 5 次、7 次谐波来说,5 次谐波为负序性谐波,7 次谐波为正序性谐波,它们会经过线路注入系统,因而可以作为选线的依据。对 NES 暂态的分析可知,故障线路的暂态电流最大且其首半波方向与非故障线路首半波方向相反;当高阻接地时,各相对地电压随中性点位移电压发生变化,不再有$\sqrt{3}$倍的关系,电压最高的下一相(按 L_1、L_2、L_3 正序往下推)为接地相。

本章还进一步建立了动态模型,由于实验是在照明电 380V 这样小信号的情况下进行的,为能准确反应 10kV 的实际情况,提出了按照 10kV 线路电容电流大小近似确定模型参数的原则,针对稳态和暂态都进行了大量的实验探讨,记录了大量数据和波形并进行分析。稳态数据结果显示,对于 NUS,利用基波完全可以正确选线;对于 NES,可用 7 次谐波的大小相位判别。暂态波形结果显示:高阻接地时,尽管暂态电流值变小,但暂态首半波的方向仍然是相反的,这样在结合理论的基础上,最终确立了对 NUS 采用基波量"群体比幅比相"的 3 种完善方案,这克服了"时针效应",避免了设定值,具有"水涨船高"的随动特性;对 NES 采用暂稳结合的首半波与 7 次谐波综合选线方案,这首次突破了传统 5 次谐波选线的局限,综合选线方案的提出较传统单一选线方法是一进步。

本章的故障选线是基于电力系统远动终端 FTU 来实现的。FTU 是配电自动化系统的基本单元,具有遥信、遥测、遥控、统计、事故记录、自检、远程通信等功能。SD-2210 型 FTU 利用 16 位定点 DSP 芯片 TMS320F206 和 4 片 8 通道同步 14 位 A-D 转换芯片 MAX125,构成实时高速 32 通道同步数据采集 DSP 系统,并应用 Cypress 公司 Ultra37000TM 复杂可编程逻辑装置系列中的 CY37064 作为接口扩展,F206 的增强哈佛结构克服了传统冯·诺依曼结构的缺陷,大大提高了处理速度,该 FTU 具有足够高的数据采集速度和精度,并提供足够多的模拟通道、数字量输入输出通道,特别能满足对实时性要求高的电力系统数据采集,其采样速度和计算时间比现有装置快 10 倍以上,测量精度提高 60%,这是计算机技术在电力系统应用上的创新。

在基于 DSP 硬件设计的基础上,本章进一步给出了上下位机的软件设计,FTU 的下位机软件设计采用 C 和汇编语言编写,最佳地利用了 DSP 芯片软硬件资源,中心的上位机软件设计采用面向对象的 VISUAL BISIC 6.0 语言编写,采用闻亭公司的 EPP_XDS510 型扫描仿真器对系统进行在线硬件仿真调试的,克服了传统单片机插入式仿真方式脱机运行时就出错的缺点。

在下位机的软件编程上,本章介绍了确保在定点 DSP 芯片 F206 上实现傅里叶算法 U_0 启动判断准确性的两个处理,确保暂态首半波及时捕捉的存储空间开辟、频率选择、延时设置等内容,由于 7 次谐波的正确利用与系统频率有着密切的关联,因此还重点说明了与之有关的频率跟踪问题。上位机的软件编程介绍了故障相的选相步骤,如何准确地找出线路的首半波,如何具体地进行判断选线,局部化的处理避免了干扰的影响,首次提出了更准确定位暂态首半波的大小、极性的实用方法,克服了不同步而导致的误判,给出流程图及具体的实用算法判据,这些都进一步提高了选线的可靠性。

最后对动态模型进行优化,针对中性点接地方式的不同、补偿度的不同、故障点的不同、出线数目的多少、外加电压的大小、故障过渡电阻、短路的时刻等诸多情况进行了大量实验,证明了选线的正确性和可靠性,选线准确率均达100%。

基于FTU的NUGS单相接地故障选线实现,将有助于运行人员快速排除故障,确保安全供电,提高电力系统运行水平,加速配电自动化的实现步伐,给电力部门带来巨大的经济效益。

基于FTU的NUGS单相接地故障选线实现,宜推广应用于3~60kV中压电网的小电流接地系统中,具有很大的市场容量及推广前景。

基于FTU的NUGS单相接地故障选线实现是整个配电自动化系统中的一个模块,因此所做的工作还需要进一步的协调。下一步努力的方向是更进一步进行优化,提高故障选线在实践中的可靠性和精度。

本章的要点掌握归纳如下:

1)了解。①NUGS故障选线现状;②NUGS故障选线的诸多方法;③谐波选线方案、首半波选线方案的优劣。

2)掌握。①谐波产生的原因;②系统中各谐波特征。

3)重点。①NUGS单相接地故障的稳态基波特征;②NUGS单相接地故障的稳态谐波特征;③NUGS单相接地故障的暂态特征。

思 考 题

1. 什么是小电流接地系统?为什么高压输电系统要采用NDGS接线方式?

2. NUGS单相接地时为何不必立即跳闸,可以继续运行1~2h?又为什么要尽快找出故障线路?

3. 列举几种NUGS故障选线方法?

4. 对NUS、NES的稳态基波分析,各得出什么重要结论?为什么?

5. 配电网谐波产生的主要原因是什么?其谐波电流分布有何特点?

6. 简述"群体比幅比相"选线的原理。

7. NUS可采用基波作为选线依据,NES为何不可以?那么对于NES又可以采用怎样的选线方法?

8. NUGS单相接地故障相是如何确定的?

9. NUGS单相接地的故障报警启动信号由哪个参量获知?

10. 暂态首半波选线的原理是什么?

11. 基波对NES失效,为何谐波可以呢?

第 8 章　远方抄表与电能计费系统

8.1　电能表的发展和现状

远方抄表与电能计费系统是电力部门实现商业化运营的重要保证。而远方抄表与电能计费系统中最为关键的子系统是作为计量设备的高精度电能表系统。作为电能采集的设备，电能表已从机械式电能表、机械电子式多功能电能表、电子式电能表，发展到了今天的多功能电子式电能表。

1. 机械式电能表

机械式电能表也叫感应式电能表。1880 年美国人爱迪生利用电解原理制成了直流电能表（即安时计）。自 1885 年交流电的发现和应用给电能表的发展提出了新的要求，交流电能表从此应运而生。1889 年，匈牙利岗兹公司一位德国人布勒泰制作成总重量为 36.5kg 的世界上第一块感应式电能表，这块感应式电能表的电压铁心重 6kg，由于没有单独的电流铁心，因此电压铁心总的电抗就必需做得很大，体积也就很大了。在 20 世纪很长的一段时期内，感应式电能表发展方向主要是在缩小体积和改善工作性能方面。感应式电能表的突出优点就是结构简单、操作安全、维修方便、造价低廉，特别是对电源瞬变和各种频率的无线电干扰不敏感的特点。但是它也存在许多缺点，如准确度低、适用频率窄、对非线性负荷和冲击负荷的计量误差较大、功能单一，受其原理和结构等因素的限制，测量精度很难提高，所以不能适应现代电能管理的需求。

2. 机械电子式多功能电能表

机械电子式多功能电能表是在机械式电能表基础上发展起来的多功能电能表。但是其测量精度仍不能突破机械式电能表的水平，且功能不够丰富。从结构上它可分为整体式和分体式两种类型。整体式机械电子式多功能电能表是将电路集中在表壳内，其突出优点是外观整洁、安装方便、密封容易，但会对原机械式电能表的性能有轻微影响。分体式机械电子式多功能电能表因为部分电路安放在表外，对原机械表的性能影响小，且便于对机械表进行调整和维护，但是结构上不如整体式表整洁，安装也不如整体式表方便。

3. 电子式电能表

电子式电能表是 20 世纪 70 年代发展起来的一种换代产品，因其没有机械转动部分和计数机构，又称之为静止式电能表或固态电能表。与机械式电能表相比电子式电能表，除具有测量精度高、性能稳定、功耗低、体积小和重量轻等优点外，还可以进行复费率计算、数据显示及电能存储、有功电能和无功电能记录、失电压记录、事件记录、负荷曲线记录、功率因数测量、电压合格率统计和可靠数据通信功能等，实现了更加丰富的功能。

近年，电子式电能表发展非常快，芬兰、瑞典、挪威等北欧各国以及法国、英国、德国、西班牙、比利时和意大利等西欧许多国家，其工商用户计费电能表已实现 100% 电子化。居民用户的计费电能表也正在逐步电子化过程中，如法国 2001 年起已停售安装感应式电能表；意大利在 2005 年已经将全部感应式电能表更新为自动抄表的电子式电能表；英国目前已有 80% 居民计费用表为电子式电能表。现在上海电网 65% 以上的居民使用了电子式电能表。

4. 多功能电子式电能表

微电子技术的高速发展为多功能电子式电能表的制造提供了物质基础，其电路集成度不断提高，在电能表内部附加的电子部件体积越来越小，而功能却越来越强，现已逐步取代机械式电能表，成为未来发展的主流。

选用多功能电能表时，一定要选用已取得"进网许可证"的产品。为了防范伪劣产品流入电力系统，确保电力系统的运行安全和电能计量的准确、可靠。从 1994 年开始，电力部组织了国产多功能电能表产品的进网许可证考核、发放工作，共发了 114 个型号规格的进网许可证，涉及全国 21 个省、市，76 家生产企业。此外，"进网许可证"只对证上标明的型号规格有效，不能相互替代，选型时也应予以注意。

5. 电能表发展趋势

目前，电能表技术发展呈现复费率、多功能和网络化的趋势。

为调节负荷用电时段，以解决日渐突出的电力供求矛盾，在不增添设备，不扩大设备容量的前提下，主要通过两种方法来解决：一是通过行政手段，在用电高峰时限拉电；二是通过经济手段，实行分时电价，即提高用电高峰时段电能的售价，降低用电低谷时段电能的售价。复费率电能表通常设置多个费率和时段，通过分时段价格措施来达到削峰平谷的效果，平衡用电的时间分配，这非常符合解决当前中国电力供求矛盾的需求。自 2000 年开始，上海电网率先在国内推广应用复费率分时电能表，即实行居民电费分时记度——单相两费率电能表（黑白表）用的双步进电动机控制驱动专用集成电路，用两个机械记度器分别显示白天和黑夜的用电量。

三相电能表则正向多功能方向发展。当前的三相电能表通常具有正、反向有功功率和无功功率计量、频率、电流和功率因素测量等多种功能，部分电能表还增加了复杂的数据分析功能，这些功能对于工业应用来说具有重要意义。此类方案需要具有较强的数据处理能力、复杂的软件设计等，并采用 MCU 和 DSP 实现强大的计量、数据分析和系统控制等功能。

在抄表方式上，RS485、红外、GPRS 和电力载波多种方式并存，具有标准通信接口以及远程抄控功能。RS485 由于需要布线，应用麻烦；电力载波在理论上具有较大优势，但应用方案尚不成熟，该技术的前景存在一定争议；基于移动网络的 GPRS 抄表方案得到了更多厂商的关注，此类方案由于成本较高，目前较多应用于复费率的多功能电能表方案上；同时采用 RF 和 GPRS 的用户前端+小区终端的方案有望符合成本、抄表便利性的要求，是电能表网络化的一种有效途径。据悉，江苏要求电能表同时具有 RS485 和红外功能，广东正在加大对 GPRS 抄表方案的推广。

8.2 抄表计费的几种方式

抄表计费一般有如下 5 种方式：

1）手工抄表方式。抄表员携带纸和笔到现场根据用户电能表的读数计算电费。

2）本地自动抄表方式。采用携带方便、操作简单可靠的抄表设备（如各式手持终端），到现场完成自动抄表功能的。各电表具有通信接口，手持终端通过通信接口自动读取电表的数据,达到非接触性传输数据的目的,依据所采用的无线通信种类的不同又可分为,红外线本地自动抄表,无线电本地自动抄表和超声波本地自动抄表等几类。这种方式在电表无法接近时尤其有用。

3) 移动式自动抄表方式。利用汽车装载收发装置和 900MHz 无线电技术以及电表上的模件,不必到达用户现场,在附近一定的距离内能自动抄回电能数据。

4) 预付费电前计费方式。通过磁卡或 IC 卡和预付费电能表相结合,实现用户先交钱购回一定电量,当用完这部分电量后自动断电的管理方法。

5) 远程自动抄表方式。采用低压配电线载波、电话网、无线电、有线电视电缆通信、光纤通信、RS485 或现场总线等多种通信媒体,结合电表上的软件和局内计算机系统,不必外出就可抄回用户电能数据。

8.3 预付费电能计费方式

预付费电能计费方式的核心是预付费电能表。预付费电能表又叫购电式电能表,它由电能计量单元和数据处理单元构成,是一种使用户必须先付费才可用电的特殊电能表。预付费电能表最早起源于欧洲,第二次世界大战中,大多数欧洲国家的电力设施遭到了极大破坏。战后,各个国家出巨资进行重建,但老百姓家园遭毁、流离失所,流动人口很多,电力公司收电费非常困难。于是,有关厂商设计了预付费电能表,有效地解决了流动人口电费收缴的问题。

在我国,用户拖欠电费、收费难的情况也时有发生,这也令供电管理部门大伤脑筋,许多用户法律观念淡薄、拖欠电费,使电力工业的发展受到很大影响,预付费电能计费方式便是解决这一问题的方法之一。

8.3.1 预付费电能表的种类及特点

(1) 按结构分类

可分为为整体式预付费电能表和分体式预付费电能表。

整体式预付费电能表的特点是外观整洁、安装方便、容易密封。其缺点是当电流较大时,由于断电机构置于表内,体积较小,断电机构的触点发热及灭弧问题很难解决。当断电机构跳闸时,触点有可能被烧死,从而当下次需要跳闸时却跳不开。因此,当电流较大时,一般不采用整体式结构。另外,整体式结构将电路集中在表壳内,当断电机构跳闸时,会给电能表带来干扰,如果布局不合理,势必对电能表的可靠性有很大影响。

分体式预付费电能表是将断电机构置于表外,表本身仅发出断电信号,断电信号经线路传输到断电机构。由于断电机构在表外,其体积不受约束,当电流较大时,其可靠性仍很高,但这种形式的预付费电能表成本较高,一般当电流较大时采用这种方式。

(2) 按电能测量单元的原理分类

可分为机电式预付费电能表和全电子式预付费电能表。

机电式预付费电能表发展历史较长,具有功耗低、抗干扰能力强、保密性能好等优点。但受测量原理的限制,其测量精度不高,可能造成与电子式电表计量结果不一致,从而造成不必要的纠纷。

全电子式预付费电能表具有高精度、高过载、高灵敏度、防窃电、功耗低、体积小等特点，并且功能更多，如有功双向电能计量、最大负荷控制功能、可任意设置用电负荷等。

(3) 按执行机构的不同分类

投币式、磁卡式、光卡式、电卡式、智能 IC 卡式预付费电能表。

投币式是最早在国外出现的一种方式，但由于假币或其他杂物的投入导致电能表无法区分，甚至造成电量丢失，管理与维护比较麻烦，所以这种方式早已被淘汰。

磁卡主要依靠磁卡上的磁条进行数据存储和传输，磁条上有磁粉，磁粉的不同磁场强度（即不同的磁信息）代表了不同的数据信息。这种卡能存储的数据量有限，功能少，对其存储的内容复制轻而易举，即安全性差，而且还很容易在受热、受压、受折或受强磁场影响时遭到物理性损坏，因此逐渐被淘汰。

光卡即光存储卡，是通过在卡表面的光敏感层上刻出微细凹槽的办法来存储数据，如 VCD 或 DVD。光卡可以存储大量数据，耐用、抗损伤能力强，但添加上去的信息不能修改，而且这种卡不带 IC 芯片，不具备信息处理能力，适合保存记录，不适合电能计量。

电卡又称电子钥匙，即用电卡进行数据存储和传输，其特点是成本较低、携带方便、不易弯折等，但存在通用性较差并且接触电阻影响电能表运行等缺点。

智能 IC 卡装有一块既含存储器又含有处理器的芯片，由于 IC 卡采用了当今最先进的半导体制造技术和信息安全技术，IC 卡相对于其他种类的卡（特别是磁卡）具有以下特点：

1) 体积小，重量轻，存储容量大，抗干扰能力强，便于携带，易于使用，方便保管。

2) 安全性高。IC 卡从硬件和软件等几个方面实施其安全策略，可以控制卡内不同区域的存取特性。加密 IC 卡本身具有安全密码，如果试图非法对之进行数据存取则卡片自毁，不可再进行读写。

3) 可靠性高。IC 卡防磁和防一定强度的静电，抗干扰能力强，可靠性比磁卡高，可反复使用，一般可重复读写 10 万次以上，使用寿命长。

4) 综合成本低。IC 卡的读写设备比磁卡的读写设备简单可靠，造价便宜，容易推广，维护方便。

5) 对网络要求不高。IC 卡的安全可靠性使其在应用环境中对计算机网络的实时性、敏感性要求降低，十分符合当前国情，有利于在网络质量不高的环境中应用。

8.3.2 采用 IC 卡电能表的预付费电能计费系统

1. IC 卡预付费电能表计费原理

IC 卡由 5 个功能模块组成：微处理器 CPU、工作缓冲器（用户存储中间数据的 RAM）、程序存储器 ROM、数据存储器（存放用户数据的 E^2PROM）、通信单元（实现卡与外部读写装置的串行异步通信）。

IC 卡预付费电能表由两个主要功能块组成：一是电能测量部分，一是微处理器部分。电能测量部分完成电能采集，采用电能检测专用集成电路。该电路产生与测量功率成正比例关系的脉冲序列，然后送至微处理器管理系统。微处理器是电能表的核心，它完成脉冲计数，并与 IC 卡存入的电量信息进行比较和相减得出剩余电量，当用户电表中记录的电量还剩下 10°时，便向用户发出一次警告（如断电一次），提醒用户重新购买电量，剩余电量为 0°时，即用户所购电量用完时，发出跳闸信号，通过表内的漏电保安器自动断电。

当 IC 卡插入读卡器时，液晶显示器会显示"读卡"字样，读卡正确后，则将 IC 卡中的电量信息存入串行 E^2PROM 中，并消除卡上的电量数据。IC 卡采用软、硬件加密技术，比如可采用准 DES 随机加密算法，每张卡的密码不同，有的 IC 卡还具有自锁功能，即密码尝试错误发生一定次数后，该卡就永远无法读写（即锁死）。

漏电保安器作用有两个：一是用作对用户超用电限制和当用户所购电量用完时跳闸；二是具有人身触电保护和电网漏电保护的作用。

IC 卡复费率电能表一般具有如下功能：

1）分时双方向有功电能计量（反向电能既可正向计量又可反向计量）。

2）具有日历、计时和闰年自动切换功能，可编程设置 4 种费率、10 个时段、两个时区。分时（峰、谷、平时段）计量有功电能和无功电能并计费。

3）可通过手持终端或 PC 进行红外通信或 RS485 通信，完成编程设置抄表；也可通过红外遥控器完成手动编程设备和人工抄表。

4）采用 LED 数码管显示方式，醒目易读，显示电量数据的小数点位可设置。

5）功率因数测量。

6）具有实时功率（一分钟平均有功功率）显示功能。

7）具有编程禁止功能。

8）具有时区转换数据冻结功能，即在时区转换日的零点自动将当时的电量写入时区转存冻结数据区。

9）分时计量有功最大需量和无功最大需量。

10）具有自检显示功能，检查显示电能表运作状态，电能表可自动记录，通过手持或 PC 终端可抄回。

11）写数据由密码及硬件保护。

12）加密 IC 卡。完善的防破密措施，产品交付用户后设计者也不能破密。

13）内部数据 CRC 校验防误码。

14）大容量 E^2PROM 分区存储电能等数据，每 kW·h 即写入 E^2PROM，降低特殊故障的电能损失，E^2PROM 保存数据 10 年。

15）完善的功能。用电能提醒、用电功率提醒、超电能拉闸、超功率拉闸、电能预支、反向电能记录、总电能预置等。

2. 预付费管理系统

电力工业的发展，两网改造的实现，特别是一户一表的推行，方便了用户，但对电力营业管理提出了挑战，电力营业现代化势在必行。安全可靠的计算机售电预付费管理系统是最基本的保障。我国在 20 世纪 90 年代研发出了电能预收费系统，有效避免和控制了欠费现象，充分提高了抄收效率，使电力营业管理较短的时间内达到了轻松管理，事半功倍的效果。经过十多年不断的创新和完善，系统更加稳定、可靠和实用。

如图 8-1 所示，预付费管理系统构成分成 3 个层次：用户层、营业层和管理层。该系统能实现的主要功能如下：

1）用户管理功能，包括开户、用户档案变更、补卡、销户、换表。

2）售电管理管理，包括充值交易、存款、结算信息处理。

3）报表统计功能，根据用户的需求定制满足用户需求的报表。

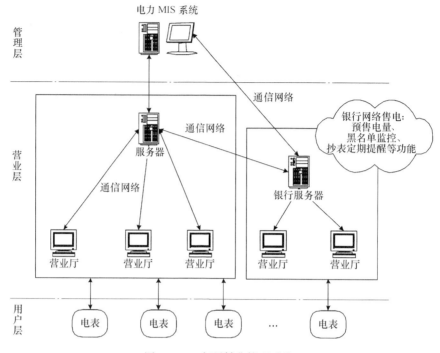

图 8-1 IC 卡预付费管理系统

4）查询功能，查询用户需要的各类信息。

5）系统维护功能，包括操作员管理、系统参数设置、电表管理。

6）该售电系统保留有与银行系统接轨的接口，具备了与银行发行联名卡的备件，为将来实现银行售电、一卡多用、城市统一管理打下基础。

预付费管理系统的实现减少了欠费现象，提升了用电管理部门的经济效益，提供了有效的相关用电数据支持，提高了用电管理部门的决策水平和管理效率。

8.4 自动抄表技术——本地自动抄表

自动抄表技术分本地自动抄表和远程自动抄表。本节先介绍本地自动抄表技术，8.5 节再介绍远程自动抄表技术。

8.4.1 本地自动抄表的两种数据采集方式

本地自动抄表主要采用携带方便、操作简单可靠的抄表机来自动完成抄表编程工作。这种数据采集方式分接触式和非接触式两种。

接触式本地自动抄表是抄表员去到用户处后，将随身携带的抄表机与用户电能表通过通信电缆将抄表机上 RS232 串口和电能表上串口引出电缆相连接，完成数据采集。

非接触式无需将抄表机和电能表连接，而是通过无形的媒介来通信。而操作简单方便的首选信息媒介就是红外线，这种抄表方式的电能表一般加装红外转换装置，把电量转换为红外信号，抄表时操作人员到现场使用便携式抄表微型机，非接触性地读取数据，实现起来方便可靠。可以选用的无形通信媒介还有超声波、无线电、微波等。

无论接触式还是非接触式，都需要抄表员携带抄表机到达用户处，若碰上用户或电工不在，无法进入配电房或无法开启配电箱，均会给抄表带来困难。本地自动抄表方式主要适用于电表分散区域，如郊区、农村。

8.4.2 抄表机简介

本地自动抄表时的抄表机，实际上是一台功能强大的掌上数据计算机。机器内含的 CPU 为控制核心，带有键盘、显示屏、大容量内存以及与电脑连接的通信端口，因此抄表机具有以下几方面功能：可以输入并存储大量的数据、可对机内存储的数据进行任意查询并将查询结果显示到屏幕上，可将机内数据传输到计算机或将计算机数据下载到抄表机中。

抄表机的起源：手持式抄表机（又称抄表器、掌上计算机、手持终端、数据采集器等）是用于移动数据采集的掌上型设备。国外有关抄表机的报导首先见于美国 1985 年《电世界》(Electric World) 杂志：美国宾夕法尼亚电力公司在 1983 年试制成功一种手持数据终端用以装备抄表人员，从 1984 年起就废弃了约 2700 kg 重的抄表簿册和卡片。该公司虽为此投资 1.3 亿美元，但因节约大量人力和物力，在两年内即收回全部投资并有盈余。

国内的发展：抄表机是 1985 年以后才在我国开始流行起来的新名词，1986 年我国各地电力基层电力营销管理部门开始试用抄表机来解决因用户数量迅速增加及电价日益复杂引起的抄表、计算机管理人手严重不足的矛盾，由于抄表机与纸卡抄表相比具有明显的优势，特别是在城乡电网改造实现一户一表后，抄表的数量和工作量爆炸性增长，电力信息系统的建设和完善愈显重要，抄表机得到迅速推广。至今，抄表机在我国各级市县的普及率已达到 70% 以上，其中一些经济发达地区的普及率几乎达到了 100%。经过 20 年的发展，抄表机已经成为一款多功能的掌上计算机，具有多种用途。现今抄表机 CPU 多采用 16 位或 32 位，安装多种通信接口如 RS232、红外、USB、高速光敏等，现在红外抄表逐渐普及，抄表距离可达 10m，无线抄表中应用的射频技术，可使抄表距离达到 10~100m。

8.4.3 国内主流抄表机型实例——振中 TP900 系列抄表机

自从 1986 年我国自行研制抄表机以来，经过十几年的发展，到今天基本上形成了南北两大成熟产品制造厂商：北京振中公司（中科院计算所成立）和广州智敏公司（原名兰德）。现在，国内主流抄表机产品型号有振中公司生产的 TP900 和 ZZ18 两个系列、智敏公司生产的 HT3200 系列，以及近几年新兴起的捷宝公司生产的 JB9800 产品。下面以北京振中公司 TP900 系列抄表机为例进行简单介绍。

图 8-2 所示为 TP900 抄表机，重量约为 160g（不含电池），其尺寸规格为 166mm（L）×66mm（W）×28mm（H）。

TP900 系列整机接合部位采用密封扣及密封条，配合局部二次橡胶注塑，从而达到超高密封性；其防水贴膜、橡胶塞、密封圈、U 形槽和二次注塑橡胶等设计，具有很好的防尘、防潮效果，并能够在极端恶劣的工作环境下使用。TP900 系列具有很好的抗震能力，可承受 1.5m 高度多次跌落到水泥地面的冲击，从而降低了设备的维护成本。

TP900 系列抄表机处理器采用 ARM32 位高速 CPU，数据处理速度　图 8-2　TP900 抄表机大大提升；存储容量大，具有 RAM 128~512kB、FLASH 2M~512MB；采用高容量可充电锂电池和可更换时钟电池供电方式；2.8 寸超大液晶显示屏，160×160 像素，可显示 20×20 个字符或 10×10 个汉字，能够舒适的阅读而避免疲劳；可同时具备 RS232、RS485、全速 USB 接口、RFID、批处理或广域网、局域网无线通信、红外等多种通信方式。独创的激光指示定位器，为红外抄表准确定位提供新工具；高亮手电筒的设计则是为了满足昏暗处工作需要。

8.5 自动抄表技术——远程自动抄表

8.5.1 远程自动抄表的含义及发展

在我国，随着国家推行一户一表、抄表到户、计量表计用户可视的原则，电力部门在 1999 年已经制定了 DL/T 698—1999《低压电力用户集中抄表系统技术条件》（2009 年已有新标准）的行业标准，实现"一户一表、集中抄表、银行联网"是国家电力公司电营业的长远目标。

远程自动抄表（Automatic Meter Reading，AMR）是一种不需人员到达现场就能完成自动抄表的新型抄表方式。它利用公共电话网络、负荷控制信道或低压配电线载波等通信联系，将电能表的数据自动传输到计算机电能计费管理中心进行处理。远程自动抄表是比较先进的抄表方式，不但大大降低了劳动强度，而且还大大地提高了抄表的准确性和及时性，杜绝了抄表不到位、估抄、误抄、漏抄电表等问题。远程自动抄表系统不仅适用于工业用户，也可用于居民用户。应用于远程自动抄表系统的电能表是在普通电能表内增加一个自动抄表单元（AMR Unit），其中包含电量采集发送装置和信道。

随着电能计量表由传统的机械式、电子式脉冲电能表向多功能电子式电能表的发展，远程抄表计费系统也经历了一个从集中式系统向分布式、网络化、开放式系统转变的发展过程。电量数据采集也同样从集中式脉冲处理系统发展为分布式直接传输系统。

采用集中脉冲方式的系统，电能采集和传输是以电能脉冲计数为基础的，在厂站需增加中间转换器用来存储和传输根据脉冲计数值而得到的电能信息。数据采集中心不能直接与电能表通信，不能实现现代电能管理系统所必需的对电能表参数的下载功能。

脉冲电能表在 20 世纪 80 年代占主导地位，但 20 世纪 90 年代后分布式直接传输的智能电表越来越普遍，且近年来的新型固态智能化多功能表的发展，使得先进的分布式直接数字传输系统成为可能并占据主导地位。

8.5.2 远程自动抄表系统的组成

远程自动抄表系统由用于远程自动抄表的电能表、抄表集中器、抄表交换机、电能计费主控中心、通信网络几部分组成。

1. 用于远程自动抄表的电能表

用于远方自动抄表系统的电能表有脉冲电能表和智能电能表两大类。

（1）脉冲电能表

它是能够输出与转盘转数成正比的脉冲串的电能表。按其输出脉冲的实现方式可分为电压型脉冲电能表和电流型脉冲电能表两类。电压到表的输出脉冲是电平信号,采用三线传输方式,其输出距离较近,一般在几十米以内;电流型表的输出脉冲是电流信号,采用两线传输方式,输出距离较远。

(2) 智能电能表

它是通过串行口,以编码方式进行远方通信的,因为它传输的不是脉冲信号,因而准确、可靠。按智能电能表的输出接口通信方式的不同,这类表可分为 RS485 接口型和低压配电线载波接口型两类。具体如下:

1) RS485 智能电能表是在原有电能表内增加了 RS485 接口,使之能与采用 RS485 方式的抄表集中器交换数据。

2) 载波智能电能表是在原有电能表内增加载波接口,使之能通过 220V 低压配电线与抄表集中器交换数据。

(3) 电能表的几种输出接口的比较

输出脉冲接口方式对于感应式电能表和电子式电能表均适用,具有技术简单的优点,但存在以下不足:

1) 在传输过程中容易发生丢脉冲或多脉冲现象。

2) 计算机系统因掉电、死机等因素暂时中断运行时,会造成在一段时间内对电能表的输出脉冲没有计数,导致计量不准。

3) 功能单一,难以获得最大需量、电压、电流和功率因数等多项数据。

4) 输出脉冲传输距离较近。

采用串行通信接口是一种广泛使用的输出方式,它可以将表中采用的多种数据,以通信规约的形式作远距离传输。如果一次通信无效,还可再次传输,抄表系统暂时停机也不会对其造成影响,从而确保数据准确可靠地上传。但是,串行接口输出方式,一般只能在采用微处理器的智能电子式电能表或智能机械电子式电能表中实现,并且目前各厂商所采用的通信规约尚未规范化,导致不同厂商生产的设备间互联困难。

2. 抄表集中器

抄表集中器一般具有数据采集和储存、设置功能、远程监控、校时功能及异常信息记录等多项功能。抄表集中器将远程抄表系统中的电能表的数据进行一次集中后,再通过电力线载波或其他方式将数据继续向上传送。抄表集中器可以处理来自脉冲电能表的输出脉冲信号,或通过 RS485 方式读取智能电能表的数据。它通常具有 RS232、RS485 或红外通道用于与外部交换数据。集中器采集的电能表数据除要及时、主动地向上一层抄表装置上传外,同时还要能响应上级抄表装置的抄表指令,将抄表数据进行冻结或更新。

图 8-3 所示是河南许继公司生产的一款民用智能载波抄表集中器外形。其基本电流为 10A,最大电流为 40A,重量为 1.5kg,用于低压电力线载波抄表系统,与电表之间通过载波通信,定时或随机抄读电表。此集中器实现的功能如下:

图 8-3 智能载波抄表集中器外形

1) 集中器与主站之间可以通过 PSTN、GSM 或 GPRS 进行数据传送。
2) 集中器上有红外通信口,可以用掌上计算机本地抄表。
3) 集中器有 RS485 接口,用于抄读变压器下的总表。
4) 集中器有抗雷击设计电路措施。
5) 集中器配有箱体,可以固定在电线杆上或墙上。

3. 抄表交换机

抄表交换机是远程抄表系统的二次集中设备,它集结的是各抄表集中器的数据,可通过 RS485 或载波与抄表集中器通信,然后通过公用电话网或电力线载波等方式传输到电能计费主控中心。它一般也具有 RS232、RS485 或红外通道用于与外部交换数据。

4. 电能计费主控中心

电能计费主控中心属于管理层设备。它对上传的电能表采集数据进行分析、过滤,以保证数据的准确性,然后再将经分析后的数据送到结算中心,进行电量、电费的结算或送至相应的管理部门作为分析、决策的依据(如线电损分析等);甚至还要通过互联网或 95598 电话网(电力部门电话查询专号)将用户数据进行发布,以实现与用户的互动。

5. 通信网络

数据通信网络的选择是自动抄表系统的关键,直接关系系统的稳定性。按通信介质不同,通信分为有线通信和无线通信。

有线通信技术如下:

1) 光纤。光纤通信具有频带宽、传输速率高、传输距离远以及抗干扰性强等特点,适合上层通信网的要求。但因其安装结构受限制且成本高,故很少在自动抄表系统中使用。

2) 电话线。租用电话线通信是利用电话网络,在数据的发出和接收端分别加装调制解调器。其投资少,适用范围广,适合不方便布线的地区。不过,这种方式传输数据易堵塞,且租赁费用偏高,不适合大容量系统的通信传输。

3) RS485 总线。这是目前采用较多的一种通信方式,传输数据速度较快、可靠、稳定,通信质量较高。但布线工作大,通信信道易受外界因素破坏,且被损坏后故障排除困难,信道后续维护工作量大。

4) 低压电力线载波传输。这是供电系统特有的一种通信方式,充分发挥了低压电力线覆盖面广、不需要重新布线的优势,免去了租用线路或占用频段等问题,降低了抄表成本,有利于运营管理,发展前景十分广阔。但是,如何抑制电力线上的干扰、提高通信可靠性是其需要解决的问题。

无线通信技术如下:

1) 红外线。需要通信双方加装红外收发通信模块,操作简单、成本低,可在红外可视距离内实现非接触性抄表。此种方式对方位性要求较高,较适合仪表相对集中的区域内使用。

2) 无线。集中器和电能表内部装有无线数传模块,集中器通过无线方式将电能表的数据抄收并保存。它的不足之处是无线数传的有效距离只能达到 500~800m 左右,对于电能表安装分散的小区不宜使用。

3) GPRS。需要在管理中心和集中器中加装无线通信模块,不需重新组网,价格较低廉,通信速度快,且免于维护。但其系统实时性及可靠性较差,可能发生信息拥塞或丢失现象,不适合业务量大系统的应用。

从集中器到主控站之间的通信方式主要有光纤、电话网、电力网、无线电台、GPRS/GSM 无线通信等,采集终端与集中器之间的通信方式主要有电力网、红外、RS485 总线网、有线电视网等,应用时需根据实际情况而定。

8.5.3 远程自动抄表系统典型案例

1. 案例一

图 8-4 所示为一个 4 级结构的远方自动抄表典型系统。抄表集中器通过 RS485 网络或低压配电线载波读取智能电能表数据或直接接收脉冲电能表输出脉冲;抄表交换机通过载波或 RS485 读取集中器的数据,然后可以通过公用电话网、无线、GPRS 等上传至主控中心。

对于远方抄取居民用户电能表的情形,可以将一个楼道内的电能表采用一台抄表集中器来集中,再将多台抄表集中器通过抄表交换机连接到公用电话网络进行远程自动抄表。

2. 案例二

图 8-5 所示系统由计算机主控中心、集中器、采集终端/采集模块及用户计量表组成。集中器与电能表之间数据的传递一般会经过采集模块/采集终端。那什么是采集模块?什么是采集终端呢?

采集模块是指用于采集单个用户电能表电能量信息,并将它处理后通过信道将数据传送到上一级设备(中继器或集中器)的专用模块。一般采集模块应具有的功能:内部时钟;内部数据保存;冻结数据;计算电能表峰、谷、平电量积累值(电能表示数);计算电能表功率并保留负荷最大需量及出现时间;保留电能表的抄表日电量及月末电量;可以设置 4 个时段;响应便携式抄表器或者集中抄表器对各种参数的设置与查询;监测电能表的异常情况并记录发生时间和上报;与集中抄表器或中继器的通信功能。

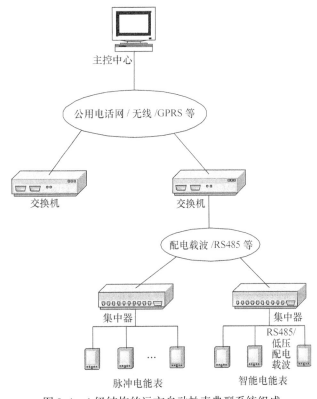

图 8-4 4 级结构的远方自动抄表典型系统组成

采集终端是直接采集客户侧脉冲电能表的设备,是将脉冲信号转换为电量值并存于采集终端内,通过脉冲电量的计算得到功率及电能表的异常信息或直接读取电能表的内部数据,并分析得到相关信息。采集终端指用于采集多个用户电能表电量信息,并经处理后通过信道将数据传送到系统上一级(中继器或集中器)的设备。一般的采集终端应具有的功能:可以设置四个时段;计算每路峰、谷、平电量累计值;计算每路功率并保留负荷最大需量及出现时间；保留每路的抄表日电量及月末电量；响应集中器及便携式抄表器（红外）的通信功能；响应集中器及便携式抄表器（红外）对各种参数的设置与查询；监测终端的失电、断相等事件并记录发生时间和上报；监测各电路用户电能表的停电、参数变更、超转等事件，并记录发生时间和上报。采集终端一般每个电能计量箱内安装一个，根据箱内电能表的数量配置不同款式，采集终端分为"一带一""一带四""一带八""一带十六"等多款。

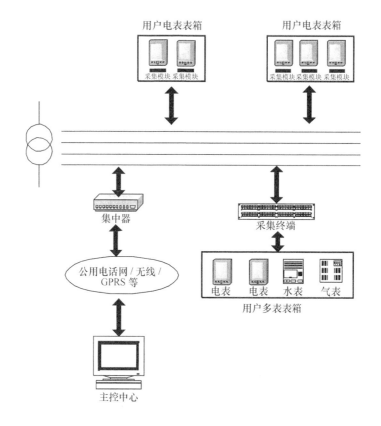

图 8-5 采集模块/采集终端的应用案例

3. 案例三

若电能表为脉冲电子电能表，这时就需要将脉冲电表的数据用一个采集器加以记录。为了降低每户的成本，可以将 4~16 块脉冲电能表集中到一个采集器，共用一套无线通信模块，这样分摊到每一户的成本就非常低了。对于旧城改造、小城镇、农村自动抄表，这是非常实用的。

图 8-6 所示的居民无线抄表实例由脉冲电能表、无线多路脉冲电表采集器、抄表器或小区集中器、计算机系统等构成，1km 范围之内可安装小区集中器，集中器可定时或不定时地向脉冲电表无线抄表采集器发送抄表指令，将无线抄表采集器计量的每块电表的数据抄取上来，通过 GPRS、CDMA、电话线等传输到计算机管理系统中。电力部门的抄表人员也可以手持抄表器，在几百米远就能将覆盖范围内的脉冲电表无线抄表采集器里面的电表数据自动抄取到手抄器中，抄表人员将电表数据抄取完成后带回电力公司导入计算机管理软件中进行数据的统计、计费、打印账单、收费等。

图 8-6 所示为桑锐公司 SR-136 型无线 16 路脉冲电表采集终端（又称采集器）；发射功率为 50mW（17dB）/200mW（23dB）；接受灵敏度为 1200bit/s；发射距离为开阔地大于 500m；尺寸为 190mm×119mm×70mm。无线通信模块采用上海桑锐电子科技有限公司 SRWF-501-50 型微功率数传模块，中心频率为 470MHz，单片机保存数据的时间可达 20 年。该无线采集器可根据电表参数设置采样脉冲常数，连接表数量为 1~16 块。

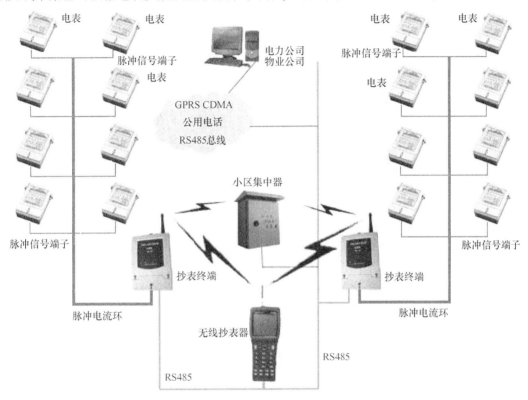

图 8-6 桑锐公司 SR-136 型无线 16 路脉冲电表采集终端

8.5.4 利用远程自动抄表技术实现防窃电

窃电行为的防范与侦查，对于供电管理部门是非常重要的。构造远程抄表系统有利于及时察觉窃电行为，并可采取必要的措施。

实践表明，仅仅从电能表本身采取技术手段是难于防范越来越高明的窃电手段的。根据低压配电网的结构，合理设置抄表交换机和抄表集中器构成远程抄表系统，并在区域内的适当位置采用总电能表来核算各电能表数据的正确性，是防范与侦查窃电行为的较好办法。

针对居民电能表的情形，在每条低压馈线分支前（如一座居民楼的进线处）的适当位置安装一台抄表集中器，在该处安装一台用于测量整条低压馈线总电能的低压馈线总电能表，并与抄表集中器相连。在居民小区的配电变压器处设置抄表交换机，并与在该处安装的配变区域总电能表相连。这样，当电能计量管理中心发现配变区域总电能表的数据明显大于该区域内所有的居民用户电能表读数之和，并排除了电能表故障的可能性后，就可认定该区域内发生了窃电行为。

一般地，如果配变区域总电能表的读数与该分区内所有低压馈线总电能表读数之和大体相当，则应再考察各低压馈线总电能表的读数与该条线路上所有居民用户的电能表的读数之和是否相等；如果低压馈线总电能表的读数明显大于该条线路上所有用户电能表的读数之和，则应重点巡视该条线路上的各用电户，因为很有可能某一户有窃电行为。

如果配变区域总电能表的读数明显大于或小于该分区内所有低压馈线总电能表读数之和时，则往往是由于电能表的问题造成的，应去校验配变区域总电能表和低压馈线总电能表。

8.5.5 自动抄表与预付费的比较

尽管预付费电能表对于电费回收起了很大作用，但一般认为它只是一种过渡方式，预付费计费方式与自动抄表计费方式比较如下：

1) 预付费电能计费方式不能使供电管理部门及时了解用户的实际用电情况和对电能的需求，因此难于掌握用电规律、确定最佳供电方案。

2) 采用预付费方式，需要改革供电部门的售电机构，还要广设售电网点，这会带来大量新问题。

3) 拖欠电费的现象主要是法律不健全、法律观念差造成的，应通过法律途径来解决，而不是拉闸限电，随着电力企业走向市场，拉闸限电不仅对用户，而且对供电企业均会造成一定的经济损失。

4) 自动抄表电能计费方式显然是一种自动化程度更高、更先进的计费方式。它便于将计算机网络和营业管理相结合，成为配电自动化系统的一部分，而且自动抄表结合银行计算机联网的收费方式，实行银行票据自动划拨，从而可以更有效地确保电力企业的合法权益。

5) 远程自动抄表系统需要建立通信网络，增加了系统的复杂性，而且建设费也较大，而预付费电能计费方式则无须建设通道。因而在一些偏远并且地域辽阔的地区（如新疆、青海等地），预付费电能表目前仍有其存在价值。

8.6 要点掌握

本章介绍了远方抄表与电能计费系统。结合电能表的简单发展历程，从机械式电能表，到机械电子式多功能电能表，再到电子式电能表，到现今的多功能电子式电能表，对其特点分别进行了介绍。抄表计费一般有如下5种方式：①手工抄表方式；②本地自动抄表方式；③移动式自动抄表方式；④预付费电能计费方式；⑤远程自动抄表方式。本章重点对预付费电能计费方式和自动抄表技术（包括本地自动抄表和远程自动抄表两种）进行了介绍。对于预付费电能计费方式，首先介绍了其起源。预付费电能计费方式的核心是预付费电能表，本章对预付费电能表的种类及特点也进行了详细介绍。本章对采用IC卡电能表的预付费电能计费系统，从其发展、计费原理、功能、系统组成等多个方面进行了介绍。自动抄表技术分为本地自动抄表和远程自动抄表。本地自动抄表的数据采集方式分接触式和非接触式两种，主要设备就是抄表机。为使读者更清晰理解，本章简单介绍了目前国内的主流抄表机型——振中公司TP900系列抄表机。远程自动抄表是一种不需人员到达现场就能完成自动抄表的新型抄表方式，对降低劳动强度、提高抄表效率有着重要意义。远程自动抄表系统由用于远程自动抄表的电能表、抄表集中器、抄表交换机、电能计费主控中心、通信网络几部分组成，本章分别对其各组成部分进行了介绍。本章最后还列举了几个远程自动抄表的案例(一个 4 级结构的远方自动抄表典型系统组成、采集模块/采集终端的应用实例、桑锐公司 SR-136 型无线 16 路脉冲电表采集终端)，并说明如何利用远程自动抄表技术实现防窃电。

本章的要点掌握归纳如下：

1) 了解。①电能表的发展历程；②预付费电能表的种类及特点；③抄表机；④自动抄表与预付费的比较。

2) 掌握。①抄表计费的 5 种方式；②本地自动抄表的含义；③本地自动抄表的两种数据采集方式；④远程自动抄表的含义；⑤远程自动抄表系统典型案例；⑥利用远程自动抄表技术实现防窃电。

3) 重点。①IC 卡预付费电能表计费原理；②预付费管理系统；③远程自动抄表系统的组成。

思 考 题

1. 电能表抄表计费有哪几种方式？各采用什么手段完成？
2. 说明采用 IC 卡电能表的预付费系统的组成。
3. 试比较预付费计费方式和远程自动抄表计费方式。
4. 何谓远程自动抄表计费方式？其系统组成如何？
5. 自动抄表系统的远程传输通道有哪些？
6. 画图说明如何利用远程自动抄表实现防窃电？

第9章 主站系统

9.1 主站系统的设计原则

为了更好地实现主站的功能要求,在对主站系统进行设计时,应该遵循如下一些原则。

(1) 可靠性原则

由于主站计算机系统服务对象是配电自动化系统,主站计算机系统是实现配电自动化系统安全与经济运行的支持系统,因此其系统可靠性设计处于重要位置。可靠性设计体现在以下3个方面:

1) 在主站计算机系统的服务器选择上,应采用高性能的专用服务器,同时在服务器性能选择上应高于各个网络工作站性能指标。采用双服务器策略,增强计算机系统服务器可靠性,确保电网描述数据、电网运行的历史数据安全是目前配电自动化系统主站建设的主流方向。

2) 在主站计算机系统的网络结构上,应采用双网络体系结构,确保网络通信畅通。

3) 一些主要网络工作站,如配电调度工作站、前置服务机等,应采用双机配置,运行模式采用双机双工运行方式,确保在一台设备运行出现故障时,另一台确保在工作状态。

(2) 性能价格比最优原则

性能价格比最优原则永远是任何系统设计与实施的根本原则。

(3) 符合国际标准和工业标准原则

在主站计算机系统平台设计中,必须遵循国际标准和工业标准。目前,在计算机、网络交换机等网络设备制造上,流行的品牌均符合国际标准和工业标准。网络协议基本采用TCP/IP,也是符合国际标准和工业标准。只是在操作系统选择上,厂商之间还是有差异,因此应该注意。

(4) 安全性原则

安全性设计主要体现如下:

1) 主站系统的网络工作站进入系统设计应有层级密码,对于实现调度遥控功能、实施数据库配置时,应设计有二级或多级密码确认及警示功能。

2) 对于主站网络以外的计算机访问时,必须设置有防火墙;对于和企业其他网络相连时,应采用物理隔离方式,确保满足《电网和电厂计算机监控系统及调度数据网络安全防护规定》。

(5) 可扩展性与开放性原则

主站计算机系统的可扩展性与开放性主要包括两个方面:一方面是主站计算机网络设备的增加与减少;另一方面是应用功能的扩展与开放。

对于第一方面问题,由于计算机网络组网目前采用网络交换机方式,其扩展性容易满足,因此只要在网络操作系统配置的用户数上注意就可以。

对于第二方面问题,由于受各个开发商应用软件开发的技术水平影响,其问题较难定论。这需要配电自动化实施单位根据具体情况综合评价。

9.2 主站系统的硬件构成

9.2.1 较小规模主站系统配置

配电自动化主站系统主要由硬件系统和软件系统构成,首先介绍硬件系统的构成。图 9-1 所示为一个基本配置的主站计算机硬件系统组成。基本配置主站系统应该有调度员工作站、GIS 工作站、服务器、前置机、用于连接 EMS/MIS 的网关、构成主站的局域网 LAN 以及与终端(FTU、RTU、TTU)的通信设备等。其各部分的作用说明如下。

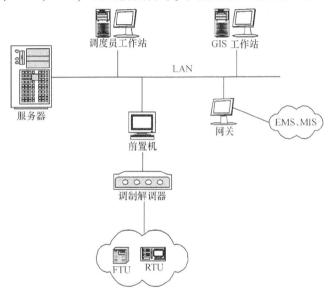

图 9-1 一个基本配置的主站计算机硬件系统组成

(1) 数据服务器

处理和存储实时数据、设备及系统参数,处理、存储及管理历史数据。

(2) 调度员工作站

利用图形和数据表格等人机联系方式,显示实际系统信息,以供调度操作人员实行对系统设备的控制操作;突出显示系统故障信息,以提醒调度运行人员及时处理;对系统的各种运行数据进行查询,以对系统运行情况进行有效的监视。

(3) 前置处理工作站

接收来自各种现场终端设备的数据,对这些数据进行预处理(完成规约转换等处理工作);向终端设备发送控制操作、对时、下载数据等命令及数据。

(4) GIS 工作站

存储并显示处理基于地理背景图形的配电网络信息、地理信息等相关数据,供数据查询、访问,以使运行及管理人员准确地了解各种设备所在的具体位置,便于事故处理和正常维护、维修管理。通过 GIS 工作站还可以提供设备报装、设备报修等用户管理，同时可以提取当前设备的实时数据。GIS 系统方便用户对设备现场位置进行定位，显示故障发生的实际地理位置，以报警的方式提示操作员及时对事故进行维护和处理。

（5）网关

用于配网自动化系统与 EMS、MIS、LM 等其他自动化系统的连接并进行信息交换，实现信息共享。

下面介绍一个基本配置的主站系统工程实例。我国配电自动化的工作起步就是以石家庄引进日本户上制作赠送的配电网自动化环路设备为标志的，图 9-2 所示就是 1998 年投入使用的石家庄配电网自动化系统，属于较小规模自动化系统。各部分功能介绍如下。

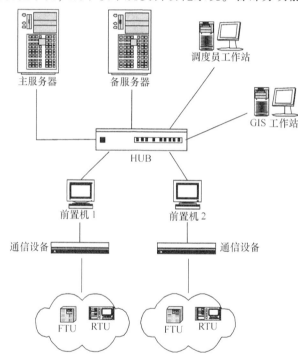

图 9-2　1998 年投入使用的石家庄配电网自动化系统

（1）主、备服务器

进行数据存储和提供网络服务中心，进行实时数据库的处理，为工作站和 GIS 服务器提供 SCADA 数据。

（2）前置机

采用主备方式，进行数据采集，是与后台连接的桥梁，数据采集使用多通道结构框架，实现多规约转换，前置机采用工控机。

（3）调度员工作站

提供操作员监控界面，进行配电系统运行的监视与控制操作；事故时及时弹出事故报警信息和画面。对配电线路故障：在自动模式下自动进行故障区间的隔离和恢复送电操作和显示；在人工模式下提示操作人员按程序执行控制处理操作。

（4）GIS 工作站

存储地理信息相关数据，供运行及管理人员进行数据查询、访问，准确地了解各种设备所在的具体位置及各设备的运行数据信息，实现 GIS 管理，提供现场图形数据与画面。

9.2.2 较大规模主站系统配置

图 9-3 所示为一个较大规模主站系统配置组成，各配电终端 FTU、TTU 等先与配电子站通信，各配电子站通过光纤与主站通信，主站各部分功能简介如下。

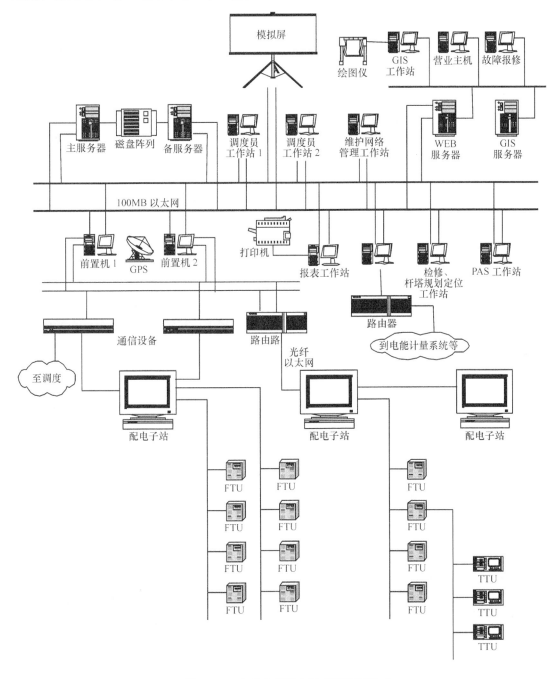

图 9-3 一个较大规模主站系统配置组成

(1) 网络

主干网是主站的通信中枢，一般采用 100MB 快速以太网。为确保数据通信的可靠性，采用双重网络结构，双网络同时工作，可实现自动切换并可均衡网络负荷，单一网络故障不影响整个系统的正常工作。

(2) 主处理服务器

主处理服务器是系统的中枢，应该采用双机并列运行，并互为备用。其作用是，负责接收从通信设备传递来的实时配网数据，并对实时数据进行处理，控制其他模块对实时数据的访问和使用；负责历史数据、运行数据存储；运行所有应用程序以及系统管理功能。数据服务器配备磁盘阵列，进行双机热备份处理，确保数据在故障情况下达到最大的可靠值。

(3) 磁盘阵列

为电网的描述数据和历史数据提供高可靠性数据存储、共享和管理功能。具有增加存取速度、更有效的利用磁盘空间和自动提供数据的冗余备份的特点。

(4) 前置机

前置机是主服务器和现场设备联系的桥梁，通信前置机是实现配电监视、控制和数据采集的关键环节，一般使用双机配置。两台前置机按照主备方式运行，主要作用有以下几个：

1）用于数据采集，即接收并处理各种终端设备以不同通信方式送来的各种类型监控、监测数据，实时向网上广播。

2）进行数据预处理，如不同通信规约的信息转换，通信源码监视及转发。

3）向远方智能终端设备发送遥控、校时、下载参数等下行控制命令，完成对断路器、隔离开关、变压器挡位的远方控制。

两个前置机之间通过网络相互进行监视，实现自动和手动切换，自动切换根据系统的运行状态自动完成，手动切换则根据运行需要强制将原值班退出值班状态，而将备用机置为值班机状态。

(5) GPS 对时设备

为了使整个系统的时钟统一，采用 GPS 时钟对时系统，由前置处理服务器采集时钟信号，在网上广播的同时，也周期性地将时间发向终端设备，对终端设备进行对时，使 SOE 事件能够准确地处理。

(6) 调度员工作站

调度员工作站是系统的用户操作端，提供给配电调度员用于图形方式的数据查看、遥控、数据设置、摘挂牌等操作。调度员工作站一般也采用双机，用于遥控时双机监督、备用等。每个调度员工作站可以采用双屏显示，也可以接到大屏幕上。

(7) 模拟屏

由于配网范围大、数据多，需要采用高分辨率的大屏幕进行数据显示。

(8) 维护网络管理工作站

维护网络管理工作站供数据维护人员进行各种数据库的维护，各种图形的绘制和修改，系统功能及权限维护，资料扫描录入及管理，系统的数据库、网络、安全等维护管理在维护网络管理工作站上进行，从而使整个系统协调工作，维护其完整性。同时，主站网络数据的发布也可通过维护网络管理工作站实现。

(9) 报表工作站

完成各种报表的生成和维护，连有报表打印机，其他节点的召唤打印可以通过网络共享。配网管理系统需配置两种打印机：一种是宽行针式打印机，连在调度员工作站上，供打印实时事项用；另一种是激光打印机或喷墨打印机，作为网络打印机，用于打印报表、图形等。

（10）PAS 工作站

PAS 工作站即高级应用软件工作站。运行配电网的各种高级分析软件，如潮流计算、可靠性分析、负荷预报与管理、无功/电压优化、短路电流计算、网络重构等。

（11）WEB 服务器

WEB 服务器运行的是 WEB 服务软件。将配电网自动化系统的实时数据、历史数据、图形数据，通过服务器在网络上发布，使用户能够在远程就可以查看当前设备信息，并针对一些数据及事件进行及时处理。

（12）GIS 服务器

GIS 服务器运行 GIS 配电管理软件，GIS 服务器要安装数据库和空间数据引擎等软件，还要为 GIS 工作站提供服务，所以 GIS 服务器应该选用较为高档的机型。

（13）GIS 工作站

用于存储地理信息相关数据，并为 GIS 客户端提供数据查询、访问支持。通过 GIS 工作站可以提供设备报装、设备报修等用户管理，同时可以提取当前设备的实时数据。GIS 方便用户对设备现场位置进行定位，能主动显示故障发生的位置，以报警的方式提示操作员及时对事故进行维护和处理。与 GIS 工作站相连的还有绘图仪，完成图形输出功能。

（14）路由器

为了和电能计量系统、MIS、负荷控制等系统的连接，必须使系统对外能够提供一个数据接口和其他系统进行连接。路由器就实现了接口解释，对其他系统提供当前实时数据，同时也吸收其他系统的数据为配电自动化系统使用。使用这种结构，对系统的安全性有较好的保护，同时可以调节主处理服务器的负担，进行分层的管理。

9.3 主站系统的软件构成

主站系统的软件构成分 3 层，包括操作系统软件、支撑软件和高级应用软件，如图 9-4 所示。

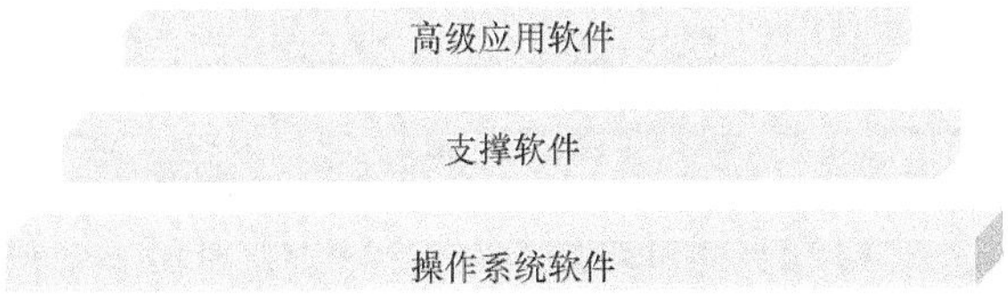

图 9-4 主站系统的软件构成

9.3.1 操作系统软件

操作系统专门用于计算机资源的控制和管理，使整个计算机系统向用户提供各种服务。操作系统至少完成以下功能：处理器管理、任务调度、存储管理、设备管理、文件管理、时钟管理和系统自诊断等。操作系统的实时性和稳定性是配电自动化的基本要求之一，过去的 DOS 操作系统已经基本淘汰，目前常用的操作系统分为 Unix 系列和 Windows 系列。

Windows 是用得最多也是最大众化的一种操作系统。它具有操作容易、应用软件丰富的优点。在它上面开发应用程序也相对比较容易。但正是由于它的易操作性及大众化的特点，Windows 操作系统也是受到病毒攻击最厉害的，特别是众多的网络病毒简直是防不胜防，很容易造成系统瘫痪。Windows NT（这里强调 NT 的网络支持）和 Unix 都是大型的网络操作系统，但在网络安全性和稳定性方面 Unix 更突出一点，而且也不容易受到病毒攻击。Unix 的操作都是基于命令行的，不大方便。Unix 的另一个不足是应用软件不够丰富。Windows 和 Unix 操作系统各有优缺点。另外，也出现了一种构造 Windows NT 和 Unix 混合平台的发展趋势，系统服务器强调的是网络支持和系统安全性及稳定性，宜选用 Unix 操作系统。而提供人机界面的系统工作站需要的是操作和维护的简单容易，宜选用 Windows 操作系统。混合平台集两种操作系统的优点于一体，有很强的生命力。

目前我国的配网自动化工程项目中，基本上是 Windows 和 Unix 各有应用。一般小型配电自动化系统在选择操作系统时，基本选用基于 Windows NT 技术操作系统，如网络服务器选用 Windows 2000 Server，而网络工作站基本选用 Windows 2000 Professional 或 Windows XP。中大型配电自动化系统一般在服务器上选用 Unix，而在网络工作站上选用 Windows。这是由于微软公司的 Windows 操作系统在微型机方面占有主导地位，同时在这个操作系统上具有大量可用的开发工具、应用程序及众多的开发者。

近年来又兴起了 Linux 操作系统，尽管目前在国内还很少见成功案例，但其发展趋势应引起关注。下面就对 Linux 进行简单介绍。

Linux 作为自由软件有两个特点：

1）它免费提供源码。由于可以得到 Linux 的源码，所以操作系统的内部逻辑可见，这样就可以准确地查明故障原因，及时采取相应对策。在必要的情况下，用户可以及时地为 Linux 打"补丁"，这是其他操作系统所没有的优势。

2）爱好者可以按照自己的需要自由修改、复制和发布程序源码，并公布在 Internet 上。这就吸引了世界各地的操作系统高手为 Linux 编写各种各样的驱动程序和应用软件，使得 Linux 成为一种不仅只是一个内核，而且包括系统管理工具、完整的开发环境和开发工具、应用软件在内，用户很容易获得的操作系统。

究其根本，Linux 是 Unix 系统变种，因此也就具有了 Unix 系统的一系列优良特性，Unix 上的应用可以很方便地移植到 Linux 平台上，这使得 Unix 用户很容易掌握 Linux。与 Unix 相比，Linux 具有如下主要特点：①技术成熟，可靠性高；②极强的可伸缩性；③网络功能强；④强大的数据库支持能力；⑤开发功能强；⑥开放性好；⑦标准化。

Linux 和 Windows ××相比具有这样一些特点：①可完全免费；②可以运行在 386 以上及各种 RISC 体系结构机器上；③Linux 是 Unix 的完整实现；④真正的多任务多用户；⑤完全符合 POSIX 标准；⑥具有图形用户界面；⑦具有强大的网络功能；⑧是完整的 Unix 开发平台。

9.3.2 支撑软件

支撑软件包括数据库、GIS 平台、人机对话、应用接口软件等。目前，国内配电网自动化系统应用较多的数据库软件有 SQL Server、Oracle、DB2、Sybase 等，详细资料请读者参阅相关书籍。

目前，随着智能电网的发展，系统面对的采集点越来越多，采样频率越来越高，配电网出现了呈指数增长的海量信息。这些实时数据及沉淀的历史数据是配电网实现精益化管理的基础。以遥测数据 10 万点为例，若采集频率正常维持在每 3 秒 1 次，则每年产生的数据将达到 16B/帧×0.3 帧/s×100 000 点×86400s/天×365 天≈1410GB/年；以遥信数据 100 万点为例，若采集频率约为每小时 1 次，则每年产生的数据将达到 16B/帧×1 帧/3600s×1 000 000 点×86400s/天×365 天≈130GB/年。目前，这些数据大多采用关系型数据库进行存储，随着智能电网数字化、信息化水平的不断提升，实际应用对数据库处理能力、存储空间、查询能力等各方面提出了越来越高的要求。以配电网调度自动化系统为例，新的技术规范提出了"基于时间序列数据库的数据存储与管理应支持超大规模数据高效处理、混合压缩、自动采集和精准分析等特点，可在线存储数十万甚至数百万个采集点的长时间（数年）、高密度（毫秒级分辨率）的实际生产数据，并可支持变化即存储功能"的要求。其中，"变化即存储"的功能实现了配电网全景数据的存储。相比传统系统，新系统的数据规模将出现巨大增长。传统的关系数据库无论在响应速度、存储规模、查询效率和变化存储机制上都很难满足应用的需求。实时数据库是专门设计用来处理带时标特性海量实时数据的数据库管理系统，与传统关系型数据库不同，具有如下特点：①数据吞吐量大，处理能力可达每秒数百万条，而传统关系数据库每秒只有数千条；②数据压缩存储，通常情况下压缩比可达 50∶1，而传统关系数据库无压缩；③查询效率高，查询能力可达每秒数十万条，同时查询效率与历史数据规模无关，当数据规模增加时查询能力无下降趋势，而传统关系数据库每秒只有数千条且当数据规模增加时查询能力出现下降趋势；④具有丰富的应用组件，可方便用户进行二次开发。实时数据库应用于配电自动化系统中时，可将已有的内存数据库、关系型数据库、实时数据库进行集成，形成真正意义上配电自动化海量数据统一存储与访问平台，以便及时掌握、分析生产设备运行状态，准确定位故障，实现全景历史反演、事故反演、可支持电网规划、发电管理、调度运行、生产管理、配网管理、营销等各个方面的应用。

9.3.3 高级应用软件

高级应用软件在配电管理系统（DMS）中，起到重要的辅助调度作用，通过它可以掌握当前配电网的运行状态，从而挖掘出安全与经济方面的巨大潜力。有了高级应用软件的分析功能，过去配电系统的设计与分析人员应该研究而因为难于计算没有研究的许多重要问题都可以得心应手地解决了。

配电网高级应用软件具有与高压输电系统中 PAS 功能相对应的运行于配电网络模型上的高级网络分析功能，也称为 DPAS（Distribution PAS）。DPAS 在 DMS 中的地位和 PAS 在能量管理系统 EMS 中的地位是一样的。高压输电系统高级应用软件着重于保障网络的安全经济运行。因此，各类高级应用软件基本上是针对正常运行网络模型的优化或保证网络安全经济运行的。在配网自动化系统中，调度员直接面对电力系统的最终用户。同时，配电网络更加庞大和复杂，网络设备操作更为频繁，因此配网高级应用软件功能着重在实时网络模型下完成和用户供电相关的各类应用。与 PAS 相比，DPAS 应用目标也有所不同。

与高压输电系统相比，中低压配电系统具有设备数目众多、分布范围广泛和三相负荷不平衡等特征。因此在网络模型建立时，不能照搬 PAS 的，要着重解决网络的三相模型。相应于网络模型的拓扑处理也要着眼于大规模网络的快速搜索。

PAS 基本上是以状态估计为核心，所有的实时态应用以及离线态应用都基于实时状态估计的结果。在配网系统中，由于网络规模复杂，而测量相对较少，因此要精确地实现实时状态估计难度很大，更多依赖的是各种历史统计数据和相对近似的处理方法。此外，在配网分析中，存在一些与状态估计无关，而仅与网络结构相关的分析应用，如配网的可靠性分析，线损计算，短路电流计算，故障定位、隔离和供电恢复等。

高级应用软件的应用是建立在一定的数据源基础之上的，这些数据源包括如下几种：

1）由 SCADA 采集来的测量数据，即系统运行的实时数据和运行的历史数据。

2）由人工输入的系统静态数据，如系统的线路参数、变压器参数等。

3）计划参数，主要是未来时刻的计划运行参数，如预计负荷及检修停电安排等。

有了以上的数据源，高级应用软件就可以辅助配网运行人员对系统进行各种分析。配电网高级应用软件包含的内容有，网络建模、网络接线分析、动态网络着色、配电网潮流计算、短路电流计算、网络重构、负荷预测等。

(1) 网络建模

网络建模用于建立和维护配电网络数据库，通过在数据库中定义电网设备铭牌参数及其各设备之间的连接关系，建立整个电网的设备连接关系及各设备的数学模型，为其他应用软件如配电潮流、短路电流计算、网络重构等定义配电网的网络结构。

配电网络建模不宜照搬输电网络建模方法。①配电网络模型包括的对象模型和输电网络模型不完全一样。完整的配电网络模型应包括的对象模型有母线、馈线段、开关设备（断路器、负荷开关、重合器、分段器、熔断器）、配电变压器、电容器、厂站（开关站 环网柜、配电站）等，它们按照变电站和电压等级进行排列。②配电网络建模应考虑配电网络的网络结构特征，如提供对辐射状馈线结构的专门描述，以适应 DMS 研究与开发的需要，并为用户提供方便直观的网络建模方法。③配电网络建模还应考虑和 FM 系统集成，以便能直接从 FM 数据库生成网络数据库。

在建立模型时，需要考虑下列因素：

1）根据导线的种类、线径、布置、长度等自动计算出参数。

2）开关有断路器、分段器、负荷开关、隔离开关和熔断器之分。

3）负荷的电压和频率特性及各种负荷所占的比例。

4）与上一级 SCADA、负荷管理系统、GIS 和 MIS 的接口。

配电网络的拓扑模型可以分为静态拓扑模型和动态拓扑模型。静态拓扑模型描述配网设备之间的物理拓扑连接关系，一旦建立了系统模型，静态拓扑模型相对稳定。新增设备、更换设备都会引起网络静态拓扑模型的改变。考虑所有开关设备的实时运行状态，通过拓扑处理获取配电网络的动态拓扑模型，动态拓扑模型描述了哪些设备在电气上连接在一起，以及连接的方式如何。

网络建模的主要功能如下：

1）定义电网中的各种元件（如母线、馈线段、馈线区段、分支线、变压器、电容器、负荷等）。

2）定义各元件间的连接关系，以提供网络分析功能所需的基本拓扑信息。

3) 根据定义的元件自动生成相应元件参数表,以便参数录入。
4) 网络建模提供静态分析和动态分析的全套元件参数。
5) 从实时库中获取数据。
6) 维护数据库间的关系和自动使输入校核。
7) 存取、复制、管理数据库。
8) 根据数据库和开关的实时状态建立母线模型。
9) 画面的生成和维护。
10) 支持各种电压等级的模型,可表示为有名值、标幺值、额定值、实际值等。
11) 元件极限分高极限、低极限,利于越限报警。
12) 提供多种负荷模型及其与气象时间的关系。
13) 支持网络等值功能。
14) 建立与其他数据库相应量的自动映射关系,保证数据输入源的唯一性。

(2) 网络接线分析与动态着色

网络接线分析是将网络的物理模型(节点模型)转化为数学模型(母线模型),其结果被用于潮流计算、网络重构和短路电流计算等网络分析软件。

网络接线分析主要有两个步骤:母线分析和电气岛分析。母线分析是将闭合开关连接在一起,节点集合化为母线。电气岛分析是通过线路和变压器将母线连接为岛。配电网络接线分析采用和输电网有所不同的搜索控制策略,对变电站开关和馈线开关变位作分别处理,以提高接线分析速度和效率。

以接线分析为基础,可以实现配电网的动态着色功能,包括电气状态着色、电压等级着色、馈线跟踪与着色、环路着色、电源跟踪与着色、电路跟踪与着色、子树着色等功能,其中每种着色功能的颜色和效果都应该能够在线修改或重新定义。

(3) 状态估计

状态估计是高级应用软件的一个模块(程序),许多安全和经济方面的功能都要用可靠数据集作为输入数据集。而可靠数据集就是状态估计程序的输出结果,所以,状态估计是一切高级应用软件的基础。

在实时情况下,不可能对网络的所有运行状态量进行监测,此外获取的测量数据也不可避免地存在测量误差。状态估计基于网络的拓扑模型,利用 SCADA 采集的实时信息,确定电网的接线方式和运行状态,估计出各母线的电压幅值和相角及元件的功率,检测、辨识不良数据,补充不足测点,加强全网的可观测性。采用状态估计可以提高测量数据的可靠性和完整性,为下一步进行安全分析、经济调度和调度员模拟培训提供一个相容的数据集。

配电网与输电系统不同,有其自身的特点,其状态估计也应该采用适合于配电网的计算方法。特点之一是,配电系统的拓扑描述应以馈线为单位;特点之二是,配电网与输电系统相比,网络结构成辐射状、有较大的 R/X 比值、三相不平衡以及测量不足。

(4) 潮流计算

潮流计算是配电网络分析最基本的软件,其设计目标是可靠收敛和方便,使调度员在单线图上能像交流台一样调整运行方式,使专家能灵活分析本系统的潮流计算特性。潮流可以从历史库中取得历史数据,或者从状态估计取得实时方式数据,或者由负荷预报、电压计划取得未来方式数据；可以按时间变化运行方式数据；可以在单线图上或元件表上修改数据。用户可以在单线图上控制潮流调整过程，也可以在专家画面上分析潮流特性。

牛顿—拉夫逊法和 PQ 快速解耦法是应用于高压输电系统的常规潮流计算方法。一般认为，对于网络呈树状结构、R/X 比值大的配电系统，常规的潮流算法收敛性比较差。经过大量的计算试验，牛顿—拉夫逊法在常规配网中一般也有很好的收敛性，但计算时间比较长。而快速解耦潮流算法在常规配网中收敛性也很好，而且计算速度快。在配电网系统中，网络结构基本以馈线为单位组织，如果采用常规潮流算法，相当于需要针对多个电气岛（馈线）进行。在大量的分析应用中，潮流计算作为功能模块需要快速调用，因此需要寻找适用于配网系统的更快速、更有效的潮流算法。

（5）配电网重构

配电网重构的目标是在满足网络约束和辐射状网络结构的前提下，通过开关操作改变负荷的供电路径，以便使网损最小，或者解除支路过载和电压越限，或者平衡馈线负荷。网络重构能够计算减小配电网损而必须在馈线之间重新分配的负荷，并且能报告所识别的可以减小网损的开关操作状态。计算结果提供给操作命令票系统，供调度员决策执行或自动执行。

配电网重构的用途有以下几个方面：

1）用于配电网规划和配电网改造。

2）正常运行状态下的网络重构可以降低网损、平衡负荷，提高系统运行的经济性与供电可靠性。

3）故障情况下的网络重构可用于配电网事故后的供电恢复。

（6）配网线损计算与分析

线损计算与分析是配电网最重要的计算分析之一，用计算机进行线损的计算与分析是减少线损、提高经济效益和管理水平的重要措施。线损计算与分析包含以下功能：

1）输入功能，包括图形输入、数据输入、网络拓扑分析和自动生成数据库、自动检错、与 GIS 接口等。

2）计算功能，包括采用前代回代法计算配网潮流、用不同方式采集运行数据以提高计算正确性、自动适应运行方式的变化等。

3）输出功能，计算结果以表格、分层图形、棒图、曲线等方式输出。

4）分析功能，包括比较分析、技术分析、管理分析及其他分析，以确认计算结果的真实性和可靠性。

（7）负荷预测

电网未来一个时段负荷变化的趋势和特点是配电自动化控制部门所必须掌握的基本信息。负荷预测功能利用历史负荷数据预测未来时段的负荷。根据运用目的和预测时间的不同，负荷预测可以分为以下几种：

1）长期负荷预测，预测今后 20 年逐年最大负荷值，用于规划电源和网络发展建设。

2）年负荷预测，确定下一年度设备大修计划和水库运行方式。

3）周负荷预测，安排一周调度计划、设备检修、水库调度等。

4）日负荷预测，预测未来 24h 负荷变化曲线，安排日调度计划，包括开停机安排、水火电协调、联络线交换功率、负荷经济分配等。

5）短期负荷预测，预测未来 10min～1h 的负荷值，用于安全运行的预防性控制或紧急状态处理以及实时经济调度。

6) 超短期负荷预测,预测未来 1~5min 的负荷值,用于安全监视。

负荷预测功能一般针对全网或某个区域内的总负荷进行。应考虑气象修正的负荷预测模型,可以预测未来 1 天~1 周的每小时、每 15min 的系统负荷值,然后利用可自动校正的负荷分配系数把该预测值分配到各变电站、馈线及负荷点。负荷预测应用了线性外推、线性回归和人工神经网络等算法。

配电负荷预测可能要考虑分类预测。负荷分类指负荷中可分离出来的最小可统计用电负荷类别。典型的负荷分类如电冰箱、烹饪、荧光灯、电热器、电弧、泵等。负荷分类的日负荷曲线可以根据统计部门提供的数据获取,负荷分类也可以有负荷电压静特性、功率因数等属性。

9.4 要点掌握

本章介绍配电自动化的主站系统。主站系统是整个配电网自动化系统的核心。本章首先介绍主站系统所具备的功能以及为实现这些功能而应该满足的技术要求、相应的设计原则。配电自动化主站系统主要由硬件系统和软件系统构成。硬件系统本章以较小规模和较大规模两个方面为例介绍,给出了相应的系统硬件配置图、介绍了各组成部分的功能。主站系统的软件主要由操作系统软件、支撑软件和高级应用软件 3 部分组成,本章也分别予以了介绍。为了使整个配电自动化系统的时钟统一,常采用 GPS 时钟对时系统。为此,本章最后还从 GPS 的产生、定位原理、系统组成、特点、作用、发展趋势及目前世界其他全球卫星定位系统等多方面介绍了 GPS 的相关知识。

本章的要点掌握归纳如下:

1) 了解。①主站系统的功能;②主站系统应满足的技术要求;③主站系统的设计原则;④常用数据库软件;⑤全球卫星定位系统 GPS。

2) 掌握。高级应用软件的功能。

3) 重点。①主站系统的硬件构成及其各部分的功能;②主站系统的软件构成。

思 考 题

1. 主站系统具备一些怎样的功能?
2. 主站系统的硬件构成如何?各部分的功能是什么?
3. 主站系统的软件由哪 3 部分构成?
4. 列举你熟悉的几种数据库软件。
5. 高级应用软件具备一些怎样的功能?

第 10 章　配电网 SCADA 系统

10.1　配电网 SCADA 系统的特点

数据采集与监控（Supervisor Control And Data Acquisition，SCADA）系统，是配电网自动化的基础，是配电系统自动化的一个底层模块。

电力网可分为输电网和配电网两个部分。相应地，SCADA 系统也可分为输电 SCADA（TSCADA）系统和配电 SCADA（DSCADA）系统。输电 SCADA 系统应用较早，技术比较成熟。近几年，随着城乡电网改造和配电自动化系统的建设，SCADA 系统被引进到配电网监控中。虽然配电网 SCADA 系统起步较晚，并且在功能上和输电 SCADA 系统基本相同，但由于配电网的结构较输电网复杂，而且数据量大，因此配电网 SCADA 系统更复杂。配电网 SCADA 系统有如下一些特点：

1）配电 SCADA 系统的基本监控对象为变电站 10kV 出线开关及以下配电网的环网开关、分段开关、开闭所、公用配电变压器和电力用户。这些监控对象除了集中在变电站的设备，还包括大量的分布在馈电线沿线的设备（如柱上变压器、柱上开关、刀开关等），数据分散、点多、每点信息量少，所以采集信息比输电网困难。

2）配电网设备多，数据量一般比输电网多出一个数量级。

3）配电网的操作频率及故障频率远比输电网要高，因此配电 SCADA 系统要求比输电 SCADA 系统对数据实时性的要求更高；此外，配电 SCADA 系统除了采集配电网静态数据外，还必须采集配电网故障发生时候的瞬时动态数据，即采集的信息还应能反应配电网故障，如短路故障前后的电压和电流。

4）低压配电网为三相不平衡网络，而输电网是三相平衡网络。为考虑这个因素，配电 SCADA 系统采集的数据和计算的复杂性要大大增加，SCADA 系统图形显示上也必须反映配电网三相不平衡这一特点。所以，两者无论在计算上还是在 SCADA 系统图形监视上，也不尽相同。

5）对配电网而言，需要有建立在 SCADA 系统之上的具有故障隔离能力和恢复供电能力的自动操作软件。

6）配电网因其点多面广，所以配电网 SCADA 系统对通信系统提出了比输电网更高的要求。

7）配电网直接连接用户，由于用户的增容、拆迁、改动等原因，使得配电网 SCADA 系统的创建、维护、扩展工作量非常巨大，因此配电 SCADA 系统对可维护性的要求也更高。

8）配电网管理系统 DMS 集成了管理信息系统 MIS 的许多功能，对系统互连性的要求更高，配电 SCADA 系统必须具有更好的开放性。此外，配电 SCADA 系统必须和配电地理信息系统 AM/FM/GIS 紧密集成，这是输电 SCADA 系统不需要考虑的问题。

10.2 配电网 SCADA 系统组织的基本方式

10.2.1 配电网 SCADA 系统测控对象

配电网 SCADA 系统的测控对象包括如下内容：

(1) 10kV 线路的分段开关、联络开关的监控

为了对 10kV 线路上分段和联络开关进行远方测控，必须将各柱上开关改造成为具有低压电动合闸和跳闸操作机构可实现远方控制的真空开关，并和开关同杆安装馈线远方终端单元（FTU）。监视内容包括开关状态、三相电流、三相电压、有功功率、无功功率、故障电流等。控制内容主要是，负荷开关、联络开关的遥控操作。10kV 线路上集抄系统的数据也可通过集抄装置和 FTU 通信，由 FTU 送采集电量信息。

(2) 10kV 配电变压器的监控

为了对 10kV 线路上的柱上配电变压器进行远方测控，必须在变压器台处安装配电变压器远方终端单元（TTU）。配电变压器远方终端单元采集 10kV 线路沿线配电变压器的有功功率、无功功率、电流、分接头位置等信息；还与 FTU 通信，并通过 FTU 转发上送数据。

(3) 10kV 开闭所和重要配电变电站的监控

为了对 10kV 开闭所和重要配电变电站进行远方测控，必须在开闭所和配电变电站内安装远方终端单元（RTU），通过 RTU 采集开关状态、母线电压、进出线功率和电流、配电变压器功率和电流等信息，并进行开关的遥控操作。

相对而言，10kV 开闭所、配电变电所的数量较馈线上的开关更少，但站内 RTU 采集的数据容量却要比与馈线开关同杆架设的 FTU 更大。即变电站的数量少但采集的数据容量大；馈线开关的数量众多但采集的数据容量却较小。

(4) 监视为配电网供电的 110kV 变电站中的 10kV 出线

对于配电网而言，变电站的 10kV 出线就是网络的电源。在配电 SCADA 系统中对于 10kV 出线主要以监视为主，监视内容包括出线的有功功率、无功功率、三相电流、三相电压、功率因数等。由于地（县）的调度自动化系统或变电站综合自动化系统中都有变电站 10kV 出线的监控手段，因此对于这一监控对象，采用的监控办法主要是从已有的监控系统中向配电 SCADA 系统增加数据转发接口。

10.2.2 区域站的设置方法

由于配电 SCADA 系统存在大量、分散的数据采集点，且与配电自动化的其他几个子系统（如负荷监控、管理系统和远方抄表与自动计费系统）相比，配电 SCADA 系统对于数据传输的实时性要求又最高，因此，配电 SCADA 系统的系统组织关键是以切实可行的方式，构造既可靠又有效的通信网络系统。

根据配电 SCADA 系统的系统规模、复杂程度和预期达到的自动化水平，恰当地进行通信层次的组织和选择通信方式，是构造配电 SCADA 系统通信的主要工作。

和输电网自动化不同，由于要和在数量上多得多的远方终端通信，因此如何降低通信系统的造价，并满足配电 SCADA 系统的要求，成为设计人员面临的重要问题。

由于配电 SCADA 系统的测控对象既包含较大容量的开闭所和小区变,又包括数量极多但单位容量很小的户外分段开关,因此宜采用将分散的户外分段开关控制器集结成若干个点(称作区域站)后,再上传至控制中心。若分散的点数太多,甚至可以作多次集结,如图 10-1 所示,这样既能节约主干信道,又使得控制中心 SCADA 系统网络可以继承输电网自动化的成熟成果。

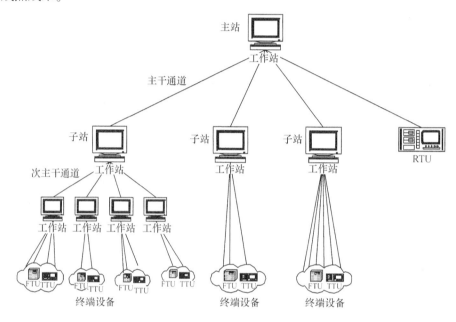

图 10-1　配电网 SCADA 系统的分层集结体系结构

区域工作站的设置可以有两种方式:

1)按距离远近划分小区,将区域工作站设置在距小区中所有测控对象(包括 FTU、TTU 和开闭所、配电变电站 RTU)均较近的位置,这种方式适合于配电网比较密集,并且采用电缆或光纤作通道的情形,银川城区配电自动化系统就采用的这种方式。

2)将区域工作站设置在为该配电网供电的 110kV 变电站内。这种方式适合于配电网比较狭长,并且采用配电线载波作通道的情形,宝鸡市区配电自动化系统就采用这种方式。

10.2.3　体系结构

鉴于配电 SCADA 系统的监控对象的特点,配电网 SCADA 系统一般采用"分层集结"的组织方式,具体视实际情况可分为如下几个层次:

(1) 配电网络终端设备

配电网络终端设备是指硬件层上的各种数据采集设备,如各种 FTU、TTU、RTU 及各种智能保护设备、控制设备等,位于远方现场,主要实现数据采集、调节、信息上传和本地控制等功能。

(2) 通信网络

系统的通信网络主要用于 RTU 与主站通信或与其他 RTU 通信,FTU 与上级子站的通信,子站与主站的通信等。可采取的通信方式详见本书第 5 章通信系统的介绍,配电自动化系统中有近 20 多种可以采用。RTU 可支持的通信方式有主站触发的通信方式和 RTU 触发的通信方式。可靠的通信网络是配电自动化的必要条件,实时性是通信网络的特点。

(3) 子站

子站又称为区域工作站,实际上是一个集中和转发装置。它既要通过查询向各现场终场收集、查询信息,存入实时数据库中,又要负责向控制中心主站上报信息。

(4) 主站

主站是整个配电自动化网络结构的控制中心,接收子站信息的上传并下达相关的命令。

以上这种分层集结的 SCADA 系统组织方案在我国配电自动化工作开展中,可以根据具体情况来进行。

1) 对于无条件一次性建立起配电自动化系统的城市,可先选择一个或几个小区进行配电自动化试点,然后逐步推开。这时在集控站或者小区变电站设置 SCADA 系统子站,即使配电自动化主站系统还没有建立起来,也能独立完成小区内配电网的 SCADA 系统监控功能,有利于分步实施。

2) 对于有条件一次性建设 SCADA/DA/DMS 主站的电力部门来说,在集控站或小区变电站设置 SCADA 系统子站也有好处。首先,它能减少主站数据处理数量,提高系统响应速度;其次,当主站故障时子站系统还能独立运行,提高了系统可靠性;另外,子站可以作为数据集中器,转发小区内 RTU、FTU 及其他自动化装置的数据,从而优化通信信道的配置,降低通信系统的投资。

10.3 配电网 SCADA 系统的功能

配电网 SCADA 系统的功能非常丰富,下面进行具体介绍。

1. 数据的采集与交换功能

SCADA 系统通过通信信道,实时采集各种信号,如各监控终端的模拟量、状态量、脉冲量、数字量等数据,并存入系统数据库中,实现采集处理功能,同时向各终端发送各种信息及控制命令。

(1) 数据采集

1) 模拟量采集。通过扫描方式或超值方式,采集如主变压器及配电线路的有功功率、无功功率、电流 I、各种母线电压、系统频率及其他测量值等。

2) 状态量采集。通过状态变化响应或周期扫描的方式,采集如断路器位置信号、有载调压变压器分接头位置、继电保护事故跳闸总信号、预告信号、隔离开关位置信号、自动装置动作信号、装置主电源停运信号和事件顺序记录等。

3) 脉冲量采集。按设定的扫描周期来采集各终端送来的脉冲电能量等。

4) 保护信息的采集。对于已安装微机保护或已实现变电站综合自动化的电站,还可采集保护开关量状态、保护定值、保护测量值、保护故障动作、保护设备自诊断信息等数据。

(2) 数据交换

1) 与负荷监控系统的数据交换。SCADA 系统将采集到的电能量、电压水平和过负荷数据提供给负荷监控系统,使其按设定进行过负荷限载、移峰填谷和调整负荷曲线,以降低供电成本。采用网络数据库访问方式,可以在应用服务器上直接访问负荷主站数据,采用 WEB 镜像服务器方式,系统也可以为负荷控制的访问提供数据,从而实现数据共享。

2) 与配电地理信息系统（GIS）、DMS 的数据交换和传输。电力系统中的 SCADA 系统主要是为调度提供服务的实时数据采集和监控系统，对需占用大量 CPU 资源和网络资源的数据处理功能相对较弱。DMS 的优势正是可以进行大量的数据整理、分析、统计和存储，所以实现 SCADA 系统与 DMS 的数据交换和共享，并利用 DMS 对 SCADA 系统数据进行二次开发、利用和储存，对满足电力系统各业务部门的不同需求有着重要的意义。

在 DMS 中，SCADA 系统数据库和 DMS 数据库向 GIS 数据库提供电网的实时信息和应用软件的分析计算结果，以利用 GIS 画面输出信息，并定时刷新，使 GIS 具有实时性。GIS 数据库还向 SCADA 系统数据库和 DMS 数据库提供某些输入信息，如人工设置、状态设置和设备参数等。当 GIS 数据库中的数据发生变化时，则通过数据交换将这一变化及时提供给 DMS 数据库和 SCADA 系统数据库，以保证应用软件分析计算结果和 SCADA 系统信息的正确性。

3) 与用电营业管理系统的数据交换。采用网络数据库访问方式，可以在应用服务器上直接访问用电营业管理的数据，采用 WEB 镜像服务器方式，系统也可以为用电营业管理系统客户端的访问提供数据，从而实现数据共享。

4) 与 MIS 的数据交换。采用网络数据库访问方式，可以在应用服务器上直接访问 MIS 的数据，采用 WEB 镜像服务器方式，系统也可以为 MIS 客户端的访问提供数据，从而实现数据共享。

5) 与地调 SCADA 系统的数据交换。配电网系统和调度网系统是同一电网不同电压等级的管理系统，两个系统之间一般需要进行实时数据交换，两网间的网络连接可以满足此需要。网络通信协议和通信规约需依照 TCP/IP、国家颁布的电力系统实时数据交换应用层协议和电力行业标准规约，也可采用串口通信方式，以 CDT 等部颁规约在前置工作站上实现数据交换。

6) 与故障保修系统的数据交换。

7) 与 RTU、FTU、TTU 的数据交换。

2. 数据处理与计算功能

1) SCADA 系统采集数据后，会立即进行相应的数据处理。

① 模拟量数据处理（YC）包括，数值的合理性检查、进行工程量转换、更新实时数据库、可进行多级限值检查、变化速率检查、零值死区处理、功率总加和电量总加。

② 状态量数据处理（YX）包括，合理性检查及报警、逻辑处理及手工状态输入、虚拟遥测和复合遥信的计算。

③ 脉冲量数据处理（YM）包括，实时保存上一周期的脉冲值，计算出本周期内的电量；对无脉冲量的测点，可采用积分电能的方法计算电量；系统可设定高峰时段、低谷时段及腰荷时段，计算出各时段电量；计算结果存入实时数据库和历史数据库。系统对所有设备均可进行挂牌操作，即加上某些标志，在图形上有明确的图符及相应的颜色，以提醒人们注意，挂牌状态存入数据库。

2) SCADA 系统的计算功能随系统启动而启动，需在线完成系统设置的计算点的计算任务，按照数据变化及规定的周期或时段，不停地处理各种计算点，对模拟量、数字量及状态量数据均可进行计算。

① 数值计算包括，四则运算、逻辑运算、数学函数运算和组合公式计算。

② 历史数据计算包括，计算视在功率、计算电流、计算功率因数、计算各厂站有功功率总加及电量总加、供电量的统计、每日负荷各种指标的统计、电压合格率和越限时间累计统计。

3. 控制功能

1) 单独遥控。实现对系统中某单一对象运行状态的控制。
2) 程序遥控。一系列单独遥控的控制序列组合，包括所内程控和所间程控。
3) 遥控试验。遥控试验操作过程和实际遥控操作相同，只是不对实际控制对象进行操作。
4) 复归操作。实现对被控站声光报警等信号的复归操作功能。
5) 模拟操作。包括模拟合闸和模拟分闸。
6) 闭锁、解锁操作。对单个、批量以及整个变电站的设备进行遥控闭锁操作。
7) 其他安全操作。提供挂地线操作、挂检修牌操作等挂牌操作，系统自动对挂牌对象实现闭锁操作。

4. 事件顺序记录功能（SOE）

电力系统如有故障发生，通常是由多个继电保护和断路器先后动作。将这些动作的先后顺序和次数，用毫秒级时间标记并记录下来，以供调度人员及时分析和判断故障，进行事故分析和做出运行对策非常有用。时间顺序记录的主要指标是动作时间分辨率，分为站内动作时间分辨率和站间动作时间分辨率两类，前者由 RTU 保证，一般可做到 1ms，后者由 RTU 和整个系统对时来保证，可达到 10~20ms。

5. 事件顺序追忆功能（PDR）

事件顺序追忆是数据处理的增强功能，通过采集数据模拟量、开关量等，完整、准确地记录和保存电网的事故状态，使调度员在一个特定的事件（扰动）发生后，可以重新显示扰动前后系统的运行情况和状态，以进行必要的分析。时间段长度可由远动维护人员在系统参数库软件中修改，事故前的追忆点数和事故后的延续点数都可在参数中修改，事故追忆的结果自动存盘，以供事后分析用。

1) 事件追忆启动。当事先定义的事件条件满足后，系统就激发事故追忆程序，用于记录如下的数据：事故发生前后一段时间内系统的实时运行状态，包括多个电力系统的实时断面及断面之间的所有事件。
2) 事故重演。调度人员可以通过调度工作站进行事故重演，包括可以同时运行实时画面，可以选择已经记录的时段中的任何一小段时间内的电力系统状态进行重演，可以设定选定的小时间段中的任意时刻作为事故重演的起始时间，可以设定事故重演的速度，可以随时暂停正在进行的事故重演，也可以重新选定一个小的时间段的系统状态进行重演。
3) 事故分析。可以选择要分析的对象，可以选择已经记录的各个时间段中的任意一个小的时间段的系统状态进行分析，可以将这些被分析对象的状态及其发生时间作为分析结果，在画面上显示出来、或者作为文件保存或打印输出。

6. 人机界面功能

系统数据库中的遥信状态和遥测数据通过人机界面（图形、报表、曲线、数据库界面等）真实反映供电系统的实时状况。人机界面通常安装于调度员工作站，所有的交互操作都通过配有彩色显示器、键盘和鼠标的工作站进行，提供跨平台、跨应用的统一图形平台，全网画面共享并提供图形的一致性维护。人机界面采用全图形工作站，其图形子系统提供功能强大的图形编辑功能，系统提供报表、曲线、饼图、直方图、棒图、仪表盘图等各种图形。

(1) 调度员界面显示与操作功能

1）变电站一次接线图及配网逻辑图的实时数据刷新显示，接线图可打印输出。
2）设备参数显示与查询。
3）具有任意模拟量的曲线趋势图，其坐标轴量程可自动或人工设置，曲线可打印输出。
4）在线数据查询、复制和历史文档打印。
5）通道运行监视、报警和统计功能。
6）特色窗口功能，实现不同窗口显示不同画面。
7）图形的放大或缩小功能，图形的层面设置、显示以及自动切换功能，图形的导航功能。
8）图形的线路动态着色功能和潮流方向标志功能。
9）在线配电网设备的检修与线路检修的挂牌功能。

(2) 系统的设备管理和监视功能

1）系统实时运行工况。
2）各子系统运行情况。
3）系统配置图及运行情况。
4）RTU、FTU、TTU 配置图及运行情况。
5）主机运行监视和故障自动切换。
6）网络运行状态监视及网络数据传输监视。
7）各节点系统运行进程状态监视和在线编辑。

7. 数据库管理功能

系统采用标准、开放并符合实时系统要求的数据库，将商用的分布式关系型数据库与实时系统数据库进行有机结合。系统的所有功能设计基于实时数据库和历史数据库的应用设计，可实现与高级功能应用数据库的同一管理，为系统扩充功能提供便利。

(1) 实时数据处理功能

变电站综合自动化系统提供对系统运行参数的实时交流采样，并将采样信息传送到控制中心的 SCADA 电力监控系统。控制中心的 SCADA 系统对遥测数据进行合理性校验和工程量处理，将数据存入系统数据库中。系统能自动维护任一节点上的数据库的修改，保持主数据库与备用数据库的一致性，并且在系统故障时具备数据库恢复和重新启动功能。

(2) 历史数据处理功能

历史数据存储于通用关系数据库中。历史数据库安全性高、容量大、开放性好，并具有标准的数据库接口。历史数据的类型主要包括：测量数据、状态数据、累计数据、数字数据、报警数据、时间顺序记录数据、继电保护数据、安全装置数据和事故追忆记录等。历史数据可定期转储和备份，并可随时恢复。数据从系统运行之日起开始存储，用户可手工删除过期历史数据，还可为负荷预报等规划应用提供连贯的历史资料。

8. 打印输出功能

通过系统信息打印的管理功能，可提供实时打印、定时打印、随机打印功能，支持对图形、报表、曲线、报警信息、各种统计计算结果等的打印输出。

9. 智能操作票功能

操作票的基本内容主要包括操作任务（供电、停电）选择、操作设备（线路、母线、变压器、保护及其他共五类）选择、电压等级（如 10kV，110kV 等）选择，以及其他一些属性选择。

（1）运行模式

该系统能够以正常模式或培训模式运行。

1）在正常模式下，操作票系统和监控系统一起在线运行，并且操作票系统和监控系统的设备状态将一致。在该状态下，用户如果修改了系统数据，操作票系统退出时，相应数据将进行保存。

2）在培训模式下，操作票系统可以进行操作票快速模拟，即将操作票专家系统当前设备的状态改成执行了操作票后的状态。在启动时，操作票系统从监控系统中取得各个设备的当前状态，运行过程中设备状态的变位并不反应到操作票系统。此外，该模式下如果用户修改了系统数据，则操作票系统退出时，相应数据不保存。培训模式提供对操作人员、运行维护人员的上岗培训功能，受训人员面对和实际系统同样的操作环境、操作界面，从而达到掌握系统运行管理、操作、日常维护、故障排除、替换故障元件等。系统在进行培训时，受训人员所做的全部操作不影响系统的正常运行。

（2）主要功能

1）生成操作票。操作票的生成分为自动开票和手动开票两种方式。自动开票时通过自动开票界面选择好各项操作任务及任务属性后，让系统自动开出操作票；手工开票时用户事先在接线图上依次选择操作设备，并选择具体的操作，然后系统可以自动生成操作票。

2）对操作票进行模拟操作。在接线图上可以进行模拟操作和设备状态的初设等。操作票系统结合图形系统，直接在计算机的接线图上进行模拟操作，以校验操作票的合理性。状态初设时指在接线图上通过电击某设备，使设备取反来设置设备开关状态，该功能在正常模式下使用。

3）除了以上功能外，智能操作票系统还有修改操作票（添加、删除和编辑等）、保存操作票、打印操作票及系统自身维护（操作任务管理、系统设备管理等）等功能。

10. 系统安全功能

SCADA 系统的安全管理主要体现为口令功能和操作权限功能。

系统以任务为单位进行授权和权限控制，能对每一用户进行口令和操作权限的管理，能给不同的用户分配不同的系统访问和操作权限。

系统的操作权限可分为以下 4 个级别：

1）值班类。可浏览和监视接线图、报表和曲线。

2）调度员。与值班类权限相比，增加遥控权限，可手动切换主备机。

3）系统维护员。可进行图形编辑、数据库生成和修改、报表和曲线的生成和修改、历史数据存储周期设定。

4）系统管理员。具有计算机系统的组网和接点功能配置权限。可对所有控制操作实施完全检查，并提供详细记录以备查。

SCADA 系统本身应具备高度的容错能力：系统关键节点采用冗余配置，软件按照模块化设计，不同的软件模块能配置到不同的节点上，并且可定义模块在设备或软件故障情况下的功能转移，实现"1+N"软件容错功能。保证系统在任意单一故障（硬件节点、软件模块）的情况下能正常稳定地运行。

11. 报警处理功能

报警分为预告报警和事故报警。预告报警一般包括设备变位、状态信息异常、模拟量超限、监控系统部件的状态异常、就地控制单元的状态异常及通信异常等。事故报警主要包括非正常操作引起的断路器跳闸和保护装置动作信号。

报警主要分为4种：越限报警、变位报警、事故报警和工况报警。

报警方式由运行人员设置和试验，也可以被禁止。运行人员也可控制报警信息的流向，将不同的报警送给相应的人员。报警方式主要有画面闪烁、文字报警、报警表显示、报警内容打印、音响报警和语音报警。用户可以预先定义报警事件的类别及选择报警方式。

报警处理主要有以下几种方式：

1) 系统发送信息到记录文件中。这种处理方式发生在操作人员进行系统设置、数据库编辑、占有通信通道时，或者进行监视或控制电力系统的重要操作时，或者一些点由扫描状态变动到手动状态时。

2) 自动撤销报警显示。当报警原因消除后，即可自动撤销。

3) 登陆报警并由操作员确认。确认方式包括仅清除事故报警音响，仅确认事故报警，确认事故报警并消除报警音响。

12. 通道监视、切换和站端系统维护功能

SCADA系统应能对RTU通信通道的状态及通信质量进行监视，并对各通道的通信出错次数进行统计。系统实时监视通道运行情况，能自动依据通道运行情况切换主备通道，同时提供手动切换功能。

由于配电终端装置量大面广、不易维护，不可能另外架设通信线路进行维护，所以利用系统的通道对其进行维护非常必要。维护工作站可以通过现有通道对站端系统进行远程维护，包括对FTU的运行监视和参数设置，提供在线时分段开关定值的远方设置和修改功能。维护方式分为遥调（参数设置）和遥控（动作控制）。

13. 系统时钟同步功能

主站系统接入标准天文时钟，向全网广播统一对时并定时与各FTU远方对时，为系统后台处理提供唯一的时标，提高系统的时钟精度。也可由服务器提供串行口实现和子母钟的时间同步。

10.4 智能用电小区

10.4.1 智能小区概述

智能用电小区是智能电网用电环节建设的重要举措。智能小区的应用最早在20世纪80年代兴起于日本、欧美等，20世纪90年代进入我国，当时主要是为了推销高档楼盘而做的一些智能化概念设计。进入21世纪后，随着房地产经济的蓬勃发展，我国很多地区开始建设居住区智能化系统。2000年建设部批准了广州汇景新城、上海怡东花园等7个智能小区为国家康居示范工程智能化系统示范小区，同时组织行业专家开始进行居住区智能化相关标准研究和编制，并于 2003 年发布了现行行业标准 CJ/T 174—2003《居住区智能化系统配置与技术要求》，这又大大促进了智能小区的发展。随着坚强智能电网建设的推进，国家电网公司明确提出要在用电环节建立智能用电服务体系。2011 年国网公司确定新建 22 个智能小区试点工程，并发布了企业标准 Q/GDW/Z 620—2011《智能小区功能规范》（现行为 Q/GDW 10620—2016）、Q/GDW/Z 621—2011《智能小区工程验收规范》，这对于加快试点工程建设、引导社会力量参与智能小区建设起到了积极的推动作用。智能电网技术的发展赋予了智能小区新的内涵。智能小区是利用现代通信、信息网络、智能控制、新能源等技术，通过构建小区智能化和信息化设施，实现资源共享、统一管理，为居民提供安全、舒适、方便、节能、开放的生活环境。智能小区实现了电网与用户之间的实时交互响应，用户使用电能更加灵活方便，同时也增强了电网的综合服务能力。智能小区是实现智能电网信息化、自动化、互动化要求的重要载体，对于实现节能减排、削峰填谷有着重要意义。

10.4.2 智能用电的发展目标

智能用电旨在建设和完善智能双向互动服务平台和相关技术支持系统，实现电网与用户间能量流、信息流、业务流的双向互动，构建智能用电服务体系。智能用电的发展目标总结如下：

1) 节能环保。合理调配发供用三方资源，最大限度地发挥可再生能源的发电能力，最大限度地引导用户科学合理用电。例如，在智能小区建设中，布置电动汽车充电桩，并根据电网运行情况合理安排充电时段实现有序控制；小区内根据自然条件部署太阳能、风能等清洁能源，结合储能装置实现负荷高峰时段或停电时段的分布式电源向用户供电。

2) 实时友好互动。实现用户分类和信用等级评价，为用户提供个性化智能用电管理服务，满足不同情况下用户对用电的不同需求；通过建立完善需求侧管理、分布式电源综合利用管理系统等，为配网、调度相关系统提供数据信息，提高设备利用率；通过部署自助用电服务终端、智能交互终端等智能交互设备，为用户提供业务受理、电费缴纳、故障保修等双向互动服务。

3) 开放灵活。智能用电支持新能源新设备的接入，可以实现从小到大各种不同容量的分布式电源、电动汽车、储能装置等新能源新设备的即插即用式接入，快速响应市场变化和客户需求，实现对资源的最优化配置，成为电网电源的有益补充。

4) 技术先进、安全可靠。智能用电通过对小区供用电设备运行状况及电能质量的监控，故障发生时向配电自动化系统和 95598 互动网站等报送或转送故障信息，电力公司及时获知故障情况，迅速地汇总分析各方面信息，快速处理故障，尽快恢复供电。

10.4.3 系统构成

智能小区系统是在通信网络支撑下由各业务系统相互关联而构成的。业务系统包含：用电信息采集系统、智能用能系统、充放电与储能管理系统、分布式电源管理系统、95598 互动平台、智能量测管理系统、信息共享平台、营销业务管理系统等。

1) 用电信息采集系统。用电信息采集系统是智能电网用电环节的重要基础和客户用电信息的重要来源。它实现对用户用电信息的实时采集、处理和监控，及时为有关系统提供基础的数据支撑。

2) 智能用能系统。智能用能系统是对电力用户内部设备的用能信息进行采集、处理和实时监控的系统，通过家居智能交互终端及 95598 互动网站等多种途径给用户提供灵活、多样的互动服务，能更好地指导客户科学合理用电、为客户提供更完善的增值服务功能。

3) 充放电与储能管理系统。该系统根据用电信息采集系统提供的数据，制定有效的充放电方案，协调平衡电动汽车的有效充放电，提高设备利用率，并与营销业务管理系统实现信息交互，完成用户档案管理。

4) 分布式电源管理系统。该系完成小区分布式电源的计量、监控和管理功能，对分布式电源的接入进行优化控制，可谓配网、调度等相关系统提供信息。

5) 95598 互动平台。95598 互动平台通过人工服务和自动服务的方式，为客户提供业务咨询、信息查询、故障保修、投诉举报、信息订阅、客户回访等服务，同时为完善企业内部管理，为企业预测和决策提供全面、快速、准确的信息支持。

6) 智能量测管理系统。该系统包括智能化的计量数据管理、高级量测技术，可以实现计量准确可靠、计量故障差错快速响应等。

7) 信息共享平台。智能用电信息共享平台的数据来源于各个业务子系统的数据和智能用电外部系统的相关数据，改变了部门与部门之间、系统与系统之间因地理位置的分散而引起的信息分散问题，能够支撑智能用电各层次能量流、信息流、业务流的高度融合，实现信息的共享和业务的互动。

8) 营销业务管理系统。实现对不同业务领域的多个业务类进行统一管理。其功能包括新装增容及变更用电、线损管理、电费收缴及账务管理、计量点管理等。

10.4.4 智能小区应用实例

2009 年 6 月，国网信通公司在北京莲香园小区和阜成路 95 号院开展用电信息采集、智能家居及增值服务等示范展示工作，为智能用电小区的研究和建设进行了前期探索。智能用电小区工程建设是将先进的智能电网新技术应用于居住区，提高人们生活水平，提升用电服务质量的一项伟大举措。随着 2009 年 5 月国家电网公司正式发布"坚强智能电网"的发展战略，首批智能用电小区的建设工作也开始启动，在北京、重庆、上海、河北廊坊首先建设示范智能用电小区。

1) 重庆富抱泉小区和加新沁园小区。两个小区之间距离比较近，两个小区总建筑面积为 22.25 万平方米，试点涉及 1334 户住户。2010 年 7 月，小区竣工投运，标志着我国首个规模超千户的智能用电小区试点项目正式建成。系统包括用电信息采集、小区配电自动化、电力光纤到户、实现三网融合、智能用电服务互动平台、光伏发电系统并网运行、电动汽车充电桩管理、智能家居服务、实现水电气集抄等九大功能，为山城人们带来了全新的智能、便捷的低碳生活。

2) 河北廊坊新奥高尔夫花园小区。2010 年 9 月小区竣工建成，综合运用了现代信息、通信、计算机、高级量测、高效控制等新技术，是国内首个建设内容最全、功能最强的智能小区样板示范工程。

3) 北京丰台左安门公寓。2011 年 3 月，融入低碳、节能、环保等概念的北京首个智能用电试点公寓丰台左安门公寓亮相。该小区引入了纯电动汽车、风光发电互补路灯、冷热电三联供、智能家居等智能化系统。该小区还有一个最大特点是光纤、电话线、电视信号线和电力线集成一条线进入小区家庭，向人们直观展示出了未来美好新生活。

10.5 要点掌握

本章介绍配电网 SCADA 系统。SCADA 系统是配电网自动化的基础，本章开始在与输电网 SCADA 系统相比较的基础上，介绍了配电网 SCADA 系统的 8 个特点。配电网 SCADA 系统是一个复杂的系统，在介绍其系统组织时，从底层往上层介绍，首先为读者介绍了配电网 SCADA 系统的测控对象，然后说明了区域站的设置方法，最后给出了采取分层集结方式的配电网 SCADA 系统体系结构图。本章最后介绍了 SCADA 系统的功能。

本章的要点掌握归纳如下：
1) 了解。配电网 SCADA 系统的功能。
2) 掌握。①配电网 SCADA 系统的特点；②区域站的设置方法。
3) 重点。①配电网 SCADA 系统的测控对象；②配电网 SCADA 系统的体系结构。

思 考 题

1. 配电网 SCADA 系统具有哪些特点？
2. 配电网 SCADA 系统的监控对象包括哪些？
3. 为什么要设置区域工作站，有哪些设置方式？
4. 了解配电 SCADA 的体系结构和功能？
5. 何谓 SOE、PDR？试比较。

第 11 章 配电图资地理信息系统

11.1 概述

配电图资地理信息系统是自动绘图（Automatic Mapping，AM）、设备管理（Facilities Management，FM）和地理信息系统（Geographic Information System，GIS）的总称，是配电系统各种自动化功能的公共基础。

AM/FM/GIS 在电力系统应用中的含义如下。

自动绘图（AM）：要求直观反映电气设备的图形特征及整个电力网络的实际布设。

设备管理（FM）：主要是对电气设备进行台账、资产管理，设置一些通用的双向查询统计工具。所谓通用，是指查询工具可以适应不同的查询对象，查询的约束条件可以由使用者方便地设定，以适应不同地区不同管理模式的需要；所谓双向，是具有正向、反向两种处理途径，从图查询电气设备属性，称作正向，反过来，从设备属性查图，称作反向。

地理信息系统（GIS）：就是充分利用 GIS 的系统分析功能。利用 GIS 拓扑分析模型结合设备实际状态，可进行运行方式分析；利用 GIS 网络追踪模型，进行电源点追踪；利用 GIS 空间分析模型，对电网负荷密度进行多种方式分析；利用 GIS 拓扑路径模型结合巡视方法，自动给出最优化巡视决策等。

和输电系统不同，配电系统的管辖范围从变电站、馈电线路一直到千家万户的电能表。配电系统的设备分布广、数量大，所以设备管理任务十分繁重，且均与地理位置有关。而且配电系统的正常运行、计划检修、故障排除、恢复供电以及用户报装、电量计费、馈线增容、规划设计等，都要用到配电设备信息和相关的地理位置信息。因此，完整的配电网系统模型离不开设备和地理信息。配电图资地理信息系统已成为配电系统开展各种自动化（如电量计费、投诉电话热线、开具操作票等）的基础平台。

标明有各种电力设备和线路的街道地理位置图是配电网管理维修电力设备以及寻找和排除设备故障的有利工具。原来这些图资系统都是人工建立的，即在一定精度的地图上，由供电部门标上各种电力设备和线路的符号，并建立相应的各种电力设备和线路的技术档案。现在这些工作都可以由计算机完成，即 AM/FM/GIS 自动绘图和设备管理系统。

20 世纪 70 年代至 80 年代中期的 AM/FM 系统大都是独立的。近年来，随着 GIS 的快速发展以及 GIS 的优良特性，目前的大多数 AM/FM 系统均建立在 GIS 基础上，即利用 GIS 来开发功能更强的 AM/FM 系统，形成由多学科技术集成的基础平台。

11.2 GIS 的发展

地理信息系统技术的发展是与地理空间信息的表示、处理、分析和应用手段的不断发展分不开的。国内外发现的较早的关于地理空间信息的表示可追溯到中国宋代的地图（地理图碑：它刻绘了山脉、长江、黄河、长城以及当时的各级行政机构）和罗马时代的地图。

到18世纪，欧洲文明的昌盛，才使人类实现了图纸地图，进而到19世纪出现了各种不同的地图和专题图。这些地图和专题图可谓模拟的地理信息系统。到20世纪中叶，随着电子计算机科学的兴起和它在航空摄影测量学与地图制图学中的应用以及政府部门对土地利用规划与资源管理的要求，使人们开始有可能用电子计算机来收集、存储、处理各种与空间和地理分布有关的图形和有属性的数据，并通过计算机对数据的分析来直接为管理和决策服务，这才导致了现代意义上的地理信息系统的问世。我们现在所称的地理信息系统通常指的是以数字地图（或电子地图）为基础的地理信息系统。

自从1962年加拿大人 Roger Tomlison 首先提出地理信息系统的概念并领导建立了国际上第一个具有实用价值的地理信息系统即加拿大地理信息系统（Canada Geographic Information System，CGIS）以来，地理信息系统在全球范围内获得了长足的发展和推广。

地理信息系统的发展是与计算机软硬件的发展紧密相连的。GIS发展分为以下几个阶段：

（1）萌芽期（20世纪60年代）

随着计算机技术的发展，特别是专家的兴趣以及政府的推动，地理信息系统得以较快的发展。这一时期的GIS主要是关于城市和土地利用的，其软件功能有限，注重于空间数据的地学处理。同时，许多与GIS有关的组织和机构纷纷建立。例如，美国1966年成立了城市和区域信息系统协会（URISA），1969年又建立起州信息系统全国协会（NASIS），国际地理联合会（IGU）于1986年设立了地理数据收集和处理委员会（CGDSP）。这些组织和机构的建立为传播GIS知识、发展GIS技术起了重要的推动作用。

（2）巩固期（20世纪70年代）

随着计算机软硬件技术的飞速发展和GIS专业化人才的不断增加，以及资源开发和环保问题引起的社会需求增多，许多不同区域、规模和主题的各具特色的地理信息系统得到了很大发展。这一时期的GIS应用和开发多限于政府性、学术性机构，其软件的数据分析能力仍然很弱，注重于空间信息的管理。

（3）突破期（20世纪80年代）

由于计算机性价比的提高和计算机网络的建立，GIS的应用领域迅速扩大，数据传输速率极大提高，功能也得到了较大的拓展，注重于空间决策支持分析。同时，许多政府性、学术性机构和软件制造商大量涌现，市场上也出现了许多商用化系统。

（4）拓展普及期（20世纪90年代）

随着地理信息产业的逐步建立和信息产品在全世界的普及，社会对地理信息系统的认识普遍提高，社会需求大幅增加。GIS的普及和推广应用又使得其理论研究不断完善，使GIS理论、方法和技术趋于成熟，开始有效地解决全球性的难题，如全球沙漠化、全球可居住区的评价、厄尔尼诺现象、酸雨、核扩散及核废料等问题。

早期的GIS主要用于土地资源的管理、城市规划和市政建设等方面。

我国GIS的起步较晚，到20世纪70年代末才提出开展GIS研究的倡议。进入20世纪80年代后迅速发展，在理论探索、规范探讨、实验技术、软件开发、系统建立、人才培养和区域性试验等方面都取得了突破和进展。一些地方政府也开始投资建立本地的GIS，在GIS应用日益活跃的今天，诸如荆州市这样的城市，由于GIS起步早而闻名全国。1994年4月，我国专门成立了"中国GIS协会"，此后又成立了"中国GIS技术应用协会"，加强了国内各种 GIS 学术交流，研制推出了 Geostar、Citystar、MapGIS 等具有自主版权的 GIS 软件。

计算机技术的迅速发展，使得 GIS 的功能和特点也随之发生了巨大的变化，尤其是近年来，计算机极大容量存储介质、多媒体技术和可视化技术等相继被引进到 GIS 中，已使传统地图的绘制、存储、查询和管理等发生了新的变化。

11.3 GIS 在电力行业的应用现状及难点

目前，在我国电力行业所建的地理信息系统存在的问题，主要表现在以下 3 个方面：

（1）总体规划或设计方案不全面

电力行业的地理信息系统开发实施应紧密结合电力企业生产管理、经营管理、客户服务的需要。对这些应用需求最了解的应该是电力企业从事生产管理、经营管理、客户服务的领导和技术人员，但由于这些人员平时工作紧张，很难抽时间学习或接受地理信息系统知识培训。因此，总体规划或设计方案往往采用外包形式实行，而外包公司对电力企业知识的匮乏，使得总体规划或设计方案深度不到位，或者应用覆盖不全，系统性差，为今后系统的实施带来了许多困难。要解决好这一问题，必须强调"一把手原则"和"发展与技术滚动原则"，重视项目机构建设及人力资源、资金等配置。

（2）地理信息系统运行所需要的基础数据不全

目前一些系统虽然在功能设计和开发中表现良好，但许多系统实际是一个演示功能系统，距离真正的实用化目标存在很大差距。分析其原因主要是系统运行所需要的基础数据未建立起来，系统需要的基础数据需要长期的建立才能完善。同时数据的及时更新是系统正常运行的基础。没有正确的基础数据，就没有系统正确的执行结果。基础数据包括地图数据、设备数据、电网地理接线数据、设备位置数据、用户分布数据等。

（3）一体化数据图模解决方案未能解决好地理信息系统与 EMS/SCADA、配电自动化系统等生产运行自动化系统的数据图模共享问题

目前在一些供电企业项目中，解决这一问题采用的技术方法基本是中间件或数据转发方法。采用这种技术方法的优点是减少了数据库系统的设计和实施工作量，以及不同系统之间的软件开发、调试工作量和技术沟通。但存在不同系统之间的数据、图形的不一致性隐患。

从当前电力行业所开发和应用的地理信息系统的建设过程来看，用于配电自动化的地理信息系统建设的难点一般体现在以下几个方面：

1）配电网资料和数据的整理输入工作量巨大，并且配电网又随着城市建设发展经常处于变动中，引起配电网设备分布数据不稳定、地理图形变化大，必然造成系统中数据更新或者维护工作多次反复。

2）由于众多需使用地理位息系统的建设单位无能力二次开发，而大多数软件开发商对电力行业知识又较为贫乏，从而造成开发的软件功能不全，深度不够。

3）电力地理信息系统与 EMS/SCADA、配电网自动化、电力营销信息系统等企业信息系统的信息集成难度大。其原因是，各个不同的系统源于不同的开发商，各开发商在各系统实现时为了各自利益封闭对外接口或提供的接口简单等。

所以，开发和建设好电力地理信息系统必须做到地理信息技术、计算机技术与电力生产运行管理和维护管理、客户服务管理、生产过程自动化系统等之间紧密结合。

11.4 GIS 的组成

完整的 GIS 一般由 5 个主要部分组成，即 GIS 硬件系统、软件系统、地理数据、系统的组织管理人员和开发人员以及计算机网络。其中，硬软件系统是 GIS 的核心部分，可谓 GIS 的骨肉；地理数据库可以用来表达和组织各种地理数据，也十分重要，可谓 GIS 的血液；而 GIS 的管理人员、客户以及开发人员则决定系统的工作方式和信息表达方式；另外，计算机网络为实现数据共享、建立网络 GIS 搭起了桥梁。

1. 硬件系统

GIS 的硬件系统包括计算机主机、数据存储设备、数据输入输出设备以及通信传输设备等，如图 11-1 所示。

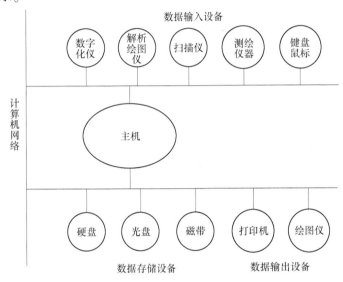

图 11-1　GIS 的硬件组成

（1）计算机主机

为 GIS 的核心，是数据和信息处理、加工和分析的设备。其主要部分由执行程序的中央处理器和主存储器构成。

（2）数据存储设备

包括软盘、硬盘、磁带、光盘、存储网络等及其相应的驱动设备。

（3）数据输入设备

除键盘、鼠标和通信端口外，还包括数字化仪、扫描仪、解析和数字摄影测量仪以及全站仪、GPS 接收机等其他测量仪器。

（4）数据输出设备

主要有图形/图像显示器、矢量/栅格绘图仪、行式/点阵/喷墨/彩色喷墨打印机、激光印字机等设备。

（5）通信传输设备

即在网络系统中用于数据传输和交换的光缆、电缆及附属设备。其中大多数硬件是计算机技术的通用设备，而有些设备则在 GIS 中得到了广泛应用，如数字化仪和扫描仪等。

2. 软件系统

GIS 软件系统是由操作系统、数据库管理系统、GIS 开发平台和 GIS 应用软件组成，如图 11-2 所示。

操作系统是核心，它是 GIS 日常工作所必需的，目前用户工作站一般采用 Windows NT、UNIX、X-Windows、Windows 2000、Windows XP、Linux 等；网络操作系统一般选用 UNIX、Windows NT Server、Windows 2000 Server、Linux 等。

数据库管理系统（DBMS）用于管理 GIS 中大量的资料数据和实时动态数据。目前大多数系统的 DBMS 选用 MS SQL Server、Sybase、Oracle、Informix 等关系型数据库管理系统。

商品化的 GIS 开发平台大约有 20 多种，当前我国电力企业用户运用较多的开发平台是 ArcInfo、MapInfo 和 GROW。

图 11-2 GIS 的软件组成

开发工具一般选用 Visual Basic、Visual C++ 等第三方符合工业标准的编程语言。

GIS 应用软件是利用 GIS 开发技术实现的具体应用软件系统，如配电网 GIS 就是一种应用软件。应用软件的开发应该本着实用化的原则，而不能一味追求超前，这样才可以充分发挥 GIS 的作用。目前由于互联网技术广泛应用，利用 WEB 技术的组件式 GIS 的开发方法已成为主流，因此，对于正在建设配电网 GIS 的单位应引起高度重视。

3. 地理数据

地理数据是 GIS 研究和作用的对象，是指以空间位置为存在和参照的自然、社会和人文经济景观数据，包括空间数据和属性数据，可以是图形、图像、文字、表格和数字等。空间数据表达了现实世界经过模型抽象后的实质性内容，即地理空间实体的位置、大小、形状、方向以及拓扑几何关系等；属性数据是与地理实体相关的地理变量和地理意义，是实体的属性描述数据。空间数据和属性数据密切相连，共同构成地理数据库，用于系统的分析、检索、表示和维护。地理数据库的建立和维护是一项非常复杂的工作，技术含量高、投入大，是 GIS 应用项目开展的关键内容之一。

4. 系统开发、管理和使用人员

仅有系统的软硬件和数据还不能构成完整的 GIS，需要人进行系统组织、管理、维护和数据更新、完善功能，并灵活采用地理分析模型提供多种信息，为研究和决策服务。同时还需要整个组织进行全盘规划，协调各部门内部的相关业务，使建立的 GIS 既能适应多方面服务的要求，又能与现有的计算机及其他设备相互补充，同时周密规划 GIS 项目的方案及过程以保证项目的顺利实施。GIS 专业人员是 GIS 应用成功的关键，而强有力的组织则是系统运行的保障。一个完整的 GIS 项目应包括项目负责人、系统分析设计人员、系统开发人员、系统维护人员、系统管理人员和客户等。

5. 计算机网络

20 世纪 90 年代以来，随着支持多客户网络操作系统的发展，以局域网和广域网为主的计算机网络系统以及星地一体化的通信网络系统已经形成人类社会信息共享的有效体系。计算机网络利用通信线路将分布在不同地理位置上的具有独立功能的计算机系统或其他智能外设有机地连接起来，它包含下面3个主要组成部分：

1) 若干台主机，用于向客户提供服务。
2) 通信子网，由一些专用的节点交换机和连接这些节点的通信链路组成。
3) 一系列协议，这些协议是为在主机之间或主机和子网之间的通信而用的。

计算机网络常见的拓扑结构（连接方式）有星形、环状、总线型和树形等。

地理信息系统利用计算机网络技术可以实现空间数据的分布式存储和管理、网络资源的共享、重要数据的转移和备份。利用远程通信技术，还可实现跨国的GIS联网，获得更为广泛的共享资源和信息服务。

11.5　GIS功能的实现方法

实现GIS功能的方法主要有两条途径。一种是利用技术成熟的通用GIS平台软件，基于该平台软件开发配电网所需的各种应用。其优点是通用性、开放性好，开发周期短；缺点是应用软件受平台软件的限制。美国、欧洲多用这种方法，我国目前的配电网自动化系统较多采用这种方法。另一种是开发专用系统，即开发专用于配电网应用的GIS软件。其优点是针对性强，实用，代码效率高，执行速度快；缺点是通用性、开放性差，开发周期长。日本、韩国多用这种方法。

目前市场上应用较多的国内的GIS平台软件主要有，北京超图（SuperMap）公司的SuperMap GIS、北京适普软件（SupreSoft）公司的ImaGIS和武汉中地公司的MapGIS等。而国外的GIS平台软件主要有，美国ESRI公司的ArcGIS、美国Intergraph公司的Geomedia、美国GE公司的SmallWorld和美国MapInfo公司的MapInfo GIS等。

国产GIS软件目前呈现出如下特点：一是基础平台软件与国外同类软件，在性能、可用性等方面的差距正在缩小；二是应用软件的覆盖范围加大。我国GIS软件已经形成完整的产品系列，形成了基础平台软件、桌面GIS软件、GIS专业软件、GIS应用软件4个技术体系，可分别针对不同的应用目标和领域。与国外GIS软件比起来，国产软件虽然在某些方面还有一定的优势，不是全面落后，但在海量信息处理的支持等很多重要方面还有较大差距，整体能力较差。在市场份额方面，我国企业近年有了突破，国产GIS软件在国内市场的占有率已经接近50%。

11.6　AM/FM/GIS的离线、在线实际应用

配电GIS是一个高度复杂的软硬件和人的系统，其任务是在基于城市的地理图（道路图、建筑物分布图、河流图、铁路图、影像图及各种相关的背景图）上按一定比例尺绘制馈电线路的接线图、配电设备设施（杆塔、断路器、变压器、变电站、交叉跨越等）的分布图，编辑相应的属性数据并与图形关联，能对设备设施进行常规的查询、统计和维护，还可对馈线的理论网损、潮流和短路电流进行计算。同时，它还要能够与其他系统互联（如配电SCADA系统、管理信息系统、客户报装系统、故障报修系统、抄表与计费系统、负荷控制与管理系统、互联网等）以便获取或传送信息，实现广泛的信息共享。

配电 GIS 的最大特点在于它能在离线和在线两种方式下运行。以前，AM/FM/GIS 主要用于离线应用系统，是用户信息系统（Customer Information System，CIS）的一个重要组成部分。近年来，随着开放系统的兴起，新一代的 SCADA/EMS/DMS 开始广泛采用支持 SQL 的商用数据库，而这些商用数据库（如 ORACLE、SYBASE）又都能支持表征地理信息的空间数据和多媒体信息，这就为 SCADA/EMS/DMS 与 AM/FM/GIS 的系统集成提供了方便，开辟了 AM/FM/GIS 进入在线应用的渠道，成为电力系统数据模型的一个重要组成部分。

11.6.1　AM/FM/GIS 在配电网中离线方面的应用

离线方面，AM/FM/GIS 作为用户信息系统的一个重要组成部分，提供给各种离线应用系统使用；另一方面，各个应用通过系统集成和信息共享，进一步得到优化，从而提高了配电网管理和营运的效率和水平。这些应用系统主要包括下述 3 个系统。

1. 设备管理系统

可为运行管理人员提供配电设备的运行状态数据及设备固有信息等，为配电系统状态检修和设备检修提供参考依据。它主要包括以下几项：

1) 对馈线进行统一管理，提供对馈线的查询、统计，拉闸停电分析及属性条件查询等功能。在以地理为背景所绘制的单线图上，可以分层显示变电站、线路、变压器、断路器、隔离开关直至电杆路灯、用电用户的地理位置。只要用鼠标激活一下所需检索的厂站或设备图标，包括实物彩照或图片在内的有关厂站或设备信息，即以窗口的形式显示出来。

2) 按属性进行统计和管理，如在指定范围内对馈线的长度统计，对变压器和客户容量的统计管理，继电保护（或熔丝）定值管理以及各种不同规格设备的分类统计等。

3) 对所有的设备进行图形和属性指标的录入、编辑、查询、定位等。在地理位置接线图上，对任意台区或线路的运行工况和设备进行统计和分析。

4) 能描述配电网的实际走向和布置，并能反映各个变电站的一次主接线图。

2. 用电管理系统

业务报装、查表收费、负荷管理等是供电部门最为繁重的几项用电管理任务。使用 AM/FM/GIS，可以方便基层人员核对现场设备运行状况，及时更新配电、用电的各项信息数据。

业务报装时，即可在地理图上查询有关信息数据，有效地减少现场勘测工作量，加快新用户用电报装的速度。

查表收费包括电能表管理和电费计费。使用 AM/FM/GIS，按街道的门牌编号为序来建立这样的用户档案是十分有用的，查询起来非常直观和方便。

负荷管理功能就是根据变压器、线路的实际负荷，以及用户的地理位置和负荷可控情况，制定各种负荷控制方案，实现对负荷的调峰、错峰、填谷任务。

3. 规划设计系统

配电系统的合理分割变电站负荷，馈线负荷调整，以及增设配电变电站、开关站、联络线和馈电线路，直至配电网改造、发展规划等，设计任务比较烦琐，而且一般都是由供电部门自己解决。利用地理信息处理技术，可结合区域行政规划及电力负荷预测，辅助配电网规划与设计，有效地减轻规划与设计人员工作量，提高配电网规划设计的效率和科学性，还可为管理人员方便及时地掌握配网建设、客户分布和设备运行的完整情况，以及科学管理与决策提供及时可靠的平台支持。配电网规划与辅助设计的主要功能：①杆塔定位设计；②架空线和电缆选线设计；③变压器、高压客户（大用户）、断路器、变电站（所）及各类附属设施等的定位设计。

11.6.2 AM/FM/GIS 在配电网中在线方面的应用

1. SCADA 中的应用

利用 AM/FM/GIS 提供的图形信息，SCADA 系统可以在地图上动态显示配电设备的运行状况，从而有效的管理系统运行；同时，通过网络拓扑着色，能够直观反映配电网实时运行状况。

对于事故，可以给出含地理信息的报警画面，用不同颜色来显示故障停电的线路和停电区域，做事故记录；同时，还可以在地理接线图上直接对开关进行遥控，对设备进行各种挂牌、解牌操作。

2. 在投诉电话热线中的应用

投诉电话热线的目的是为了快速、准确地根据用户打来的大量故障投诉电话判断发生故障的地点以及抢修队目前所处的位置，及时地派出抢修人员，使停电时间最短。这里，故障发生的地点以及抢修人员所处的位置应该是具体的地理位置，如街道名称、门牌号等，而且还要了解设备目前的运行状态，因而，AM/FM/GIS 提供的最新地图信息、设备运行状态信息极为重要，是故障电话处理系统能够充分发挥作用的基础。

11.7 GIS 的功能演示案例

由于配电 GIS 所管理反映的信息分属于不同的部门、不同的子系统，因此其功能也应与这些部门或子系统有所关联。按照配电自动化体系的结构框架，可以把配电 GIS 的功能进行分类，形成以站内自动化、馈线自动化、负荷控制与管理、用户抄表与自动计费等子系统的地理信息管理为主要目标，并将相关管理信息系统和实时信息管理融合进来，实现图形、属性及其他信息的多重管理功能的应用型 GIS。由此 GIS 的功能是非常丰富的，主要有如下一些功能：①数据预处理功能；②图形操作与制图输出；③站内自动化子系统地理信息管理；④馈线自动化子系统地理信息管理；⑤负荷控制与管理子系统地理信息管理；⑥用户抄表与自动计费子系统地理信息管理；⑦用户报修管理子系统地理信息管理；⑧用户报装辅助设计子系统地理信息管理；⑨电网分析子系统地理信息管理；⑩基础信息子系统地理信息管理；⑪配网规划设计子系统地理信息管理；⑫查询功能子系统地理信息管理；⑬库存设备管理子系统地理信息管理；⑭接口管理子系统地理信息管理。

下面以河南思达公司研制的 GIS 为例，进行 GIS 功能应用的图示说明。

1. 负荷控制与管理 GIS

其功能如下：①提供高负荷区域显示；②负荷密度分析；③负荷转移决策功能，多路转供电方案的自动生成及其图形化模拟分析，在系统发生故障时能够提供负荷转移的方案。

以计算区域负荷密度的功能为例说明。它分为两类：一是框选型，二是规则格网型。选择"运行态分析"菜单下的"负荷密度"菜单项，然后在地图上画出要计算负荷密度的区域，如图 11-3 所示。系统统计出该区域内的变压器台数、总容量以及区域负荷密度，并生

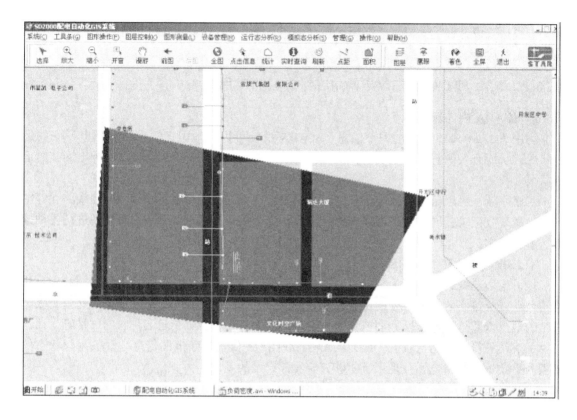

图 11-3 框选型区域负荷密度计算示意

成变压器报表可供预览打印。

按照规则格网统计，要选择"运行态分析"菜单下的"负荷格网分析"菜单项，系统弹出选项对话框，根据需要进行选择，点击确定按钮便可以看到地图被格网分成相同大小的区域并统计出每个区域内的总负荷，负荷密度计算示意如图 11-4 所示。

2. 供电可靠性分析

它是根据历史数据做的统计，可以选择一年内的任意时间段、用户类型、变电站，点击统计按钮显示出统计结果：供电可靠率、用户平均停电次数、用户平均停电时间、平均停电用户数等，还可对结构进行预览打印。

3. GIS 有多种功能

包括地图的缩放、漫游、鹰眼导航、长度和面积的丈量、图层控制等，最主要的还是设备管理部分。设备查询的方式各有不同，以多边形区域查询为例。单击工具条上的统计按钮，或选择"设备管理"菜单下的"多边形区域查询"菜单项，然后在地图上画多边形区域，系统统计出此区域内所包含的所有设备，单击其中的数据项，系统弹出相应的设备信息窗口，如图 11-5 所示，可以对该类设备的信息逐个查询，系统已经为用户制作了统计报表，可以对报表打印页面进行设置，用鼠标双击报表可以弹出报表编辑器，用户可根据自己的需要对报表进行修改和保存。

第 11 章　配电图资地理信息系统

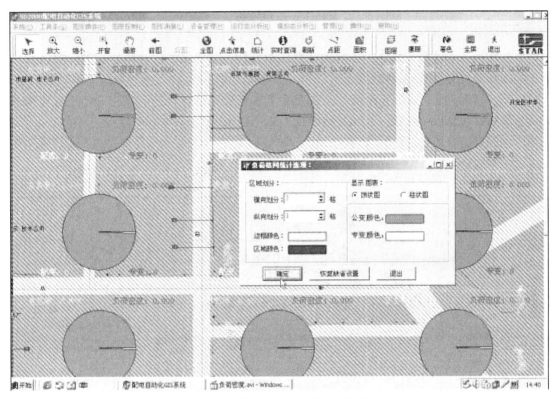

图 11-4　规则格网型区域负荷密度计算示意

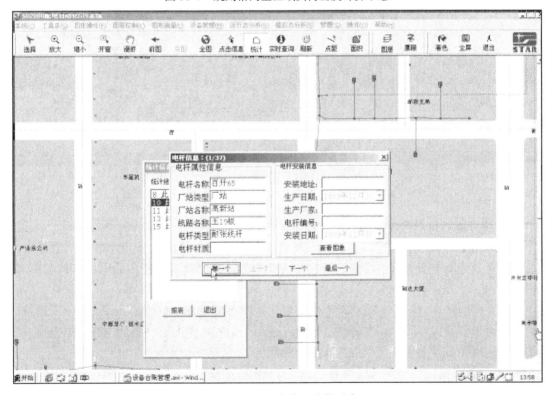

图 11-5　GIS 设备管理功能示意

4. 停电区域分析

包括3种：①根据开关分合影响的停电区域分析；②根据线段故障影响的停电区域分析；③根据开关上报判定故障区域。

以第一种为例进行说明，单击"开关分合影响的停电区域分析"菜单项，系统弹出开关动作影响区域分析对话框，选择要动作的开关，地图上显示其所在的位置，对话框中列出了影响到的设备及线段，改变受影响区域的颜色以示区分，受影响线路属性可双击查询，如图11-6所示。

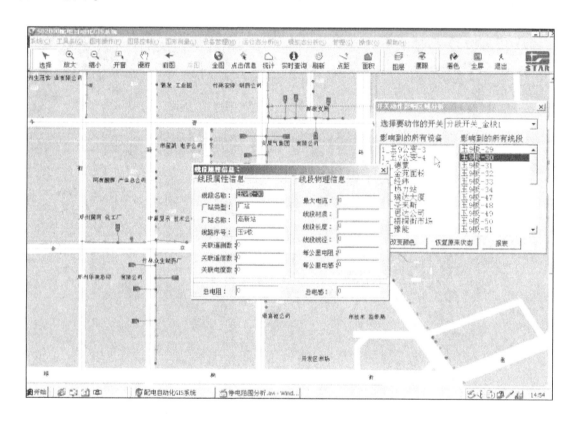

图11-6　GIS停电区域分析功能示意

5. 系统可以对用户报装提供参考方案

先在地图上对用户进行定位，在系统所弹出的对话框中填入一系列参数，单击搜索按钮，便可看到地图上所显示的搜索范围，对话框中已经弹出接火半径内的电杆名称及距离，如图11-7所示。

选择合适的接火电杆后，按自动布线按钮，地图上便生成了布线图，并统计出所需材料的总价，由于各城区路段存在多异性，因此，还可根据实际情况手动添加电杆，单击生成线路按钮，便可在地图上看到所生成的布线，如图11-8所示。

第 11 章　配电图资地理信息系统

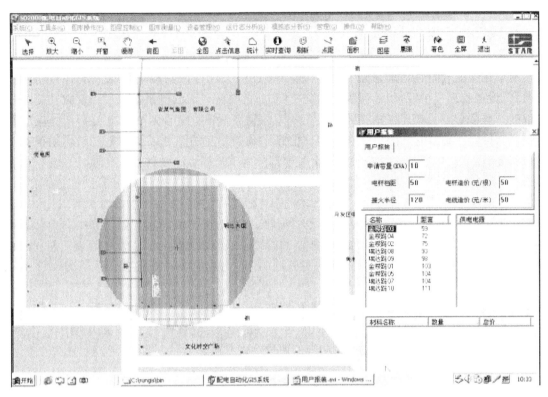

图 11-7　对用户报装提供参考方案示意

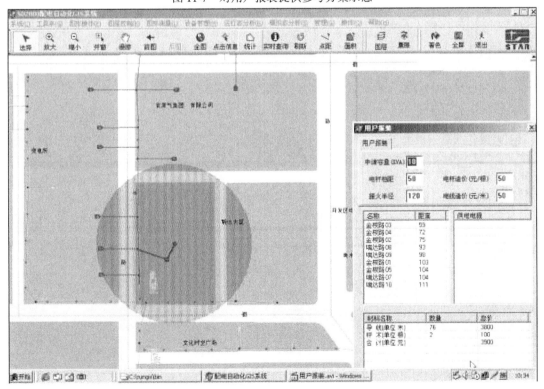

图 11-8　地图上生成的布线

11.8 要点掌握

本章介绍配电图资地理信息系统（AM/FM/GIS）。配电图资地理信息系统是自动绘图（AM）、设备管理（FM）和地理信息系统（GIS）的总称，是配电系统各种自动化功能的公共基础。本章介绍了 GIS 的发展历程及在我国的发展情况，结合 GIS 在电力行业的应用现状，说明目前在我国电力行业所建的地理信息系统中存在的问题以及配电自动化系统实现 GIS 的难点所在。完整的 GIS 一般由五个主要部分组成，即 GIS 硬件系统、软件系统、地理数据、系统的组织管理人员和开发人员以及计算机网络，本章对各个部分分别进行了介绍。实现 GIS 的功能一般有两种方法，本章介绍了一些常用的 GIS 软件，供读者参考。AM/FM/GIS 的应用非常广泛，本章主要从其在配电网离线、在线两方面的应用做了介绍。本章最后还介绍了 GIS 的功能演示案例，如负荷控制与管理、供电可靠性分析、设备管理、停电区域分析、用户报装等。

本章的要点掌握归纳如下：

1）了解。①GIS 的发展；②GIS 在电力行业的应用现状；③常用的 GIS 软件。
2）掌握。①AM/FM/GIS 的含义；②GIS 实现的难点；③AM/FM/GIS 的应用。
3）重点。①GIS 的组成；②GIS 功能的两种实现方法。

思 考 题

1. GIS 在电力行业的应用现状如何？
2. GIS 实现的难点何在？
3. 实现 GIS 功能的方法有哪些？列举目前国内应用较多的几种 GIS 平台。
4. GIS 通常由哪几部分组成？
5. 说说 AM/FM/GIS 在配电网中的应用。

第 12 章 负荷控制和管理系统

12.1 负荷控制和管理的概念及经济效益

1. 概念

电力负荷控制和管理系统是实现计划用电、节约用电和安全用电的技术手段，也是配电自动化的一个重要组成部分。电力负荷管理（Load Management，LM）是指供电部门根据电网的运行情况、用户的特点及重要程度。在正常情况下，对用户的电力负荷按照预先确定的优先级别，通过程序进行监测和控制，进行削峰（Peak Shaving）、填谷（Valley Filling）、错峰（Load Shifting），平坦系统负荷曲线；在事故或紧急情况下，自动切除非重要负荷，保证重要负荷不间断供电以及整个电网的安全运行。负荷管理的实质是控制负荷，因此又称为负荷控制管理。

2. 影响负荷特性的主要因素

理想的负荷特性是负荷随时间变化为一条水平直线，并与发供电能力相适应，这时发供电设备利用率最高。而现实中负荷特性曲线是由社会生产、经济活动和人民生活随时间变化用电需求的不同而形成的。负荷曲线是一条有一定规律的随时间变化的曲线，影响负荷特性的主要因素如下：

1) 用电结构。一般工业用电特别是重化工产业比例较高、三班制连续生产企业较多时，负荷率偏高，峰谷差较小。第三产业、生活用电比例较高时，负荷率低，峰谷差大。

2) 气候影响。夏热冬冷地区，冬夏两季负荷较高，严寒地区、寒冷地区冬季负荷偏高，夏热冬暖地区夏季负荷偏高，温差越大，负荷差越大。

3) 法定节假日负荷有较大幅度的下降。

3. 负荷控制的经济效益

不加控制的电力负荷曲线是很不平坦的，上午和傍晚会出现负荷高峰；而在深夜负荷很小又形成低谷。一般最小日负荷仅为最大日负荷的 40% 左右。这样的负荷曲线对电力系统是很不利的。从经济方面看，如果只是为了满足尖峰负荷的需要而大量增加发电、输电和供电设备，在非峰荷时间里就会形成很大的浪费，可能有占容量 1/5 的发变电设备每天仅仅工作一两个小时；而如果按基本负荷配备发变电设备容量，又会使 1/5 的负荷在尖峰时段得不到供电，也会造成很大的经济损失，上述矛盾是很尖锐的。另外，为了跟踪负荷的高峰低谷，一些发电机组要频繁起停，既增加了燃料的消耗，又降低了设备的使用寿命。同时，这种频繁的起停，以及系统运行方式的相应改变，都必然会增加电力系统故障的机会，影响安全运行，这对电力系统是不利的。通过负荷控制，其经济效益体现在以下几方面：

1) 削峰填谷，使负荷曲线变得平坦，提高现有电力系统发供电设备资产利用率，使现有电力设备得到充分利用，降低固定成本，延缓发供电设备建设投资。

2) 能够减少发电机组的起停次数，延长设备使用寿命。

3) 降低发电机组供电煤耗，节约能源。

4) 稳定系统运行方式，提高供电可靠性。

5) 降低电网线损，同一时段内售电量相同时，负荷率越高线损越低。

6) 对用户，让峰用电可以减少电费支出，实现双赢。

12.2 负荷特性优化的主要措施

实现负荷控制要对负荷特性进行优化，优化的主要措施：经济措施、行政措施、宣传措施和技术措施。

12.2.1 经济措施

经济措施是优化负荷特性的重要措施，主要通过电价杠杆来调整不同时段的供求关系，以达到调整负荷曲线的目的。近年来，随着用电密度迅速加大，对电价制度也做了部分改变，以适应国民经济发展对电力的需求，现将我国现行的电价制度介绍如下。

1. 单一制电价

它是以客户计费电量为依据，直接与电能电费发生关系而不与其基本装机容量的基本电费发生关系，除变压器容量在 315kV·A 及以上的大工业客户外，其他所有用电均执行单一制电价制度。其中容量在 100kV·A（或 kW）及以上的客户还应执行功率因数调整电费办法和丰枯、峰谷电价制度。

2. 两部制电价

两部制电价就是将电价分为两个部分：一是基本电价，反映电力成本中的容量成本，是以用户用电的最高需求量或变压器容量计算基本电费；二是电能电价，反映电力成本中的电能成本，以用户实际使用电量（kW·h）为单位来计算电能电费。对实行两部制电价的用户，还需根据功率因数调整电费。

采用两部制电价的原因是发电设备容量是按系统尖峰时段最大负荷需求量来安排的，合理的电价可促使用户提高受电设备的负荷率。但如果只按用户实际耗用的电量来计价，则不能满足要求。因为不同的用户由于用电性质不同，系统为之准备的发电容量也不同，从而耗费的固定费用也不同。由于各种原因，不同用户的最大需求量（或变压器容量）和实际用电量也不同，在最大需量（或变压器容量）相同的情况下，实际用电量越多，单位供电费用中固定费用的含量越少，反之则单位固定费用上升。所以，不能将所有用户都完全按用电量平均计价，而需对电价进行两部制分解：一部分为基本电价，另一部分为电能电价。

3. 季节性电价

季节性电价也是一种分时电价，即在一年中对于不同季节按照不同价格水平计费的一种电价制度。

实行季节性电价主要是为了解决两类问题：

1) 合理利用电力资源，实行丰枯电价。将一年十二个月分成丰水期、平水期、枯水期三个时期，或者平水期、枯水期两个时期。在水电比重较大的电力系统中，如我国云南、湖南、福建等省区水力资源十分丰富，丰水季节电力供应充足有余，用不出去。即，弃水造成水力资源浪费，而枯水季节水电出力不足；如加大火电比例，则可能造成火电机组利用小时整体下降，电力成本上升，并形成资源浪费。这些地区宜推行丰枯电价，即在丰水季节电价下浮，鼓励多用水电或用水电替代其他能源，枯水季节电价上浮，抑制部分负荷，从而协调供需矛盾。

2）由于不同季节的气候差异较大，导致不同季节的电力需求也出现较大的差异。例如在我国部分夏热冬冷地区，夏季空调降温负荷常高出春秋两季负荷20%以上，且持续数月，部分省市空调最高负荷已经达到系统最高负荷的30%左右。季节性电价可以促进部分工业企业用户把设备的大修、职工休假有计划地安排在高温季节，必要时减产降荷，降低用电成本。

4. 高峰、低谷分时电价

我国有些地方也在试行峰谷电价。电网的日负荷曲线通常不是一条均衡的直线，而是一条有高峰有低谷的非线性曲线，而且用电高峰和低谷出现的时间都有一定的规律性，采用峰谷分时电价可以引导客户削峰填谷，缓和高峰时段的供需矛盾，充分利用电力资源。

以居民分时电价为例。居民用电量一般占全国用电量的9%~12%，但负荷特性较差，其最高负荷在部分地区可达最高供电负荷的40%左右，因此实施居民分时电价可一定程度抑制居民用电负荷高峰。居民分时电价一般简化为两个时段：8：00~22：00时、22：00~次日8：00，也称黑白电价，白黑比一般控制在1.6~1.8倍。居民峰谷分时电价一般可以部分转移电热水器、电取暖、洗衣机等负荷。

城市第三产业特别是商场、写字楼、宾馆、学校、文化娱乐体育设施等，夏季高温负荷十分突出，其负荷高峰与电网负荷高峰重叠。电蓄冷空调是其移峰填谷的主要措施，为促进电蓄冷技术的推广应用，可实施电蓄冷负荷特惠电价，专表计量，其电价可在原有峰谷分时电价的基础上，低谷再下降10%左右。

5. 功率因数调整电费的办法

我国对受电变压器的容量大于或等于100kV·A的工业客户、非工业客户、农业生产客户都实施了功率因数调整电费的办法，以考核客户无功就地补偿的情况。对于补偿好的客户给予奖励，差的给予惩罚。考核功率因数的目的在于改善电压质量，减少损耗，使供用电双方和社会都能取得最佳的经济效益。

6. 临时用电电价制度

我国对电影、电视剧拍摄和基建工地、农田水利、市政建设、抢险救灾、举办大型展览等临时用电实行临时用电电价制度，电费收取可装表计量电量，也可按其用电设备容量或用电时间收取。对未装用电计量装置的客户，供电企业应根据其用电容量，按双方约定的每日使用时数和使用期限预收全部电费，用电终止时，如实际使用时间不足约定期限1/2的，可退还预收电费的1/2；超过约定期限1/2的，预收电费不退；到约定期限时，得终止供电。

7. 梯级电价制度

这种电价制度是将客户每月用电量划分成两个或多个级别，各级别之间的电价不同。梯级电价制度分为递增型梯级电价制度和递减型梯级电价制度。采用梯级电价的原因：递减电价在鼓励用户增加用电量，开拓电力市场，增供扩销方面有着积极作用；递增电价在节能降耗，刺激用户自觉搞好需求的管理及照顾低收入家庭方面有着积极意义。

12.2.2 行政措施

行政措施是指政府和相关执法部门通过行政法规、标准、政策等来规范电力消费和市场行为，以政府的行政力量来推动节能、约束浪费、保护环境的一种管理活动。行政措施具有权威性、指导性和强制性，在培育效率市场方面起着特殊的作用。

12.2.3 宣传措施

宣传措施是指采用宣传的方式，引导用户合理消费电能，实现节能。宣传手段主要采用普及节能知识讲座、传播节能信息技术讲座、举办节能产品展示、宣传节能政策、开展节能咨询服务，普及先进的理念和技术，特别是对中小学生从小就树立节能的概念是非常重要的。

12.2.4 技术措施

技术措施主要包括削峰、填谷和移峰填谷3种。

1. 削峰

削峰是指在电网高峰负荷期减少客户的电力需求，避免增设其边际成本高于平均成本的装机容量，并且由于平稳了系统负荷，提高了电力系统运行的经济性和可靠性，可以降低发电成本。常用的削峰手段主要有以下两种。

（1）直接负荷控制

直接负荷控制是在电网高峰时段，系统调度人员通过远动或自控装置随时控制客户终端用电的一种方法。由于它是随机控制的，常常冲击生产秩序和生活节奏，大大降低了客户峰期用电的可靠性，大多数客户不易接受，尤其那些对可靠性要求高的客户和设备，停止供电有时会酿成重大事故，并带来很大的经济损失，即使采用降低直接负荷控制的供电电价也不受客户欢迎。因而这种控制方式的使用受到了一定的限制。因此，直接负荷控制一般多用于城乡居民的用电控制。

（2）可中断负荷控制

可中断负荷控制是根据供需双方事先的合同约定，在电网高峰时段，系统调度人员向客户发出请求中断供电的信号，经客户响应后，中断部分供电的一种方法。它特别适合对可靠性要求不高的客户。不难看出，可中断负荷是一种有一定准备的停电控制。由于电价偏低，有些客户愿意用降低用电的可靠性来减少电费开支。它的削峰能力和系统效益，取决于客户负荷的可中断程度。可中断负荷控制一般适用于工业、商业、服务业等对可靠性要求较低的客户。例如，有能量（主要是热能）储存能力的客户，可以利用储存的能量调节进行躲峰；有燃气供应的客户，可以燃气替代电力躲避电网高峰；有工序产品或最终产品存储能力的客户，可通过工序调整改变作业程序来实现躲峰等。

2. 填谷

填谷是指在电网负荷的低谷区增加客户的电力需求，有利于启动系统空闲的发电容量，并使电网负荷趋于平稳，提高了系统运行的经济性。由于填谷增加了电量销售，减少了单位电量的固定成本，从而进一步降低了平均发电成本，使电力公司增加了销售利润。比较常用的填谷手段有以下几种。

（1）增加季节性客户负荷

在电网年负荷低谷时期，增加季节性客户负荷，在丰水期鼓励客户多用水电。

（2）增加低谷用电设备

在夏季出现尖峰的电网可适当增加冬季用电设备，在冬季出现尖峰的电网可适当增加夏季的用电设备。在日负荷低谷时段，投入电气钢炉或采用蓄热装置电气保温，在冬季后半夜可投入电暖气或电气采暖空调等进行填谷。

(3) 增加蓄能用电

在电网日负荷低谷时段投入电气蓄能装置进行填谷，如电动汽车蓄电池和各种可随机安排的充电装置。

填谷不但对电力公司有益，而且对客户也会减少电费开支。但是由于填谷要部分改变客户的工作程序和作业习惯，也增加了填谷技术的实施难度。填谷的重要对象是工业、服务业和农业等部门。

3. 移峰填谷

移峰填谷是指将电网高峰负荷的用电需求推移到低谷负荷时段，同时起到削峰和填谷的双重作用。它既可以减少新增装机容量，充分利用闲置的容量，又可平稳系统负荷，降低发电煤耗。移峰填谷一方面增加了谷期用电量，从而增加了电力公司的销售电量；另一方面却减少了峰期用电量，相应减少了电力公司的销售电量。因此电力系统的实际效益取决于增加的谷期用电收入和降低的运行费用对减少峰期用电收入的抵偿程度。常用的移峰填谷技术有以下几种。

(1) 采用蓄冷蓄热技术

中央空调采用蓄冷技术是移峰填谷最为有效的手段。它在后夜电网负荷低谷时段制冰或冷水并把冰或冷水等蓄冷介质储存起来，在白天或前夜电网负荷高峰时段把冷量释放出来转化为冷气空调，达到移峰填谷的目的。

采用蓄热技术是在后夜电网负荷低谷时段，把电气锅炉或电加热器生产的热能存储在蒸汽或热水蓄热器中，在白天或前夜电网负荷高峰时段将其热能用于生产或生活等来实现移峰填谷。蓄热技术对用热多、热负荷波动大、锅炉容量不足或增容有限的工业企业和服务业尤为合适。

客户是否愿意采用蓄冷和蓄热技术，主要取决于它减少高峰电费的支出是否能补偿多消耗低谷电量支出的电费，并获得合适的收益。

(2) 能源替代运行

有夏季尖峰的电网，在冬季用电加热替代燃料加热，在夏季可用燃料加热替代电加热；有冬季尖峰的电网，在夏季可用电加热替代燃料加热，在冬季可用燃料加热替代电加热。在日负荷的高峰和低谷时段，亦可采用能源替代技术实现移峰填谷，其中燃气和太阳能是易于与电能相互替代的能源。

(3) 调整轮休制度

调整轮休制度是一些国家长期采取的一种平抑电网日间高峰负荷的常用办法，在企业间实行周内轮休来实现错峰，取得了很大成效。由于它改变了人们早已规范化了的休整习惯，影响了社会正常的活动节奏，冲击了人们的往来交际，又没有增加企业的额外效益，一般难于被广大客户接受，但是，在一些严重缺电的地区，在已经实行轮休制度的企业，采取必要的市场手段仍然可能为移峰填谷作出贡献。

(4) 调整作业程序

调整作业程序是一些国家曾经长期采取的一种平抑电网日内高峰负荷的常用办法，在工业企业中把一班制作业改为两班制,把两班制作业改为三班制,对移峰填谷起到了很大作用。但这种措施也在很大程度上干扰了职工的正常生活节奏和家庭生活节奏,也增加了企业不少的额外负担。

12.3 负荷控制系统的基本结构和功能

负荷控制系统的基本结构由负荷控制终端、通信网络、负荷控制中心组成。下面分别予以介绍。

12.3.1 负荷控制终端

电力负荷控制终端(Load Control Terminal Unit)是装设在用户端,受电力负荷控制中心的监视和控制的设备,因此也称被控端。

1. 根据信号传输的方向

负荷控制终端可以分为单向终端和双向终端。

1)单向终端(One Way Terminal Unit)是只能接收电力负荷控制中心命令的电力负荷控制终端,分为遥控开关和遥控定量器两种。

遥控开关(Remote Switch)是接收电力负荷控制中心的遥控命令,进行负荷开关的分闸、合闸操作的单向终端,遥控开关一般用于 315kV·A 以下的小用户。

遥控定量器(Remote Load Control Limiter)是接收电力负荷控制中心定值和遥控命令的单向终端,遥控定量器一般用于 315～3200kV·A 的中等用户。

2)双向终端(Two Way Terminal Unit)是装设在用户端,能与电力负荷控制中心进行双向数据传输和实现当地控制功能的设备。分为双向三遥控制终端和双向控制终端两种。

双向三遥控制终端能实时采集并向负荷中央控制机传送电流、电压、有功功率、无功功率和开关状态等信息,并具有当地显示打印、超限报警和实施当地及远方控制等功能的负荷控制终端。三遥控制终端主要用于变电站作小型远动装置,也可用于少数特大型电力用户。

双向控制终端是能实时采集并向负荷中央控制机传送有功功率、无功功率等信息(必要时也可采集和传送电压信息),并具有显示打印、超限报警、当地和远方控制以及调整定值等功能的负荷控制监测,双向控制终端主要用于装机容量为 3200kV·A 以上的大电力用户。

负荷控制终端的功能如表 12-1 所示。

表 12-1 负荷控制终端的功能

功　能	双向控制终端	遥控定量器	遥 控 开 关
时钟对时	√	√	—
电能表读数冻结	√	√	—
自检	√	√	√
脉冲计数输入	√	√	—
电能量、功率需量计算	√	√	—
日、月分时电能量记录	√	√	—

(续)

功　　能	双向控制终端	遥控定量器	遥控开关
电压采集	○	○	—
开关状态采集	✓	—	—
当地打印	○	—	—
当地显示	CRT 数码显示	数码显示	灯光显示
当地设置定值	✓	✓	—
当地控制	✓	✓	—
当地报警	✓	✓	—
远方设置定值	✓	✓	—
远方控制	✓	✓	✓
越限跳闸记录	✓	✓	—
遥控跳闸记录	✓	✓	—

注：✓表示必需功能；○表示任选功能；—表示不需要该功能。

2. 负荷控制终端实例

电力负荷管理终端是用电现场服务与管理系统的重要组成部分，安装在用户电表附近，实现用户电能量数据和其他遥测信息的采集、存储以及转发，并综合实现负控、防窃电等功能。图 12-1 所示为某款负荷控制终端外形，其外形尺寸是 290mm×180mm×100mm。

此电力负荷管理终端采用模块化设计方法，通过 RS485 总线采集用户现场电表的数据，同时监测并管理用户的用电情况；具有 GPRS/GSM/普通拨号 MODEM/CDMA 等多种主站通信方式可选，并能通过短消息/电子邮件等方式实现异常信息的及时报告；具有红外/USB 本地维护接口；具有远程维护升级功能；能够适应高低温和高湿等恶劣运行环境。

图 12-1　某款负荷控制终端外形

此电力负荷终端具有如下功能。

（1）电能表数据采集

通过 RS485 通信接口，终端能按设定的终端抄表日或定时采集时间间隔采集、存储电能表数据。采集的数据包括有功/无功电能示值、有功/无功最大需量及发生时间、功率、电压、电流、电能表参数、电能表状态等信息。

（2）脉冲量采集

能够接收 4 路脉冲输入（根据配置，如果不需要信号量采集，最大可以增加到 8 路），根据脉冲常数和其他参数，能够算出瞬时功率，累计电量。

（3）交流模拟量采集

交流采样模块（选配）能够实时采集电压，电流（包括零序电流），并且实时计算功率，电量等。

（4）数据存储

可存储各类事件信息；可存储定义的各类任务数据（数据由各类电表采集信息组成，

可任意组合)。

(5) 设置功能

可通过红外掌机、USB 接口、远程主站对终端设置各类配置信息。

(6) 异常报警

可主动上报装置封印开启,参数修改,停电、上电,电量(功率)差动,电流互感器短路、开路,电压(流)逆相序,电流反极性,三相负荷不平衡,表计停走,电量飞走,电池电压过低等异常报警信息,在异常报警的同时可记录并上报报警时间、当时电量等相关数据。

(7) 管理

电压质量统计:分别判断超上、下限的不合格次数(点)。统计电压合格率,最大、最小电压值及发生的时间。

过负荷统计:记录过负荷时的相别、最大电流、发生时间(起始、结束)。

(8) 控制功能

支持分组多轮控制(最多 4 轮)功能;支持时段控制、厂休控制、营业报停控制和当前功率下浮控制;支持月电能量控制、购电能量(费)控制、催费告警;支持保电、剔除和遥控功能。

12.3.2 负荷控制中心

负荷控制中心的主要功能有以下几项。

(1) 管理功能

1) 编制负荷控制实施方案。

2) 日、月、年各种报表打印。

(2) 负荷控制功能

1) 定时自动或手动发送系统分区、分组的广播命令,进行跳闸、合闸操作。

2) 发送功率控制、电能量控制的投入和解除命令。

3) 峰、谷各时段的设定和调整。

4) 对成组或单个终端的功率、功率控制时段、电能量定值的设定和调整。

5) 分时计费电能表的切换。

6) 系统对时。

7) 发送电能表读数冻结命令。

8) 定时和随机远方抄表。

(3) 数据处理功能

1) 数据合理性检查。

2) 计算处理功能。

3) 画面数据自动刷新。

4) 异常、超限或事故报警。

5) 检查、确认操作密码口令及各种操作命令的检查、确认并打印记录。

6) 实时负荷曲线(包括日、月和特殊用户)绘制,图表显示和复制。

7) 随机查询。

(4) 系统自诊断、自恢复功能

1) 主控机双机自动/手动切换。
2) 系统软件运行异常的显示告警,有自动或手动自恢复功能。
3) 主控站通信机告警和保护信道切换指示。
4) 应能显示出整个系统硬件包括信道的工作状态。

(5) 通信功能

1) 与电力调度中心交换信息。
2) 与上级负荷控制中心或计划用电管理部门交换信息。
3) 与计算机网络通信。

(6) 其他功能

1) 调试时与终端通话功能。
2) 对配电网中各种电气设备分、合闸操作及运行情况监视的功能。

12.4 各种负荷控制系统原理及比较

12.4.1 负荷控制系统的分类

各种负荷控制系统其基本原理均旨在拉平负荷曲线,从而达到均衡地使用电力负荷,提高电网运行的经济性、安全性,以及提高供电企业的投资效益的目的。

各种负荷控制系统按照其对负荷的控制方式,一般分为以下两类:

1) 间接控制方式,是从电力工业发展开始,一直到现在都仍在使用的一种方式,其含义就是按照客户用电最大需量或峰谷段的用电量,以不同电价收费,用经济措施刺激客户削峰填谷,控制用户用电情况。

2) 直接控制方式,即指在负荷高峰期及电力供需失衡时切除一部分可间断供电的负荷,这是一种技术手段。直接控制又分为分散型控制和集中型控制两种。

分散型控制是指对各客户的负荷,按改善负荷曲线的要求,在用户端安装不同功能的控制装置分别控制用户的用电量、最大负荷和用电时间,而且这些控制装置相互联系,独立地发挥各自的控制作用,如带时钟的定时开关和电力定量器,均属分散型电力负荷控制装置。

集中型控制是指中央控制机通过通道设备将控制指令传送到安装在用户端的接收装置。相对分散型负荷控制装置来说,集中型负荷控制装置运用更灵活,更能适应发电能力变化和用电负荷变化的要求。此外,集中电力负荷控制系统的功能很容易扩充,即可实现配电自动化管理。所以,集中型电力负荷控制系统是实现现代化负荷管理和配电自动化的重要手段。

负荷控制系统已从负荷分散控制系统发展到负荷集中控制系统。负荷集中控制系统由负荷控制中心、传输信道和负荷终端设备3部分组成。

根据传输信道采用通信方式的不同,负荷控制系统可以分为 GSM/GPRS 公用通信电力负荷控制系统、无线电电力负荷控制系统、音频电力负荷控制系统、配电线载波电力负荷控制系统、工频电力负荷控制系统、有线电话电力负荷控制系统、混合电力负荷控制系统等多种形式。下面分别予以介绍。

12.4.2 GSM/GPRS 公用通信电力负荷控制系统

全球移动通信系统（Global System For Mobile Communications，GSM）是当前发展最成熟、应用最广的一种数字移动通信系统，又称全球通。

通用分组无线业务（General Packet Radio Service，GPRS）是 GSM Phase2.1 规范实现的内容之一，能提供比现有 GSM 网络 9.6kbit/s 更高的数据传输率。GPRS 采用与 GSM 相同的频段、频带宽度、突发结构、无线调制标准、跳频规则以及相同的 TDMA 帧结构。GPRS 使用的是现有 GSM 的无线网络，GSM 网络作为 GPRS 的承载网，GPRS 和 GSM 共用相同基站、同一频谱资源。这就决定了 GPRS 网络与 GSM 网优化既相互关联，又相互制约。

GSM/GPRS 方式有如下特点：

1）公用无线网络，无需专门申请频点，只需同当地移动公司办理业务即可。

2）采用的是公用网络，其日常的维护与管理均由服务商来负责，电力部门只是使用网络，不需要专业的人员对通信系统进行日常的维护与管理。

3）不易受天气及环境变化因素的影响，当地建筑的变化造成的地形地貌变化不会对系统产生影响。

4）网络目前对各城市已经实现了无缝覆盖，无需考虑通信效果。在 SIM 卡基础上实现漫游。漫游是移动通信的重要特征，标志着用户可以从一个网络自动进入另一个网络。GSM 系统可以提供全球漫游，当然也需要网络运营者之间的某些协议，如计费。

5）安全性高。GSM/GPRS 可以向用户提供以下 3 种保密功能：①对移动台识别码加密，使窃听者无法确定用户的移动台电话号码，起到对用户位置保密的作用；②将用户的话音、信令数据和识别码加密，使非法窃听者无法收到通信的具体内容；③保密措施通过"用户鉴别"来实现。其鉴别方式是一个"询问—响应"过程。

6）由于 GSM/GPRS 系统容量很大，设计时无需考虑节点数量问题，易于扩容。

7）施工时不用架设专门的天线，也不用调整测试设备，无需专业人员参与，简单易行。

8）系统抗干扰能力强，由于 GSM 网络主要由基站构成，覆盖面很广，交叉覆盖设计，当某个基站故障时，不影响通信。

9）系统有多种收费方式，可以有效降低运行费用。

10）能自动选择路由。对一个移动用户发起一次呼叫的用户将不需要知道移动用户的位置，因为呼叫将被自动选路到合适的移动设备。

GSM 蜂窝移动通信系统工作射频频段为，①上行（移动台发，基站收）890~915MHz；②下行（基站发，移动台收）935~960MHz；③双工间隔为 45MHz。

我国 GSM 系统由两个运营部门经营，频率使用情况为，①中国移动通信集团公司890~909MHz（移动台发），935~954MHz（基站发）；②中国联合通信有限公司 909~915MHz（移动台发），954~960MHz（基站发）。

随着业务的发展，可能需要向下扩展，或向 1.8GHz 频段的 DCS1800 过渡，即 1800MHz 频段。DCS1800 系统工作频段为，①上行（移动台发，基站收）1710~1785MHz；②下行（基站发，移动台收）1805~1880MHz；③双工间隔为 95MHz。

典型 GSM/GPRS 公用通信电力负荷控制系统的组成如图 12-2 所示。

利用无线公用网 GSM/GPRS 组成的电力负荷管理系统和现有的其他类似系统相比，在

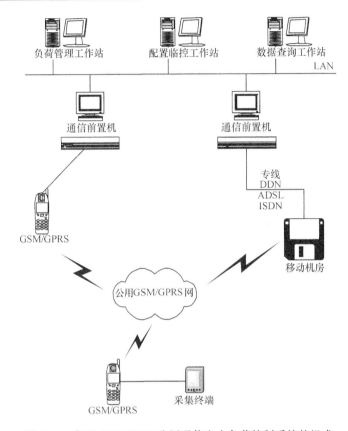

图 12-2 典型 GSM/GPRS 公用通信电力负荷控制系统的组成

系统可靠性、抗干扰性、稳定性、组网便捷性、可维护性、功能扩展性等方面均具备明显的优越性,并可降低运营成本和劳动强度,实现电力系统的多级联网。

12.4.3 无线电电力负荷控制系统

无线电负荷控制系统是指以无线电作为信息传输通道对地区和用户的用电负荷、电量及时间进行监视和控制的技术管理系统。

无线电负荷控制系统是一种应用较广泛的形式。为了方便应用,国家无线电管理委员会为电力负荷监控系统划分了专用频率,如表 12-2 所示;并规定调制方式为移频键控的调频体制,传输速度为 50~600bit/s,必要带宽小于 16kHz。表 12-2 给出的中央监控站发射频率和终端站发射频率依序号顺序对应。具体使用的频率要与当地无线电管理机构商定。

表 12-2 全国电力负荷监控系统的频率 （单位：MHz）

中央监控站发射频率									
1	2	3	4	5	6	7	8	9	10
224.125	224.175	224.325	224.425	224.525	228.075	228.125	228.175	228.250	228.325
终端站发射频率									
1	2	3	4	5	6	7	8	9	10
231.125	231.175	231.325	231.425	231.525	228.075	228.175	228.250	228.250	228.325

230MHz 无线专用通信网对大用户监测无疑是目前为止的较好的方案。这是因为国内的大多数城市或地区供电企业先后都建立起了 230MHz 无线通信网架。系统通信网络除正常的维护工作外，没有其他额外的运行费用。230MHz 无线通信网络具有系统通信响应时间快、终端可响应广播命令等优点，非常适合在负荷管理与监控系统中实现紧急控制功能使用。但设备及安装的成本比采用 GSM/GPRS 公用网通信要高，这也是基于 230MHz 无线通信的终端设备比较难以在小型用户和台式变压器监测大规模使用的原因。一般来说，用户的负荷分布适合 80：20 原则。即 20% 的大用户用电负荷占总负荷的 80%，而 80% 的小用户负荷只占总负荷的 20%。对 20% 的大用户，占所监控和管理总负荷的大部分，要求采集数据的实时性要求高，及通信数据量比较大，宜采用 230MHz 无线通信方式，一方面能满足通信要求，另一方面可有效避免通信费用较高的问题。对于 80% 的小用户，数据通信实时性要求不高，通信数据量也比较小，可采用公网通信方式。既可有效限制系统运行的通信费用，又可降低设备采购及维护的费用，由于更多的中小型用户参与负荷管理成为可能，从而系统监控面将不断地扩大。

典型无线电电力负荷控制系统的组成如图 12-3 所示。负荷控制中心通过无线电波将各种控制命令发射出去，用户接收到信号后，经调制解调执行相应的命令。在用户端，电表、配电开关的电流、电压、开关状态等信息也可以通过电台发射到负荷控制中心。当地形不利或者控制半径大于 50km 时，可以采用增设中继站的办法来实现大面积的数据传输，如图 12-3 中所示，中继站主要用于接收和转发数据。中继站常常是无人值守的，因此对中继

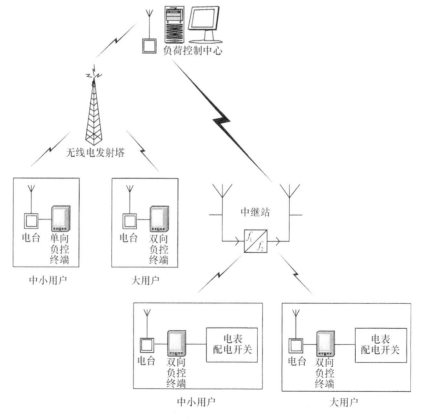

图 12-3 典型无线电电力负荷控制系统的组成

站的工作可靠性要求很高。为此，中继站的无线数传机、天馈线、电源等应全部采用双机热备份，并配有一个电源系统。该电源系统不仅有交流备份，而且当交流停电时，能以蓄电池供电，以确保中继站可靠地连续工作。此外，系统要求中继站受主控中心的控制命令转发或切换主/备信道，并应将切换结果送主控中心显示，还要按主控中心的召唤而返回各种数据。因此，中继站应设置控制分机，其作用是在主控中心能及时和有效地监测系统信道运行状态，实施对中继站的控制，提高系统的可靠性，以达到中继站无人值守的要求。

无线电电力负荷控制系统的主要优点：整个系统自成体系，组网灵活，容易建成双向系统，且覆盖面广，安装调试容易，不涉及变电站的设备，适宜在平原、大用户多的地区使用。

无线电电力负荷控制系统的主要缺点：通信质量受地理、气候、环境以及其他外部因素的影响，特别是在丘陵、山区等地形较为复杂的地区，大面积发展无线电负荷管理系统非常困难，尽管可以采用增设中继站办法，但增加中继站使系统的投资、维护量也相应加大；另外，若中继故障，则会导致系统大面积瘫痪，该中继站下面的全部终端无法与主控中心联系，致使大量客户的原始数据丢失。

12.4.4 音频电力负荷控制系统

音频负荷控制系统是指将167~360Hz的音频电压信号叠加到工频电力波形上直接传送到用户进行负荷控制的系统。这种方式利用配电线作为信息传输的媒体，是最经济的传送信号的方法，适合于在负荷广、地形复杂的地区使用。

音频控制的工作方式与电力线载波类似，只是载波频率为音频范围。与电力线载波相比，它传播更有效，有较好的抗干扰能力。在选择音频控制频率时要避开电网的各次谐波频率，选定前要对电网进行测试，使选用的频率具有较好的传输特性，又不受电网谐波的影响。目前，世界上各国选用的音频频率各不相同，如德国为183.3Hz和216.6Hz，法国为175Hz，也有采用316.6Hz的。另外，采用音频控制的相邻电网，要选用不同的频率。

因为音频信号也是工频电源的谐波分量，它的电平太高会给用户的电器设备带来不良影响。多种试验研究表明，注入10kV级时，音频信号的电平可为电网电压的1.3%~2%；注入110kV级时则可高到2%~3%。音频信号的功率约为被控电网功率的0.1%~0.3%。

音频控制的另一个缺点是音频信号发射机和耦合设备价格高，没有双向终端，所以音频控制为单向传输，只能进行远方遥控开关，控制方法停留在拉闸的水平，不能作为计划用电的手段，使其发展前景受到限制。

12.4.5 配电线载波电力负荷控制系统

配电线载波电力负荷控制是将信号调制在高频信号上通过电力线路进行传输。其工作方式与音频负荷控制有很多相似之处。通常载波频率为5~30kHz，与音频负荷控制系统相比，电力线载波负荷控制系统的载波频率较高，因而耦合设备简单；其次，载波信号发生器的功率较小，但为了使处于电网末端处的用户端有足够电平的信号，有时要装设载波增音器；此外，由于频率较高，对电网中安装的补偿电容器组要采取必要措施，以避免补偿电容器组吸收载波信号。

配电线载波电力负荷控制方式的优点是，可以实现单、双向传输，适宜负荷密度大的地区；缺点是，施工时和以后的维护涉及大量的变电站一次设备，电力部门投资较大。

12.4.6 工频电力负荷控制系统

工频电力负荷控制是利用电力传输线作为信号传输途径，并利用电压过零的时机进行信号调制，使波形发生微小畸变，用这种畸变来传递负荷控制信息。按照一定规则对一系列工频电压波过零点打上"标记"，就可以编码发送工频控制信息。

工频电力负荷控制的优点是，信号发射机简单便宜，适宜在供电电源波形好、负荷小的区域使用；缺点是，信号容易受电网谐波影响，抗干扰性差。

12.4.7 有线电话电力负荷控制系统

电话线复用方式负荷控制由中心站直接接到电话线的各种终端组成。通过中心站自动拨号或随机拨号接通某一终端进行负荷控制。这种控制方式的缺点是不能实现群控。

12.5 要点掌握

本章介绍负荷控制和管理系统。首先介绍了负荷控制的基本概念、影响负荷特性的主要因素以及负荷控制带来的经济效益。实现负荷控制要对负荷特性进行优化，优化的措施主要有：经济措施、行政措施、宣传措施和技术措施，本章均进行了介绍，特别是对经济措施和技术措施（削峰、填谷和移峰填谷）作了详细介绍。负荷控制系统一般由负荷控制终端、通信网络、负荷控制中心组成。本章介绍了负荷控制终端的分类、功能，给出了实例，同时对负荷控制中心的功能也进行了说明。按照负荷控制系统所采用的通信网络不同，本章最后对 GSM/GPRS 公用通信电力负荷控制系统、无线电电力负荷控制系统、音频电力负荷控制系统、配电线载波电力负荷控制系统、工频电力负荷控制系统、有线电话电力负荷控制系统从其原理、组成、特点等方面进行了介绍。

本章的要点掌握归纳如下：

1）了解。①负荷控制的意义；②负荷控制的经济措施；③负荷控制中心的功能；④负荷控制终端的分类及功能。

2）掌握。各种负荷控制系统原理及比较。

3）重点。①负荷控制的技术措施（削峰、填谷和移峰填谷）；②负荷控制系统的结构组成。

思 考 题

1. 负荷控制和管理的意义是什么？
2. 说说负荷控制的经济措施。
3. 常用的削峰手段有哪些？填谷手段有哪些？移峰填谷的手段又有哪些？
4. 负荷控制有哪几种类型？了解每种类型的原理和优缺点。
5. 负荷控制系统由哪几部分组成？

第 13 章　配电自动化的实际案例

本章主要介绍某高校校区配电自动化工程实例。该项目是在校区配电系统改造的基础上实施的，代表一种典型的用户配电自动化工程。该校区配电系统自动化的实施与配电一次系统改造相配合，采用统一规划、分步实施的思路，为配电自动化的建设提供参考依据。

13.1　概述

某高校校区配电系统远期规划目标共设置北配、中配、南配三个配电所和 A、B、C、D、E 五个开闭所。经过一期配网改造工程，现已形成南、北两配电所，A、B、C、D 四所开闭所的配网主网架结构。整个学校配网同时由四回路 10kV 电源供电，每个配电所的正常运行状态可由一回路电源主供两个开闭所，另一回路为冷备用；也可以由两回路电源同时运行，每回路电源供一个开闭所，两回路电源互为热备用。配电所的进出线开关均配置断路器，开闭所的所有开关均为电动负荷开关。

配电系统主网架结构（北配、中配）如图 13-1 所示。可以看出，配电所的两段母线与两回路进线构成典型的手拉手环网供电模式，而所有开闭所都有从配电所不同母线段来的双回路电源。这样，配电所和开闭所均满足"$N-1$"供电安全准则，符合实施配电自动化的一次网架结构。

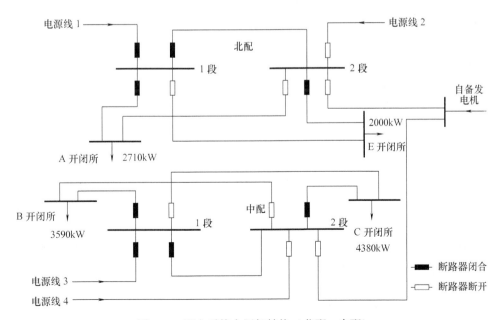

图 13-1　配电系统主网架结构（北配、中配）

13.2 配电自动化的主要功能

配电自动化是一项综合性系统工程，需总体规划、分步实施。依据功能要求，该校区配电自动化系统共包括 SCADA 系统、馈线自动化（FA）子系统、配电所/开闭所监控子系统、自动制图/设备管理/地理信息子系统（AM/FM/GIS）、配网运行管理自动化子系统、电能计量管理子系统等，要求实现如下功能：

(1) 数据的采集和监控功能

通过实现"四遥"，对断路器、负荷开关、配电变压器等设备实现全面监控。通过监视馈线的过负荷和重负荷情况，能与历史数据进行比较，然后决定当前区段的负荷是不是应当转移到相邻的线路上去。如果需要，则可以通过配电系统的高级应用软件进行分析，实现网络重构。通过配变监测终端（TTU），完成对变压器运行状态的监视，为变压器经济运行提供条件。

(2) 故障定位、故障隔离和非故障区段恢复供电

当馈线段发生永久性故障时，能够根据 FTU 和 DTU 上传信息自动迅速隔离故障区段，恢复故障段上游的正常段的供电，并能够将故障段下游正常段的供电通过相邻线路进行转供。当配电所进线发生永久性故障时，能够通过备自投装置进行电源的自动切换。

(3) 配电 SCADA 系统与地理信息系统（GIS）一体化设计

实时数据全部来自 SCADA 的实时数据库，GIS 直接读取实时数据库，实现地理信息、配电设备信息和配电实时信息的有机统一，保证数据的唯一性和数据的共享；能在地理信息图上方便地进行设备管理、查询和统计，为配电网的维护提供更加直观的界面。

(4) 各种信息资源和数据的综合利用

将各种在线正常运行状况信息和故障运行信息进行存储、处理，为配电设备管理、抄表及线损管理和可靠性统计等提供数据，提高供电的管理水平。

13.3 配电自动化系统体系结构

该校区配电自动化系统是一个用户端的配电自动化系统。其规模比较小，从所处位置上来看，相当于城市的配电系统一个负荷。与校区内配电网架结构相对应，整个系统可以规划为 3 层：主站层、子站层和配电终端层。

配电自动化系统是包含了北配和中配两个配电所和 A、B、C、E 四个开闭所的配电自动化（见图 13-1），并将它们连成一个网，以实现配电运行控制和管理自动化。配电自动化系统的结构框图如图 13-2 所示。主站系统建在北配电所内，主要负责整个校园配电网（10kV 线路、配电所、开闭所和用户）的运行监控、管理和配网高级管理功能。子站系统分别建在各开闭所内，主要实现所辖范围内的 10kV 出线的馈线自动化，并实现主站系统与配电终端的实时数据交换。配电终端设备对 10kV 线路和开关设备进行数据采集和控制。

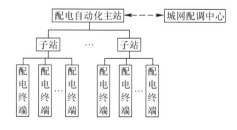

图 13-2 配电自动化系统的结构框图

1. 配电自动化主站

主站层,即配电中心,也是城网配电自动化系统的分中心层。主站系统是整个系统的信息采集、存储和处理中心,实现整个校区配电网的监视和控制,分析配电网的运行状态,协调配电子站之间的关系,对整个网络进行有效管理,使得整个配电系统处于最优的运行状态。

2. 配电子站

配电子站置于配电所或开闭所内,是配电自动化系统的中间层,具有对所辖区域内配电网检测和配电设备控制,能完成本区域内故障的识别、定位、隔离和恢复非故障区段快速供电的功能,并负责采集和处理来自开闭所单元(DTU)的正常运行信息和故障数据,完成数据的集中转发,实现与主站之间的数据通信。

该校区配电系统中设有 6 个子站,分别为北配电所、中配电所和 A、B、C、E 开闭所。随着校区内配电网的发展,系统可以增加新的子站。由系统的一次结构可知,在开闭所内的开关设备均为电动负荷开关,而且全部集中组屏。子站不具备独立处理故障的能力,单个开闭所出线总数不超过 15 条,采用了简化配电子站的方案,即子站主要起完成数据采集并向主站传送,起到数据中转作用。

具体功能如下:

1) 数据收集,实时采集终端设备的信息量和子站通信系统、通道的状态信息。
2) 控制和调节,接受主站下发的控制和调节命令,实施现场设备的控制和调节。
3) 通信功能,支持多种通信规约,具备一种网络和协议的转化能力,具有多种通信介质接口(RS485、LonWorks、以太网接口),能对通道进行监视,实现故障上报功能。
4) 维护功能,具备当地调试和维护功能,并具备远程维护、调试和诊断的能力。
5) 系统时钟功能,定期接受主站的时钟同步信号,并对各终端设备对时。

3. 配电终端

配电终端是配电自动化的基本单元。它的功能、数据采集的数量及精度、可靠性直接影响配电自动化系统的功能及可靠性,用于配电系统变压器、断路器、环网柜、柱上开关、调压与无功补偿电容器的监视和控制,与配电主站通信,提供配电系统运行控制及管理所必需的数据,执行主站给出的对配电设备的遥控调节指令。

在该校区配电系统中开关设备有两类:开闭所中的电动负荷开关和配电所中的断路器。相应的配电终端也应该具备不同的功能要求。断路器的测控终端采用一对一配置,而负荷开关的测控终端则采用一个终端对应若干个负荷开关的终端设备。与开关的集中组屏一致,配电终端采用集中安装。具体功能如下:

1) 数据采集及处理功能,包括遥测、遥信、遥控。
2) 故障监测和判别,协助主站和子站完成馈线自动化功能。
3) 对于断路器的测控终端还要求具有过电流保护、重合闸后加速等功能,对配电所的所有进出线具有完全的保护功能。
4) 通信功能,具备和子站通信的功能,同时具备其他配电终端通信,如采集经过规约转换之后的来自电表的数据。
5) 操作功能,具有远方/就地控制功能。
6) 事件顺序记录功能(SOE)。
7) 单相接地选线功能。

13.4 配电自动化 SCADA 系统

校区配电自动化主站计算机及网络配置如图 13-3 所示。配电 SCADA 系统是监控配电系统运行的实时系统，具有很高的实时性、安全性和可靠性要求。

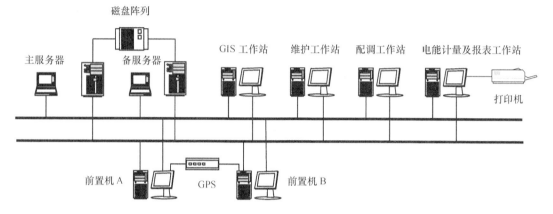

图 13-3　校区配电自动化主站计算机及网络配置

13.4.1　网络安全方案

网络安全方案采用双服务器、双前置机、双网结构；双机备用、双网热备用。这样双网平衡运行，分流互为备用，以增加带宽要求和保证系统可靠运行。

采用磁盘阵列存储关键数据。磁盘阵列可在线更换磁盘，可采用磁盘镜像技术数据冗余存储，保证数据安全；双主机共享磁盘阵列，操作系统、数据库和应用程序都可以在线切换。

13.4.2　系统硬件配置

（1）数据服务器

数据服务器采用 HP PC 服务器，运行 UNIX 操作系统，以确保系统不间断运行，存储、管理各种历史数据、登录信息、用户信息、设备信息、电网管理信息等。服务器装有关系型数据库管理系统，定时从实时数据库中采集实时数据，供其他工作站调用，方便用户使用。它利用商用数据库优秀的管理性能，实现对配电网数据信息进行统一管理。服务器也用于存储空间图形信息，服务器装有商用数据库管理系统软件。

采用主—备工作方式，两台服务器构成双机热备份，做到一台服务器出现问题时，系统能平滑切换到另一台服务器，防止数据丢失，提高系统可靠性。并且，采用大容量、可切换的磁盘阵列作为历史数据、文档资料的公用存储设备。

（2）GIS 工作站

采用 HP P4 工作站，用户完成配电生产基础数据的录入、维护，实现 AM/FM/GIS 功能和各种配电管理功能，维护地理信息图。完成所辖配电设备的静态数据的维护及实时数据的查看打印工作，实现所辖配电的设备管理、检修管理等工作。

（3）配调工作站

用于对整个配电网的监控和故障管理。

(4) 电能计量及报表工作站

用于对各配电所和开闭所的电能计量和统计,并能够将数据转化成各种报表输出。

(5) 维护工作站

用于对整个配电系统实行运行管理和日常生产管理,同时对整个自动化系统运行状况进行图形管理、数据库的维护、参数库维护等。

(6) 前置处理机

用于主站和各子站的信息传递,前置机通过网络交换机收集各配电子站上传的数据,同时向各子站下发主站的各种控制命令。在这里前置机采用以太网通信方式和各子站通信。

(7) 网络交换机

网络交换机提供主站系统双网运行环境,提高网络可靠性。前置机部分的网络交换机用于以太网直接连接到北配和 E 开闭所子站。同时用于组成具有自愈功能的光纤环网,提高网络的可靠性和通信速率。

(8) 时钟系统

配置 GPS 卫星接收系统,为系统提供标准时钟,校准系统内所有服务器和工作站的时钟,并通过与终端通信,实现主站、子站和配电终端的同步。

(9) 打印设备

13.4.3 软件系统结构

配电 SCADA 软件系统的设计采用层次化、模块化,如图 13-4 所示。整个系统分成包括支撑层和应用层。支撑层又包括两部分:系统软件和应用软件支撑平台。模块化则是在支撑层之上。应用层尽可能按功能模块化。这样使得功能扩展与修改仅增加或修改应用层功能模块,而不改变作为核心和基础的支撑平台。这样系统可靠性高,可扩展性强。支撑层通过不同的方式(C/S、ODBC、数据文件或约定的格式)向应用层程序提供服务。这就要求硬件及系统结构、硬件设备及接口符合国际工业标准,操作系统符合 OSF 和 POSIX 标准的 Windows NT 和 UNIX。在此基础上,应用软件的支撑平台包括实时数据库及其管理系统、历史数据库及其管理系统、网络管理系统、AM/FM 系统,都采用开放式和分布式的体系和面向对象的技术。

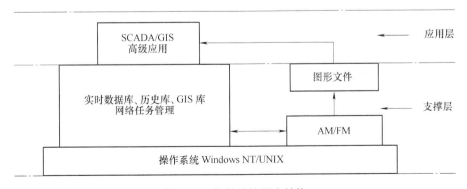

图 13-4 软件系统层次结构

13.4.4 配电 SCADA 功能

配电 SCADA 系统完成基本的电网数据采集和监视控制功能，是整个配电自动化系统的基础数据平台。配电 SCADA 系统的功能分为常规功能和非常规功能。常规功能指和输电 SCADA 一样具备的基本 SCADA 功能。而非常规功能则指一些特有的功能，如支持无人值班变电站的接口、实现馈线保护的远方投切、定制远方切换、线路动态着色、地理接线图与信息集成等。数据采集的实现是通过配调主站（前置机系统）、配电子站和终端测控设备 3 个层次共同完成的，主要实现以下功能。

(1) 数据处理

1) 模拟量数据处理。①遥测值工程量变换，变换系数在线修改；②数据的物理性检查、合理性检查；③遥测量两级越限报警（限值可整定）；④变送器残差处理，可设定的残差值范围内用 0 取代；⑤遥测值归零处理；⑥遥测越限时间可自动统计，包括越上限、越下限、合格时间等；⑦在 CRT 上可人工设定遥测值并加入相应标志，人工设置的遥测值自动加入相应的计算中；⑧遥测遥信相关性检查，当遥信状态和相关的遥测值矛盾时，进行报警记录；⑨遥测值跳变滤波处理；⑩平均值/积分值的计算；⑪数据更新处理。

2) 状态量数据处理。①可对每个遥信量进行逐个定义，用汉字表示开关、刀开关名称；②根据事故总信号是否动作（或系统提供的其他事故判据），区分开关事故跳闸或正常变位；③可人工设置开关、刀开关状态，并有相应的设置标志；④当现场开关检修、试验时，可在调度员工作站上设挂牌标志。标牌用不同的形式、颜色来表示不同的状态；⑤可在线统计开关跳闸、合闸次数；⑥遥信的状态锁定/解除；⑦可设置质量标志（遥控封锁/解除，检修）；⑧慢遥信处理功能防遥信抖动；⑨根据开关位置信号及操作记录实现对设备的分析。

3) 计算量的处理。①对采集的所有信息（遥测、遥信、电能）能进行综合计算，以派生出新的模拟量、状态量；②计算公式既可以进行加减、乘除、三角、对数等算术运算，也可进行逻辑和条件判断运算。

(2) 报警处理

1) 报警信息包括，系统报警信息（包括通道报警、主机状态报警信息、系统进程报警信息、服务器切换信息等）和电力系统报警信息（包括开关变位、刀开关变位、保护信号动作/恢复、遥测越限等）。

2) 对所有事项均有记录，记录内容主要应包括厂站名、开关名称、动作时间、事项内容等。

3) 根据报警信息的不同区分为一般报警信息和事故报警信息。

4) 不同的报警用不同的报警形式和方法，报警方法有报警窗提示、报警条显示、自动打印、音响报警、自动调事故发生厂站的画面、事故开关闪烁等。

5) 报警类型分为，越限报警、开关变位报警、其他报警。

(3) 遥控操作

1) 可在人工交互操作和应用程序的自动控制下，对电网中的断路器、负荷开关、综合自动化保护装置进行远方控制及调节。

2) 遥控操作在操作对象的显示画面上进行，具有操作人、口令、权限和多重内部校核功能，保证遥控操作的正确性。对操作进行自动记录存档，记录包括操作人、时间、内容、结果等。

3）遥控具有控分、控合逻辑支持。

4）实现双人双机监护执行。

(4) 趋势曲线

1）趋势曲线显示配电网重要参数的变化趋势，使操作员能够了解配电网的状态。曲线包括实时曲线、历史曲线、计划曲线等。

2）用于趋势曲线的数据可以来自实时数据库、历史数据库和应用软件数据库，越位可以使用日计划数据和预测数据。

3）采样数据、时间间隔和其他趋势曲线参数可以在线定义和修改。采样点的记录周期10秒~1小时可调。

4）趋势曲线的数据可以记录、显示和打印输出。

5）在趋势曲线图上可以显示限值。

6）能使用光标选择趋势曲线任意点的相关数据。

7）可同时显示实时曲线、历史曲线和计划曲线。

(5) 事件顺序（SOE）记录

1）系统具有事件顺序记录处理功能，以毫秒级分辨率记录厂站的开关、继电保护动作时间顺序并存档。

2）自动打印事件顺序记录内容，主要包括厂站名、开关名称、动作时间、事件内容等。

3）对历史 SOE 记录可以多种检索方式在 CRT 显示器上查看或打印。

(6) 打印功能

1）定时打印各种日报表，打印时间可调。

2）召唤打印各种现时报表和历史报表。

3）随时打印各种操作记录、异常及事故记录。

(7) 时钟同步

包括将 GPS 时钟信号作为系统的标准时间，并周期性地与配电终端时钟同步。

13.5 配电自动化通信系统

配电自动化通信层次与配电自动化系统的整个系统结构和功能密切相关。与配电自动化系统三层体系结构相对应，通信系统可以分成两个层次：第一级为主干网，即主站—子站通信；第二级为支线网，即子站—终端通信。两个层次的节点数、通信所需带宽和可靠性要求各不相同，因此必须根据具体情况采用不同的通信方式。

1. 配电自动化系统的主站—子站通信方案

主站—子站的主干通信线路由于集结了大量分散站点信息，一旦出现故障将导致一大片区域的配电自动化设备失去监视和控制。因此，提高主干线路的通信可靠性非常必要。光纤通信具有容量大、数据传输速率高、可靠性强、支持多种组网结构、抗干扰能力强等特点，是一种良好的配电自动化通信方式，常被用于主站—子站的主干网中。

环形网络的优点是可以节省信道，节点首尾相接，特别适合于光纤通信。正常情况下，简单的光纤单环路方式可靠性很高。数据传输需要接在环上的每一个节点,如果某处发生故障,容易引起通信中断,使得整个光纤环流被破坏。采用自愈双环结构,则可将环形网络完善,虽然这以牺牲冗余度为代价。但这种结构具有高速率、可靠性高、抗干扰能力强,通信具有自愈能力。为了保证光纤通信的可靠性,可采用双环通信网,互为热备用。一旦通信环有故障,光端设备能自选路由、自动愈合,保证主站到子站之间通信的可靠性、而且配置灵活,扩展方便,若需要增加新的节点,只要在就地的通信环网内,打开环路直接链接即可。

校区配电系统中主站设在北配,子站包括北配、中配和 A、B、C、E 开闭所,共 6 个。系统中各配电所和开闭所之间距离分布在不到 1km 的校区范围内,且分支点不多,主站和子站之间的通信考虑采用自愈式光纤以太网通信。网络正常运行的情况下,一个环网用于正常数据传输;另一个用作视频监控系统通信,当发生故障时,能进行自动切换,以保证通信的可靠性。以太网的引入使得配电主站和各子站之间的信息交换速度大大加快,系统的实时性更高,更多的信息可以在信道上传送,信息路由简单易行,系统指标得到很大的提高。主站和现场设备如 FTU、TTU 之间的通信能否采用以太网完全取决于 FTU、TTU 等现场设备是否支持以太网通信。在主干网中采用的是光端机应具有四光口和多个以太网接口和子站相连。

具体的通信系统设置(见图 13-5)如下:

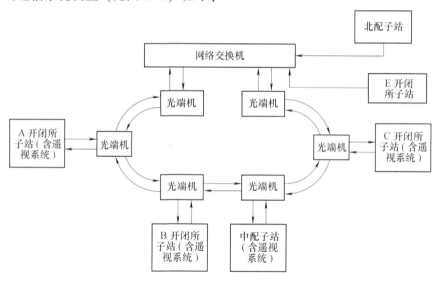

图 13-5 配电主站和子站之间通信方案

1)北配子站和 E 开闭所子站位于北配电所内,与配电主站在一起,距离小于 100m,因此不再配置光端机设备,北配子站和 E 开闭所子站到主站的通信直接用以太网方式接入前置交换机。

2)中配和 A、B、C 开闭所到主站直接采用网络通信方式,就地接入以太网光端机。

3)视频监控系统在每个配电所和开闭所配置两个一体化球形摄像机,通过视频线连接到视频服务器,经过编码压缩后通过 RJ45 以太网端口输出,接入以太网光端机。

2. 子站—终端通信系统

子站—终端通信采用 LonWorks 总线作为通信方式,如图 13-6 所示。

第 13 章 配电自动化的实际案例

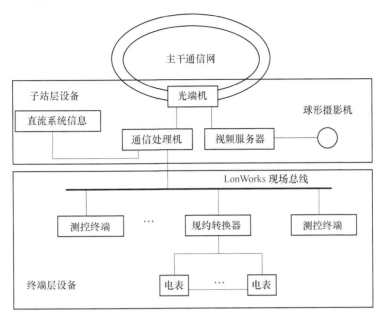

图 13-6 配电子站和终端之间的通信方案

配电所和开闭所监控终端均采用集中组屏方式放置在配电所和开闭所室内。将子站内监控终端通过 LonWorks 现场总线连接在一起，上传到子站。各子站内直流信息可以通过 RS232/485 方式直接接入子站通信处理机，通信介质为屏蔽双绞线，由子站上传到主站。各种电能表的数据则可以通过规约转换后接入 LonWorks 网中。

13.6 馈线自动化解决方案

馈线自动化是配电自动化系统中的一项重要功能，当线路某一段发生故障时，能迅速隔离故障区段，并通过网络重构尽可能快地恢复非故障区的供电，以减少故障停电所造成的损失。

1. 馈线自动化的实现原则

馈线自动化的实现与网络结构、开关设备和通信系统有紧密的联系。校区配电系统中采用的开关设备有两种，配电所内的进、出线开关都是断路器，开闭所内均为电动负荷开关。配电所和开闭所均有两路电源供电，符合"$N-1$"准则，各开关设备的测控终端都通过通信系统上传到主站，校区内配电系统符合基于配电终端的远方控制模式。此外，在配电所和开闭所内均装有备用电源自动投入装置（简称备自投）。

校区配电自动化系统的馈线自动化主要实现原则包括以下几个方面：

1) 尽量不让上级变电站出线开关跳闸。配电所出线保护动作整定时间小于上级变电站出线开关的保护动作时间，以确保不让上级变电站出线开关跳闸。配电所的进出线开关分别整定为 0.3s、0.1s，这样保证电源侧的开关少动作，当配电所内部开关出现越级跳闸的情况，用配电主站网络分析进行校正。

2) 系统的故障处理采用"分布智能、集中控制"的方式。故障隔离采用就地模式以加快故障隔离速度，而恢复供电采用集中控制以校验网络重构的正确性，利用保护信息和网络分析信息相结合的方案,加快故障处理和供电恢复速度。

3）用户侧出现故障时,应尽量将故障用户隔离,而不影响非故障用户的供电。短路电流没有流过的开关尽量不动。

2. 馈线自动化中故障自动处理方法

基于主站的馈线自动化故障处理是根据 SCADA 系统采集的变电站、开闭所和柱上开关的运行信息,对配电所发生的故障进行实时分析、判断,完成故障自动检测、自动定位、隔离和恢复供电。

发生故障后,SCADA 系统检测到的对象是断路器和分段开关,而故障之后的处理对象也仅限于断路器和隔离开关。因此故障处理只需对断路器和隔离开关进行,再加上电源点,构成了故障处理的模型。这样,不但减小了系统的规模,而且还大大提高了故障处理速度。

由配电网的辐射状特性,可以把所有配电线路分成从不同电源端引出的主馈线,直到联络开关或线路的末端为止。如果线路上还有分支线路则利用同样的方法确定子馈线。如图 13-7 所示,系统可以表示为两条主馈线,并将它们分别处理。

图 13-7 简单双电源供电线路

具体处理过程包括以下几个环节。

（1）故障检测

故障检测是主站根据 SCADA 系统采集的变电站和开闭所的断路器运行状态和相应的保护动作信号,确定所在的配电线路是否有故障存在。通常在配电线路发生故障时,必然导致保护动作,断路器跳开。如果有重合闸装置,启动重合闸。对于瞬时故障重合成功,不必启动随后的故障处理过程。对于永久性故障,重合不成功,必须启动随后的处理过程。

（2）故障定位

一旦确定配电线路有故障后,从 SCADA 系统读入柱上开关的故障指示信号,进行网络拓扑分析,从主馈线的首端断路器开始,依次向它的下游检查柱上开关的故障信号。如果某个柱上开关 Q_1 有故障信号,而紧随着的下游负荷侧柱上开关 Q_2 没有故障信号,则可以确定故障发生在 Q_1 和 Q_2 之间。

$$\begin{cases} Q_1 = 1 \\ Q_2 = 0 \end{cases} \quad （1 表示有故障电流流过,0 表示无故障电流流过）$$

这时有以下几种情况需要注意：

1）当故障发生在供电线路的首端,则 Q_1 是断路器而不是柱上开关。

2）当故障发生在线路的末端,则不存在 Q_2。

3）当故障发生在支路分叉处,那么 Q_2 可能由 n 个开关组成（n 为分支数）。

故障位置总表示为 Q_1 和 Q_2 之间。其中,Q_1 是与故障点紧邻的上游柱上开关,Q_2 则是与故障点相连的下游负荷柱上开关。

（3）故障隔离

故障定位完成之后,只要把故障定位中确定的柱上开关 Q_1 和 Q_2 打开,即可以实现故障隔离。如果 Q_1 本身是断路器,那么发生故障后保护已经把它打开,故障隔离软件就不要对它进行开断操作。

(4) 非故障区恢复供电

非故障区恢复供电分为上游区恢复和下游区恢复。上游区恢复比较简单,只需合上对应的变电站内保护动作的断路器即可。如果 Q_1 本身就是一个断路器,则不存在上游区恢复的问题。下游区恢复比较复杂,必须先找到下游区末端的联络开关,再合上联络开关完成下游区的恢复供电。如果下游区没有联络开关,则无法恢复供电。

3. 馈线自动化的特点

校区配电系统由于特殊的网络结构,其处理方式与其他馈线故障处理不同。

1) 配电所和开闭所的网络结构不同。配电所采用双电源分段,与两个进线电源构成了一个"手拉手"接线方式,而开闭所则采用双回辐射供电,电源分别是配电所的两段母线。因此,配电所和开闭所的故障处理应该分别进行。

2) 由于开闭所内的开关设备均为电动负荷开关,它的故障处理必须和配电所的处理配合进行。

3) 配电所和开闭所均装有备自投装置,由于进线电源容量不一样,应该对其负荷转代能力进行校核决定备自投是否投运。

下面分别给出了配电所和开闭所的馈线自动化方案,如图 13-8 所示。

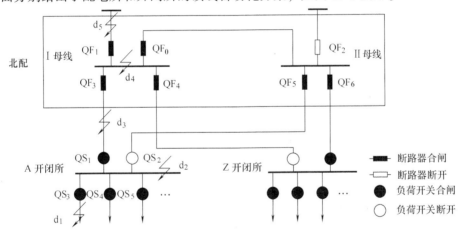

图 13-8 馈线自动化处理方案

4. 配电所馈线自动化方案

校区配电系统主要采用电缆线路,发生瞬时故障的可能性很小,一旦发生故障,基本上就是永久性故障。

(1) 当配电所用户侧发生故障

A 开闭所进出线或开闭所母线发生相间断路故障,如图 13-8 所示的 d_1、d_2、d_3。QF_3 启动保护装置动作,自动跳开,完成故障隔离。

(2) 当进线发生故障(d_5)而失电压

1) 用备自投装置实现电源切换。速度快,适用于电源有充足的负荷转代能力。在设计容量足够用的情况下,不切除负荷,而直接合上备用电源。

2) 由主站决定负荷转代方案,备自投装置退出运行。适用于电源负荷转代能力不足的情况。若将来负荷有较大增长，一个电源供电负担不起的情况，这时就必须切除部分负载较重且又不很重要的用户，之后合上备用电源。

① 母线失电压，QF_1 保护未动作，QF_1 仍处在合闸位置；

② 主站故障算法启动，自动下令断开 QF_1；

③ 主站校验 QF_2 负荷转代能力。在转代能力不足的情况下，按照事先排定的拉闸顺序，自动下命令，拉开相应的用户负荷开关，自动下令合上 QF_2；若转代能力满足，则直接合闸 QF_2 恢复供电。

(3) 当配电所母线发生故障 d_4

1) QF_1 动作跳闸，而 QF_3 保护未动作。

2) 备自投被闭锁，主站在校验负荷的情况后，将 QF_3、QF_0 跳开，合上 QF_2。

5. 开闭所馈线自动化方案

(1) 当开闭所进线发生故障 d_3 时

1) A 开闭所失电压，而 QS_1 无过电流。

2) 在 QS_1 失电压和无过电流的情况下，打开 QS_1 合上 QS_2。

(2) 当开闭所出线发生故障 d_1 时

1) QF_3 保护动作跳闸，重合闸后加速跳闸。

2) QS_1、QS_3 产生过电流，延时一段时间（该时间大于 QF_3 重合闸延时时间）后又探得失电压（其他用户开关仅测得失电压，未产生过电流），QS_1 为进线、不动作，QS_3 自动跳开，完成故障隔离。

3) QS_1、QS_2 间的备自投功能被过电流信号闭锁，QS_1、QS_2 不会动作。主站系统在故障隔离后，自动下发合闸命令，合上 QF_3，开闭所恢复供电。

(3) 当开闭所发生母线故障 d_2

1) QF_3 保护跳闸，重合后加速跳闸。

2) 主站自动下令断开 QS_1 和所有出线开关，将故障隔离，之后闭合 QF_3。

13.7 配电地理信息管理功能

配电网具有分布广、接线繁杂、交叉跨越多、同杆架设、设备分散、变动频繁等特点，传统的图形（包括单线图、地理布置图、杆形图等）、资料管理方式不能满足现场要求，因此，将配电网的设备和运行信息与地理信息、自动制图相结合（Automatic Mapping/Facility Management/Geographic Information System，自动制图/设备管理/地理信息系统），将使配电网的信息表示得更加直观，也给运行带来极大的方便。

在校区配电自动化系统中配电地理信息系统涉及的范围包括校区电网，包括离线应用和在线应用功能。离线应用包括配电网设备管理、停电管理、配电运行管理。在线功能包括配电自动化的 SCADA 实时信息在配电地理信息图上的实时显示。

实时应用时，AM/FM/GIS 与 SCADA 系统分为松散集成和紧密集成两种方式。在松散集成方式下，SCADA 系统与 AM/FM/GIS 通过实时交换数据。而在紧密集成下，SCADA 系统与 AM/FM/GIS 是一个整体。SCADA 系统只提供基本的数据采集和监控服务，只作为后台系统提供实时数据，而接收 AM/FM/GIS 的命令信号进行遥控操作。

在该校区方案中，按 GIS 和 SCADA 一体化系统设计，主要遵循的原则如下：

(1) 底层数据设计一体化

实时数据全部来自 SCADA 系统的实时数据库，GIS 读取实时数据库显示实时数据。配电模型、图形数据和人机界面等数据全部由 GIS 生成和管理。设备信息等属性数据存储在商用关系数据库中，保证数据的唯一性。

(2) 功能分布一体化

SCADA 系统和 GIS 平台服务器端运行保持相对独立，保持系统的先进性和稳定性。客户端的功能统一在 GIS 环境下，实时数据取自于 SCADA 系统平台的实时数据库。在客户端则可以对应不同的操作系统和不同的硬件支持平台。

(3) 界面一体化

所有的人机界面都在 GIS 平台上实现，保证界面的一体化，如图 13-9 所示。

1. 系统功能模块

配电 AM/FM/GIS 管理软件是自动绘图（AM）、设备管理（FM）和地理信息系统（GIS）的综合，是建设 SCADA 系统的基础。

(1) 自动绘图 (AM)

AM 是使用数字化的方法来实现地图输入的自动化和存储的计算机化。在电力系统中，AM 负责电力模型的空间信息和属性信息的关联和存储。本系统提供了灵活的编辑操作工具来进行地图的输入、编辑、查询、显示及与属性数据的关联，并提供了多种地图格式的转换等。

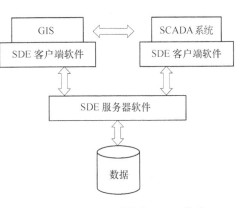

图 13-9 SCADA 系统和 GIS 一体化

由 AM 产生的配电网络地理位置图是一种由数据库支持的可检索的数字地图，随着电网的扩充，可以随时很方便地修改。

(2) 设备管理 (FM)

FM 是利用数字化地图及其数据库进行配电设备管理。它为配电网络管理和维护工作提供一个有力的工具，提高了配电网管理业务的效率和水平。FM 具体功能如下：

1) 查询和显示。在数字化地图上查询和显示以街区为背景的配电设备（变压器、馈线、电线杆等）的分布情况，查询配电设备及用户的各种属性资料，在图形终端上调出指定设备的文字和图形档案，显示配电设备的供电区域等。

2) 统计和管理。利用 AM 建立的地图和数据库，在各种条件下，按属性进行统计和管理工作。如在指定范围内按电压等级对馈线长度进行统计，对变压器和用户容量的统计管理，以及各种不同规格设备的分类统计等。

(3) GIS 图形功能

1) 系统配有地图导航图，可进行平滑缩放、漫游等直观快捷的操作方式。支持电网图形对象、地形对象的分层管理。

2) 图层定义功能。可根据用户需要，灵活定义不涉及电网拓扑结构的图层及图层的属性结构、编号规则。

3) 系统提供可自定义的绘图工具，定义绘图工具的样式、外观及对应的图层。

4) 栅格图配准功能。可把扫描得到的所有地理栅格图按所处的位置拼接成几张无缝的栅格图，使得数字化非常便捷、准确。

5) 提供简便的数据、电网图形的录入、修改、编辑界面，并支持各种电气设备的动态组编辑。

6) 物理数据的输入方法有屏幕数字化和数字化仪两种。

7) 查询统计功能。

8) 可根据建筑物名称、道路名或设备代码、名称进行地图的快速定位。

9) 可按电压等级、拓扑连接关系进行线路追踪和线路及供电区域的动态着色。

10) 设置动态图层，利用图符、颜色或字符的改变来表示配电设备不同的运行状态。

11) 提供完备的报表生成工具，自动建立与数据库之间的相关性，支持向 EXCEL 和 WORD 的自动转换。

2. AM/FM/GIS 离线应用

AM/FM/GIS 的离线应用是用户信息系统的一个重要组成部分，可提供给各种离线应用系统使用。另一方面，各个应用通过系统集成和信息共享，进一步得到优化，提高配电网管理和营运的效率和水平。应用系统主要如下：

（1）设备管理

1) 设备管理。管理和维护；添加设备信息；修改设备信息，分为根据属性修改和根据图形修改；删除设备信息。

2) 统计。按时间统计，如统计某某年以前的所有设备；按设备分类统计，如统计所有某类变压器；按线路统计，如某条线路上的所有某类设备；按指定范围统计，如某指定范围内的所有某类设备；按容量统计；按电压等级统计，如所有 10kV 的变压器；按给定条件统计。

3) 查询。通过图形查台账信息，如查询某杆塔上的所有设备；通过属性查图形；按时间查询；按设备分类查询；按线路查询；按设备分类查询；按容量查询；按电压等级查询；按给定条件查询。

查询统计的方式有，点统计、区域统计、分项统计、索引统计。

（2）停电管理

停电管理是对停电进行查询和统计，查询统计对象包括停电部门、停电性质、停电设备、停电原因、停电分类、停电范围、停电时间、停电用户数、停电时户数、停电损失电量。

（3）配电网运行管理

能根据开关、刀开关和熔丝等的状态信息，以及配变的供电范围关系，构成配电网络拓扑结构和供电区域。根据网络拓扑结构，调用配电网潮流计算程序，计算线路和配变是否过载，电压等各项指标是否偏离允许值。在配电设备检修的方式下，优化供电接线方式，缩小停电范围并显示对用户的影响范围，并自动检索检修区域内是否有特殊用户，以便及时处理。以地图为背景，图上设置状态与资料数据库建立有机的联系，显示设备档案，运行维护资料等。

1) 运行工作管理。安排设备巡视计划，对配电网络经济运行提出建议，对用户接入方案进行优化和验证，对运行指标进行统计，对网络优化方案提供指示，对停电和故障网络提出恢复供电的优化方案。

2)设备检修管理。可根据检修管理指标,自动进行校核,自动列出各项指标的完成情况,提醒工作人员安排设备检修工作,并能提出设备检修计划。

① 编制检修计划,按供电可靠性指标对设备停电时间和次数进行控制。
② 对检修项目进行管理。
③ 开列工作票和操作票。
④ 对设备完好率、检修率进行统计。
⑤ 进行设备检修周期管理。
⑥ 进行设备大修管理。
⑦ 进行设备巡视周期管理。
⑧ 根据设备缺陷统计、配电设备运行记录和历史资料,进行综合分析,自动生成影响的相关地域范围和设备清单,提出最佳停电方案和工作时间。
⑨ 自动生成施工图及维修费用预概算,并开列工作票和操作票。
⑩ 工作结束后,对相关的设备档案进行更新。

3. 自动绘图/设备维护(AM/FM)在线应用

AM/FM 集成进 SCADA 系统,将从配电调度员的视角显著的改善在线应用软件的图形用户界面。

1)在地形图上建立电力系统单线图。此动态单线图可和作为背景画面的地形图一道,同步进行漫游、缩放和分层消隐。

2)在地理图上显示配电设备诸如变压器、断路器、馈线的运行状态,管理系统的运行。

3)多边形处理。对任意区画一个封闭的多边形边界,用户即可要求列表和观察封闭区内标有地理编码的各种对象(如用户、电杆、变压器等)。

4)网络拓扑着色。在电力系统地理接线图上,用不同的颜色来表示电力系统元件的不同现状(如带电/不带电、接地/不接地)。

13.8 配电自动化高级应用软件

配电应用软件的功能是利用配电自动化系统的各种信息,在实时或研究状态下,对配电自动化系统的运行状态进行分析,帮助运行人员了解和掌握配电自动化系统的实时和各种假象运行方式的状态,提供一种配电网分析和决策的工具,为故障的恢复控制和网络的重构提供依据,为配电网运行的安全性、可靠性和经济性提供参考。校区配电自动化配电高级应用软件(DPAS)主要包括以下几个模块。

1. 网络拓扑(TOPO)

网络拓扑根据实时开关状态和网络元件状态将物理节点模型化为计算模型。网络拓扑模块可以在电网单线图上录入电网元件及参数,也可在数据库界面录入电网元件及参数。根据电力系统所有元件的连接关系、开关和刀开关状态,一方面形成电气连通状态,供图形界面进行动态着色;另一方面形成计算机用的母线模型,为其他高级应用提供母线基础数据。

2. 潮流计算

潮流计算是电力系统运行分析和规划设计最常用的工具,能根据状态估计的结果分析实时状态下的电力系统运行工况,是网络分析的基础。进行配电网的网络重构、故障处理、无功优化和状态估计都需要配电网潮流的计算结果。

3. 网络重构

网络重构是优化配电系统运行的重要手段,其目的是在满足系统安全和运行约束的条件下,进行适当的倒闸操作以改变负荷的供电路径、降低系统网损、消除过载、提高供电质量。网络重构依赖于网络的结构和馈线的负荷转代能力。在该校区系统中,网架结构比较简单,而且开闭所的负荷只可能由上级配电所的一段供给,因此可供考虑的因素很少,对网络重构功能要求不高。

4. 状态估计

状态估计利用一切可以利用的离线数据,利用母线负荷预报、负荷控制、配电主站、电压调节计划、典型历史数据进行测量,弥补测量数据量的不足,保证全网的可观测性。

5. 培训仿真功能

培训仿真系统主要供实习人员熟悉系统的使用方法。

第 14 章 实 验 部 分

14.1 电力系统综合实验方案一

14.1.1 实验系统简介

多功能微机保护与变电站综合自动化实验培训系统,突破了传统的一套装置实现一种微机保护功能的局限,首次成功实现了将多种微机保护功能集于一套实验系统中,可实现常规保护继电器特性测试实验、多种微机继电器特性测试实验、10kV、35kV 及 110kV 微机线路保护实验和多种电力设备保护实验;在多组构成方式下,还可以借助系统特有的组态软件组建任意结构的变电站进行 10kV、35kV 及 110kV 变电站综合自动化实验。所有实验信号由自行研制的微机型继电保护试验测试仪提供,可灵活输出各种短路暂态和稳态电流、电压信号,省去了调压器、移相器、滑线电阻和测量仪表,轻便实用,而且实验接线非常简单,不需要进行实验准备工作。除了实验功能外,系统兼有强大的学习培训功能。

1. 实验台外观

实验台外观如图 14-1 所示。

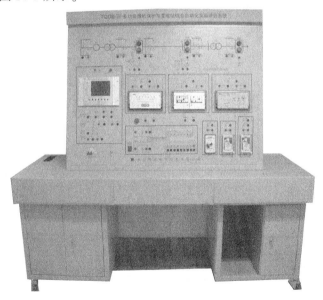

图 14-1 实验台外观

2. 系统组成

(1) 常规继电器

电流继电器、电压继电器、功率方向继电器、差动继电器、阻抗继电器、时间继电器等,并可根据客户需要更改。

常规继电器的作用是用于进行各种常规继电器特性实验,还可通过接线构成继电保护进行实验。

（2）TQDB-Ⅲ多功能微机保护实验装置

它是一种具有通用硬件平台的多功能装置，可通过在线下载程序的方式实现10kV线路微机保护装置、35kV线路微机保护装置、110kV线路微机保护装置、变压器微机保护装置、电容器微机保护装置、数字式继电器、自动低频减载装置、备自投装置、VQC、RTU、FTU、TTU等功能。该装置通用性强、抗干扰性能好、人机界面友好、调试操作简单，并具有通信接口，具备联网功能。

（3）TQWX-Ⅲ微机型继电保护试验测试仪

它是一种基于DSP处理芯片的高性能电力系统继电保护测试装置。在实验系统中，它用于由PC控制的电力系统中任意线路或设备正常运行及各种故障情况的模拟，产生相应的电流、电压信号和开关量信号。它具有通信接口，可连成网络，构成电力网或变电站二次信号系统。

（4）PC及配套软件

①继电器特性测试系统软件；②继电保护信号源综合控制系统（V2.2）；③电力网信号模拟仿真系统（V2.2）；④组态监控软件；⑤实验演示多媒体。

（5）其他组件

包括接触器、控制回路板、信号灯、接线孔、标准测试线、开关、直流电源模块等。

（6）实验台体

台面上有线路模拟图。

14.1.2 多台实验系统联网的实验

1. 变电站综合自动化实验

采用多台实验系统联网形成变电站自动化系统，多台TQWX-Ⅲ微机型继电保护试验测试仪和测试仪控制计算机联网，形成变电站的信号提供系统。多套多功能微机保护实验装置和监控主机联网，形成变电站保护测控系统。如图14-2所示，4台实验系统联网，形成一个简单的变电站监控系统。

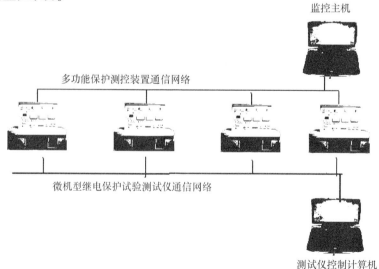

图14-2　4台实验系统联网的变电站监控系统

第一个实验台上的测试仪模拟 110kV 线路的信号，则该实验台上的多功能保护装置下载距离保护和零序电流保护软件模块，形成 110kV 线路保护装置。第二个实验台的测试仪模拟变压器的高压侧信号，则其多功能保护装置下载变压器差动保护和过电流保护软件模块，组成变压器保护测控装置。同理，第三、四个实验台分别模拟变压器低压侧的信号源和 10kV 线路的信号源。

根据图 14-2 所示，将 4 组实验系统的多功能保护测控装置联网后和监控 PC 通信，则形成变电站综合自动化系统，监控主机的主界面如图 14-3 所示，110kV 线路的监控界面如图 14-4 所示。

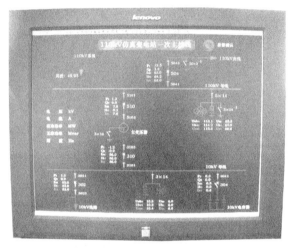

图 14-3 监控主机的主界面

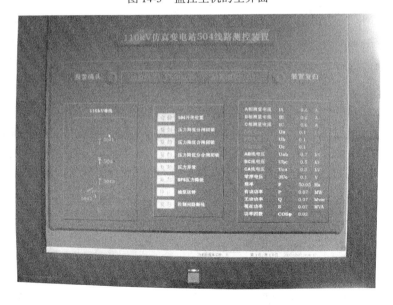

图 14-4 110kV 线路的监控界面

4 组实验系统的测试仪联网后和测试仪控制计算机通信，形成变电站的二次信号系统，分别模拟 110kV 线路、变压器的高低侧、10kV 输电线路。测试仪控制计算机通过网络同步控制测试仪输出电流、电压信号。测试仪控制计算机主界面如图 14-5 所示，110kV 线路的故障控制界面如图 14-6 所示。

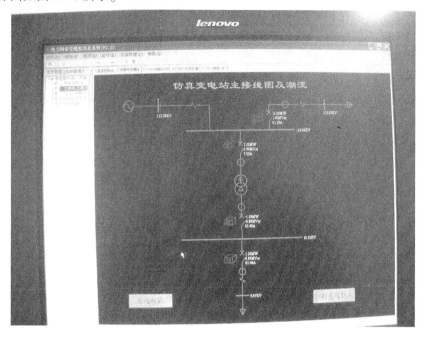

图 14-5　测试仪控制计算机主界面

2. 配电网综合自动化实验

配电自动化的联网：将四组实验系统的 TQWX-Ⅲ 微机型继电保护试验测试仪和测试仪控制计算机联网，形成四分段的馈线网络，如图 14-7 所示。

（1）辐射型网络中的重合器+重合器型的馈线自动化实验

将四台多功能保护装置下载重合器模块后，模拟重合器控制器的功能。如图 14-8 所示，任意一段的馈线设置任意类型的故障后，可控制四台联网的测试仪输出系统二次侧的电流电压信号。

实验接线：将每个多功能保护装置电流、

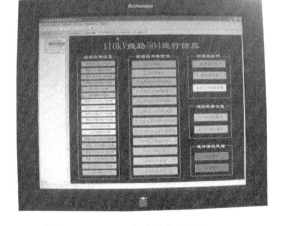

图 14-6　110kV 线路的故障控制界面

电压输入端和测试仪的电流、电压输出端连接在一起，将多功能保护装置的出口和实验台主接线图的开关连接。

实验简介：设置不同的重合器重合模式，在控制图上设置任意一段馈线的任意类型的瞬时或永久型故障（相间短路、接地短路、单相接地故障等）。观察重合器的动作过程是否正确设置。

（2）辐射型网络中的重合器+分段开关的馈线自动化实验

将模拟变电站出口处的多功能保护装置，下载重合器模块后，模拟重合器控制器的功能。其他 3 台多功能保护装置下载分段开关控制器模块，形成不同的分段开关控制器（电

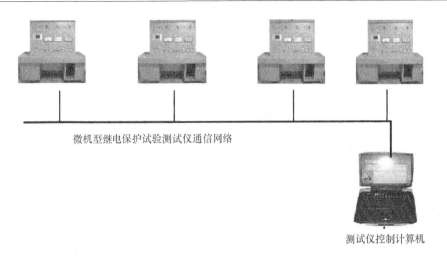

图 14-7 配电自动化的联网

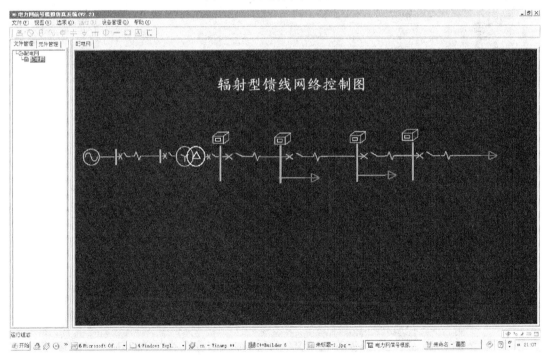

图 14-8 辐射型馈线网络控制图

压—时间型分段器和过流脉冲计数型分段器），如图 14-9 所示。

实验接线：与（1）一致。

实验简介：设置不同的重合器模式，将分段开关的控制器分别设置不同的类型，在控制图上设置任意一段馈线的任意类型的瞬时或永久型故障（相间短路、接地短路、单相接地故障等）。观察重合器和分段开关的动作过程是否正确设置。

（3）辐射型网络中继电保护+重合闸+智能分段开关的馈线自动化实验

将模拟变电站出口处的多功能保护装置，下载电流保护和重合闸模块后，模拟保护和重合闸的功能。其他 3 台多功能保护装置下载分段智能开关控制器模块，形成不同的智能分段

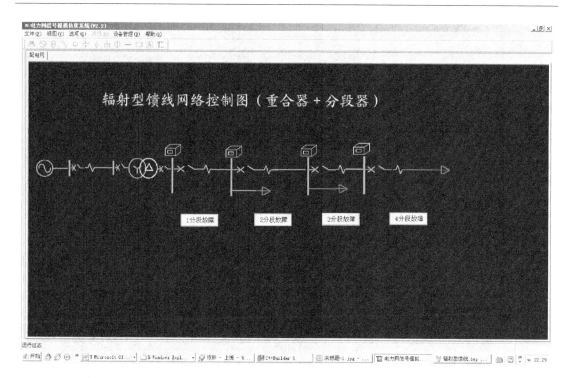

图 14-9　辐射型馈线网络控制图（重合器 + 分段器）

开关控制器。其控制图和图 14-9 一致。

实验接线：和（1）一致。

实验简介：和（2）相似。

（4）手拉手型网络中的重合器 + 分段开关的馈线自动化实验

手拉手配电网络信号源控制图如图 14-10 所示，实验过程和实验（2）相似。

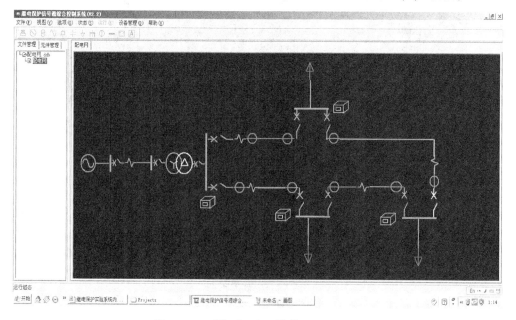

图 14-10　手拉手配电网络信号源控制图

(5) 手拉手型网络中的继电保护+重合闸+智能分段开关的馈线自动化实验

实验内容和实验（4）相似。

(6) 手拉手型网络中的继电保护+重合闸+FTU 的馈线自动化实验

本实验中，除测试仪联网外，四台多功能保护装置也要联网，其联网和变电站综合自动化联网一样，如图 14-12 所示。

将模拟变电站出口处的多功能保护装置，下载电流保护和重合闸模块后，模拟保护和重合闸的功能。其他三台多功能保护装置下载 FTU 模块，形成可实现遥控、遥测、遥信功能的 FTU。其信号源控制图和图 14-10 一致。

实验接线：和（1）一致。

实验简介：利用保护装置、FTU 和监控 PC 的通信，实现配电网的 SCADA 功能。

在控制图上设置任意一段馈线的任意类型的瞬时或永久型故障（相间短路、接地短路、单相接地故障等），利用 FTU 的通信功能，快速定位隔离故障实验。

3. 潮流实验

利用电力网信号模拟仿真系统（V2.2）软件组态电力系统网络图，图 14-11 为潮流控制图，它就是组态成的一个简单的电力系统网络图。联网方式如图 14-12 所示。

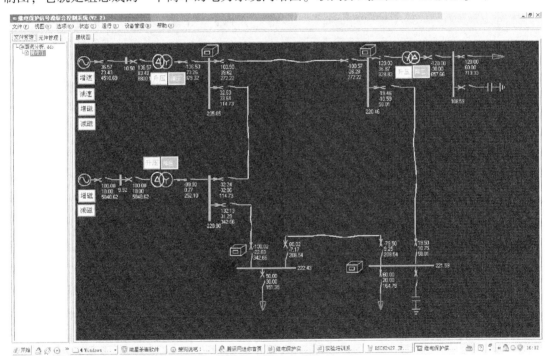

图 14-11 潮流控制图

将 4 个多功能保护测控装置下载 RTU 程序模块，形成四个 RTU 装置，测控系统中 4 个节点的信号如图 14-11 所示，RTU 通过联网和监控主机通信，实现 SCADA 功能。通过调整发电机的励磁、有功输出、变压器的档位、投切电容器等改变系统潮流。系统潮流统计如图 14-12 所示。

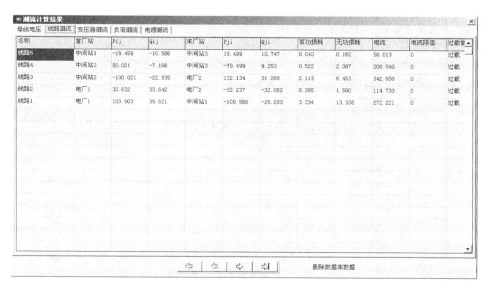

图 14-12　系统潮流统计

4. 系统故障分析实验

如图 14-11 所示，将 4 个多功能保护测控装置下载线路组成保护模块，形成 4 个线路保护装置，在 4 条可测线路上设置任意类型永久性和瞬时性的故障，观察保护的动作和对电力系统的影响。故障电流和残压统计如图 14-13 所示。

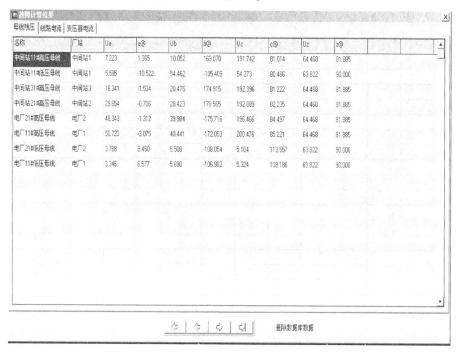

图 14-13　故障电流和残压统计

14.1.3　设备清单

电力系统综合实验方案设备清单如表 14-1 所示。

表 14-1 电力系统综合实验方案设备清单

序号	设备名称	规格或参数	功能
1	TQDB-Ⅲ多功能微机保护实验装置	·8路模拟量输入 ·8路开关量输入 ·8路开关量输出 ·交流电流：5A ·交流电压：相电压57.7V ·保护电流工作范围：2.5~40A ·保护电压工作范围：5~120V ·交流电源：220(1±15%)V，50Hz ·保护电流精度：3% ·保护电压精度：3% ·时间精度：±10ms ·瞬动时间：≤30ms ·具有RS485通信接口	可根据下载的不同的功能模块实现不同的保护测控功能：数字式电流继电器、电压继电器，反时限电流继电器，功率方向继电器，差动继电器，阻抗继电器（可选择全阻抗圆、方向阻抗圆、偏移阻抗圆、多边形、直线型等多种动作特性），零序电流、零序电压继电器，负序电流、负序电压继电器，反时限零序继电器、反时限负序电流继电器，10kV线路微机保护装置，35kV线路微机保护装置，110kV线路微机保护装置，变压器微机保护装置，电容器微机保护装置，发电机微机保护装置，低频减载装置，备自投装置，VQC装置，RTU、FTU、TTU等
2	TQWX-Ⅲ微机型继电保护试验测试仪	1）工作环境条件 ·环境温度：-10~40℃ ·相对湿度：5%~95% ·交流电源电压：220(1±10%)V，50(1±1%)Hz 2）可调交流电压输出 ·输出范围：三相，每相0~70V（有效值） ·输出功率：每相20V·A ·响应速度：<300μs ·输出电压精度：≤0.5% 3）可调交流电流输出 ·输出范围：三相，每相0~10A（有效值） ·输出功率：每相100V·A ·响应速度：<300μs ·输出电流精度：≤0.5% 4）可产生衰减直流分量输出 5）可接收EMTP电磁暂态程序计算得到的暂态故障数据文件，并输出相应的信号 6）可产生振荡波形信号输出 7）可产生励磁涌流信号和TA饱和二次电流信号输出	用于PC控制的电力系统中任意线路或设备正常运行以及各种故障情况的模拟，产生相应电流、电压信号和开关量信号。具有通信接口，可联成网络，构成电力网或变电站二次信号系统
3	电流继电器	DL-31型	用来完成电流继电器特性实验及常规继电保护实验
4	电压继电器	DY-36型	用来完成电压继电器特性实验及常规继电保护实验

(续)

序号	设备名称	规格或参数	功能
5	时间继电器	DS-20 型	用来完成常规继电保护实验
6	功率方向继电器	LG-11	用来完成功率方向继电器特性实验及常规继电保护实验
7	阻抗继电器	LZ-21	用来完成阻抗继电器特性实验及常规继电保护实验
8	差动继电器	LCD-4	用来完成差动继电器特性实验及常规继电保护实验
9	接线插孔	黄、绿、红、黑四种颜色，可通过10A 电流	用来进行电压、电流、控制信号连接
10	带灯按钮	红色，绿色	分别用来就地控制断路器合闸、分闸
11	继电器	PA1a-24V	用于二次控制回路中
12	短路故障设置按钮		用来设置短路故障

14.2 电力系统综合实验方案二（供配电部分）

14.2.1 实验系统简介

TQGD-Ⅱ供配电及自动化实验培训系统是根据教育部《供配电技术》《工厂供电》《配电自动化》《电力系统继电保护》《电力系统微机保护》《电气制图》等相关课程实验教学的需求，结合最新的配电自动化技术而研发的实验培训系统。该系统实验综合性强，实验现象直观生动，使用、组态方便，既可单套使用，也可多套联网构成大型配电网络，组态成小型调度监控系统。实验系统还具有很好的开放性和研究性，既适用于相关课程的实验教学、培养学生的实践技能，也可作为学生课程设计和毕业设计的开放平台及专业技术人员上岗培训平台。

14.2.2 实验系统外观

每套实验系统由 4 个部分组成。

1. 降压变电站屏

如图 14-14 所示，屏左侧部分是主接线模拟图，包括如下几部分：①两条 35kV 进线；②35kV 母线；③一台主变压器 35kV/10kV、35kV 出线（或用两台主变压器组成）；④10kV 分段母线，每段 3、4 条出线，可根据实验要求接不同的负荷；⑤变压器采用可更改接线方式，有载调压的 2kV·A 的变压器；⑥断路器采用接触器模拟；⑦开关采用旋钮开关模拟。

屏右侧部分是模拟的二次回路区，包括如下几部分：①相关的 TA、TV 的二次侧输出；②相关的断路器控制回路和辅助触点；③短路故障设置按钮，可设置相关点的相间或接地的永久性和瞬时性故障；④插座区，通过插座可直接连接负荷和车间变配所。

屏的整体监控采用 RTU 实现，RTU 和监控主机通信，可实现变电站的"四遥"（遥测、遥信、遥调、遥控）功能。

2. 车间变配所屏（用户变配所屏）

如图 14-15 所示，屏左侧部分是主接线模拟图，包括如下几部分：①两条 10kV 接入线；②两台 10kV/380V 的配电变压器；③380V 采用分段母线，每段两条出线，可根据实验要求接不同的负荷；④断路器采用接触器模拟；⑤开关采用旋钮开关模拟。

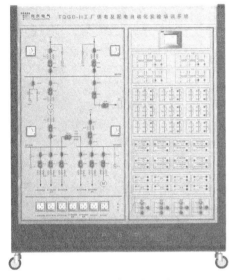

图 14-14 降压变电站

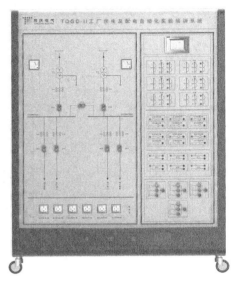

图 14-15 变配所屏

屏右侧部分是模拟的二次回路区，包括如下几部分：①相关的 TA、TV 的二次侧输出；②相关的断路器控制回路和辅助触点；③短路故障设置按钮，可设置相关点的相间或接地的永久性和瞬时性故障；④插座区，通过插座可直接连接负荷。

屏的整体监控采用 RTU 实现，RTU 和监控主机通信，可实现变电站的"四遥"（遥测、遥信、遥调、遥控）功能。

3. 控制柜

如图 14-16 所示，屏左侧部分是主接线模拟图，包括如下几部分：①多功能保护测控装置，共两台，可根据下载的不同功能模块实现不同的保护测控功能；②多功能保护测控装置的接线端子区，装置的端子可根据不同的实验要求，接在不同的二次区，实现不同的功能；③常规继电器，包括电流、电压、时间和中间继电器（也可根据实际需要更改），既可完成继电器的特性实验，也可组合在一起，实现继电保护功能；④实验区，提供可调的电流、电压模拟量，为继电器特性实验提供信号源。

4. 负荷

实验系统提供了各种类型的负荷：小型电动机、电容器组、灯泡等。

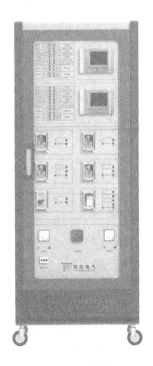

图 14-16 控制柜

14.2.3　多台实验系统联网的实验

1. 中型工厂供配电综合实验

采用一降压变电站带 4 个车间变配所组成中型工厂供配电系统，如图 14-17 所示。

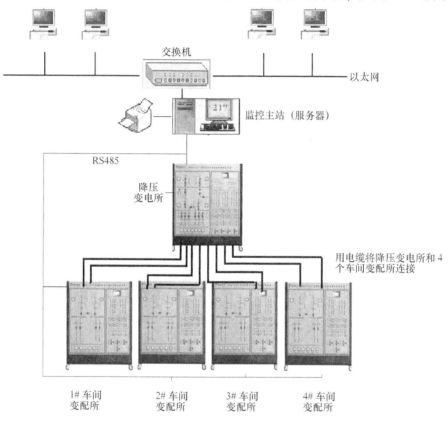

图 14-17　中型工厂供配电系统

用四芯电缆通过插座将降压变电站和 4 个车间变配所连接起来，形成工厂供电一次系统，将每台屏的 RTU 通过 RS485 总线联网，将所有采集的数据上传监控计算机，利用监控机中的电力系统专用组态软件，形成中型工厂变配所的 SCADA 系统，可完成四遥，倒闸操作等实验。

2. 辐射型馈电线路自动化实验

采用一降压变电站的一条出线带 4 个用户变配所串联组成辐射型馈电线路，如图 14-18 所示。

用四芯电缆通过插座将降压变电站一条 10kV 的出线和 4 个用户变配所串联起来，将一条馈线分成 4 段。将控制屏中的多功能保护测控装置和相关线路的二次回路连接，形成断路器或分段开关的控制器。

多功能保护和测控装置可以经过通信，下载不同的功能程序模块，形成不同功能的装置。

（1）辐射型网络中的重合器 + 重合器型的馈线自动化实验

将四个控制屏上的多功能保护和测控装置，下载重合器功能模块后，多功能保护和测控装置就实现了重合器功能。完成有重合器组成的馈线自动化的故障隔离和定位实验。

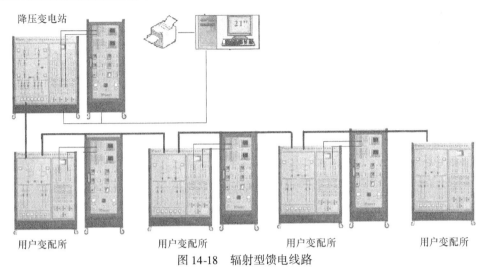

图 14-18 辐射型馈电线路

(2) 辐射型网络中的重合器 + 分段开关的馈线自动化实验

将降压变控制屏上的多功能保护和测控装置，下载重合器功能模块后，多功能保护和测控装置就实现了重合器功能。用户变电所控制屏上的多功能保护和测控装置则下载分段控制器模块（电压—时间型分段器和过电流脉冲计数型分段器），实现分段控制器功能，完成有重合器和分段控制器组成的馈线自动化的故障隔离和定位实验。

(3) 辐射型网络中继电保护 + 重合闸 + 智能分段开关的馈线自动化实验

将降压变控制屏上的多功能保护和测控装置，下载继电保护和重合闸功能模块后，多功能保护和测控装置就实现了继电保护功能。用户变电所控制屏上的多功能保护和测控装置则下载智能分段控制器模块（比一般的分段开关控制器功能强大），实现智能分段控制器功能，完成有重合器和分段控制器组成的馈线自动化的故障隔离和定位实验。

3. 环网型馈电线路自动化实验

联网结构和图 14-18 所示的相似，只是降压变电站的另一条出线和最末的用户配变所连接，形成环网供电，如图 14-19 所示。

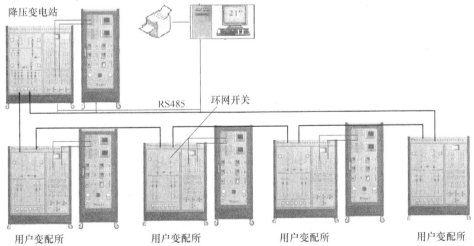

图 14-19 环网型馈电线路

和辐射型馈电线路自动化实验相似,通过对多功能保护和测控装置下载不同的功能模块可完成不同形式环网型馈线自动化的故障定位和隔离实验。

4. 环网型馈电线路 FTU 配电自动化实验

联网结构和图 14-19 所示的相似,只是用户变配所的多功能微机保护测控装置下载 FTU 功能模块,形成采集柱上开关的信号,控制开关投切 FTU 装置,每个 FTU 装置通过 RS485 总线和变电站的主机相连的另一条出线和最末的用户配变所连接,形成环网供电,如图 14-20 所示。

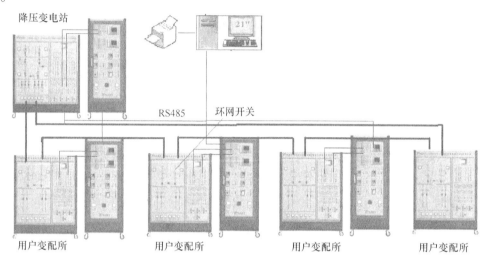

图 14-20 配电网自动化实验

主机通过和 FTU 的通信,形成配电网络的 SCADA 系统,并且可通过遥控分段开关或投切电容器组的控制配电网络的潮流分布。在馈线发生故障时,可主机通过和 FTU 通信,迅速定位故障点,隔离故障。在此实验中,可完成配电网的综合自动化实验。

5. 调度自动化和潮流分析实验

图 14-21 中,将 4 个 35kV 降压变电站通过四芯电缆串联起来,形成环网供电。每个

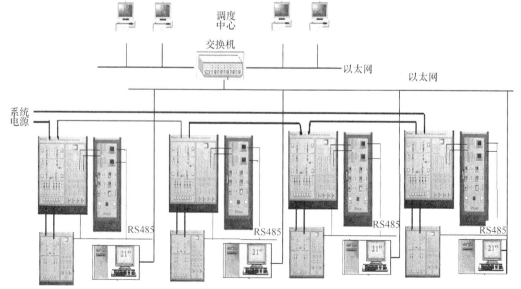

图 14-21 调度自动化实验

35kV 的降压变电站连接一个车间配变所，并且配有一个控制屏；变电站的监控主机利用 RS485 总线和降压变电站、车间配变所的 RTU 及控制屏上的多功能微机保护测控装置通信，采集数据，并将数据通过以太网上传至调度中心，形成调度的 SCADA 系统。通过遥控、遥调功能可改变系统的潮流分布。

若系统电源采用发电机机组而不是系统电源，则还可实现系统的低频解列和故障恢复实验。

14.2.4 设备清单

1. 总降压变屏

总降压变屏设备清单如表 14-2 所示。

表 14-2 总降压变屏设备清单

序号	设备名称	规格或参数	功能
1	双绕组变压器	·容量 3kV·A ·电压比 380V/380V ·有载调压，5（1±2.5%）V	用来模拟总降压变电站的主变压器
2	接触器	380V, 20A	用来模拟断路器
3	电压互感器	·电压比 380V/100V ·准确度 0.5 级	用来模拟变电站中的电压互感器
4	电流互感器	·电流比 20A/5A ·准确度 0.5 级	用来模拟变电站中的电流互感器
5	旋钮开关		用来模拟刀开关
6	带灯按钮	红色，绿色	分别用来就地控制断路器合闸、分闸
7	短路故障设置按钮		用来设置相间短路或接地短路的永久性故障和瞬时性故障
8	RTU（TQRU-Ⅱ远动终端单元）	·16 路模拟量输入（可扩充路数） ·16 路开关量输入 ·16 路开关量输出 ·交流电流：5A ·交流电压：相电压 57.7V ·交流电源：220（1±15%）V, 50Hz	采集模拟变电所的各条线路、变压器的电流电压信号、各断路器和隔离刀开关的状态信号，变压器的档位信号，通过通信上传至监控主机。同时可接受监控主机的命令，对模拟断路器进行遥控分合操作
9	插座	三相，380V	各插座在屏内部已经分别与各回路出线连接。将不同屏之间的插座相连可实现系统互连，也可将插座连接到负载上
10	接线插孔	黄、绿、红、黑四种颜色，可通过 10A 电流	为二次回路接线提供连接端点
11	电感	15mH, 8A	用来模拟线路阻抗
12	继电器	PA1a-24V	用于二次控制回路中
13	电流表	10A	用来指示各线路二次电流
14	电压表	200V	用来指示各母线二次电压

2. 车间降压变屏

车间降压变屏设备清单如表 14-3 所示。

表 14-3 车间降压变屏设备清单

序号	设备名称	规格或参数	功能
1	双绕组变压器	·容量 2kV·A ·电压比 380V/380V	用来模拟车间降压变电站的主变压器
2	接触器	380V,20A	用来模拟断路器
3	电压互感器	·电压比 380V/100V ·准确度 0.5 级	用来模拟变电站中的电压互感器
4	电流互感器	·电流比 20A/5A ·准确度 0.5 级	用来模拟变电站中的电流互感器
5	旋钮开关		用来模拟刀开关
6	带灯按钮	红色,绿色	分别用来就地控制断路器合闸、分闸
7	短路故障设置按钮		用来设置相间短路或接地短路的永久性故障和瞬时性故障
8	RTU(TQRU-Ⅱ 远动终端单元)	·16 路模拟量输入(可扩充路数) ·16 路开关量输入 ·16 路开关量输出 ·交流电流:5A ·交流电压:相电压 57.7V ·交流电源: 220(1±15%)V,50Hz ·具有 RS485 通信接口	采集模拟变电所的各条线路、变压器的电流电压信号、各断路器和隔离刀开关的状态信号,变压器的档位信号,通过通信上传至监控主机。同时可接受监控主机的命令,对模拟断路器进行遥控分合操作
9	插座	三相,380V	各插座在屏内部已经分别与各回路出线连接。将不同屏之间的插座相连可实现系统互连,也可将插座连接到负载上
10	接线插孔	黄、绿、红、黑 4 种颜色,可通过 10A 电流	为二次回路接线提供连接端点
11	电感	15mH,8A	用来模拟线路阻抗
12	继电器	PA1a-24V	用于二次控制回路中
13	电流表	10A	用来指示各线路二次电流
14	电压表	200V	用来指示各母线二次电压

3. 控制屏

控制屏设备清单如表 14-4 所示。

4. 可连接设备

(1) 三相调压器

1) 技术参数:容量 9kV·A;调节范围:0~450V。

2) 作用:380V 电压经调压器调压后模拟 35kV 的进线,即 35kV 进线电压的大小可通过调压器调节。

表 14-4 控制屏设备清单

序号	设备名称	规格或参数	功能
1	TQDB-Ⅲ多功能保护测控装置	·8路模拟量输入 ·8路开关量输入 ·8路开关量输出 ·交流电流：5A ·交流电压：相电压57.7V ·保护电流工作范围：2.5～40A ·保护电压工作范围：5～120V ·交流电源：220（1±15%）V，50Hz ·保护电流精度：3% ·保护电压精度：3% ·时间精度：±10ms ·瞬动时间：≤30ms ·具有RS485通信接口	可根据下载的不同功能模块实现不同的保护测控功能：微机线路保护装置、微机变压器保护装置、微机电动机保护装置、微机电容器保护装置、无功补偿装置、备自投装置等
2	接线插孔	黄、绿、红、黑4种颜色，可通过10A电流	在屏内部已经把接线插孔连接到TQDB-Ⅲ多功能保护测控装置背部的端子上，方便实现相关信号连接
3	电流继电器	DL-31型	用来完成电流继电器实验
4	电压继电器	DY-36型	用来完成电压继电器实验
5	时间继电器	DS-20型	用来完成常规继电保护实验
6	中间继电器	DZ-32CE/312	用来完成常规继电保护实验
7	电流表	30A	用来指示继电器特性实验中的电流
8	电压表	400V	用来指示继电器特性实验中的电压
9	单相调压器	·容量1kV·A ·调节范围：0～450V	用来调节电压，为继电器特性实验提供电压信号
10	限流电抗		单相调压器的输出电压加在电抗两端，为继电器特性实验提供可调节的电流信号

（2）交流电动机

1）技术参数：380V，1kW。

2）作用：作为工厂的旋转负载，其三相电压已连接到插座上，方便地根据需要灵活连接。

3）电阻负载：用灯箱进行模拟，功率0.3kW。

4）电容器组：400V，500var，3组，用来进行无功补偿。

14.3 应用实例——TQGD-Ⅱ工厂供电及配电自动化实验培训系统

14.3.1 概述

TQGD-Ⅱ工厂供电及配电自动化实验培训系统是根据教育部《供配电技术》《工厂供电》《配电自动化》《电力系统继电保护》《电力系统微机保护》《电气制图》等相关课程实验教学的需求，结合最新的配电自动化技术而研发的实验培训系统。该系统实验综合性强，实验现象直观生动，使用、组态方便，既可单套使用，也可多套联网构成大型配电网络，组态成小型调度监控系统。实验系统还具有很好的开放性和研究性，既适用于相关课程的实验教学、培养学生的实践技能，也可作为学生课程设计和毕业设计的开放平台，还可作为专业技术人员上岗培训平台。

TQGD-Ⅱ工厂供电及配电自动化实验培训系统既可满足"工厂供电综合自动化实验系统"的功能要求，也可满足13包13-2"工厂供电技术实训装置"的功能要求，3套TQGD-Ⅱ工厂供电及配电自动化实验培训系统还可联成大型配电网络和地区级调度系统，提供大型综合实验。

14.3.2 系统组成

从设备构成上看，TQGD-Ⅱ工厂供电及配电自动化实验培训系统由总降压变压器模拟屏、车间降压变压器模拟屏和控制实验台组成。总降压变模拟屏和车间降压变模拟屏上安装有实验系统的一次设备、二次控制回路、仪表信号就地安装的RTU装置及触摸屏等，控制实验台上安装有多个常规继电器和微机自动装置。

从系统功能上看，本实验系统由一次部分、二次部分及监控部分组成。另外，还配套提供一套监控软件，以方便模拟配电自动化和调度自动化系统监控。

1. 一次部分

本系统一次部分模拟中型工厂的供配电系统，由35kV、10kV、380V/220V 3个不同的电压等级构成。

模拟的工厂供配电系统有两路35kV进线，其中一路正常供电，另一路作为备用。35kV母线有两路分支：一路送其他分厂（可供多台实验培训系统联网用），另一路经35kV/10kV变压器降压为10kV供本地使用。为了保证供电可靠性，另加一路电源作为10kV母线的备用电源。两进线电源互为备用，分别给10kV Ⅰ段母线和10kV Ⅱ段母线供电。在10kV Ⅰ段母线上接有四组电容器组，一路分支送1号车间变电所；在10kV Ⅰ段母线上接有一条线路给高压电动机组供电，一路分支送3号车间变电所；10kV Ⅰ段和Ⅱ段母线上还各有一路分支送2号车间变电所。该部分接线及一次设备安装在总降压变压器模拟屏上。

2号车间变电所的两路进线经低压变压器降压为220V/380V，给低压负荷供电。该部分接线及一次设备安装在车间降压变压器模拟屏上。

为了实现灵活的一次组网和连接负载，在模拟屏表面设置了插座区，各插座分别与模拟屏上的10kV出线（或进线）相连。因此把总降压变压器屏和车间降压变压器屏上的相应插座用连线连接，即可实现上述完整的一次系统。

而利用多套实验系统进行组网综合实验时，可通过将不同实验系统中的各模拟屏插座根据需要互相连接，实现系统互联，构成要求的一次模型进行综合实验。

一次部分的设备分别用以下器件模拟：

1）一次线路部分。系统的一次供配电线路由35kV、10kV、380V/220V 3个不同的电压等级构成，线路全部采用电抗器和电阻模拟。

2）共模拟3台双绕组降压变压器。其中一台为35kV/10kV降压变压器，具有有载调压功能；其他两台作为车间配电变压器，变比为10kV/380V。

3）模拟断路器和隔离刀开关，模拟断路器能够模拟分合操作，显示断路器的分合状态及储能状态。

4）负荷部分总体上来讲，由电动机、电感、电阻组成。其中高压负荷由电动机模拟，低压负荷由电阻、电感和风机模拟。风机同时有给装置散热的作用。

5）一次接口。通过一次接口，可将多台实验培训系统连接成一个大型供配电网络和地区级调度系统。在模拟屏上已将可连接的一次接口引至插座区，可以很方便地实现系统联网。

2. 二次部分

二次部分包括常规继电器、微机自动装置、仪表信号、二次控制回路等，其中常规继电器和微机自动装置安装在控制实验台上，仪表信号及二次控制回路安装在总降压变屏和车间降压变屏上。

微机自动装置部分包括微机线路保护装置、微机电动机保护装置、微机变压器保护装置、微机电容器保护装置、微机备自投装置、无功补偿装置、微机低压减载装置等。这些装置可通过统一的硬件平台，下载不同的软件模块形成。

常规继电器包括电流继电器、电压继电器、时间继电器和中间继电器等。

仪表信号包括模拟电压表、模拟电流表，指示灯等。

二次控制回路包括断路器的分合操作、分合状态指示信号、防跳、控制回路断线信号、及信号复归等功能。

3. 监控部分

监控部分包括 RTU、触摸屏、PC 和通信卡。PC 通过通信卡和 RTU 及各自动装置通信，从而实现供配电自动化功能。各装置均具有 RS485 接口，可组成 RS485 通信网络。

触摸屏和 RTU 均安装在总降压变屏和车间降压变屏上。利用触摸屏可实现就地控制；RTU 能够采集模拟配电所的各条线路、变压器的电流电压信号、各断路器和隔离刀开关的状态信号，变压器的档位信号，通过通信上传至监控主机。同时，可接受监控主机的命令，对模拟断路器进行遥控分合操作。

4. 配套提供的监控软件

采用电力系统通用组态软件 Centra2000 为开发平台实现上位机监控系统，具有功能如下：

1）根据实际接线，对供配电一次系统进行组态。

2）数据采集和处理。

① 模拟量采集：可实时采集、显示各节点的电压、电流、有功功率、无功功率、功率因数等参数；

② 状态量采集：状态量包括开关、事故总信号、保护信号、变压器分接头位置等；

③ 电能量；

④ 事件顺序记录；

⑤ 遥信变位。

3）遥控及遥调操作：可远方控制输电线路断路器的跳/合闸、调节变压器分接头等。

4）遥测量越限监视。

① 对系统中的重要测量值和计算进行越限监视；

② 累计不合格时间和次数，供计算合格率；

③ 异常发生、恢复时进行报警处理。

5）统计和报表功能。

① 统计主变压器分接头调整次数、电容器组投入时间、投切次数、投入率和高峰投入时间；

② 对采集的各种电量可生成实时和历史曲线和报表。

6) 远方操作：可远方整定保护装置定值，可远方投切电容器组，可远方减负载等。

7) 自动无功补偿：可根据采集的母线电压实现自动无功补偿。

14.3.3 实验模式

本实验系统既可单套使用，两套以上实验系统可联网构成大型配电网络，即实验模式有单组模式和联网模式两种。

1. 单组模式

(1) 一次信号连接

利用模拟屏上的插座（2 号车间 1 线和 2 号车间 2 线插座），将总降压变压器模拟屏及车间变压器模拟屏连接起来，构成一个带 35kV 变电站和一个车间变电站的工厂供配电系统。

(2) 二次信号及控制信号连接

根据实验项目的不同，将总降压变压器模拟屏及车间变压器模拟屏上各节点 TA、TV 的二次侧信号、各断路器的控制信号和断路器状态信号通过连接线与控制实验台上的多功能装置连接，并通过程序下载的方式把多功能装置配置为需要的自动装置功能。

(3) 通信线连接

利用双绞线将总降压变压器模拟屏的 RTU、车间变压器模拟屏上的 RTU 及控制实验台上的两台多功能装置的 RS485 接口连接起来，并通过通信卡与监控主机（PC）相连，这样就构成了配电网通信系统。如果有必要，可设置服务器及交换机。单组模式结构如图 14-22 所示。

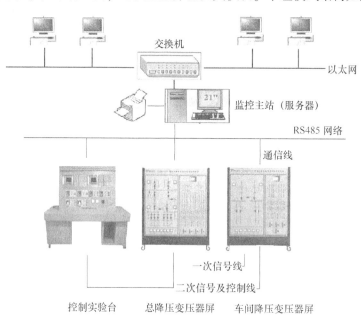

图 14-22 单组模式结构

2. 联网模式

多组实验系统可以联网构成大型供配电网络和地区级调度系统。例如，利用 3 套实验系统可组成多种不同结构、不同规模的系统。

图 14-23 所示为一个手拉手环网配网系统，由一个 35kV 变电站和 3 个 10kV 配电站组

成,10kV 配电网络采用环网结构。在该模式下,可相应完成配网自动化、馈线自动化实验。其中,35kV 变电站由总降压变压器屏模拟,10kV 配电站由车间降压变压器屏模拟。

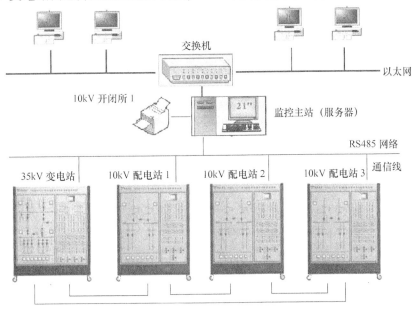

图 14-23 手拉手环网配网系统

图 14-24 所示为一个工厂供配电系统,由一个主变电站和两个车间变电站组成。其中,主变电站由总降压变压器屏构成,车间变电站由车间降压变压器屏模拟。

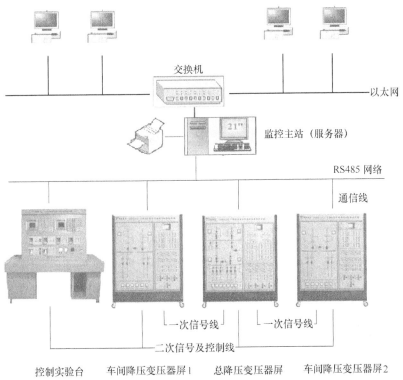

图 14-24 工厂供配电系统

图14-25 给出了调度中心、3个35kV变电站及变电站监控中心。在该模式下，可相应完成调度自动化实验。每个35kV变电站均由总降压变压器屏和车间降压变压器屏模拟。

为了清晰起见，控制实验台与总降压变压器屏或车间变压器屏之间的连线未画出，可根据实际要求进行接线。用户还可任意改变接线，构成其他不同结构的系统进行实验。

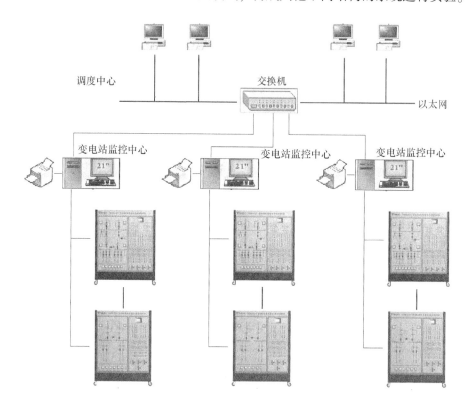

图14-25　调度中心、3个35kV变电站及变电站监控中心

14.3.4　实验项目

1. 单台实验设备可完成的实验项目

（1）工厂供电一次电气接线图认知实验

（2）二次回路实验

1）断路器控制和信号回路实验。

2）二次控制回路接线、手动分合闸实验。

3）二次控制回路防跳、断线实验。

（3）微机自动装置实验

1）进线备用电源自动投入实验。

2）母联备用电源自动投入实验。

3）线路无功控制实验。

4）手动/自动功率因数补偿实验。

5) VQC 电压无功控制实验。

6) 微机低电压减载实验。

(4) 常规继电保护实验

1) 电流继电器特性实验。

2) 电压继电器特性实验。

3) 时间继电器特性实验。

4) 电流速断保护实验。

5) 带时限的过电流保护实验。

6) 低电压启动过电流保护实验。

7) 变压器的电流速断保护实验。

8) 变压器过电流保护实验。

9) 变压器过负荷保护实验。

(5) 微机保护实验

1) 线路微机继电保护实验。①电流速断保护实验；②限时电流速断保护实验；③定时限过电流保护实验；④反时限过电流保护实验；⑤电流电压连锁保护实验；⑥电压闭锁过电流保护实验；⑦单相接地绝缘监视实验；⑧阶段式过电流保护与自动重合闸前加速实验；⑨阶段式过电流保护与自动重合闸后加速实验；⑩线路过电流保护与自动重合闸综合实验。

2) 变压器微机继电保护实验。①差动电流速断保护实验；②比例制动差动电流保护实验；③变压器过电流保护实验；④变压器低电压起动的过电流保护实验；⑤变压器复合电压起动的过电流保护实验；⑥变压器过负荷保护实验。

3) 电动机微机继电保护实验。①电动机速断保护实验；②电动机负序过电流保护实验；③电动机反时限过电流保护实验；④电动机单相接地保护实验；⑤电动机低电压保护实验；⑥变频器参数整定操作；⑦变频器参数整定操作；⑧变频器开环调速实训；⑨三相异步电动机的起动方式。

4) 电容器微机继电保护实验。①电容器电流速断保护实验；②电容器过电流保护实验；③电容器不平衡电流保护实验；④电容器不平衡电压保护实验；⑤电容器过电压保护实验；⑥电容器低电压保护实验。

(6) 实训操作

1) 互感器接线操作。

2) 变压器有载调压操作。

3) 工厂供电倒闸操作。

(7) 工厂供电操作考核

1) 模拟工厂供电倒闸操作考核。

2) 电压无功联调操作考核。

3) 送电、停电操作考核。

(8) 供配电整体监控及自动化实验

1) 四遥（遥信、遥控、遥测、遥调）实验。

2) 配电所电压无功综合调节。

3）线路故障定位、隔离及自动恢复供电实验。

2. 多台实验设备联网可完成的实验项目

1）综合四遥（遥信、遥控、遥测、遥调）实验。
2）各配电所电压无功功率综合调节。
3）线路故障定位、隔离及自动恢复供电实验。
4）配电所间负荷调整实验。

14.3.5 实验系统中主要设备的技术指标

1. 测量仪表

1）真有效值交流电流表，精度0.5级。
2）真有效值交流电压表，测量范围0~500V，精度0.5级。

2. 微机自动装置技术参数及功能配置

（1）技术参数

1）工作环境条件。①环境温度为 -10~40℃；②相对湿度为5%~95%。
2）交流电源。①额定电压为 AC220V；②允许偏差为 -15%~+15%；③频率为50（1±0.5）Hz；④波形为正弦波，波形畸变<5%。
3）额定参数。①交流电流为5A或1A；②交流电压为相电压57.7V；③频率为50Hz；④直流电压输出为 DC24V；⑤保护电流工作范围为 2.5~40A；⑥保护电压工作范围为 5~120V。
4）保护精度。①电流精度为3%；②电压精度为3%；③时间精度为±10ms；④装置瞬动时间为≤30ms。

（2）功能配置

1）微机线路保护装置功能配置，具有三段式过电流保护、低电压闭锁电流保护、电流电压连锁速断保护、反时限过电流保护、单相接地保护、过电流前加速保护、过电流后加速保护、三相一次重合闸等功能。
2）微机变压器保护装置功能配置，具有差动电流速断保护、比例制动差动电流保护、过电流保护、低电压起动的过电流保护、复合电压起动的过电流保护和过负荷保护等功能。
3）微机电动机保护装置功能配置，具有电流速断保护、过电流保护、反时限过电流保护、零序过电流保护、负序过电流保护和低电压保护等功能。
4）微机电容器保护装置功能配置，具有电流速断保护、过电流保护、不平衡电流保护、不平衡电压保护、过电压保护和低电压保护等功能。
5）无功功率补偿装置功能配置，可根据电网的功率因数实时控制电容器组的投切，具有手动和自动投切功能。根据变压器的无功功率可进行分相补偿。
6）低电压减载装置功能配置，测试系统的电压，当低于低电压定值时自动减负载，可任意设定减负载策略。
7）备自投装置功能配置，有3种方式可供选择，分别为进线备投方式、母联备投方式和应急备投。

3. 其他设备

1）双圈变压器，3台，每台容量为3kV·A。

2) 异步电动机,380V,容量为1kW。
3) 互感器,①电压互感器为380V/100V,精度为0.5级;②电流互感器为20A/5A,精度为0.5级
4) 三相调压器,容量为9kV·A。
5) 常规继电器,①电流继电器为DL-31型;②电压继电器为DY-36型;③时间继电器为DS-20型。
6) 发电机组,容量为500W。
7) 交流电动机,10kV,1.1kW。
8) 模拟断路器,380V,20A。

14.3.6 设备实物图

1. 总降压变压器屏(见图14-26)

2. 车间降压变压器屏(见图14-27)

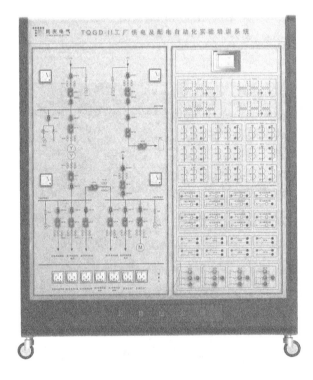
图14-26 总降压变压器屏

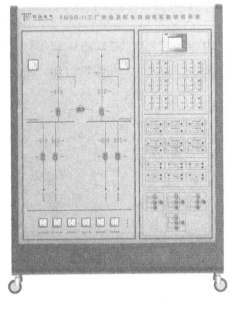
图14-27 车间降压变压器屏

3. 控制实验台(见图14-28)

4. 监控软件界面

图14-29为监控主界面,包括35kV主变电所和两个10kV车间变电所。

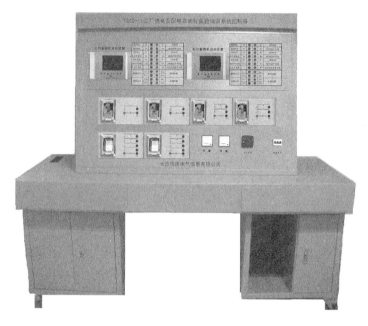

图 14-28　控制实验台

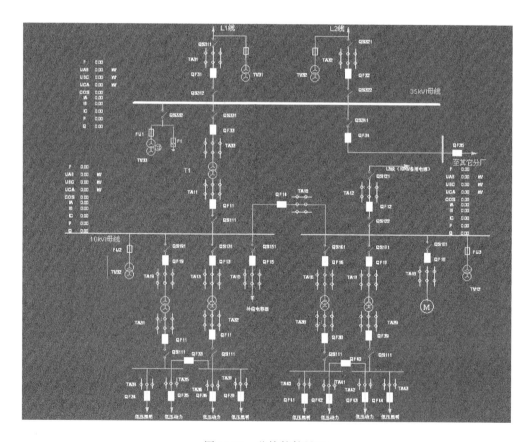

图 14-29　监控软件界面

测 试 题

测试题 1

一、简答题（每题 5 分，共计 35 分）

1. 在对我国配网进行改造的过程中的，要实现的"两化"具体是指什么？
2. 配电线载波电力负荷控制系统的优缺点如何？
3. NUGS 单相接地的故障报警启动信号由哪个参量获知？用 3 个单相电压互感器，画出获取此信号的接线图。
4. 列举 6 种以上配电系统常用的通信方式。
5. 画出一个"手拉手"环网结构的简图，要求标明正常工作时候分段开关、联络开关的开合状态。
6. 画出一个变电站单母分段的简单接线，说明单电源供电方式时备自投的实现。
7. 整体式与分体式预付费电能表最主要的区别在哪里？电流大时应该选择哪一种？

二、单选题（每题 3 分，共计 30 分）

1. 关于配电自动化所监控的电网一次设备断路器和隔离开关，下列描述正确的是（　　）
   A. 合闸时，先合隔离开关，再合断路器
   B. 合闸时，先合断路器，再合隔离开关
   C. 分开时，先分隔离开关，再分断路器
2. 关于异步通信和同步通信，正确的描述是（　　）
   A. 同步通信其收发端的时钟任何时候都是同步的
   B. 异步通信的效率更高
   C. 异步通信其收发端的时钟任何时候都是异步的
3. 我国配电自动化开始于（　　）
   A. 20 世纪 60 年代　　　　B. 20 世纪 70 年代　　　　C. 20 世纪 80 年代
4. "有问必答，无问不答"这属于（　　）通信规约。
   A. 循环式　　　　　　　　B. 问答式　　　　　　　　C. 都不是
5. 信息可以不同时双向传输，这种通信方式称为（　　）
   A. 单工　　　　　　　　　B. 半双工　　　　　　　　C. 全双工
6. "两遥"不包括下面的（　　）
   A. 遥测　　　　　　　　　B. 遥信　　　　　　　　　C. 遥控
7. 关于 FTU、DTU，描述正确的是（　　）
   A. FTU 的运行环境比 DTU 好
   B. DTU 监控对象比 FTU 多
   C. FTU 功能比 DTU 更多

8. 中性点经消弧线圈接地系统采用过补偿，其过补偿度 P 通常为（　　）
   A. 8%　　　　　　　　B. 20%　　　　　　　　C. 90%
9. 说某条线路是 10kV 的，这个 10kV 是指线路的（　　）
   A. 相电压　　　　　　B. 线电压　　　　　　C. 都不是
10. 断路器状态的改变，这一信息的上传，称为（　　）
    A. 遥测　　　　　　　B. 遥信　　　　　　　C. 遥控

三、问答题（35 分）

下图所示放射状配电网，A 为重合器，重合次数为 2 次，第一次重合时间为 15s，第二次重合时间为 5s，BCDE 为电压-时间型分段器，分段器 BD：$X=7s$，分段器 CE：$X=14s$，分段器 BCDE：$Y=5s$，回答如下几个问题：

（1）e 区永久性故障时，画图说明其故障隔离恢复供电的过程图，并画出对应的开关动作时序图。

（2）若整定错误 $X<Y$，会出现什么后果？简要叙述。

（3）若整定错误 $t>Y$，会出现什么后果？简要叙述。其中 t 为重合器 A 检测到故障并跳闸的时间。

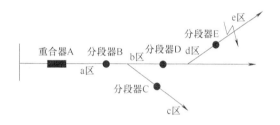

测试题 1 答案

一、简答题

1. 答案："两化"是指，配网环网化和馈线分段化。

2. 答案：
   ① 优点，可以实现单、双向传输，适合负荷密度大的区域。
   ② 缺点，施工时和以后的维护中涉及大量的变电站一次设备，电力部门投资大。

3. 答案：NUGS 单相接地的故障报警起动信号由零序电压获知。
   由 3 个单相电压互感器获取 U_0 的接线如下图所示。

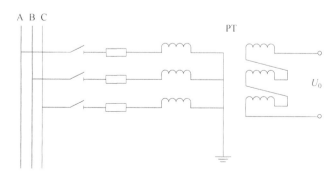

4. 答案：光缆、配电载波、数传电台、微波中继、卫星、广播等。

5. 答案：一个简单的"手拉手"环网结构如下图所示。

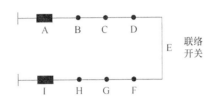

B、C、D、F、G、H 为分段开关，实心"·"表示正常工作时候，开关为"闭合"状态。其中，E 为联络开关；"。"表示正常工作时开关为"打开"状态。

6. 答案：变电站单母分段的简单接线如下图所示。

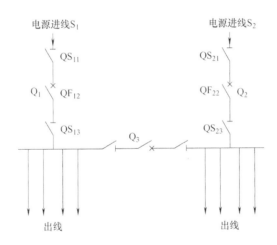

下面说明单电源供电方式备自投的实现。

（1）单电源供电方式正常运行时，Q_1 闭合、Q_3 闭合、Q_2 打开。即，由电源 S_1 供电给整个开闭所所有的出线负荷，S_1 作为主电源，S_2 作为备用电源。电源的这种备用方式也称为明备用或冷备用，还可以称为双电源一用一备运行方式。

（2）若主电源 S_1 故障，则 DTU 控制 Q_1 开，隔离故障，所有负荷停电。

（3）DTU 检查备用电源 S_2 是否正常，若 S_2 也无电，则等待主电源 S_1 来电；若 S_2 正常 DTU 控制 Q_2 闭合，实现备自投，所有负荷经过短时停电后转由电源 S_2 供电。

（4）此后 DTU 检测 S_1，若 S_1 故障排除，则控制 Q_2 开，Q_1 合，恢复主电源供电模式。

上述是以 S_1 为主电源 S_2 为备用电源来分析的。单电源供电的另一种运行方式是 S_2 为主电源，S_1 为备用电源，备自投实现过程类似。

7. 答案：分体式的断电机构置于表外，电流大时选择分体式。

二、单选题

1. A 2. A 3. C 4. B 5. B 6. C 7. B 8. A 9. B 10. B

三、问答题

答案：(1) e 区永久性故障时，其故障隔离恢复供电的过程如下图所示。

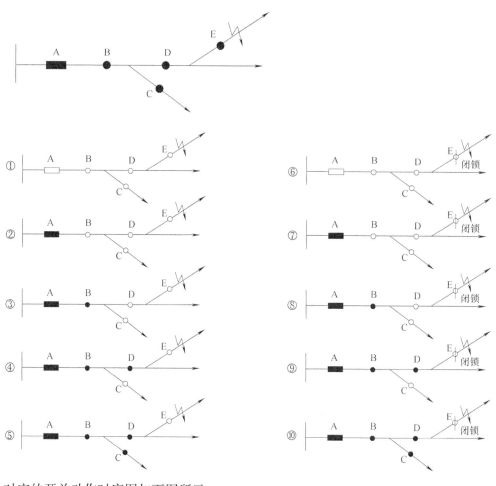

对应的开关动作时序图如下图所示。

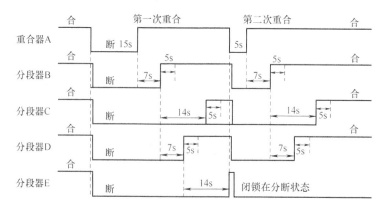

(2) 若 $X < Y$，会导致不该闭锁的分段开关闭锁，致使停电范围扩大。

(3) 若 $t > Y$，则始终无法实现闭锁，形成恶性循环。

测试题 2

一、填空题（每空 0.5 分，共计 15 分）

1. NUGS 单相接地故障的报警启动信号是_____。
2. 电能表抄表计费的方式有_____、_____、_____、_____、_____。
3. FTU 是_____监控终端，TTU 是_____监控终端，DTU 是_____监控终端。
4. 用于远程自动抄表的智能电能表可以有_____和_____两种通信接口方式。
5. 配电网开入电路中去抖的核心元件是_____。
6. 对信息的调制分_____、_____、_____三种。配电系统中常用的是_____。
7. 配电自动化系统涉及的电网一次设备有_____、_____。
8. FA 的实现可分为_____和_____两种。
9. 远动通信的"四遥"功能是指_____、_____、_____、_____。
10. 双电源环网接线方式必须_____环运行。
11. 电力系统特种光缆有_____、_____、_____、_____。
12. 我国配电网一般采用 NUGS，它包括中性点_____系统 NUS 和中性点_____接地系统 NES。

二、问答题（共计 85 分）

1. 实现 GIS 功能的方法有哪些？列举出三种目前国内用得较多的 GIS 平台。（6 分）
2. 下图所示电路，S_1、S_2、S_3 的第一、二次重合延迟时间分别为 10s 和 5s，设分段开关合闸延时时间为 7s。(1) 确定各分段开关的 X 时限；(2) 设 E 合闸为第一营救策略，H 合闸为第二营救策略，试整定联络开关 E 和 H 的时限 $X_{L(E)}$ 和 $X_{L(H)}$。（10 分）

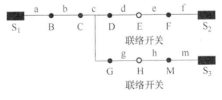

3. 按通信信道分，负荷控制类型有哪几种？通过电压过零时刻使波形畸变，对信号进行调制的方式属于其中的哪一种，它有何优缺点？（6 分）
4. 简述 GIS 在电力行业的应用现状和难点？（6 分）
5. 下图所示环状网的故障处理，如果 b 区发生永久性故障，画图说明故障隔离，恢复对健全区域供电的过程，并画出各开关的动作时序图。（10 分）

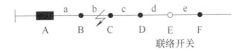

6. 采样分哪两种？各有怎样的特点？（6分）

7. 何谓SOE、PDR？（6分）

8. 在配电自动化系统中，写出下列英文缩写对应的中文含义：（5分）

FA

SCADA

AM/FM/GIS

AMR

SA

9. NUGS单相接地时为何不必立即跳闸，可继续运行1~2个小时，又为什么要尽快找出故障线路？（6分）

10. 下图所示为一个典型数据通信系统的组成框图，针对DTE、DCE和数据传输通道各列举三种以上。（6分）

11. 画出继电器隔离电路的原理图，并简述其原理。（6分）

12. 负荷控制和管理的意义是什么？（6分）

13. 结合你学过的电力、微机等相关知识，就暂态首半波故障选线方法，在实现中将会碰到一些怎样的难题，谈谈你的观点。（6分）

测试题2答案

一、填空题

1. NUGS单相接地故障的报警启动信号是__零序电压__。

2. 电能表抄表计费的方式有__手工抄表方式__、__本地自动抄表方式__、__移动式自动抄表方式__、__预付费电能计费方式__、__远程自动抄表方式__。

3. FTU是__馈线开关__监控终端，TTU是__变压器__监控终端，DTU是__开闭所__监控终端。

4. 用于远程自动抄表的智能电能表可以有__RS485__和__低压配电线载波__两种通信接口方式。

5. 配电网开入电路中去抖的核心元件是__施密特触发器__。

6. 对信息的调制分__移幅键控__、__移频键控__、__移相键控__三种。配电系统中常用的是__移频键控__。

7. 配电自动化系统涉及的电网一次设备有__开关__、__变压器__。

8. FA的实现可分为__就地控制__和__远方控制__两种。

9. 远动通信的"四遥"功能是指__遥测__、__遥信__、__遥调__、__遥控__。

10. 双电源环网接线方式必须__开__环运行。

11. 电力系统特种光缆有__地线复合光缆__、__地线缠绕光缆__、__无金属自承式光缆__。

12. 我国配电网一般采用NUGS，它包括中性点__不接地__系统NUS和中性点__经消弧__

线圈__接地系统 NES。

二、问答题

1. 答案：

■ ① 利用技术成熟的通用 GIS 平台软件（如欧洲、美国和我国）。

优点为，通用性好、开发周期短。

缺点为，应用软件受平台软件的限制。

② 开发专用系统（日、韩国）

优点为，针对性强、实用。

缺点为，通用性差、开发周期长。

■ MAPINFO、ARCINFO、GROW

2. 答案：（1）

<B>	<C>	<D>	<G>
7s	14s	21s	28s
7s	7s	7s	14s

<F>
7s
7s

<M>
7s
7s

（2）d 故障，D 闭锁：(10+7+7+7)=31s

g 故障，G 闭锁：(10+7+7+14)=38s

e 故障，F 闭锁：(10+7)=17s

h 故障，M 闭锁：(10+7)=17s

$X_{L(E)} > T_{max} = 38s$，可取 $X_{L(E)} = 50s$

$X_{L(H)} > X_{L(E)} + 7s + 14s = (50+7+14) = 71s$，可取 $X_{L(H)} = 85s$

3. 答案：

■ 按采用的通信传输方式分，有音频电力负荷控制系统、无线电电力负荷控制系统、配电线载波电力负荷控制系统、工频电力负荷控制系统、混合电力负荷控制系统。

■ 属于工频电力负荷控制系统。

优点为，信号发射机简单便宜，适宜在供电电源波形好、负荷小的区域使用。

缺点为，信号容易受电网谐波影响，抗干扰性差。

4. 答案：应用现状是，总体规划或设计方案不全面，深度不到位、应用覆盖面不全；运行所需的基础数据不全，建立周期长，及时更新困难；未解决好 GIS 与 EMS/SCADA、DAS 等的数据图模共享问题。

难点是，一，基础数据库的建立和更新；二，软件功能不全、深度不够（开发商缺乏电力知识，使用单位无二次开发能力）。

5. 答案：

故障隔离，恢复对健全区域供电的过程示意图如下图所示。

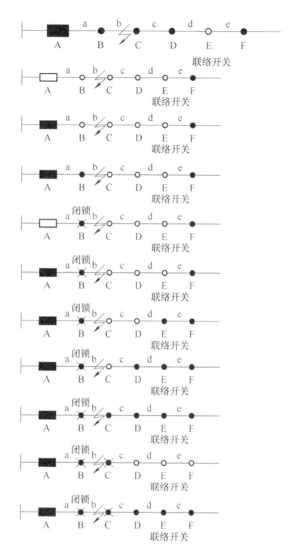

各开关的动作时序图如下图所示。

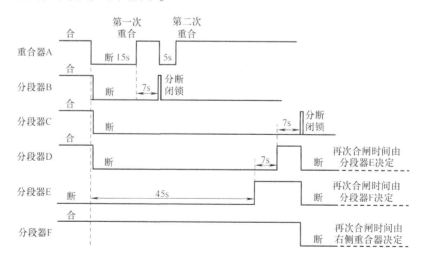

6. 答案:
■ 分为直流采样和交流采样。
■ 两种采样的特点如下。直流采样的特点为
① 对 A-D 转换器的转换速率要求不高;
② 采样程序简单;
③ 变送器经过了整流滤波等环节,抗干扰能力较强;
④ 采样实时性较差且不能适用于微机保护和故障录波;
⑤ 需要很多变送器,占用空间和投资。
交流采样的特点为
① 实时性好,微机继电保护必须采用交流采样;
② 可用于故障录波;
③ 免去了大量变送器屏,使占用空间和投资均减少;
④ 对 A-D 转换器的转换速率要求较高。

7. 答案:
SOE 为事件顺序记录。
电力系统发生故障时,往往是多个继电保护和断路器先后动作。这些保护触点和断路器动作的先后顺序和次数对分析和判断故障很有用。把这些带有毫秒级时间标记的遥信动作顺序记录下来的功能,即为 SOE。其动作时间的分辨率,同一 RTU 站内一般可做到 1ms,站间则为 10~20ms。
PDR 为扰动后追忆。
SOE 仅记录事故开始及其以后的断路器动作顺序,PDR 所记录的则是包括断路器动作顺序、遥测量变化过程、控制操作内容等在内的全部历史信息。和 SOE 具有毫秒级的高分辨率不同,PDR 的分辨率为秒级。

8. 答案:
FA 为馈线自动化。
SCADA 为数据采集与监控。
AM/FM/GIS 为自动绘图/设备管理/地理信息系统。
AMR 为远方抄表与计费自动化。
SA 为变电站自动化。

9. 答案:
在 NUGS 系统中,因为单相接地 $f^{(1)}$ 是通过电源绕组和输电线路对地分布电容形成的短路回路,所以故障点的电流很小,而且三相之间的线电压仍然保持对称,对负荷的供电没有影响,因此规程规定可继续运行 1~2h,而不必立即跳闸。

但是单相接地发生以后,其他两相对地电压要升高 $\sqrt{3}$ 倍。个别情况下,接地电容电流可能引起故障点电弧飞越,瞬时出现比相电压大 4~5 倍的过电压,导致绝缘击穿,进一步扩大成两点或多点接地短路。故障点的电弧还会引起全系统过电压,常烧毁电缆甚至引起火灾。随着系统容量的增加,线路总长度增加,电容电流加大,NUGS 的单相接地故障严重威胁着配电网的安全可靠性,为此实践中希望尽快选择出接地线路,并进行处理。

10. 答案：

DTE 的英文为 Data Terminal Equipment，包括 FTU、TTU、DTU、RTU、站控终端、抄表终端等。

DCE 的英文为 Data Carry Equipment，包括调制解调器（Modem）、复接分接器、数传电台、载波机、光端机等。

数据传输信道，包括光纤、载波、微波等。

11. 答案：

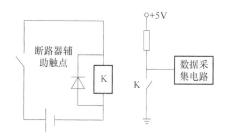

断路器分断，辅助触点闭合，K 的线圈通电，从而 K 的常开触点闭合，低电平"0"经数据采集电路采入。

断路器闭合，辅助触点断开，K 的线圈断电，与其并联的二极管起续流作用，K 的常开触点断开，高电平"1"经数据采集电路采入。

12. 答案：

"电力负荷控制系统"是实现计划用电、节约用电和安全用电的技术手段，也是配电自动化系统的一个重要组成部分。

削峰填谷，能够使现有电力设备得到充分利用；

减少发电机组的起停次数，延长设备使用寿命；

稳定系统运行方式，提高供电可靠性；

对用户，让峰用电可以减少电费支出，实现双赢。

13. 答案：

可以从相电压过零短路时选线难、暂态干扰、首半波的捕捉、如何识别、信号提取、硬件要求等诸多方面去分析。

参 考 文 献

[1] 苑舜,王承玉,海涛. 配电网自动化开关设备[M]. 北京:中国电力出版社,2007.
[2] 韩祯祥. 电力系统分析[M]. 3版. 杭州:浙江大学出版社,2005.
[3] Howell I N, Irving Kolodny. IEEE recommended practice for grounding of industrial and commercial power systems [R]. the institute of electrical and electronics engineers, 2001, 13 (2): 17-46.
[4] Seppo Hanninen et al. A method for detection and location of high resistance earth faults [C]. 1998 International Conference on Energy Management and Power Delivery. Singapore, 2002, 495-500.
[5] 曾祥君,尹项根,张哲,等. 零序导纳馈线接地保护的研究[J]. 中国电机工程学报,2001,21 (4):5-10.
[6] Shyh-Jier Huang, Cheng-Tao Hsieh. High-Impedance Fault Detection Utilizing A Morlet Wavelet Transform Approach [R]. IEEE Transactions on Power Delivery, 1999, 14 (4): 1401-1410.
[7] 要焕年,曹梅月. 电力系统谐振接地[M]. 北京:中国电力出版社,2005.
[8] 李刚,林凌,叶文宇. TMS320F206 DSP结构、原理及应用[M]. 北京:北京航空航天大学出版社,2002.
[9] 孙学军. 通信原理[M]. 2版. 北京:电子工业出版社,2007.
[10] 葛耀中,窦乘国. 非直接接地系统中检出单相接地线路的新方法[J]. 继电器,2001,29 (9):1-5.
[11] 国家发展和改革委员会,国家电网公司. 电力需求侧管理工作指南[M]. 北京:中国电力出版社,2007.
[12] 王延恒,贺家礼,徐刚. 光纤通信技术及其在电力系统中的应用[M]. 北京:中国电力出版社,2006.
[13] 李珞新. 用电管理[M]. 北京:中国电力出版社,2007.
[14] 黄伟. 电能计量技术[M]. 北京:中国电力出版社,2006.
[15] 张永健. 电网监控与调度自动化[M]. 2版. 北京:中国电力出版社,2007.
[16] 张秀群. 信息传输基础与应用[M]. 北京:电子工业出版社,2005.
[17] 刘健,倪建立. 配电网自动化新技术[M]. 北京:中国水利水电出版社,2004.
[18] 王秉钧,王少毅,韩敏. 通信原理及其应用[M]. 2版. 北京:国防工业出版社,2006.
[19] 袁钦成. 配电系统故障处理自动化技术[M]. 北京:中国电力出版社,2007.
[20] 陈堂,赵祖康,陈星莺. 配电系统及其自动化技术[M]. 北京:中国电力出版社,2004.
[21] 张淑娥,孔英会,高强. 电力系统通信技术[M]. 北京:中国电力出版社,2006.
[22] 贾清泉,刘连光,杨以涵,等. 应用小波检测故障突变特性实现配电网小电流故障选线保护[J]. 中国电机工程学报,2001,21 (10):78-82.
[23] 王士政. 电网调度自动化与配网自动化技术[M]. 北京:中国水利水电出版社,2003.
[24] 谷水清. 配电系统自动化[M]. 北京:中国电力出版社,2005.
[25] 冯庆东,毛为民. 配电网自动化技术与工程实例分析[M]. 北京:中国电力出版社,2007.
[26] 范明天,张祖平. 中国配电网发展战略相关问题研究[M]. 北京:中国电力出版社,2008.
[27] 翟秀静,刘奎仁,韩庆. 新能源技术[M]. 2版. 北京:化学工业出版社,2010.
[28] 周志敏,纪爱华. 太阳能光伏发电系统设计与应用实例[M]. 北京:电子工业出版社,2010.
[29] 李现辉,郝斌,等. 太阳能光伏建筑一体化工程设计与案例[M]. 北京:中国建筑工业出版社,2012.
[30] 徐丙垠,李天友. 配电自动化若干问题的探讨[J]. 电力系统自动化,2010,34 (9).

[31] 徐臣. 提高我国配电网智能化水平的技术途径 [J]. 华北电力技术, 2013, 4.
[32] 盛万兴, 孟晓丽, 宋晓辉. 智能配电网自愈控制基础 [M]. 北京: 中国电力出版社, 2012.
[33] 林涛. 配电自动化建设与应用专题发言 [C]. 第四届配电自动化新技术及其应用高峰论坛, 成都, 2013.
[34] 南网科研院. 智能配电网自愈控制技术研究与开发项目示范工程技术方案 [C]. 第四届配电自动化新技术及其应用高峰论坛, 成都, 2013.
[35] 国网电科院江苏瑞中数据股份有限公司. 实时数据库助力配电自动化建设 [C]. 第四届配电自动化新技术及其应用高峰论坛, 成都, 2013.
[36] 上海市经济团体联合会, 上海市化学化工学会. 节能减排工程技术与应用案例 [M]. 上海: 华东理工大学出版社, 2010.
[37] 王承民, 刘莉. 配电网节能与经济运行 [M]. 北京: 中国电力出版社, 2012.
[38] 顾欣欣, 姜宁, 季侃, 等. 配电网自愈控制技术 [M]. 北京: 中国电力出版社, 2012.
[39] 张巍, 孙云莲, 胡斐. 智能配电网自愈相关技术及其框架研究 [J]. 电网与清洁能源, 2013, 29 (4).
[40] 张晶, 等. 智能电网200问 [M]. 北京: 中国电力出版社, 2012.
[41] 林弘宇, 田世明. 智能电网条件下的智能小区关键技术 [J]. 电网技术, 2011, 35 (12).
[42] 陈丽娟, 许晓慧, 等. 智能用电技术 [M]. 北京: 中国电力出版社, 2011.
[43] 何建军, 等. 智能用电小区关键技术及工程案例 [M]. 北京: 中国电力出版社, 2012.
[44] 中国建筑节能协会. 中国建筑节能现状与发展报告 [M]. 北京: 中国建筑工业出版社, 2012.
[45] 刘健, 赵树仁, 张小庆. 中国配电自动化的进展及若干建议 [J]. 电力系统自动化, 2012, 36 (19).
[46] 赵江河, 陈新, 等. 基于智能电网的配电自动化建设 [J]. 电力系统自动化, 2012, 36 (18).
[47] 燕福龙. 问道智能电网 [M]. 北京: 人民邮电出版社, 2013.
[48] 李天友, 林秋金, 陈庚煌等. 配电不停电作业技术 [M]. 北京: 中国电力出版社, 2013.
[49] 史兴华, 等. 配电线路带电作业技术与管理 [M]. 北京: 中国电力出版社, 2010.
[50] 刘健, 董新洲, 等. 配电网故障定位与供电恢复 [M]. 北京: 中国电力出版社, 2012.
[51] 程利军, 等. 智能配电网 [M]. 北京: 中国水利水电出版社, 2013.
[52] 黄汉棠, 等. 地区配电自动化最佳实践模式 [M]. 北京: 中国电力出版社, 2011.
[53] 董张卓, 王清亮, 黄国兵. 配电网和配电自动化系统 [M]. 北京: 机械工业出版社, 2014.
[54] 葛馨远, 等. 配电自动化技术问答 [M]. 北京: 中国电力出版社, 2016.
[55] 国家电网有限公司运维检修部. 配电自动化运维技术 [M]. 北京: 中国电力出版社, 2018.
[56] 国家电网公司. 配电自动化规划设计技术导则: Q/GDW 11184—2014 [S]. 北京: 中国电力出版社, 2014.
[57] 汪永华, 刘军生. 配电线路自动化实用新技术 [M]. 北京: 中国电力出版社, 2017.
[58] 郭谋发, 等. 配电网自动化技术 [M]. 2版. 北京: 机械工业出版社, 2018.